U0657885

大学数学基础丛书

高等数学

（下册）

袁学刚　张　友　主编

清华大学出版社
北京

内 容 简 介

本教材分为上、下两册.上册内容包括函数、数列及其极限、函数的极限与连续、导数与微分、微分中值定理及其应用、不定积分、定积分及其应用、常微分方程.下册内容包括向量代数与空间解析几何、多元函数微分学及其应用、重积分、曲线积分与曲面积分、无穷级数.每节后都配有思考题、A 类题和 B 类题,习题选配典型多样,难度层次分明.该课程基于学生的初等数学基础,引入高等数学的理念、思想和方法,提高学生学习高等数学的兴趣和应用高等数学知识解决相关问题的能力.

本教材可以作为高等学校理科、工科和技术学科等非数学专业的高等数学教材,也可作为相关人员的参考书.

版权所有,侵权必究.举报:010-62782989,beiqinquan@tup.tsinghua.edu.cn.

图书在版编目(CIP)数据

高等数学.下册/袁学刚,张友主编.—北京:清华大学出版社,2018(2025.2重印)
(大学数学基础丛书)
ISBN 978-7-302-49607-6

Ⅰ.①高… Ⅱ.①袁…②张… Ⅲ.①高等数学－高等学校－教材 Ⅳ.①O13

中国版本图书馆 CIP 数据核字(2018)第 026143 号

责任编辑:刘　颖
封面设计:傅瑞学
责任校对:刘玉霞
责任印制:杨　艳

出版发行:清华大学出版社
　　　　网　　　址:https://www.tup.com.cn,https://www.wqxuetang.com
　　　　地　　　址:北京清华大学学研大厦 A 座　　　　邮　　编:100084
　　　　社 总 机:010-83470000　　　　邮　　购:010-62786544
　　　　投稿与读者服务:010-62776969,c-service@tup.tsinghua.edu.cn
　　　　质量反馈:010-62772015,zhiliang@tup.tsinghua.edu.cn
印 装 者:涿州市般润文化传播有限公司
经　　销:全国新华书店
开　　本:185mm×260mm　　印　张:17.5　　字　　数:420 千字
版　　次:2018 年 2 月第 1 版　　印　次:2025 年 2 月第 10 次印刷
定　　价:49.00 元

产品编号:076488-02

高等数学是高等学校的一门重要基础课程,更是理工科学生接受高等教育不可或缺的一部分.已获得公众认知的是:高等数学不仅为理工科学生学习后续专业课程提供所必需的数学知识,而且为工程技术人员处理科学问题提供必要的理论依据.高等数学不仅仅是一门科学,更重要的是,它通过分析、归纳、推理等各项数学素养的训练,能够使学生具备理性思维能力、逻辑推理能力以及综合判断能力.

为了适应高等教育的发展,顺利完成精英化教育向大众化教育的转型,本着"以人为本、因材施教、夯实基础、创新应用"的指导思想,大连民族大学理学院组织了具有丰富教学经验的一线教师编写本教材.

本书以教育部高等学校大学数学课程教学指导分委员会制定的"工科类本科数学基础课程教学基本要求"为依据,在知识点的覆盖面与"基本要求"相一致的基础上,对课程内容体系进行了整体优化,强化了高等数学与后续专业课程的联系,使之更侧重于培养学生的基础能力和应用能力,以适应培养应用型、复合型本科人才的培养目标.与传统教材相比,我们在编写时特别注意了以下三个方面:

1. 在知识体系的编排上,突出基础的重要地位.对教材的内容进行了适当的优化和调整,减少课程内容的重复讲授.例如,在传统教材中,函数和数列极限是几乎被忽略的内容,只用很少的篇幅进行介绍,并且在授课时也只是泛泛讲解,这对学生学习高等数学是非常不利的.一方面,函数是微积分的研究对象,极限是微积分的研究工具,淡化了这些基础内容,不利于学生完成从初等数学到高等数学的思维方式的跨越;另一方面,学生从高考结束到进入大学学习,空闲了至少 2 个月的时间,淡化了这些内容,对学生学习后续的内容影响很大.本书中,我们将函数和数列极限分别作为一章讲述,将定积分及定积分的应用合并成一章.由于定积分在物理方面的应用与大学物理课程的内容重复,故将其删去.为了便于学生学习和掌握,将常微分方程一章中的所有应用题放到单独一节讲授.

2. 在课程内容的编写上,注重知识点的使用方法和技巧.在给出重要的定义和定理时,对其进行必要的说明,指出了在使用定义和定理解决相关问题时的误区,列举了一些典型反例;对典型例题进行先分析提示,再引导求解,逐步使学生在学习"规则"时,能够正确理解并合理使用这些"规则",做题时有理可依、有据可查.

3. 在例题、习题的选配上,注重不同的层次和类别.为了满足不同专业、不同层次学生的需求,将例题分为三个层次.第一层次注重的是定义和定理,使学生能够正确合理使用这些知识点解决一些基本问题;第二层次注重的是数学的方法和技巧,使学生能够灵活运用这些知识点解决一些相对复杂的问题,培养学生的逻辑推理和计算能力;第三层次注重的是应用,使学生能够综合运用所学的知识解决一些较为困难的问题,从而提高学生的数学素质.此外,对于同一类型题,我们选配了多个例题,教师可以有选择地讲授,其余的学生可以自学.将习题分为 A 和 B 两类,学生通过学习第一、第二层次的例题便可以解决 A 类题中的习题,而 B 类题的内容相对复杂,求解较为困难,主要是为了满足部分专业和部分考研的学生对高等数学的实际需求.

本书在编写过程中,各位参与编写的教师能够统一思想、团结协作,历经了充分调研、反复论证、独立撰写、相互审阅、及时修补等环节,使本书从初稿、统稿到定稿能够分阶段顺利完成.其中,谢丛波编写两章;焦佳编写三章;董丽编写四章;张文正编写三章;楚振艳编写一章.谢丛波为本书绘制了图形.最后由袁学刚和张友负责全书的统稿及修改定稿,并对各个章节及课后习题进行了适当的修改.

本书的顺利出版,离不开大连民族大学各级领导的关心和支持,在此表示感谢.还要特别感谢清华大学出版社的刘颖编审,他对本书的初稿进行了认真的审阅,给予了具体的指导,提出了宝贵的建议.本书在编写过程中,参阅了大量的国内外各种版本的同类教材,并借鉴了这些教材的一些经典例题和习题,由于难以一一列举出处,深感歉疚,只能在此一并表示由衷的谢意.

尽管我们投入了大量的精力,但由于水平有限,书中还会存在某些不足或错误,恳请广大同行、读者批评指导,以期进一步修正和完善.

编　者

2017 年 11 月

目录
CONTENTS

第 1 章

向量代数与空间解析几何

Vector algebra and analytic geometry in space

解析几何的基本思想是用代数的方法研究几何问题,将几何方法和代数方法结合起来,实现了形与数的统一.解析几何知识体系的创立,是数学发展史上的一次突破.作为研究多元函数微积分的基础,本章介绍向量代数和空间解析几何的相关内容.通过引入空间直角坐标系,将向量及其相关运算进行了坐标定位;在此基础上,介绍如何用方程(组)表示空间中的平面、直线、曲面和曲线;最后讨论几类常见的空间曲面的方程及其典型特征.

1.1 空间直角坐标系和向量

Rectangular coordinate system in space and vectors

在平面解析几何中,通过建立平面直角坐标系,使得平面内的点与二元有序数组(x,y)有了一一对应关系.类似地,空间中的点也可以通过建立空间直角坐标系与三元有序数组(x,y,z)实现一一对应关系,从而可以使用并发展代数的方法研究空间中的几何问题.本节主要介绍与空间解析几何及向量内容相关的一些基本概念,包括空间直角坐标系、空间中两点间的距离、向量及其相关运算.

1.1.1 空间直角坐标系及空间中两点间的距离

1. 空间直角坐标系

在空间中取一个定点O,过O点作相互垂直的三条数轴.这三条数轴依次被指定为x轴(横轴)、y轴(纵轴)、z轴(竖轴),并且规定这三个轴正向的顺序满足**右手法则**,即以右手握住z轴,当右手4个手指从x轴正向以$\frac{\pi}{2}$的角度转向y轴正向时,大拇指的指向就是z轴的正向,如图 1.1 所示.如此确定的坐标系称为**空间直角坐标系**(rectangular coordinate system in space)或**笛卡儿直角坐标系**(Cartesian rectangular coordinate system).

按右手法则建立的坐标系称为**右手系**,点O称为**坐标原点**;x轴、y轴、z轴称为**坐标轴**;这三条坐标轴中的每两条坐标轴所确定的平面称为**坐标面**,依次为xOy坐标面、yOz坐标面、zOx坐标面.三个坐标面把空间分成 8 个部分,每一部分称为一个卦限,共 8 个卦限,如图 1.2 所示,其中由x轴、y轴、z轴正向张成的卦限称为第一卦限,记作 Ⅰ,以此作为参照,第 Ⅰ、Ⅱ、Ⅲ、Ⅳ 卦限在xOy坐标面上方;第 Ⅴ、Ⅵ、Ⅶ、Ⅷ 卦限在xOy坐标面下方.由三条坐标轴张成的卦限与坐标轴方向的对应关系见表1.1.

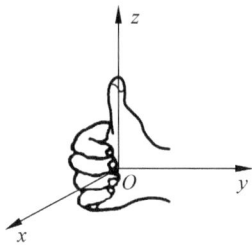

图 1.1

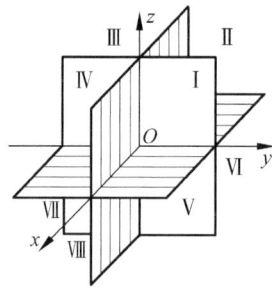

图 1.2

表 1.1

卦限	Ⅰ	Ⅱ	Ⅲ	Ⅳ	Ⅴ	Ⅵ	Ⅶ	Ⅷ
x 轴	正半轴	负半轴	负半轴	正半轴	正半轴	负半轴	负半轴	正半轴
y 轴	正半轴	正半轴	负半轴	负半轴	正半轴	正半轴	负半轴	负半轴
z 轴	正半轴	正半轴	正半轴	正半轴	负半轴	负半轴	负半轴	负半轴
坐标符号	$(+,+,+)$	$(-,+,+)$	$(-,-,+)$	$(+,-,+)$	$(+,+,-)$	$(-,+,-)$	$(-,-,-)$	$(+,-,-)$

下面建立空间中任意一点与空间直角坐标系的一一对应关系.

设 P 为空间中的任意一点,过点 P 分别作垂直于三条坐标轴的平面,与三条坐标轴分别相交于 A,B,C 三点,如图1.3所示.这三个点在 x 轴、y 轴、z 轴上的坐标分别为 x,y,z,于是空间中任意的点 P 都可以找到唯一的一个三元有序数组 (x,y,z) 与之对应.反之,对任意一个三元有序数组 (x,y,z),都可以分别在 x 轴、y 轴、z 轴上找到坐标为 x,y,z 的三个点 A,B,C,过三个点分别作垂直于 x 轴、y 轴、z 轴的平面,这三个平面就确定了唯一的交点 P,换句话说,任意一个三元有序数组 (x,y,z) 都可以在空间中找到唯一一点 P 与之

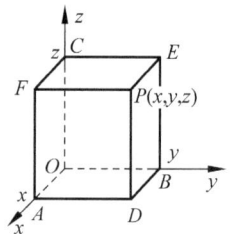

图 1.3

对应.至此,空间中的点 P 与三元有序数组 (x,y,z) 之间就建立了一一对应关系.有序数组 (x,y,z) 称为点 P 的**坐标**(**coordinate**),记作 $P(x,y,z)$,并依次称 x,y,z 为点 P 的横坐标、纵坐标和竖坐标.

显然,坐标原点 O 的坐标为 $(0,0,0)$;x 轴上点的坐标为 $(x,0,0)$,y 轴上的点的坐标为 $(0,y,0)$,z 轴上的点的坐标为 $(0,0,z)$;xOy 坐标面上点的坐标为 $(x,y,0)$,yOz 坐标面上点的坐标为 $(0,y,z)$,zOx 坐标面上点的坐标为 $(x,0,z)$.为了便于对照,将这些特殊点的坐标表示汇总为表1.2.

表 1.2

特殊点	坐标原点 O	x 轴	y 轴	z 轴	xOy 坐标面	yOz 坐标面	zOx 坐标面
坐标	$(0,0,0)$	$(x,0,0)$	$(0,y,0)$	$(0,0,z)$	$(x,y,0)$	$(0,y,z)$	$(x,0,z)$

由图1.2可见,同一卦限内点的坐标的符号是一致的,而不同卦限内的点的坐标符号不同.各卦限内点的坐标 (x,y,z) 的符号可参见表1.1.

对于空间直角坐标系中的任意一点 $P(x,y,z)$，不难验证，点 P 关于坐标面 xOy 的对称点为 $P_1(x,y,-z)$，关于 z 轴的对称点为 $P_2(-x,-y,z)$，关于原点的对称点为 $P_3(-x,-y,-z)$.

2. 空间中两点间的距离公式

由平面解析几何的知识知道，平面内两点 $P_1(x_1,y_1)$ 与 $P_2(x_2,y_2)$ 的距离可以表示为

$$|P_1P_2| = \sqrt{(x_2-x_1)^2+(y_2-y_1)^2}.$$

类似地，可得到空间中两点 $P_1(x_1,y_1,z_1)$ 与 $P_2(x_2,y_2,z_2)$ 间的距离公式.

首先，过这两个点各作三个分别垂直于坐标轴的平面，这六个平面围成一个以 P_1P_2 为对角线的长方体，如图 1.4 所示.根据长方体中对角线与三条边的关系可知

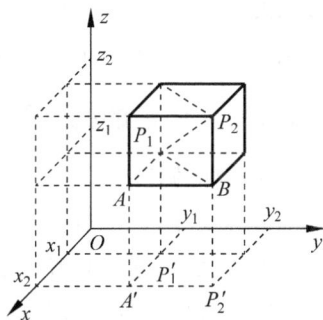

图 1.4

$$|P_1P_2|^2 = |P_1B|^2+|BP_2|^2 = |P_1A|^2+|AB|^2+|BP_2|^2.$$

易见

$$|P_1A| = |P_1'A'|, \quad |AB| = |A'P_2'|,$$

并且

$$|P_1'A'| = |x_2-x_1|, \quad |A'P_2'| = |y_2-y_1|, \quad |BP_2| = |z_2-z_1|,$$

所以有

$$|P_1P_2|^2 = (x_2-x_1)^2+(y_2-y_1)^2+(z_2-z_1)^2,$$

于是

$$|P_1P_2| = \sqrt{(x_2-x_1)^2+(y_2-y_1)^2+(z_2-z_1)^2}. \tag{1.1}$$

特别地，空间中任意一点 $P(x,y,z)$ 与原点 $O(0,0,0)$ 的距离为

$$|OP| = \sqrt{x^2+y^2+z^2}. \tag{1.2}$$

例 1.1 设 P 为 z 轴上的点，若它到点 $P_1(-2,1,3)$ 和点 $P_2(4,0,-2)$ 的距离相等，求点 P 的坐标.

分析 根据所求点 P 的已知条件，设出其坐标，然后利用空间中两点间距离公式(1.1)建立方程，再进行求解.

解 因点 P 在 z 轴上，故设其坐标为 $(0,0,z)$，根据两点间距离公式有

$$|P_1P| = \sqrt{(0+2)^2+(0-1)^2+(z-3)^2} = \sqrt{z^2-6z+14},$$
$$|P_2P| = \sqrt{(0-4)^2+(0-0)^2+(z+2)^2} = \sqrt{z^2+4z+20}.$$

由 $|P_1P| = |P_2P|$ 可得，$z=-0.6$，故所求点 P 坐标为 $(0,0,-0.6)$.

例 1.2 求点 $M(a,b,c)$ 关于各坐标面、坐标轴、坐标原点的对称点的坐标.

分析 因为点 M 的坐标 a,b,c 是通用坐标(可以取任意值)，不论点 M 落在哪个卦限，所求对称点的形式都是一样的.不失一般性，先假设点 $M(a,b,c)$ 落在第一卦限，然后根据图 1.2 中的信息进行求解.

解 点 $M(a,b,c)$ 关于 xOy 坐标面的对称点是 $(a,b,-c)$；关于 yOz 坐标面的对称点

是$(-a,b,c)$；关于 zOx 坐标面的对称点是$(a,-b,c)$.

点 $M(a,b,c)$关于 x 轴的对称点是$(a,-b,-c)$；关于 y 轴的对称点是$(-a,b,-c)$；关于 z 轴的对称点是$(-a,-b,c)$.

点 $M(a,b,c)$关于坐标原点的对称点是$(-a,-b,-c)$.

1.1.2　向量的概念及其性质

1. 向量的概念

在实际应用中，像时间、温度、质量、长度、体积等，在规定的单位下，用一个数值就可以度量它们的大小，这类只有大小没有方向的量，称为**数量**或者**标量**（**scalar**）；但对于像力、位移、速度、电场强度等，它们既有大小又有方向，抽象为数学概念便称为**向量**（**vector**）.

定义 1.1　既有大小又有方向的量称为**向量**或者**矢量**.

关于定义 1.1 的几点说明.

（1）在几何上，向量通常用一条带有箭头的线段，即用具有长度且标有方向的有向线段来表示.当选定长度单位后，有向线段的长度表示向量的大小，有向线段的方向表示向量的方向.图 1.5 是一个以 A 为起点，B 为终点的向量，记作$\overrightarrow{AB}$.为简便起见，常用小写的粗体字母 $\boldsymbol{a}$ 表示.

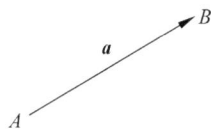

图　1.5

（2）由定义 1.1 知，所有向量的共性是它们都有大小和方向.然而在实际问题中，有些向量与起点有关，有些与起点无关.为统一起见，如果没有特殊说明，本章讨论的是与起点无关的向量，即**自由向量**，简称**向量**.

（3）如果两个向量 $\boldsymbol{a}$,$\boldsymbol{b}$ 的大小相等且方向相同，则称这两个向量相等，记作 $\boldsymbol{a}=\boldsymbol{b}$.由此说明，不论 $\boldsymbol{a}$,$\boldsymbol{b}$ 起点是否一致，只要大小相等，方向相同，即为相等的向量，也就是说，一个向量和它经过平行移动（方向不变，起点和终点位置改变）所得的向量都是相等的.

定义 1.2　向量的大小称为向量的**模**（**norm**），将向量$\overrightarrow{AB}$和 $\boldsymbol{a}$ 的模分别记作$|\overrightarrow{AB}|$和$|\boldsymbol{a}|$.特别地，模为 1 的向量称为**单位向量**（**identity vector**），将向量$\overrightarrow{AB}$和 $\boldsymbol{a}$ 的单位向量分别记作$\overrightarrow{AB}^{\circ}$和 $\boldsymbol{a}^{\circ}$.模为 0 的向量称为**零向量**（**zero vector**），记作 $\boldsymbol{0}$.注意，零向量没有规定方向，其方向是任意的.

定义 1.3　将两个非零向量 $\boldsymbol{a}$ 与 $\boldsymbol{b}$ 经过平行移动，它们的起点重合后会形成两个角 θ 和 γ，如图 1.6 所示，不妨设 $\theta\leqslant\gamma$.将向量 $\boldsymbol{a}$ 与 $\boldsymbol{b}$ 之间所夹的较小的角 θ 定义为**两向量的夹角**，记作$(\widehat{\boldsymbol{a},\boldsymbol{b}})$，显然 $\theta\in[0,\pi]$.特别地，当 $\boldsymbol{a}$ 与 $\boldsymbol{b}$ 同向时，$\theta=0$；当 $\boldsymbol{a}$ 与 $\boldsymbol{b}$ 反向时，$\theta=\pi$.

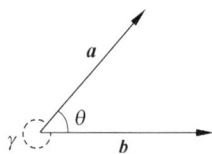

图　1.6

2. 向量的线性运算

（1）向量的加法运算

定义 1.4　设 $\boldsymbol{a}$ 与 $\boldsymbol{b}$ 为两个给定的向量.任取一点 A，作$\overrightarrow{AB}=\boldsymbol{a}$，再以 B 为起点，作$\overrightarrow{BC}=\boldsymbol{b}$，连接 AC，如图 1.7 所示，则向量$\overrightarrow{AC}$称为向量 $\boldsymbol{a}$ 与 $\boldsymbol{b}$ 的和，记作 $\boldsymbol{a}+\boldsymbol{b}$.

这种求两个向量的和的方法称为**三角形法则**（**triangle law**）.

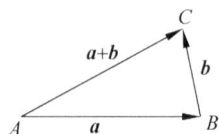

图　1.7

事实上，对于两个不平行的非零向量 $\boldsymbol{a}$ 与 $\boldsymbol{b}$，也可通过另外一种方式作出 $\boldsymbol{a}$ 与 $\boldsymbol{b}$ 的和.将 $\boldsymbol{a}$ 和 $\boldsymbol{b}$ 的起点移至同一点，以 $\boldsymbol{a}$ 和 $\boldsymbol{b}$ 为邻边

的平行四边形的对角线所表示的向量称为 a 与 b 的和，即 $a+b$，如图 1.8 所示. 这种求和的方法称为**平行四边形法则**（**parallelogram law**）.

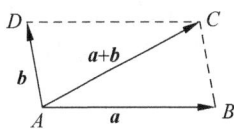

图 1.8

定义 1.5 对于给定的向量 a，与 a 的模相等而方向相反的向量称为 a 的**负向量**（**negative vector**），记作 $-a$.

由此，两个向量 b 与 a 的差（或称减法）可以定义为

$$b-a=b+(-a).$$

若将向量 a 和 b 移至公共的始点 O，且 $a=\overrightarrow{OA}$，$b=\overrightarrow{OB}$，以 B 为始点，作 a 的负向量 $\overrightarrow{BC}=-a$，如图 1.9 所示，由三角形法则可知，$b+(-a)=\overrightarrow{OB}+\overrightarrow{BC}=\overrightarrow{OC}$，平移即得

$$b-a=b+(-a)=\overrightarrow{OB}-\overrightarrow{OA}=\overrightarrow{AB}.$$

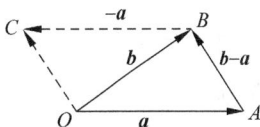

图 1.9

特别地，由向量加法的定义可知，若向量 a 与 b 平行，根据三角形法则，当 a 与 b 方向相同时，$a+b$ 的方向与 a 和 b 的方向相同，$a+b$ 的长度等于两向量的长度之和；当 a 与 b 方向相反时，$a+b$ 的方向与 a 和 b 中长度较长的向量的方向相同，$a+b$ 的长度等于两向量长度之差.

不难验证，向量的加法满足如下性质：

① 交换律 $a+b=b+a$；

② 结合律 $(a+b)+c=a+(b+c)$（参见图 1.10）；

③ 零元素 $a+0=a$；

④ 负元素 $a+(-a)=0$；

⑤ $|a+b|\leqslant|a|+|b|$，$|a-b|\leqslant|a|+|b|$，$||a|-|b||\leqslant|a\pm b|\leqslant|a|+|b|$（根据三角形三边关系的原理）.

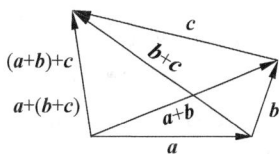

图 1.10

（2）向量的数乘运算

定义 1.6 设 a 是一个给定的向量，λ 是一个实数，规定数 λ 与 a 的乘积是一个向量，记作 λa. 该向量的模为 $|\lambda a|=|\lambda|\,|a|$. 当 $\lambda>0$ 时，λa 与 a 的方向相同；当 $\lambda<0$ 时，λa 与 a 的方向相反；当 $\lambda=0$ 时，$\lambda a=0$，如图 1.11 所示. 特别地，当 $\lambda>0$ 时，λa 的大小是 a 的大小的 λ 倍，方向不变；当 $\lambda<0$ 时，λa 的大小是 a 的大小的 $|\lambda|$ 倍，方向相反.

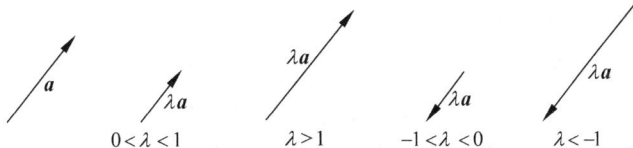

图 1.11

根据向量的加法运算和数乘运算不难得到如下性质（λ，μ 为实数）：

① 单位元 $1 \cdot a=a$；

② 结合律 $\lambda(\mu a)=\mu(\lambda a)=(\lambda\mu)a$；

③ 分配律 $(\lambda+\mu)a=\lambda a+\mu a$，$\lambda(a+b)=\lambda a+\lambda b$（参见图 1.12）.

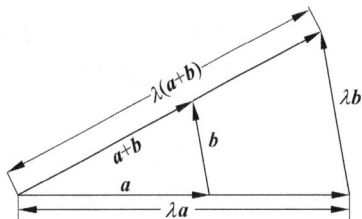

图 1.12

向量的加法运算和数乘运算统称为向量的**线性运算**（linear operation）.

容易验证, a 与同方向的单位向量 $a°$ 的关系为

$$a° = \frac{a}{|a|} \text{ 或写成 } a = |a|a°.$$

例 1.3　在 $\triangle ABC$ 中, D 是 BC 上一点, 若有 $\overrightarrow{AD} = \frac{1}{2}(\overrightarrow{AB}+\overrightarrow{AC})$, 证明: 点 D 是 BC 的中点.

分析　利用向量的加法和数乘运算证明.

证　如图 1.13 所示, 由于 $\overrightarrow{AD} = \frac{1}{2}(\overrightarrow{AB}+\overrightarrow{AC})$, 即 $2\overrightarrow{AD} = \overrightarrow{AB}+\overrightarrow{AC}$, 故

$$\overrightarrow{AD} - \overrightarrow{AC} = \overrightarrow{AB} - \overrightarrow{AD},$$

由向量加法的三角形法则得, $\overrightarrow{CD} = \overrightarrow{DB}$, 故 $|\overrightarrow{CD}| = |\overrightarrow{DB}|$, 所以 D 是 BC 的中点.　　　　证毕

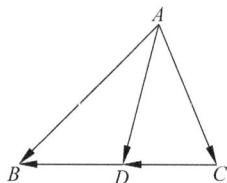

图　1.13

3. 向量的共线与共面

对于两个非零向量 a 与 b, 如果它们的方向相同或相反, 则称这两个向量**平行**（parallel）, 记作 $a /\!/ b$. 因为零向量的方向是任意的, 所以可以认为零向量平行于任何向量. 若将两个平行向量的起点放在同一点, 它们的终点和公共起点将在同一条直线上, 所以两个向量平行也称为两向量**共线**.

关于向量的平行关系, 有如下定理.

定理 1.1　设向量 $a \neq 0$, 那么向量 b 平行于 a 的充分必要条件是: 存在唯一实数 λ, 使得 $b = \lambda a$.

分析　利用向量的数乘运算证明.

证　根据向量的数乘运算, 充分性显然成立. 下面证明必要性.

若 $b = 0$, 令 $\lambda = 0$, 则有 $b = \lambda a$. 若 $b \neq 0$, 令 $\beta = \frac{|b|}{|a|}$, 则 $|b| = \beta|a| = |\beta a|$. 于是, 当 a 与 b 方向相同时, 取 $\lambda = \beta$; 当 a 与 b 方向相反时, 取 $\lambda = -\beta$, 则有 $b = \lambda a$.　　　　证毕

对于 $k(k \geqslant 3)$ 个向量, 当将它们的起点放在同一点时, 如果这 k 个向量的终点和它们的公共起点在一个平面内, 则称这 k 个向量**共面**.

4. 向量在轴上的投影

定义 1.7　设有一个数轴 u, 它由单位向量 e 及定点 O 确定, 如图 1.14 所示. 对任给的向量 a, 作 $\overrightarrow{OP} = a$, 并由点 P 作与 u 轴垂直的平面交 u 轴于点 P', 则称点 P' 为点 P 在 u 轴上的**投影**（projection）, 向量 $\overrightarrow{OP'}$ 称为向量 a 在 u 轴上的分向量. 设 $\overrightarrow{OP'} = \lambda e$, 则数 λ 称为向量 a 在 u 轴上的**投影**, 记作 $\mathrm{Prj}_u a$ 或 (a_u).

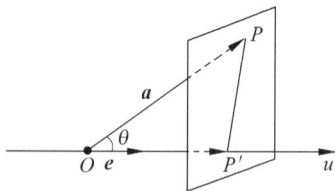

图　1.14

不难验证, 向量及其线性运算在轴上的投影具有如下性质:

性质 1　设 u 轴与向量 a 的夹角为 θ, 如图 1.14 所示, 则向量 a 在 u 轴上的投影等于向量 a 的模乘以 $\cos\theta$, 即

$$\mathrm{Prj}_u \boldsymbol{a} = |\boldsymbol{a}| \cos\theta.$$

性质 2 (1)$\mathrm{Prj}_u(\boldsymbol{a}+\boldsymbol{b})=\mathrm{Prj}_u\boldsymbol{a}+\mathrm{Prj}_u\boldsymbol{b}$；(2)$\mathrm{Prj}_u\lambda\boldsymbol{a}=\lambda\mathrm{Prj}_u\boldsymbol{a}$（$\lambda$ 为任意实数），如图 1.15 所示.

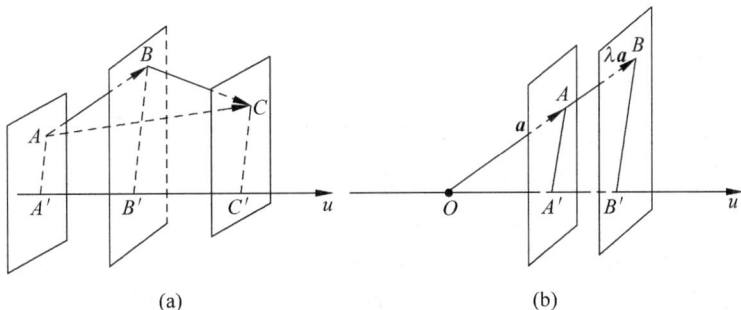

(a) (b)

图 1.15

习 题 1.1

思 考 题

1. 在空间直角坐标系中，某一点关于原点、坐标面及坐标轴对称的特征分别是什么？如何确定对称点？

2. 向量的模和实数的绝对值有何联系和区别？

3. 两个向量共线的条件是什么？说法"向量 $\boldsymbol{a}$ 和 $\boldsymbol{b}$ 平行的充分必要条件是：存在不全为零的两个数 α,β，使得 $\alpha\boldsymbol{a}+\beta\boldsymbol{b}=\boldsymbol{0}$"是否正确？说明理由.

A 类题

1. 在空间直角坐标系中，指出下列各点所在的卦限：

(1) $(1,-5,3)$；　　(2) $(2,4,-1)$；　　(3) $(1,-5,-6)$；　　(4) $(-1,-2,1)$.

2. 求点 $M(3,-5,4)$ 与原点及各坐标轴之间的距离.

3. 在 x 轴上，求与点 $A(-4,1,7)$ 和点 $B(3,5,-2)$ 等距离的点的坐标.

4. 在 yOz 坐标面上，求与三个点 $A(3,1,2)$，$B(4,-2,-2)$，$C(0,5,-1)$ 等距离的点的坐标.

5. 已知菱形 $ABCD$ 的对角线 $\overrightarrow{AC}=\boldsymbol{a}$，$\overrightarrow{BD}=\boldsymbol{b}$，试用向量 $\boldsymbol{a},\boldsymbol{b}$ 表示 $\overrightarrow{AB},\overrightarrow{BC},\overrightarrow{CD},\overrightarrow{DA}$.

B 类题

1. 证明：以 $A(4,3,1)$，$B(7,1,2)$，$C(5,2,3)$ 三点为顶点的三角形是等腰三角形.

2. 利用向量证明：

(1) 对角线互相平分的四边形是平行四边形.

(2) 三角形两边的中点的连线平行于底边，并且其长度等于第三边的一半.

1.2　向量的坐标表示
Coordinate representation of vectors

1.2.1　向量的坐标分解

由于一个单位向量既确定了方向,又确定了单位长度,所以由点 O 和单位向量 $\boldsymbol{i}$ 即可确定一个数轴,如图 1.16 所示.对于数轴上任意一点 P,对应一个向量 $\overrightarrow{OP}$,因为 $\overrightarrow{OP}\,/\!/\,\boldsymbol{i}$,由定理 1.1 知,必存在唯一的实数 x,使 $\overrightarrow{OP}=x\boldsymbol{i}$,称 x 为点 P 在数轴上的**坐标**.

类似地,在平面内,由点 O 和两个相互垂直的单位向量 $\boldsymbol{i}$ 和 $\boldsymbol{j}$ 确定了平面直角坐标系,如图 1.17 所示.对于平面内任意一点 P,作向量 $\overrightarrow{OP}$,由平行四边形法则可知,$\overrightarrow{OP}=\overrightarrow{OA}+\overrightarrow{OB}$;如前所述,存在唯一的实数 x 和 y,使得 $\overrightarrow{OA}=x\boldsymbol{i}$,$\overrightarrow{OB}=y\boldsymbol{j}$,即

$$\overrightarrow{OP}=x\boldsymbol{i}+y\boldsymbol{j}.$$

上式称为向量 $\overrightarrow{OP}$ 的**平面坐标分解式**,有序实数 (x,y) 称为点 P 在平面内的**坐标**.

对于空间中任意一点 P,作向量 $\overrightarrow{OP}$,过点 P 作与三条坐标轴垂直的平面,与 x 轴、y 轴、z 轴的交点分别为 A,B,C,如图 1.18 所示.由向量的加法可知

$$\overrightarrow{OP}=\overrightarrow{OD}+\overrightarrow{DP}=\overrightarrow{OA}+\overrightarrow{OB}+\overrightarrow{OC}.$$

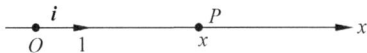

图　1.16

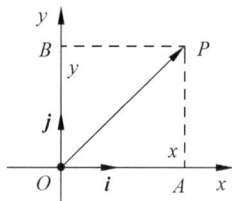

图　1.17

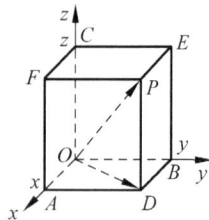

图　1.18

与前面的讨论类似,存在唯一的实数 x,y,z,使得 $\overrightarrow{OA}=x\boldsymbol{i}$,$\overrightarrow{OB}=y\boldsymbol{j}$,$\overrightarrow{OC}=z\boldsymbol{k}$,即

$$\overrightarrow{OP}=x\boldsymbol{i}+y\boldsymbol{j}+z\boldsymbol{k}, \tag{1.3}$$

其中 $\boldsymbol{i},\boldsymbol{j},\boldsymbol{k}$ 分别是 x 轴、y 轴、z 轴的正方向的单位向量.式(1.3)称为向量 $\overrightarrow{OP}$ 在空间中的**坐标分解式**,有序实数 (x,y,z) 称为点 P 的**坐标**,记作

$$\overrightarrow{OP}=(x,y,z).$$

1.2.2　向量及其运算的坐标表示

基于向量 $\overrightarrow{OP}$ 在空间直角坐标系下的坐标分解式,下面给出向量及其运算的坐标表示.

1. 空间中任一向量的坐标表示

设向量 $\overrightarrow{P_1P_2}$ 的起点和终点分别为 $P_1(x_1,y_1,z_1)$,$P_2(x_2,y_2,z_2)$,如图 1.19 所示,则有

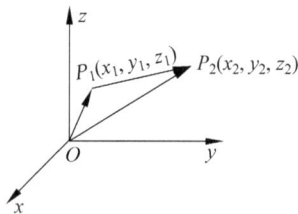

图　1.19

$$\overrightarrow{P_1P_2} = \overrightarrow{OP_2} - \overrightarrow{OP_1} = (x_2\boldsymbol{i} + y_2\boldsymbol{j} + z_2\boldsymbol{k}) - (x_1\boldsymbol{i} + y_1\boldsymbol{j} + z_1\boldsymbol{k})$$
$$= (x_2 - x_1)\boldsymbol{i} + (y_2 - y_1)\boldsymbol{j} + (z_2 - z_1)\boldsymbol{k},$$

即

$$\overrightarrow{P_1P_2} = (x_2 - x_1, y_2 - y_1, z_2 - z_1).$$

易见,向量 $\overrightarrow{P_1P_2}$ 的坐标为其终点的坐标与起点的坐标之差.下面给出在空间直角坐标系下,任意向量在各坐标轴上的投影与对应坐标的关系.

对于任意给定的向量 $\boldsymbol{a}$,它在三个坐标轴(x 轴、y 轴、z 轴)上的投影分别记作

$$a_x = \text{Prj}_x\boldsymbol{a}, \quad a_y = \text{Prj}_y\boldsymbol{a}, \quad a_z = \text{Prj}_z\boldsymbol{a}$$

或

$$a_x = (\boldsymbol{a})_x, \quad a_y = (\boldsymbol{a})_y, \quad a_z = (\boldsymbol{a})_z,$$

则向量 $\boldsymbol{a}$ 的坐标可以表示为 $\boldsymbol{a} = (a_x, a_y, a_z)$.

2. 向量的线性运算的坐标表示

对于空间向量 $\boldsymbol{a} = (a_x, a_y, a_z)$ 和 $\boldsymbol{b} = (b_x, b_y, b_z)$,有

(1) $\boldsymbol{a} \pm \boldsymbol{b} = (a_x \pm b_x, a_y \pm b_y, a_z \pm b_z)$;   (2) $\lambda\boldsymbol{a} = (\lambda a_x, \lambda a_y, \lambda a_z)$.

3. 平行向量的坐标表示

两个非零向量 $\boldsymbol{a} = (a_x, a_y, a_z)$ 和 $\boldsymbol{b} = (b_x, b_y, b_z)$ 平行的充要条件是:两个向量的对应坐标成比例,即

$$\boldsymbol{a} /\!/ \boldsymbol{b} \Leftrightarrow \frac{a_x}{b_x} = \frac{a_y}{b_y} = \frac{a_z}{b_z}. \tag{1.4}$$

例 1.4 设 $\boldsymbol{a} = -\boldsymbol{i} + 2\boldsymbol{j} + 3\boldsymbol{k}, \boldsymbol{b} = 2\boldsymbol{i} - 3\boldsymbol{j} + \boldsymbol{k}, \boldsymbol{c} = 2\boldsymbol{i} - 5\boldsymbol{j} - 2\boldsymbol{k}$,若 $\boldsymbol{d} = 2\boldsymbol{a} - \boldsymbol{b} + 3\boldsymbol{c}$,求向量 $\boldsymbol{d}$ 的坐标分解式及坐标.

分析 利用向量的线性性质和向量的坐标表示计算.

解 根据向量的加法和数乘运算,有

$$\boldsymbol{d} = 2\boldsymbol{a} - \boldsymbol{b} + 3\boldsymbol{c} = 2(-\boldsymbol{i} + 2\boldsymbol{j} + 3\boldsymbol{k}) - (2\boldsymbol{i} - 3\boldsymbol{j} + \boldsymbol{k}) + 3(2\boldsymbol{i} - 5\boldsymbol{j} - 2\boldsymbol{k})$$
$$= 2\boldsymbol{i} - 8\boldsymbol{j} - \boldsymbol{k}.$$

易见,向量 $\boldsymbol{d}$ 的坐标为 $\boldsymbol{d} = (2, -8, -1)$.

1.2.3 向量的模和方向余弦的坐标表示

对于空间中的任意向量,总可将其平行移动,使它们起点与原点重合,若终点设为 $P(x, y, z)$,则由两点间距离公式可知,向量 $\overrightarrow{OP}$ 的模为

$$|\overrightarrow{OP}| = \sqrt{x^2 + y^2 + z^2}. \tag{1.5}$$

关于向量的方向,可以用向量 $\overrightarrow{OP}$ 与三条坐标轴正向之间的夹角 α, β, γ 来表示,且 $\alpha, \beta, \gamma \in [0, \pi]$. α, β, γ 称为向量 $\overrightarrow{OP}$ 的**方向角** (**direction angle**),对应的 $\cos\alpha, \cos\beta, \cos\gamma$ 称为向量 $\overrightarrow{OP}$ 的**方向余弦** (**direction cosine**). 如图 1.20 所示,$\overrightarrow{OP} = (x, y, z)$,在 $\triangle OAP$,$\triangle OCP$,$\triangle OFP$ 中,有

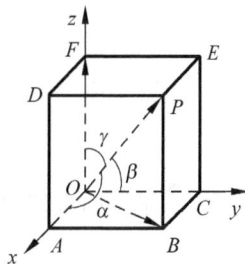

图 1.20

$$\cos\alpha = \frac{x}{|\overrightarrow{OP}|} = \frac{x}{\sqrt{x^2+y^2+z^2}}, \quad \cos\beta = \frac{y}{|\overrightarrow{OP}|} = \frac{y}{\sqrt{x^2+y^2+z^2}},$$

$$\cos\gamma = \frac{z}{|\overrightarrow{OP}|} = \frac{z}{\sqrt{x^2+y^2+z^2}}. \tag{1.6}$$

将上面三式平方后相加,即可得到

$$\cos^2\alpha + \cos^2\beta + \cos^2\gamma = 1.$$

可见,向量 $\overrightarrow{OP}$ 的方向余弦的平方和等于 1. 由此可知,以方向余弦为坐标分量的向量 $(\cos\alpha,$ $\cos\beta, \cos\gamma)$ 必是单位向量,其方向与向量 $\overrightarrow{OP}$ 相同,即

$$\overrightarrow{OP}^\circ = \frac{\overrightarrow{OP}}{|\overrightarrow{OP}|} = (\cos\alpha, \cos\beta, \cos\gamma). \tag{1.7}$$

于是,对于任意给定的向量 $\boldsymbol{a} = (a_x, a_y, a_z)$,它的模和方向余弦分别为

$$|\boldsymbol{a}| = \sqrt{a_x^2 + a_y^2 + a_z^2}; \tag{1.5$'$}$$

$$\cos\alpha = \frac{a_x}{|\boldsymbol{a}|} = \frac{a_x}{\sqrt{a_x^2+a_y^2+a_z^2}}, \quad \cos\beta = \frac{a_y}{|\boldsymbol{a}|} = \frac{a_y}{\sqrt{a_x^2+a_y^2+a_z^2}},$$

$$\cos\gamma = \frac{a_z}{|\boldsymbol{a}|} = \frac{a_z}{\sqrt{a_x^2+a_y^2+a_z^2}}. \tag{1.6$'$}$$

与向量 $\boldsymbol{a}$ 同方向的单位向量为

$$\boldsymbol{a}^\circ = \frac{\boldsymbol{a}}{|\boldsymbol{a}|} = (\cos\alpha, \cos\beta, \cos\gamma). \tag{1.7$'$}$$

例 1.5　给定两点 $A(2,0,-3)$ 和 $B(3,\sqrt{2},-2)$,求向量 $\overrightarrow{AB}$ 的模、方向余弦、方向角,以及与向量 $\overrightarrow{AB}$ 平行的单位向量 $\overrightarrow{AB}^\circ$.

分析　先求出向量 $\overrightarrow{AB}$ 的坐标表示,然后分别利用式 $(1.5)'$、$(1.6)'$、$(1.7)'$ 计算. 注意最后要求的是与向量 $\overrightarrow{AB}$ 平行的单位向量 $\overrightarrow{AB}^\circ$,而不是沿其方向的单位向量.

解　易见,$\overrightarrow{AB} = (3-2, \sqrt{2}-0, -2-(-3)) = (1, \sqrt{2}, 1)$. 不难求得,向量 $\overrightarrow{AB}$ 的模为

$$|\overrightarrow{AB}| = \sqrt{1^2 + (\sqrt{2})^2 + 1^2} = 2.$$

向量 $\overrightarrow{AB}$ 的方向余弦分别为

$$\cos\alpha = \frac{1}{2}, \quad \cos\beta = \frac{\sqrt{2}}{2}, \quad \cos\gamma = \frac{1}{2}.$$

因为方向角 $\alpha, \beta, \gamma \in [0, \pi]$,所以有

$$\alpha = \frac{\pi}{3}, \quad \beta = \frac{\pi}{4}, \quad \gamma = \frac{\pi}{3}.$$

与向量 $\overrightarrow{AB}$ 平行的单位向量为

$$\overrightarrow{AB}^\circ = \pm \frac{\overrightarrow{AB}}{|\overrightarrow{AB}|} = \pm \left(\frac{1}{2}, \frac{\sqrt{2}}{2}, \frac{1}{2} \right).$$

习 题 1.2

思 考 题

1. 对于向量 $\overrightarrow{OP}$ 和 a ，它们的坐标表示有什么区别和联系？

2. 判断下列说法是否正确，并给出理由．

(1) $i+j+k$ 是单位向量；　　　　　(2) $-i$ 不是单位向量；

(3) 空间中点的坐标和向量的坐标表示在表示形式是不同的．

3. 若三个向量的方向余弦 $\cos\alpha,\cos\beta,\cos\gamma$ 分别具有如下特征：

$$(1)\cos\alpha=1,(2)\cos\gamma=0,(3)\cos\alpha=\cos\beta=0,$$

则这些向量与坐标轴或坐标面有何关系？

A 类题

1. 设有向量 $m=i+2j+3k,n=2i+j-3k$ 和 $p=3i-4j+k$ ，计算下列向量：

(1) $2m+3n-p$ ；　　(2) $m-n$ ；　　(3) $m-3n+2p$ ；　　(4) $2m-n-p$ ．

2. 已知 $m=(2,3,1),n=(1,-4,0)$ ，求下列向量的模、方向余弦以及方向角：

(1) $m+2n$ ；　　　　　　　　(2) $2m-3n$ ．

3. 已知向量 $m=\alpha i+5j-k$ 和 $n=3i+j+\gamma k$ 平行，求 α 和 γ 的值．

B 类题

1. 设有向线段 $\overrightarrow{P_1P_2}$ 的起点为 $P_1(x_1,y_1,z_1)$ ，终点为 $P_2(x_2,y_2,z_2)$ ，若点 $P(x,y,z)$ 分有向线段 $\overrightarrow{P_1P_2}$ 成定比 $\lambda(\lambda\neq1)$ ，即 $\overrightarrow{P_1P}=\lambda\overrightarrow{PP_2}$ ．证明：分点 P 的坐标为

$$x=\frac{x_1+\lambda x_2}{1+\lambda},\quad y=\frac{y_1+\lambda y_2}{1+\lambda},\quad z=\frac{z_1+\lambda z_2}{1+\lambda}.$$

2. 已知向量 $m=2i+2j-k,n=3i+j-2k$ 和 $p=2i-4j+3k$ ，求向量 $2m-n+p$ 的坐标表示及其在各坐标轴上的投影．

3. 若 $A(x,y,z)$ 为空间中一点，$|\overrightarrow{OA}|=4$ ，且 $\overrightarrow{OA}$ 与 x 轴和 y 轴的夹角分别为 $\frac{\pi}{4}$ 和 $\frac{\pi}{3}$ ，求点 A 的坐标．

1.3　向量的数量积、向量积和混合积
Scalar product, vector product and mixed product of vectors

前两节中已经给出了向量的相关概念及运算．但是在一些工程技术问题中，还会遇到一些关于向量的其他运算．本节将介绍关于向量的三种重要运算，即向量的数量积、向量积和混合积．

1.3.1　向量的数量积

引例 1　恒力做功问题

设有一质点在恒力 $\boldsymbol{F}$ 作用下沿直线从点 A 移动到点 B，求恒力 $\boldsymbol{F}$ 所做的功.

根据物理学的知识，质点的位移为 $\overrightarrow{AB}$，恒力 $\boldsymbol{F}$ 所做的功等于力沿位移方向的分量乘以位移，即

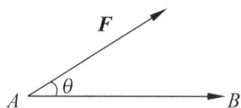

图　1.21

$$W = \mathrm{Prj}_{\overrightarrow{AB}}\boldsymbol{F} \cdot |\overrightarrow{AB}| = |\boldsymbol{F}||\overrightarrow{AB}|\cos\theta,$$

其中 θ 为恒力 $\boldsymbol{F}$ 的方向与位移方向之间的夹角，如图 1.21 所示.

类似的问题很常见，都涉及两个向量的模及夹角的余弦的乘积运算，这就是向量的数量积.

定义 1.8　设有两个向量 $\boldsymbol{a}$ 和 $\boldsymbol{b}$，它们的夹角为 θ，称 $|\boldsymbol{a}||\boldsymbol{b}|\cos\theta$ 为向量 $\boldsymbol{a}$ 与 $\boldsymbol{b}$ 的**数量积**（**scalar product**），也称为**内积**（**inner product**）或**点积**（**dot product**），记作 $\boldsymbol{a}\cdot\boldsymbol{b}$，即

$$\boldsymbol{a}\cdot\boldsymbol{b} = |\boldsymbol{a}||\boldsymbol{b}|\cos\theta.$$

由定义 1.8 知，恒力 $\boldsymbol{F}$ 所做的功 W 为 $\boldsymbol{F}$ 与位移 $\overrightarrow{AB}$ 的内积，即 $W = \boldsymbol{F}\cdot\overrightarrow{AB}$.

易见，两个向量的数量积的结果是一个数，其值与向量的模和夹角有关. 利用定义 1.8 不难验证向量的数量积有如下运算规律：

（1）交换律 $\boldsymbol{a}\cdot\boldsymbol{b} = \boldsymbol{b}\cdot\boldsymbol{a}$；

（2）结合律 $(\lambda\boldsymbol{a})\cdot\boldsymbol{b} = \lambda(\boldsymbol{a}\cdot\boldsymbol{b}) = \boldsymbol{a}\cdot(\lambda\boldsymbol{b})$；

（3）分配律 $(\boldsymbol{a}+\boldsymbol{b})\cdot\boldsymbol{c} = \boldsymbol{a}\cdot\boldsymbol{c} + \boldsymbol{b}\cdot\boldsymbol{c}$；

此外，还有

（4）$\boldsymbol{a}\cdot\boldsymbol{a} = |\boldsymbol{a}|^2$；

（5）$\boldsymbol{a}\perp\boldsymbol{b} \Leftrightarrow \boldsymbol{a}\cdot\boldsymbol{b} = 0$；

（6）$\boldsymbol{a}\cdot\boldsymbol{b} = |\boldsymbol{b}|\mathrm{Prj}_{\boldsymbol{b}}\boldsymbol{a} = |\boldsymbol{a}|\mathrm{Prj}_{\boldsymbol{a}}\boldsymbol{b}\ (\boldsymbol{a},\boldsymbol{b}\neq\boldsymbol{0})$；

（7）$\cos(\widehat{\boldsymbol{a},\boldsymbol{b}}) = \dfrac{\boldsymbol{a}\cdot\boldsymbol{b}}{|\boldsymbol{a}||\boldsymbol{b}|}\ (\boldsymbol{a},\boldsymbol{b}\neq\boldsymbol{0})$.

以上结论请读者自证. 易见，（4）和（7）给出了计算向量的模及向量间夹角的方法.

例 1.6　用向量的数量积证明三角形余弦定理：

$$c^2 = a^2 + b^2 - 2ab\cos C.$$

分析　利用向量的减法、向量的数量积的定义及性质证明.

证　如图 1.22 所示，由 $\boldsymbol{c} = \boldsymbol{a} - \boldsymbol{b}$ 可知

$$\boldsymbol{c}\cdot\boldsymbol{c} = (\boldsymbol{a}-\boldsymbol{b})\cdot(\boldsymbol{a}-\boldsymbol{b}) = \boldsymbol{a}^2 - 2\boldsymbol{a}\cdot\boldsymbol{b} + \boldsymbol{b}^2,$$

所以

$$|\boldsymbol{c}|^2 = |\boldsymbol{a}|^2 - 2|\boldsymbol{a}||\boldsymbol{b}|\cos C + |\boldsymbol{b}|^2,$$

即

$$c^2 = a^2 + b^2 - 2ab\cos C. \qquad 证毕$$

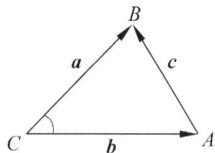

图　1.22

下面给出空间直角坐标系下数量积的坐标表示.

设有向量 $\boldsymbol{a} = a_x\boldsymbol{i} + a_y\boldsymbol{j} + a_z\boldsymbol{k}$，$\boldsymbol{b} = b_x\boldsymbol{i} + b_y\boldsymbol{j} + b_z\boldsymbol{k}$，则

$$\begin{aligned}
\boldsymbol{a}\cdot\boldsymbol{b} &= (a_x\boldsymbol{i} + a_y\boldsymbol{j} + a_z\boldsymbol{k})\cdot(b_x\boldsymbol{i} + b_y\boldsymbol{j} + b_z\boldsymbol{k})\\
&= a_xb_x\boldsymbol{i}\cdot\boldsymbol{i} + a_xb_y\boldsymbol{i}\cdot\boldsymbol{j} + a_xb_z\boldsymbol{i}\cdot\boldsymbol{k} + a_yb_x\boldsymbol{j}\cdot\boldsymbol{i} + a_yb_y\boldsymbol{j}\cdot\boldsymbol{j} + a_yb_z\boldsymbol{j}\cdot\boldsymbol{k} + \\
&\quad a_zb_x\boldsymbol{k}\cdot\boldsymbol{i} + a_zb_y\boldsymbol{k}\cdot\boldsymbol{j} + a_zb_z\boldsymbol{k}\cdot\boldsymbol{k}.
\end{aligned}$$

因为 i,j,k 是两两互相垂直的单位向量,所以有

$$i \cdot i = j \cdot j = k \cdot k = 1, \quad i \cdot j = i \cdot k = j \cdot i = j \cdot k = k \cdot i = k \cdot j = 0.$$

于是

$$a \cdot b = a_x b_x + a_y b_y + a_z b_z. \tag{1.8}$$

式(1.8)表明:两向量的数量积等于它们对应坐标的乘积之和.此外,由式(1.8)不难得到向量的模和夹角的坐标表示公式:

$(4)'\ a \cdot a = |a|^2 = a_x^2 + a_y^2 + a_z^2;$

$(7)'\ \cos(\widehat{a,b}) = \dfrac{a \cdot b}{|a||b|} = \dfrac{a_x b_x + a_y b_y + a_z b_z}{\sqrt{a_x^2 + a_y^2 + a_z^2}\ \sqrt{b_x^2 + b_y^2 + b_z^2}}.$

根据前面的推导,并结合两个向量的夹角公式,有如下定理和推论.

定理 1.2 对于两个给定的向量 $a = (a_x, a_y, a_z)$ 和 $b = (b_x, b_y, b_z)$,向量 a 和 b 的数量积的坐标表示为 $a \cdot b = a_x b_x + a_y b_y + a_z b_z$.

推论 两个给定的向量 $a = (a_x, a_y, a_z)$ 和 $b = (b_x, b_y, b_z)$ 垂直,即 $a \perp b$ 的充分必要条件是 $a_x b_x + a_y b_y + a_z b_z = 0$.

例 1.7 已知向量 $a = (1, -2, 3)$ 和 $b = (2, 3, -1)$,计算:

(1) $a \cdot b$;   (2) a 与 b 的夹角 θ;   (3) a 在 b 上的投影.

分析 利用向量的数量积的定义及性质计算.

解 (1) $a \cdot b = 1 \times 2 + (-2) \times 3 + 3 \times (-1) = -7$.

(2) 由于 $|a| = \sqrt{1^2 + (-2)^2 + 3^2} = \sqrt{14}$,$|b| = \sqrt{2^2 + 3^2 + (-1)^2} = \sqrt{14}$,不难求得

$$\cos\theta = \frac{a \cdot b}{|a||b|} = \frac{-7}{\sqrt{14} \times \sqrt{14}} = -\frac{1}{2}.$$

因为 $\theta \in [0, \pi]$,得 $\theta = \dfrac{2\pi}{3}$.

(3) $\mathrm{Prj}_b a = \dfrac{a \cdot b}{|b|} = \dfrac{-7}{\sqrt{14}} = -\dfrac{\sqrt{14}}{2}$.

例 1.8 设 a, b, c 均为单位向量.若有 $a + b + c = 0$,计算 $a \cdot b + b \cdot c + c \cdot a$.

分析 利用向量的模与数量积的关系公式.

解 由于 $|a| = 1$,$|b| = 1$,$|c| = 1$,且

$$\begin{aligned}
0 &= (a + b + c)^2 = (a + b + c) \cdot (a + b + c) \\
&= a \cdot a + b \cdot b + c \cdot c + 2(a \cdot b + b \cdot c + c \cdot a) \\
&= 3 + 2(a \cdot b + b \cdot c + c \cdot a).
\end{aligned}$$

于是

$$a \cdot b + b \cdot c + c \cdot a = -\frac{3}{2}.$$

例 1.9 设 $a = (1, -1, 1)$,$b = (3, -4, 5)$,$c = a + \lambda b$,问 λ 取何值时,$|c|$ 最小?并证明当 $|c|$ 最小时,$c \perp b$.

分析 利用向量的模与数量积的关系公式.第一个问题是求目标函数 $|c|$ 的极值;第二个问题可利用定理 1.2 的推论证明.

解 令 $f(\lambda)=|c|^2=|a+\lambda b|^2=|a|^2+2\lambda a\cdot b+\lambda^2|b|^2$. 由于 $|a|^2=3$，$|b|^2=50$，$a\cdot b=12$，所以目标函数变为

$$f(\lambda)=3+24\lambda+50\lambda^2.$$

易得驻点方程为 $f'(\lambda)=24+100\lambda=0$，唯一驻点为 $\lambda=-\dfrac{6}{25}$，而 $f''(\lambda)=100>0$，故 $\lambda=-\dfrac{6}{25}$ 是 $f(\lambda)$ 的唯一极小值点. 因此当 $\lambda=-\dfrac{6}{25}$ 时，$f(\lambda)$ 最小，此时 $|c|$ 也最小，且有

$$c=a-\frac{6}{25}b=\left(\frac{7}{25},-\frac{1}{25},-\frac{5}{25}\right).$$

由于

$$c\cdot b=\frac{7}{25}\times 3-\frac{1}{25}\times(-4)-\frac{5}{25}\times 5=0,$$

故 $c\perp b$.

1.3.2 向量的向量积

引例 2 杠杆的力矩

如图 1.23 所示，设 O 为杠杆 L 的支点，有常力 F 作用于杠杆上的点 P 处，$\overrightarrow{OP}$ 与常力 F 的夹角为 θ. 求常力 F 对支点 O 产生的力矩 M.

由物理学知识知道，常力 F 对支点 O 产生的力矩 M 是一个向量，它的模为

$$|M|=|OQ||F|=|\overrightarrow{OP}||F|\sin\theta,$$

方向垂直于 $\overrightarrow{OP}$ 与 F 所决定的平面，并且按照右手法则从 $\overrightarrow{OP}$ 转向常力 F（夹角不超过 π），大拇指的指向即为力矩的指向 M，如图 1.24 所示.

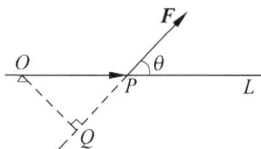

图 1.23

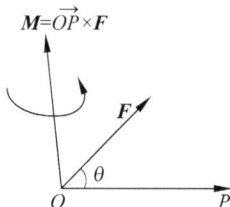

图 1.24

力矩的这种运算规则在其他应用问题中（如数学、物理、力学、工程等学科领域）会经常遇到，因此有必要对向量的这种运算抽象出其数学定义. 下面给出两个向量 a 与 b 的向量积的定义.

定义 1.9 若两个向量 a 与 b 按照如下条件确定了向量 c，

（1）向量 c 的模为

$$|c|=|a||b|\sin(\widehat{a,b});$$

（2）向量 c 的方向垂直于向量 a 与 b 所在的平面（既垂直于 a，又垂直于 b），且向量 c 的正方向按照右手法则从向量 a 转向 b 来确定，如图 1.25 所示，则称向量 c 为向量 a 和 b 的**向量积**（vector product），记作 $a\times b$，即

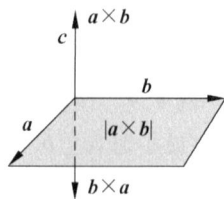

图 1.25

$$c = a \times b.$$

通常，a 与 b 的向量积也称**外积**（**outer product**）或**叉积**（**cross product**）.

由向量积的定义可知，向量 c 的模等于以 a，b 为邻边的平行四边形的面积. 进一步地，利用向量积的定义不难验证如下的性质和运算规律：

(1) $a \times a = 0$；

(2) $a /\!/ b \Leftrightarrow a \times b = 0$；

(3) 反交换律 $a \times b = -b \times a$；

(4) 分配律 $(a+b) \times c = a \times c + b \times c$；

(5) 结合律 $\lambda(a \times b) = (\lambda a) \times b = a \times (\lambda b)$（$\lambda$ 为实数）.

证 (1) $|a \times a| = |a|^2 \sin 0 = 0$，模为 0 的向量即为零向量.

(2) 当 a，b 之一为零向量时，必有 $|a \times b| = 0$；若 $a /\!/ b$，当 a，b 均为非零向量时，a 与 b 的夹角为 0 或 π，则 $\sin(\widehat{a,b}) = 0$，故 $|a \times b| = |a||b|\sin(\widehat{a,b}) = 0$，故两种情况均有 $a \times b = 0$.

反之，若 $a \times b = 0$，则 $a = 0$ 或者 $b = 0$ 或者 $\sin(\widehat{a,b}) = 0$，对于这些情形，均有 $a /\!/ b$.

(3) 若 $a /\!/ b$，由(2)知，$a \times b$ 和 $b \times a$ 都是零向量，故 $a \times b = -b \times a$ 成立.

若 a 与 b 不平行，则 $|a \times b| = |a||b||\sin(\widehat{a,b})| = |b||a||\sin(\widehat{b,a})| = |b \times a|$，即 $a \times b$ 和 $b \times a$ 的模相等；根据右手法则，$a \times b$ 与 $b \times a$ 虽然都垂直于 a，b 所在平面，但是方向相反，故 $a \times b = -b \times a$，如图 1.25 所示. 证毕

(4)、(5)的证明从略.

下面给出在空间直角坐标系下向量积的坐标表示.

设 $a = a_x i + a_y j + a_z k$，$b = b_x i + b_y j + b_z k$，则

$$a \times b = (a_x i + a_y j + a_z k) \times (b_x i + b_y j + b_z k)$$
$$= a_x b_x i \times i + a_x b_y i \times j + a_x b_z i \times k + a_y b_x j \times i + a_y b_y j \times j + a_y b_z j \times k +$$
$$a_z b_x k \times i + a_z b_y k \times j + a_z b_z k \times k.$$

因为 i，j 和 k 是两两互相垂直的单位向量，如图 1.26 所示，所以有

$$i \times i = j \times j = k \times k = 0; \quad i \times j = k, \quad j \times k = i, \quad k \times i = j;$$
$$j \times i = -k, \quad k \times j = -i, \quad i \times k = -j.$$

故

$$a \times b = (a_y b_z - a_z b_y)i + (a_z b_x - a_x b_z)j + (a_x b_y - a_y b_x)k. \quad (1.9)$$

为了便于记忆，可将式(1.9)写成行列式的形式，因此有如下定理.

图 1.26

定理 1.3 对于两个给定的向量 $a = (a_x, a_y, a_z)$ 和 $b = (b_x, b_y, b_z)$，它们的向量积 $a \times b$ 的坐标表示为

$$a \times b = \begin{vmatrix} a_y & a_z \\ b_y & b_z \end{vmatrix} i + \begin{vmatrix} a_z & a_x \\ b_z & b_x \end{vmatrix} j + \begin{vmatrix} a_x & a_y \\ b_x & b_y \end{vmatrix} k, \quad (1.10)$$

或记作

$$a \times b = \begin{vmatrix} i & j & k \\ a_x & a_y & a_z \\ b_x & b_y & b_z \end{vmatrix}. \quad (1.10)'$$

进一步地，由向量积的坐标表示，仍可得到式(1.4)，即如下的推论.

推论 两个非零向量 $a = (a_x, a_y, a_z)$ 和 $b = (b_x, b_y, b_z)$ 平行，即 $a /\!/ b$ 的充分必要条件是

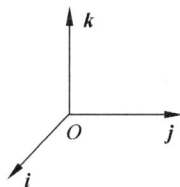

$$\frac{a_x}{b_x} = \frac{a_y}{b_y} = \frac{a_z}{b_z}.$$

事实上,由式(1.9)可知,$\boldsymbol{a} \times \boldsymbol{b} = \boldsymbol{0}$ 等价于该向量的各分量均为零,即

$$a_y b_z - a_z b_y = 0, \quad a_z b_x - a_x b_z = 0, \quad a_x b_y - a_y b_x = 0,$$

于是有 $\frac{a_x}{b_x} = \frac{a_y}{b_y} = \frac{a_z}{b_z}$. 需要说明的是,当 b_x, b_y, b_z 中出现零时,约定相应的分子也为零,即若 $b_x = 0$,则规定 $a_x = 0$,且有 $\frac{0}{0} = \frac{a_y}{b_y} = \frac{a_z}{b_z}$.

例 1.10　求同时垂直于向量 $\boldsymbol{a} = (2, -1, 3)$ 与 $\boldsymbol{b} = (2, 2, 1)$ 的单位向量 $\boldsymbol{e}$.

分析　先利用向量的向量积公式(1.10)求出向量,再将其单位化,但要注意其方向.

解　由向量的向量积公式(1.10)可得

$$\boldsymbol{c} = \boldsymbol{a} \times \boldsymbol{b} = \begin{vmatrix} -1 & 3 \\ 2 & 1 \end{vmatrix} \boldsymbol{i} + \begin{vmatrix} 3 & 2 \\ 1 & 2 \end{vmatrix} \boldsymbol{j} + \begin{vmatrix} 2 & -1 \\ 2 & 2 \end{vmatrix} \boldsymbol{k} = -7\boldsymbol{i} + 4\boldsymbol{j} + 6\boldsymbol{k},$$

$$|\boldsymbol{c}| = \sqrt{(-7)^2 + 4^2 + 6^2} = \sqrt{101}.$$

于是,同时垂直于 $\boldsymbol{a}$ 与 $\boldsymbol{b}$ 的单位向量有两个,即 $\boldsymbol{e} = \pm \frac{1}{\sqrt{101}}(-7, 4, 6)$.

例 1.11　设 $\triangle ABC$ 三个顶点的坐标分别为 $A(1,3,5), B(2,4,7), C(2,5,8)$. 计算下列问题:

(1) $\sin\angle BAC$;　　(2) $\triangle ABC$ 的面积;　　(3) BC 边上的高 h.

分析　利用向量积的定义及向量积的坐标表示式(1.10)′.

解　容易求得,$\overrightarrow{AB} = (1,1,2), \overrightarrow{AC} = (1,2,3), \overrightarrow{BC} = (0,1,1)$. 于是,$|\overrightarrow{AB}| = \sqrt{6}, |\overrightarrow{AC}| = \sqrt{14}, |\overrightarrow{BC}| = \sqrt{2}$,并且由向量的向量积公式(1.10)′可得

$$\overrightarrow{AB} \times \overrightarrow{AC} = \begin{vmatrix} \boldsymbol{i} & \boldsymbol{j} & \boldsymbol{k} \\ 1 & 1 & 2 \\ 1 & 2 & 3 \end{vmatrix} = -\boldsymbol{i} - \boldsymbol{j} + \boldsymbol{k}.$$

因此

(1) $\sin\angle BAC = \dfrac{|\overrightarrow{AB} \times \overrightarrow{AC}|}{|\overrightarrow{AB}||\overrightarrow{AC}|} = \dfrac{\sqrt{3}}{\sqrt{6} \times \sqrt{14}} = \dfrac{\sqrt{7}}{14}$;

(2) $\triangle ABC$ 的面积为

$$S_{\triangle ABC} = \frac{1}{2}|\overrightarrow{AB} \times \overrightarrow{AC}| = \frac{1}{2}\sqrt{(-1)^2 + (-1)^2 + 1^2} = \frac{\sqrt{3}}{2};$$

(3) BC 边上的高为

$$h = \frac{2S_{\triangle ABC}}{|\overrightarrow{BC}|} = 2 \times \frac{\sqrt{3}}{2} \times \frac{1}{\sqrt{2}} = \frac{\sqrt{6}}{2}.$$

1.3.3　向量的混合积

引例 3　平行六面体的体积

已知三个不共面的向量 $\boldsymbol{a}, \boldsymbol{b}$ 和 $\boldsymbol{c}$,求以这三个向量为棱的平行六面体的体积 V.

我们已经知道,平行六面体的体积 V 等于底面积 S 乘以高 h,即 $V=Sh$,如图 1.27 所示.由向量的向量积的性质可知,平行六面体的底面积等于 $a \times b$ 的模,即 $S=|a \times b|$;由向量的数量积的定义可知,平行六面体的高 h 等于向量 c 在向量 $f=a \times b$ 上的投影的绝对值,即 $h=|\text{Prj}_f c|=|c||\cos\alpha|$.因此平行六面体的体积为

$$V=Sh=|a \times b||c||\cos\alpha|.$$

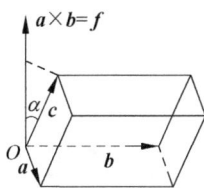

图 1.27

易见,平行六面体的体积也可以表示为 $V=|(a \times b) \cdot c|$.事实上,这也是向量的一类重要运算,即向量的**混合积**(mixed product).

定义 1.10 对于三个给定的向量 a,b 和 c,若先作两个向量 a 和 b 的向量积 $a \times b$,把所得的向量与向量 c 再作数量积 $(a \times b) \cdot c$,如此得到的数值称为向量 a,b 和 c 的**混合积**,记作 $[a,b,c]$,即 $[a,b,c]=(a \times b) \cdot c$.

由引例 3 并结合定义 1.10 可知,向量的混合积的几何意义是:$[a,b,c]$ 的绝对值表示以向量 a,b 和 c 为相邻棱的平行六面体的体积.

定理 1.4 对于三个给定的向量 $a=(a_x,a_y,a_z)$,$b=(b_x,b_y,b_z)$ 和 $c=(c_x,c_y,c_z)$,它们的混合积的坐标表示为

$$[a,b,c]=(a \times b) \cdot c=\begin{vmatrix} a_x & a_y & a_z \\ b_x & b_y & b_z \\ c_x & c_y & c_z \end{vmatrix}. \tag{1.11}$$

推论 向量 a、b 和 c 共面的充分必要条件是:它们的混合积 $[a,b,c]=0$.

例 1.12 已知四个给定的点的坐标分别为 $A(-1,2,4)$,$B(1,1,3)$,$C(4,1,0)$ 和 $D(2,4,5)$.判别这四个点是否共面? 若不共面,求出以这四个点为顶点的四面体的体积 V.

分析 先写出四个点组成的向量 $\overrightarrow{AB},\overrightarrow{AC},\overrightarrow{AD}$;再利用定理 1.4 的推论判断它们是否共面;若不共面,利用定理 1.4 计算四面体的体积.

解 易见

$$\overrightarrow{AB}=(1-(-1),1-2,3-4)=(2,-1,-1),$$
$$\overrightarrow{AC}=(4-(-1),1-2,0-4)=(5,-1,-4),$$
$$\overrightarrow{AD}=(2-(-1),4-2,5-4)=(3,2,1).$$

由式(1.11)可得

$$[\overrightarrow{AB},\overrightarrow{AC},\overrightarrow{AD}]=\begin{vmatrix} 2 & -1 & -1 \\ 5 & -1 & -4 \\ 3 & 2 & 1 \end{vmatrix}=18 \neq 0.$$

由定理 1.4 的推论知,这四个点不共面.由于以这四个点为顶点的四面体的体积等于以向量 $\overrightarrow{AB},\overrightarrow{AC},\overrightarrow{AD}$ 为棱边的平行六面体体积的六分之一,因此有

$$V=\frac{1}{6}|[\overrightarrow{AB},\overrightarrow{AC},\overrightarrow{AD}]|=3.$$

习 题 1.3

思 考 题

1. 向量的数量积、向量积和混合积的运算特点是什么？

2. 等式 $|a|a=a$ 和 $(a \cdot b)^2=a^2 b^2$ 是否成立？说明理由.

3. 若 $a \neq 0$，能否由 $a \cdot b=a \cdot c$ 或 $a \times b=a \times c$ 推出 $b=c$？说明理由.

A 类题

1. 设向量 $a=(1,1,-4)$，$b=(2,-2,1)$.计算下列各题：

(1) $a \cdot b$；　　　　(2) a 与 b 的夹角；　　　　(3) $\mathrm{Prj}_a b$.

2. 求下列给定的向量的数量积 $a \cdot b$、向量积 $a \times b$ 及 $\cos(\widehat{a,b})$：

(1) $a=(1,2,3)$，$b=(1,-1,0)$；　　　(2) $a=(3,2,-1)$，$b=3a$；

(3) $a=3c+d$，$b=c-2d$，其中 $c=(1,2,1)$，$d=(2,-1,2)$.

3. 设 $|a|=5$，$|b|=2$，$(\widehat{a,b})=\dfrac{\pi}{3}$，计算下列各题：

(1) $|(2a-3b)\times(a+2b)|$；　　　　(2) $(2a-3b)\cdot(2a-3b)$.

4. 在 xOy 坐标面内求一单位向量，使其与向量 $r=(-2,1,3)$ 垂直.

5. 已知平行四边形 $ABCD$ 的两条边对应的向量分别为 $\overrightarrow{AB}=(2,1,4)$ 和 $\overrightarrow{AD}=(3,2,2)$，求平行四边形的面积.

6. 已知向量 $a=2i-j+k$ 和 $b=i+2j-k$，求同时垂直于向量 a 和 b 的单位向量 e.

B 类题

1. 求与向量 $a=2i-j+2k$ 共线，且满足方程 $a \cdot r=-18$ 的单位向量 r。

2. 设 $|a|=1$，$|b|=5$，$a \cdot b=-3$，求 $|a \times b|$.

3. 已知向量 $a=2i-3j+k$，$b=i-j+3k$ 和 $c=i-2j$，计算下列各题：

(1) $(a \cdot b)c-(a \cdot c)b$；　　　(2) $(a+b)\times(b+c)$；　　　(3) $(a \times b)\cdot c$.

4. 化简下列运算：

(1) $(2a+b)\times(a+5b)$；　　　(2) $[a+b+2c,2a+b-c,a+5b+c]$.

1.4 平面及其方程
Planes and their equations

在空间直角坐标系下，前面几节给出了空间中的点与有序实数、与向量的一一对应关系，并给出了向量及其运算的坐标表示，实现了向量的代数化.由于空间中的几何图形均可视为点运动的轨迹，接下来的几节将建立点的轨迹与方程的对应关系，将几何问题转化为研究其对应方程的代数问题,从而用代数方法研究几何图形的性质和特征.

本节将以向量为工具,介绍平面及其方程.

1.4.1 平面方程

1. 平面的点法式方程

设 π 是空间中的一个平面,n 是一个非零向量,若向量 n 与平面 π 垂直,则称向量 n 为该平面的**法向量**.若已知平面的法向量 $n=(A,B,C)$ 以及平面内的一点 $M_0(x_0,y_0,z_0)$,则该平面被唯一确定.

为建立平面 π 的方程,在平面内任取一点 $M(x,y,z)$,则有 $\overrightarrow{M_0M}\perp n$,即 $\overrightarrow{M_0M}\cdot n=0$,如图 1.28 所示.易知,$\overrightarrow{M_0M}=(x-x_0,y-y_0,z-z_0)$,所以

$$A(x-x_0)+B(y-y_0)+C(z-z_0)=0. \tag{1.12}$$

由点 M 的任意性可知,平面 π 上任一点的坐标都满足方程 (1.12);而以方程(1.12)的解 (x,y,z) 为坐标的点与 M_0 连线,则它们显然垂直于法向量 n,即满足方程(1.12)的任一点都在平面 π 上.总之,若平面和方程满足这样的关系,就称方程是平面的方程,而平面为方程的图形.像这样由一点和法向量确定的平面方程称为平面的**点法式方程**.

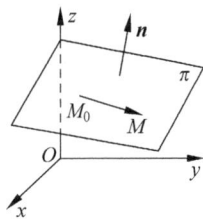

图 1.28

例 1.13 求过点 $(2,1,-3)$ 且与平面 $3(x-1)+5(y+2)+2(z-2)=0$ 平行的平面方程.

分析 两个平行的平面有相同的法向量,可利用平面的点法式方程求解.

解 易见,平面 $3(x-1)+5(y+2)+2(z-2)=0$ 的法向量为 $n=(3,5,2)$,因为所求平面与已知平面平行,故所求平面的法向量也是 n,利用平面的点法式方程(1.12),所求平面方程为

$$3(x-2)+5(y-1)+2(z+3)=0, \quad 即 \quad 3x+5y+2z=5.$$

2. 平面的一般方程

将平面的点法式方程(1.12)变形,整理得 $Ax+By+Cz-(Ax_0+By_0+Cz_0)=0$,若令 $-Ax_0-By_0-Cz_0=D$,则有

$$Ax+By+Cz+D=0. \tag{1.13}$$

方程(1.13)称为**平面的一般方程**,它是一个关于变量 x,y,z 的三元一次方程.事实上,空间中的平面与三元一次方程具有一一对应关系.

关于平面的一般方程(1.13)的几点说明.

(1) 若平面通过原点,将 $(0,0,0)$ 代入方程(1.13),得 $D=0$,所以,过原点的平面方程为 $Ax+By+Cz=0$.

(2) 若平面平行于坐标轴,如:①若平面 π 平行于 x 轴,则平面的法向量 $n=(A,B,C)$ 与 x 轴的单位向量 $i=(1,0,0)$ 垂直,故 $n\cdot i=0$,即 $A\cdot 1+B\cdot 0+C\cdot 0=0$,所以 $A=0$,故平行于 x 轴的平面方程为 $By+Cz+D=0$;②平行于 y 轴的平面方程为 $Ax+Cz+D=0$;③平行于 z 轴的平面方程为 $Ax+By+D=0$.特别地,若平面过坐标轴,则在上述平行坐标

轴的平面方程中,$D=0$.

(3) 若平面平行于坐标面,也即垂直于某个坐标轴,如:①若平面平行于 xOy 面,即平面垂直于 z 轴,故该平面的法向量可取与 z 轴平行的任一非零向量 $(0,0,C)$,因此平面方程为 $Cz+D=0$,即 $z=-D/C$;②平行于 yOz 坐标面(即垂直于 x 轴)的平面方程为 $Ax+D=0$;③平行于 zOx 坐标面(即垂直于 y 轴)的平面方程为 $By+D=0$.

为了便于记忆,列成表 1.3.

表 1.3　一些特殊的平面及其方程

过原点的平面		$Ax+By+Cz=0$
平行于坐标轴的平面	平行于 x 轴	$By+Cz+D=0$
	平行于 y 轴	$Ax+Cz+D=0$
	平行于 z 轴	$Ax+By+D=0$
平行于坐标面的平面	平行于 xOy 坐标面	$Cz+D=0$
	平行于 yOz 坐标面	$Ax+D=0$
	平行于 zOx 坐标面	$By+D=0$

例 1.14　求过 y 轴和点 $(-3,2,1)$ 的平面方程.

分析　根据已知条件列出方程,参见表 1.3.

解　因平面过 y 轴,故可设平面方程为 $Ax+Cz=0$.将 $(-3,2,1)$ 代入方程,得 $C=3A$,故所求方程为 $x+3z=0$.

例 1.15　画出下列平面的草图,并指出它们的特点:

(1) $2x+z=2$;　　　(2) $y=5$;　　　(3) $y-2z=0$.

分析　与表 1.3 对照,可以找出对应的特点.

解　(1) $2x+z=2$,方程中不含 y 项,因此,此平面平行于 y 轴,如图 1.29(a) 所示.

(2) $y=5$ 表示过点 $(0,5,0)$,且垂直于 y 轴的平面,如图 1.29(b) 所示.

(3) $y-2z=0$,方程中不含 x 项及常数项,所以该平面过 x 轴,如图 1.29(c) 所示.该平面与 yOz 坐标面的交线在平面直角坐标系 yOz 中的方程为 $y=2z$.

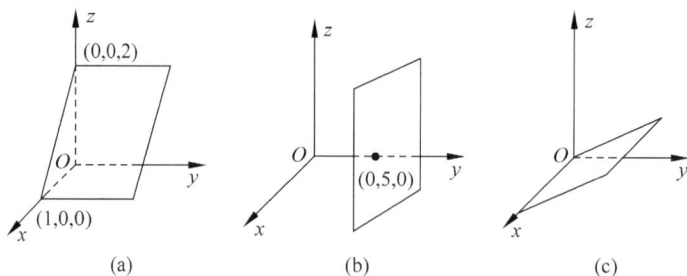

图　1.29

例 1.16　求过三个点 $A(1,2,3),B(0,1,2),C(2,4,4)$ 的平面方程.

分析　不在同一直线上的三点可以确定一个平面.先确定两个向量,利用向量积确定平面的法向量,然后利用平面的点法式方程求解.此题也可以利用平面的一般方程求解.

解　法一　容易求得,向量 $\overrightarrow{AB}=(-1,-1,-1)$ 和 $\overrightarrow{AC}=(1,2,1)$,它们都在平面内.平

面的法向量可由向量积 $\overrightarrow{AB}\times\overrightarrow{AC}$ 求得,即

$$\overrightarrow{AB}\times\overrightarrow{AC}=\begin{vmatrix} \boldsymbol{i} & \boldsymbol{j} & \boldsymbol{k} \\ -1 & -1 & -1 \\ 1 & 2 & 1 \end{vmatrix}=\boldsymbol{i}+0\boldsymbol{j}-\boldsymbol{k}=(1,0,-1).$$

因此,过点 $A(1,2,3)$ 的平面方程为

$$(x-1)+0(y-2)-(z-3)=0,\quad\text{即}\quad x-z=-2.$$

法二　设平面的一般方程为 $Ax+By+Cz+D=0$,其中 A,B,C,D 是待定系数.由于过三个点 $A(1,2,3),B(0,1,2),C(2,4,4)$,将它们代入到一般方程,得如下方程组

$$\begin{cases} A+2B+3C+D=0, \\ B+2C+D=0, \\ 2A+4B+4C+D=0. \end{cases}$$

解之得 $A=-C,B=0,D=-2C$.于是得到平面方程为 $x-z=-2$.

例 1.17　设平面与 x 轴、y 轴、z 轴分别交于 $P(a,0,0),Q(0,b,0),R(0,0,c)$ 三点,如图 1.30 所示,其中 a,b,c 均不等于零,求该平面的方程.

分析　将这三点坐标代入到平面的一般方程(1.13)即可.

解　将这三点坐标代入到平面的一般方程(1.13)中,得

$$aA+D=0,\quad bB+D=0,\quad cC+D=0,$$

解得

$$A=-\frac{D}{a},\quad B=-\frac{D}{b},\quad C=-\frac{D}{c}.$$

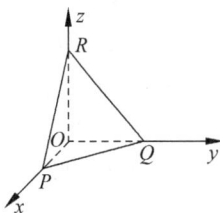

图 1.30

将解代入方程(1.13),并约去 D,得

$$\frac{x}{a}+\frac{y}{b}+\frac{z}{c}=1. \tag{1.14}$$

方程(1.14)称为平面的**截距式方程**,其中 a,b,c 分别称为平面在 x 轴,y 轴,z 轴上的截距.

1.4.2　空间中点与平面的位置关系

空间中的点与平面的位置关系有两种:点在平面内或者点在平面外.若点在平面内,则点的坐标满足平面方程;若点在平面外,则需要研究点到平面的距离.

设点 $P(x_0,y_0,z_0)$ 是平面 π 外一点,如图 1.31 所示,点 $M(x_1,y_1,z_1)$ 是平面 π 内任意一点,则点 P 到平面 π 的距离 d 恰为 $\overrightarrow{MP}$ 在法向量 $\boldsymbol{n}$ 上投影的绝对值,即 $d=|\operatorname{Prj}_{\boldsymbol{n}}\overrightarrow{MP}|$.若平面 π 的方程为 $Ax+By+Cz+D=0$,根据向量的数量积的性质,有

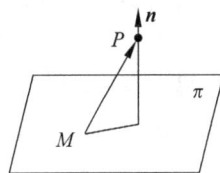

图 1.31

$$d=|\operatorname{Prj}_{\boldsymbol{n}}\overrightarrow{MP}|=\frac{|\boldsymbol{n}\cdot\overrightarrow{MP}|}{|\boldsymbol{n}|}=\frac{|A(x_0-x_1)+B(y_0-y_1)+C(z_0-z_1)|}{\sqrt{A^2+B^2+C^2}}$$

$$=\frac{|Ax_0+By_0+Cz_0-Ax_1-By_1-Cz_1|}{\sqrt{A^2+B^2+C^2}}.$$

因点 $M(x_1,y_1,z_1)$ 在平面 π 上,故 $Ax_1+By_1+Cz_1+D=0$,即 $Ax_1+By_1+Cz_1=-D$,

于是有

$$d = \frac{|Ax_0 + By_0 + Cz_0 + D|}{\sqrt{A^2 + B^2 + C^2}}. \tag{1.15}$$

公式(1.15)为点到平面的距离公式.

例 1.18 求点$(1,3,2)$到平面 $7x-4y+4z+12=0$ 的距离.

分析 利用点到平面的距离公式(1.15)计算.

解 由式(1.15),得

$$d = \frac{|7 \times 1 - 4 \times 3 + 4 \times 2 + 12|}{\sqrt{7^2 + (-4)^2 + 4^2}} = \frac{5}{3}.$$

1.4.3 平面与平面的位置关系

两个平面的位置关系有相交、平行和重合. 设它们的方程分别为

$$\pi_1: A_1x + B_1y + C_1z + D_1 = 0, \quad \pi_2: A_2x + B_2y + C_2z + D_2 = 0.$$

因平面与三元一次方程具有一一对应关系,所以,当两平面重合时,它们对应的是同一个方程. 易见两平面的法向量分别为 $\boldsymbol{n}_1 = (A_1, B_1, C_1)$ 和 $\boldsymbol{n}_2 = (A_2, B_2, C_2)$,当两平面平行且不重合时,$\boldsymbol{n}_1 \times \boldsymbol{n}_2 = \boldsymbol{0}$,有如下定理.

定理 1.5 两平面平行,即 $\pi_1 /\!/ \pi_2$ 的充分必要条件是

$$\frac{A_1}{A_2} = \frac{B_1}{B_2} = \frac{C_1}{C_2} \neq \frac{D_1}{D_2}.$$

当两平面垂直时,$\boldsymbol{n}_1 \cdot \boldsymbol{n}_2 = 0$,有如下定理.

定理 1.6 两平面垂直,即 $\pi_1 \perp \pi_2$ 的充分必要条件是

$$A_1A_2 + B_1B_2 + C_1C_2 = 0.$$

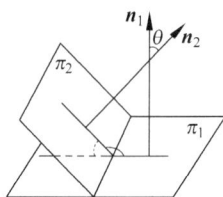

图 1.32

当两平面相交时,两平面的夹角定义为这两个平面的法向量所夹的锐角,如图1.32所示,用 θ 表示 $\left(0 < \theta \leqslant \dfrac{\pi}{2}\right)$. 根据向量的数量积的定义,计算两平面的夹角问题可转化为计算其法向量间的夹角,于是有

$$\cos\angle(\pi_1, \pi_2) = \cos\theta = \frac{|\boldsymbol{n}_1 \cdot \boldsymbol{n}_2|}{|\boldsymbol{n}_1||\boldsymbol{n}_2|} = \frac{|A_1A_2 + B_1B_2 + C_1C_2|}{\sqrt{A_1^2 + B_1^2 + C_1^2}\sqrt{A_2^2 + B_2^2 + C_2^2}}. \tag{1.16}$$

例 1.19 求平面 $2x-y+z+2=0$ 与平面 $x+y+2z+5=0$ 的夹角.

分析 根据两平面的夹角公式(1.16)计算.

解 易见,两平面的法向量分别为 $\boldsymbol{n}_1 = (2, -1, 1)$ 和 $\boldsymbol{n}_2 = (1, 1, 2)$.
由式(1.16),得

$$\cos\theta = \frac{|2 \times 1 + (-1) \times 1 + 1 \times 2|}{\sqrt{2^2 + (-1)^2 + 1^2}\sqrt{1^2 + 1^2 + 2^2}} = \frac{1}{2},$$

所以,这两个平面的夹角为 $\theta = \dfrac{\pi}{3}$.

例 1.20 已知一平面通过两点 $P_1(1,-2,0)$,$P_2(3,0,1)$,且与平面 $2x+y+2z+3=0$ 垂直,求该平面的方程.

分析 可以假设平面的一般方程为 $Ax+By+Cz+D=0$,然后利用已知条件列出方程组,进而求出待定系数 A,B,C,D. 此外,也可以用向量的向量积求解.

解　法一　设平面的一般方程为 $Ax+By+Cz+D=0$. 由于该平面通过两点 $P_1(1,-2,0)$, $P_2(3,0,1)$, 所以有 $A-2B+D=0$ 和 $3A+C+D=0$. 又因为所求平面与平面 $2x+y+2z+3=0$ 垂直, 它们的法向量的数量积为零, 即 $2A+B+2C=0$.

综上, 得到关于待定系数 A,B,C,D 的线性方程组为

$$\begin{cases} A-2B+D=0, \\ 3A+C+D=0, \\ 2A+B+2C=0, \end{cases}$$

解得 $A=-\dfrac{3}{2}C, B=C, D=\dfrac{7}{2}C$. 将其代入方程 $Ax+By+Cz+D=0$, 并约去 C, 得

$$3x-2y-2z-7=0.$$

法二　设所求平面的法向量为 $\boldsymbol{n}=(A,B,C)$. 易见, 向量 $\overrightarrow{P_1P_2}=(2,2,1)$.

由于所求平面的法向量 $\boldsymbol{n}$ 与该平面内的向量 $\overrightarrow{P_1P_2}$ 垂直, 又与平面 $2x+y+2z+3=0$ 的法向量 $\boldsymbol{n}_1=(2,1,2)$ 垂直, 所以有

$$\boldsymbol{n}=\overrightarrow{P_1P_2}\times\boldsymbol{n}_1=\begin{vmatrix} \boldsymbol{i} & \boldsymbol{j} & \boldsymbol{k} \\ 2 & 2 & 1 \\ 2 & 1 & 2 \end{vmatrix}=3\boldsymbol{i}-2\boldsymbol{j}-2\boldsymbol{k}=(3,-2,-2).$$

因此, 平面的点法式方程为 $3(x-1)-2(y+2)-2z=0$, 即 $3x-2y-2z-7=0$.

例 1.21　求与平面 $6x+3y+2z+12=0$ 平行, 且使点 $(0,2,-1)$ 与这两个平面的距离相等的平面方程.

分析　与已知平面平行的平面方程可假设为 $6x+3y+2z+D=0$, 再利用点到平面的距离公式 (1.15) 求解.

解　设所求平面方程为 $6x+3y+2z+D=0$. 又因为点 $(0,2,-1)$ 与这两个平面的距离相等, 所以有

$$\frac{|0+6-2+12|}{\sqrt{6^2+3^2+2^2}}=\frac{|0+6-2+D|}{\sqrt{6^2+3^2+2^2}},$$

解之得, $D=-20$. 于是所求平面方程为 $6x+3y+2z-20=0$.

习　题　1.4

思　考　题

1. 平面的点法式方程、一般式方程及截距式方程是如何相互转化的?

2. 讨论当平面方程 $Ax+By+Cz+D=0$ 的各参数 A,B,C,D 中至少有一个为零时, 对应的平面各有什么特点?

3. 如何判断两个平面的位置关系?

Ⓐ 类题

1. 按照下列条件求平面的方程:

(1) 过三点 A(1,1,−1),B(2,−1,3)和 C(3,3,1);

(2) 过点 A(1,−3,3)和点 B(2,5,3)且垂直于 $x+y-z=0$;

(3) 过点(−1,2,−3)和 y 轴;

(4) 过点(−1,2,−3),且平行于 yOz 坐标面;

(5) 过点(1,2,3),且平行于平面 $2x-2y+z=5$.

2. 求下列平面之间夹角的余弦:

(1) 平面 $x-3y+2z=4$ 与坐标面 xOy,yOz,zOx;

(2) 平面 $x+y+z=1$ 和平面 $3x-y-z=3$.

3. 求点(1,2,4)到平面 $x-2y+2z=3$ 的距离.

4. 求一平面垂直且平分点(1,−3,3)和点(2,5,3)的连线段.

Ⓑ 类题

1. 按照下列条件求平面的方程:

(1) 过点 $P(-2,0,4)$ 且与两平面 $2x+y-z=0,x+3y+1=0$ 都垂直;

(2) 过点 A(1,3,3)和点 B(2,5,3),且与 yOz 坐标面夹角为 $\theta=\dfrac{\pi}{4}$.

2. 求与平面 $8x+y+2z+5=0$ 平行且与三个坐标平面所构成的四面体体积为 1 的平面方程.

3. 设平面的截距式方程为 $\dfrac{x}{a}+\dfrac{y}{b}+\dfrac{z}{c}=1,d$ 为原点到该平面的距离,证明:

$$\frac{1}{a^2}+\frac{1}{b^2}+\frac{1}{c^2}=\frac{1}{d^2}.$$

4. 求平面 $2x-y+z=7$ 与 $x+y+2z=11$ 所构成的两个二面角的角平分面的平面方程.

Ⓔ1.5　空间直线及其方程
Spatial lines and their equations

在空间解析几何中,由于问题给定的条件不同,空间直线方程的表示形式也有所不同. 本节将首先给出直线的一般方程、点向式(对称式)方程、参数式方程、两点式方程;然后讨论点、直线、平面之间的位置关系.

1.5.1　空间直线方程

1. 直线的一般方程

在空间直角坐标系中,已知两个平面的方程分别为

$$\pi_1:A_1x+B_1y+C_1z+D_1=0 \quad 和 \quad \pi_2:A_2x+B_2y+C_2z+D_2=0.$$

如果两个平面相交(它们的法向量的分量不是对应成比例,即 $A_1:B_1:C_1\neq A_2:B_2:C_2$),如图 1.33 所示,则它们的交线 L 为直线,方程为

$$\begin{cases} A_1x+B_1y+C_1z+D_1=0,\\ A_2x+B_2y+C_2z+D_2=0, \end{cases} \quad (1.17)$$

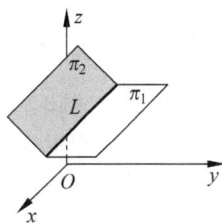

称其为空间直线的**一般方程**.

图 1.33

2. 直线的点向式方程

由平面解析几何的知识可知,在平面直角坐标系中的直线方程有点斜式的表示形式,即过一点且已知直线的斜率就能写出该直线的方程. 在空间直角坐标系中,若已知直线 L 通过定点 $M_0(x_0,y_0,z_0)$,且与非零向量 $s=(m,n,p)$ 平行,则该直线被唯一确定,如图 1.34 所示,称向量 s 为直线 L 的**方向向量**(direction vector). 显然,与该直线平行的向量都可以作为它的方向向量.

在 L 上任取一点 $M(x,y,z)$,作向量 $\overrightarrow{M_0M}=(x-x_0,y-y_0,z-z_0)$,则 $\overrightarrow{M_0M}/\!/s$,由定理 1.3 的推论得

$$\frac{x-x_0}{m}=\frac{y-y_0}{n}=\frac{z-z_0}{p}. \quad (1.18)$$

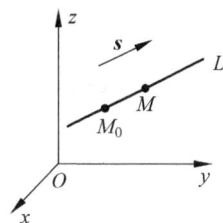

图 1.34

反之,若点 $M(x,y,z)$ 的坐标满足式(1.18),则 $\overrightarrow{M_0M}/\!/s$,因 M_0 点在直线 L 上,故 M 点也在直线 L 上. 因此式(1.18)是直线 L 的方程,称为直线的**点向式方程**,也称为直线的**对称式方程**或标准方程.

注 因为 s 是非零向量,故其分量 m,n 和 p 不能同时为零,若其中某个分量为零时,如前所述,则规定对应的分子为零,例如,$m=0$,则 $x-x_0=0$,直线的标准方程为

$$\frac{x-x_0}{0}=\frac{y-y_0}{n}=\frac{z-z_0}{p},$$

即

$$\begin{cases} x-x_0=0,\\ \dfrac{y-y_0}{n}=\dfrac{z-z_0}{p}. \end{cases}$$

它表示该直线是由平面 $x-x_0=0$(过 $x=x_0$,且平行于 yOz 的平面)和平行于 x 轴的平面 $\frac{y-y_0}{n}=\frac{z-z_0}{p}$ 相交而成.

例 1.22 求过点 $M_0(2,1,3)$,且与平面 $\pi:2x+y-4z-3=0$ 垂直的直线方程 L.

分析 与平面垂直的直线的方向向量恰好平行于平面的法向量,利用直线的点向式方程(1.18)求解.

解 设点 $M(x,y,z)$ 是直线 L 上的任意一点. 易见,平面的法向量为 $n=(2,1,-4)$. 因为 $L\perp\pi$,所以直线的方向向量 s 平行于平面的法向量 n,即 $s/\!/n$,故直线的方向向量可取为 $s=k(2,1,-4)$(k 为常数),进而直线 L 的点向式方程为

$$\frac{x-2}{2}=\frac{y-1}{1}=\frac{z-3}{-4}.$$

例 1.23　经过点 $(-2,3,1)$ 且平行于直线 $L_1:\begin{cases}2x-3y+z=0,\\x+5y-2z=0\end{cases}$ 的直线 L 的方程.

分析　先求出直线的方向向量,然后给出直线的点向式方程.直线的方向向量可以用两个平面的法向量的向量积求得.

解　易见,直线 L_1 的方程是一般方程的形式,所以它的方向向量为 $s_1=n_1\times n_2$,即

$$s_1=n_1\times n_2=\begin{vmatrix}i&j&k\\2&-3&1\\1&5&-2\end{vmatrix}=i+5j+13k=(1,5,13).$$

由已知可得,所求直线的方向向量可以取为 $s=s_1=(1,5,13)$,于是过点 $(-2,3,1)$ 且平行于直线 L_1 的直线方程为

$$\frac{x+2}{1}=\frac{y-3}{5}=\frac{z-1}{13}.$$

3. 直线的参数式方程

在点向式方程 (1.18) 中,令 $\frac{x-x_0}{m}=\frac{y-y_0}{n}=\frac{z-z_0}{p}=t$,则可得到直线的参数方程

$$\begin{cases}x=x_0+mt,\\y=y_0+nt,\quad(t\text{ 为参数}).\\z=z_0+pt\end{cases}\tag{1.19}$$

显然,当 t 取遍全体实数时,满足方程组 (1.19) 的所有点均在直线 L 上,方程组 (1.19) 称为直线 L 的**参数式方程**.

例 1.24　已知直线 L 的一般方程为 $\begin{cases}x-2y+3z+8=0,\\x-2y-z=0,\end{cases}$ 试写出 L 的一个方向向量 s,并求 L 的点向式方程和参数式方程.

分析　此题目标明确,即先求出直线的方向向量,然后在直线上任取一点即可.由于直线的方向向量与两个平面的法向量均垂直,因此可以用平面的法向量的向量积求得;直线上的点可以通过寻找方程组的特殊点求得.

解　易见,因直线 L 同时属于两个平面,故 L 的方向向量 s 与两个平面的法向量均垂直,所以 $s\parallel n_1\times n_2$,因为

$$n_1\times n_2=\begin{vmatrix}i&j&k\\1&-2&3\\1&-2&-1\end{vmatrix}=\left(\begin{vmatrix}-2&3\\-2&-1\end{vmatrix},\begin{vmatrix}3&1\\-1&1\end{vmatrix},\begin{vmatrix}1&-2\\1&-2\end{vmatrix}\right)=(8,4,0)=4(2,1,0),$$

所以,可取 L 的一个方向向量为 $s=(2,1,0)$.

为求 L 的点向式方程,只需再给出 L 上任意一点的坐标即可.解两平面组成的方程组得 $z=-2$ 及 $x-2y=-2$,故点 $M(0,1,-2)$ 在直线 L 上,于是直线 L 的点向式方程为

$$\frac{x}{2}=\frac{y-1}{1}=\frac{z+2}{0}.$$

容易求得,直线的参数式方程为

$$\begin{cases}x=2t,\\y=1+t,\quad(t\text{ 为参数}).\\z=-2\end{cases}$$

4. 直线的两点式方程

在平面直角坐标系中通过任意两点可以确定且唯一确定一条直线,这个结论对空间直角坐标系依然成立. 设空间直线 L 经过两点 $M_1(x_1,y_1,z_1)$ 和 $M_2(x_2,y_2,z_2)$,则向量 $\overrightarrow{M_1M_2}$ 为直线 L 的一个方向向量. 设点 $M(x,y,z)$ 是直线 L 上任意一点,则 $\overrightarrow{M_1M}/\!/\overrightarrow{M_1M_2}$,故

$$\frac{x-x_1}{x_2-x_1}=\frac{y-y_1}{y_2-y_1}=\frac{z-z_1}{z_2-z_1}. \tag{1.20}$$

称式(1.20)为直线 L 的**两点式方程**.

由式(1.20)也可得到对应的参数式方程

$$\begin{cases} x=x_1+t(x_2-x_1), \\ y=y_1+t(y_2-y_1), \quad (t\text{ 为参数}). \\ z=z_1+t(z_2-z_1) \end{cases}$$

1.5.2 空间中直线间的位置关系

在空间直角坐标系中,两直线的位置关系可分为两类,即共面和异面(异面直线这里不予以研究). 共面直线又包含平行、重合和相交. 下面讨论空间中两条共面直线 L_1 和 L_2 的位置关系,设它们的点向式方程分别为

$$L_1: \frac{x-x_1}{m_1}=\frac{y-y_1}{n_1}=\frac{z-z_1}{p_1}, \quad \boldsymbol{s}_1=(m_1,n_1,p_1);$$

$$L_2: \frac{x-x_2}{m_2}=\frac{y-y_2}{n_2}=\frac{z-z_2}{p_2}, \quad \boldsymbol{s}_2=(m_2,n_2,p_2).$$

若两直线平行,则它们的方向向量平行($\boldsymbol{s}_1/\!/\boldsymbol{s}_2$),即 $\dfrac{m_1}{m_2}=\dfrac{n_1}{n_2}=\dfrac{p_1}{p_2}$,且 L_1 上的点不在 L_2 上;若两直线重合,则它们的方向向量平行,且 L_1 上的点均在 L_2 上,L_2 上的点也均在 L_1 上;若两直线相交,则应有 $m_1:n_1:p_1\neq m_2:n_2:p_2$.

下面给出两直线的夹角公式.

两直线方向向量所夹的角称为**两直线的夹角**,即 $\angle(\widehat{\boldsymbol{s}_1,\boldsymbol{s}_2})=\theta(0\leqslant\theta\leqslant\pi)$. 由两向量的数量积的定义知

$$\cos\theta=\frac{m_1m_2+n_1n_2+p_1p_2}{\sqrt{m_1^2+n_1^2+p_1^2}\sqrt{m_2^2+n_2^2+p_2^2}}. \tag{1.21}$$

由式(1.21)直接可得如下定理.

定理 1.7 两条直线 L_1 和 L_2 垂直,即 $L_1\perp L_2$ 的充分必要条件是 $m_1m_2+n_1n_2+p_1p_2=0$.

例 1.25 判断如下两组直线的位置关系. 若它们既不重合,又不平行,求出它们的夹角:

(1) 直线 $L_1: \dfrac{x-2}{1}=\dfrac{y-1}{-4}=\dfrac{z+3}{1}$ 和直线 $L_2: \dfrac{x-2}{-2}=\dfrac{y+2}{2}=\dfrac{z-1}{1}$;

(2) 直线 $L_1: \dfrac{x-1}{1}=\dfrac{y+1}{-3}=\dfrac{z-2}{2}$ 和直线 $L_2: \dfrac{x-1}{-2}=\dfrac{y-3}{6}=\dfrac{z+1}{-4}$.

分析 利用两条直线的方向向量的关系判断. 如若需要,利用式(1.21)求两直线的夹角.

解 (1) 易见,直线 L_1 和 L_2 的方向向量分别为 $\boldsymbol{s}_1=(1,-4,1)$,$\boldsymbol{s}_2=(-2,2,1)$. 它们

既不平行,也不垂直.由式(1.21),不难求得两直线的夹角余弦为

$$\cos\theta = \frac{1\times(-2)+(-4)\times 2+1\times 1}{\sqrt{1^2+(-4)^2+1^2}\ \sqrt{(-2)^2+2^2+1^2}} = \frac{-9}{3\sqrt{2}\times 3} = -\frac{\sqrt{2}}{2},$$

因此,直线 L_1 和 L_2 的夹角为 $\dfrac{3\pi}{4}$.

(2)易见,直线 L_1 和 L_2 的方向向量分别为 $s_1=(1,-3,2)$,$s_2=(-2,6,-4)$,所以 $s_2=(-2)s_1$.由于这两条直线通过不同的点,并且这两个点不在同一直线上,因此,它们是平行关系,并且不重合.

1.5.3 直线与平面的位置关系

在空间直角坐标系中,直线与平面的位置关系有直线在平面内、直线与平面平行和直线与平面相交.下面讨论它们之间的位置关系.设直线与平面的方程分别为

$$L: \frac{x-x_0}{m} = \frac{y-y_0}{n} = \frac{z-z_0}{p},$$

$$\pi: Ax+By+Cz+D=0,$$

其中 L 过点 $M_0(x_0,y_0,z_0)$,方向向量为 $s=(m,n,p)$,平面 π 的法向量为 $n=(A,B,C)$.于是有如下定理.

定理 1.8 (1)直线在平面内的充要条件是:$s\perp n$ 且 $M_0\in\pi$,即

$$\begin{cases} Am+Bn+Cp=0, \\ Ax_0+By_0+Cz_0+D=0. \end{cases}$$

(2)直线与平面平行的充要条件是:$s\perp n$ 且 $M_0\notin\pi$,即

$$\begin{cases} Am+Bn+Cp=0, \\ Ax_0+By_0+Cz_0+D\neq 0. \end{cases}$$

(3)直线与平面相交的充要条件是:

$$Am+Bn+Cp\neq 0.$$

进一步,当直线与平面相交时,将直线和它在该平面内的投影所成的锐角称为**直线与平面的夹角**,如图 1.35 所示,φ 即为直线 L 与平面 π 的夹角.若直线的方向向量 s 与平面的法向量 n 的夹角为 θ,则有

$$\sin\varphi = |\cos\theta| = \frac{|s\cdot n|}{|s||n|} = \frac{|mA+nB+pC|}{\sqrt{m^2+n^2+p^2}\ \sqrt{A^2+B^2+C^2}}.$$

由此式直接可得下面的定理.

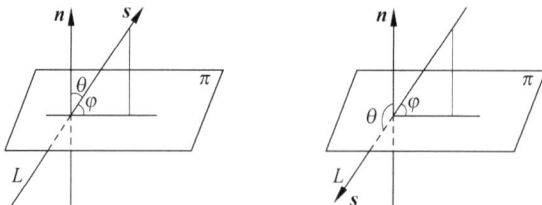

图 1.35

定理 1.9 直线 L 与平面 π 垂直,即 $L \perp \pi (s /\!/ n)$ 的充分必要条件是:$\dfrac{m}{A} = \dfrac{n}{B} = \dfrac{p}{C}$.

1.5.4 平面束

将通过空间中同一直线的所有平面的集合称为**有轴平面束**,这条直线称为平面束的**轴**. 类似地,将空间中平行于同一平面的所有平面的集合称为**平行平面束**.

对于两类平面束,有如下定理.

定理 1.10 设直线 L 的一般方程为 $\begin{cases} A_1 x + B_1 y + C_1 z + D = 0, \\ A_2 x + B_2 y + C_2 z + D = 0, \end{cases}$ 则过 L 的平面束方程为

$$(A_1 x + B_1 y + C_1 z + D_1) + \lambda(A_2 x + B_2 y + C_2 z + D_2) = 0, \tag{1.22}$$

其中 λ 为参数. 式(1.22)包含了除平面 $A_2 x + B_2 y + C_2 z + D_2 = 0$ 外的所有过 L 的平面.

定理 1.11 所有与平面 $\pi: Ax + By + Cz + D = 0$ 平行的平面束方程为

$$Ax + By + Cz + \lambda = 0 \quad (\lambda \text{ 为参数}). \tag{1.23}$$

例 1.26 求同时通过点 $P(2,1,0)$ 和直线 $L: \dfrac{x+1}{2} = \dfrac{y}{-1} = \dfrac{z-2}{3}$ 的平面方程.

分析 本题可以使用两种方法求解.(1)求出平面方程的法向量,即可求得点法式方程; (2)利用平面束的方法,此题需要先将直线 L 改写为一般方程.

解 **法一** 易知,直线 L 过点 $M(-1,0,2)$,且方向向量为 $s = (2,-1,3)$,则平面的法向量为

$$n = \overrightarrow{PM} \times s = \begin{vmatrix} i & j & k \\ -3 & -1 & 2 \\ 2 & -1 & 3 \end{vmatrix} = -i + 13j + 5k.$$

于是通过点 $P(2,1,0)$ 的平面的点法式方程为

$$-(x-2) + 13(y-1) + 5z = 0, \quad \text{即} \quad x - 13y - 5z + 11 = 0.$$

法二 因直线 L 可改写为 $\begin{cases} \dfrac{x+1}{2} = \dfrac{y}{-1}, \\ \dfrac{y}{-1} = \dfrac{z-2}{3}, \end{cases}$ 即其一般方程为 $\begin{cases} x + 2y + 1 = 0, \\ 3y + z - 2 = 0. \end{cases}$ 于是过直线 L

的平面束方程为

$$(x + 2y + 1) + \lambda(3y + z - 2) = 0.$$

由于所求平面过 $P(2,1,0)$,将 P 点代入到上式,得 $\lambda = -5$. 故所求平面为

$$x - 13y - 5z + 11 = 0.$$

习 题 1.5

思 考 题

1. 如何将直线的一般方程转化为点向式方程?

2. 如何判别直线与直线、直线与平面的位置关系?

3．如何求不在直线上的点到该直线的距离？

A 类题

1．按照下列条件分别求各直线的方程：

（1）过点 $M(2,1,3)$ 且与直线 $\dfrac{x+1}{3}=\dfrac{y-1}{2}=\dfrac{z}{-1}$ 平行；

（2）过点 $A(2,-3,2)$ 和点 $B(1,4,3)$；

（3）过点 $M(1,-3,2)$ 且与 y 轴垂直相交；

（4）过点 $(-1,2,-3)$，且垂直于 yOz 坐标面．

2．判断下列直线和平面的位置关系，若不平行，求直线和平面的夹角的余弦：

（1）直线 $\dfrac{x+2}{1}=\dfrac{y+2}{1}=\dfrac{z-1}{3}$ 和平面 $x+2y-z-3=0$；

（2）直线 $\dfrac{x-3}{1}=\dfrac{y+2}{-2}=\dfrac{z-1}{1}$ 和平面 $2x-4y+2z+1=0$；

（3）直线 $\dfrac{x-2}{2}=\dfrac{y+1}{-1}=\dfrac{z+1}{1}$ 和平面 $2x+2y+z+5=0$．

3．判断下列直线的位置关系，若不平行，求两直线的夹角的余弦：

（1）直线 $\dfrac{x+1}{2}=\dfrac{y-2}{2}=\dfrac{z-1}{3}$ 和直线 $\dfrac{x+1}{4}=\dfrac{2y-1}{4}=\dfrac{z+1}{6}$；

（2）直线 $\dfrac{x-2}{1}=\dfrac{y-2}{-2}=\dfrac{z+1}{2}$ 和直线 $\dfrac{x-1}{5}=\dfrac{y-4}{-4}=\dfrac{z+3}{3}$；

（3）直线 $\dfrac{x-3}{1}=\dfrac{y-1}{2}=\dfrac{z+2}{1}$ 和直线 $\dfrac{x+1}{2}=\dfrac{y-1}{-2}=\dfrac{2z+12}{4}$．

4．将直线 $\begin{cases} x+2y+z-1=0, \\ x-2y+z+1=0 \end{cases}$ 转化为点向式方程．

5．证明：直线 $\begin{cases} x+y-3z-3=0, \\ x-y+z+2=0 \end{cases}$ 和直线 $\begin{cases} x=1+t, \\ y=2t, \\ z=2+t \end{cases}$ 平行．

B 类题

1．求过点 $M(2,1,3)$ 且与直线 $\dfrac{x+1}{3}=\dfrac{y-1}{2}=\dfrac{z}{-1}$ 垂直相交的直线方程．

2．求点 $M(4,3,0)$ 关于直线 $\dfrac{x-1}{2}=\dfrac{y-2}{4}=\dfrac{z-3}{5}$ 对称的点．

3．求点 $M(1,2,3)$ 到直线 $\dfrac{x}{1}=\dfrac{y-4}{-3}=\dfrac{z-3}{-2}$ 的距离．

4．求过点 $M(1,1,1)$，与已知平面 $3x-y+2z-1=0$ 平行，且与直线 $\dfrac{x-1}{2}=\dfrac{y+1}{2}=\dfrac{z-1}{1}$ 相交的直线方程．

5. 求过点 $M(1,1,0)$ 且同时垂直于直线 $\dfrac{x-2}{2}=\dfrac{y+1}{2}=\dfrac{z-2}{1}$ 和直线 $\dfrac{x-2}{2}=\dfrac{y-1}{0}=\dfrac{z}{1}$ 的直线方程.

6. 证明：空间三点 $M_1(x_1,y_1,z_1),M_2(x_2,y_2,z_2),M_3(x_3,y_3,z_3)$ 共线的充要条件为

$$\frac{x_3-x_1}{x_2-x_1}=\frac{y_3-y_1}{y_2-y_1}=\frac{z_3-z_1}{z_2-z_1}.$$

1.6 空间曲面、曲线及其方程

Spatial surfaces , curves and their equations

1.6.1 空间曲面及其方程

在现实生活中,很多物体的表面都是空间曲面.对于空间曲面的研究,可将其视为具有某种性质的动点运动而成的轨迹,进而通过建立点的坐标 x,y,z 间的表达式,即用方程 $F(x,y,z)=0$ 来刻画.例如,空间平面是特殊的空间曲面,它是用三元一次方程来刻画的.

1. 空间曲面的一般方程

定义 1.11 一般地,如果空间曲面 S 与三元方程 $F(x,y,z)=0$ 之间存在如下关系:

(1) 空间曲面 S 上任一点的坐标都满足方程 $F(x,y,z)=0$;

(2) 满足方程 $F(x,y,z)=0$ 的点都在空间曲面 S 上,则称 $F(x,y,z)=0$ 为空间曲面 S 的方程,空间曲面 S 为方程的图形,如图 1.36 所示.

例 1.27 求到定点 $M_0(x_0,y_0,z_0)$ 的距离等于定长 R 的动点的轨迹.

分析 利用两点间的距离公式求解.

解 设 $M(x,y,z)$ 是该轨迹上的任一动点,依题意,有 $|\overrightarrow{MM_0}|=R$,由两点间距离公式得

$$\sqrt{(x-x_0)^2+(y-y_0)^2+(z-z_0)^2}=R,$$

即

$$(x-x_0)^2+(y-y_0)^2+(z-z_0)^2=R^2, \tag{1.24}$$

式(1.24)称为球心在 $M_0(x_0,y_0,z_0)$,半径为 R 的**球面方程**.特别地,当球心为原点 $O(0,0,0)$ 时,球面方程为

$$x^2+y^2+z^2=R^2.$$

2. 空间曲面的参数方程

由平面解析几何的知识知道,平面内的曲线可由一个参数来刻画,例如平面内半径为 R 的圆的参数方程可表示为 $\begin{cases} x=R\cos\theta, \\ y=R\sin\theta \end{cases}$ (θ 为参数).类似地,空间中的曲面也可以用参数来刻画,但它需要两个参数,通常记作

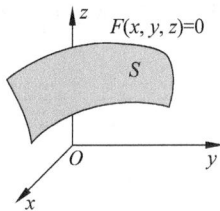

图 1.36

$$\begin{cases} x = x(u,v), \\ y = y(u,v), \quad (u,v \text{ 为参数}), \\ z = z(u,v) \end{cases} \tag{1.25}$$

式(1.25)称为**曲面的参数方程**.

例 1.28　写出球心在原点,半径为 R 的球面的参数方程.

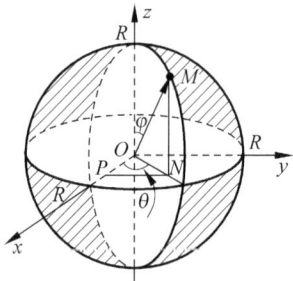

分析　分别利用向量在坐标面和坐标轴上的投影及向量的坐标表示.

解　在球面上任取一点 $M(x,y,z)$,设 M 在 xOy 坐标面上的投影为点 N,点 N 在 x 轴上的投影为点 P,如图 1.37 所示,则

$$\overrightarrow{OM} = \overrightarrow{ON} + \overrightarrow{NM} = \overrightarrow{OP} + \overrightarrow{PN} + \overrightarrow{NM}.$$

写出各向量的坐标分解式,有

$$\overrightarrow{NM} = |\overrightarrow{OM}|\cos\varphi\boldsymbol{k} = R\cos\varphi\boldsymbol{k},$$

$$\overrightarrow{OP} = |\overrightarrow{OP}|\boldsymbol{i} = |\overrightarrow{ON}|\cos\theta\boldsymbol{i} = |\overrightarrow{OM}|\sin\varphi\cos\theta\boldsymbol{i} = R\sin\varphi\cos\theta\boldsymbol{i},$$

$$\overrightarrow{PN} = |\overrightarrow{PN}|\boldsymbol{j} = |\overrightarrow{ON}|\sin\theta\boldsymbol{j} = |\overrightarrow{OM}|\sin\varphi\sin\theta\boldsymbol{j} = R\sin\varphi\sin\theta\boldsymbol{j},$$

图　1.37

于是

$$\overrightarrow{OM} = R\sin\varphi\cos\theta\boldsymbol{i} + R\sin\varphi\sin\theta\boldsymbol{j} + R\cos\varphi\boldsymbol{k}.$$

由上式可得球心在原点,半径为 R 的球面的参数方程为

$$\begin{cases} x = R\sin\varphi\cos\theta, \\ y = R\sin\varphi\sin\theta, \quad (\theta,\varphi \text{ 为参数}), \\ z = R\cos\varphi \end{cases} \tag{1.26}$$

其中 $0\leqslant\varphi\leqslant\pi,0\leqslant\theta\leqslant2\pi$.

类似地,如图 1.38 所示,以 z 轴为对称轴,底面半径为 R 的圆柱面的参数方程为

$$\begin{cases} x = R\cos\theta, \\ y = R\sin\theta, \quad (\theta,u \text{ 为参数}), \\ z = u \end{cases} \tag{1.27}$$

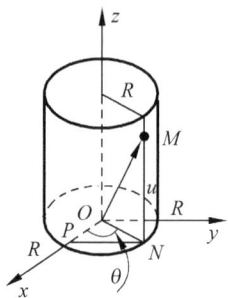

其中 $0\leqslant\theta\leqslant2\pi,-\infty<u<\infty$.

1.6.2　空间曲线及其方程

1. 空间曲线的一般方程

图　1.38

在空间直角坐标系中,空间曲线可看做两个空间曲面的交线.

设两个曲面 $F(x,y,z)=0$ 和 $G(x,y,z)=0$ 的交线为 C,则 C 上的任一点的坐标都同时满足这两个方程;反之,坐标同时满足这两个曲面方程的点一定在交线 C 上.因而方程组

$$\begin{cases} F(x,y,z) = 0, \\ G(x,y,z) = 0 \end{cases} \tag{1.28}$$

表示交线 C,方程(1.28)称为**空间曲线 C 的一般方程**.

例 1.29 求平面 $\dfrac{x}{2}+\dfrac{y}{1}+\dfrac{z}{3}=1$ 与三个坐标面的交线方程.

解 平面 $\dfrac{x}{2}+\dfrac{y}{1}+\dfrac{z}{3}=1$ 与三个坐标面的交线都是直线,如图 1.39

所示,与 xOy 坐标面的交线方程为 $\begin{cases} \dfrac{x}{2}+\dfrac{y}{1}+\dfrac{z}{3}=1, \\ z=0; \end{cases}$ 与 zOx 坐标面的交

线方程为 $\begin{cases} \dfrac{x}{2}+\dfrac{y}{1}+\dfrac{z}{3}=1, \\ y=0; \end{cases}$ 与 yOz 坐标面的交线的方程

为 $\begin{cases} \dfrac{x}{2}+\dfrac{y}{1}+\dfrac{z}{3}=1, \\ x=0. \end{cases}$

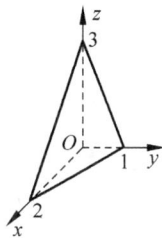

图 1.39

例 1.30 方程组 $\begin{cases} x^2+y^2+z^2=4, \\ z=1 \end{cases}$ 表示怎样的图形?

解 方程组 $\begin{cases} x^2+y^2+z^2=4, \\ z=1 \end{cases}$ 表示以 $(0,0,0)$ 为球心,2 为半

径的球面被平面 $z=1$ 所截,将 $z=1$ 代入到球面方程中,得 $x^2+y^2=3$,即交线为平面 $z=1$ 上以 $(0,0,1)$ 为圆心、$\sqrt{3}$ 为半径的圆,如图 1.40 所示.

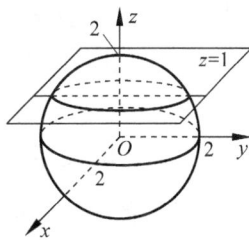

图 1.40

2. 空间曲线的参数方程

在研究动点的曲线运动轨迹时,常用参数方程表示.若空间曲线 C 上的任一点的坐标 x,y,z 都可表示为参数 t 的函数,即

$$\begin{cases} x=x(t), \\ y=y(t), \quad (t\ \text{为参数}). \\ z=z(t) \end{cases} \tag{1.29}$$

当 t 取遍其变化范围的所有值时,就会得到 C 的全部点.称方程(1.29)为**曲线 C 的参数方程.**

例 1.31 若空间一点 M 在圆柱面方程 $x^2+y^2=a^2$ 上以角速度 ω 绕 z 轴旋转,同时又以线速度 v 沿平行于 z 轴的正方向上升(其中 ω,v 均为常数),则点 M 运动的轨迹为**螺旋线**,如图 1.41 所示,试建立其参数方程.

解 取时间 t 为参数,在 $t_0=0$ 时刻,动点从点 $A(a,0,0)$ 开始运动,经过时间 t 后,动点位于点 $M(x,y,z)$. 设点 M 在 xOy 面投影为 M',则 M' 的坐标为 $(x,y,0)$. 从点 A 到点 M,动点 M 旋转的角度为 $\theta=\omega t$,上升的高度为 $|MM'|=vt$,因此有

$$\begin{cases} x=a\cos\omega t, \\ y=a\sin\omega t, \quad (t\ \text{为参数}). \\ z=vt \end{cases} \tag{1.30}$$

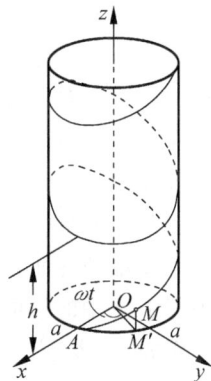

图 1.41

这就是**螺旋线的参数方程**.

习　题　1.6

A 类题

1. 求到点 $M_1(-1,2,0)$ 和点 $M_2(2,-1,3)$ 等距离的动点的全体所构成的曲面方程.

2. 求过点 $(2,1,5)$ 且与三个坐标平面相切的球面方程.

3. 动点 M 到平面 $x=4$ 的距离为到点 $(1,0,0)$ 的距离的 2 倍,求动点 M 的轨迹方程.

4. 求曲线方程 $\begin{cases} x^2+y^2+z^2=9, \\ y=x \end{cases}$ 的参数方程.

1.7　几类特殊的曲面及其方程

Several special surface and their equations

1.7.1　母线平行于坐标轴的柱面方程

1. 柱面的一般方程

定义 1.12　动直线 L 平行于某一给定方向,且沿定曲线 C 移动所形成的轨迹称为**柱面**（**cylinder**）.定曲线 C 称为柱面的**准线**（**directrix**）,动直线 L 称为柱面的**母线**（**generatrix**）,如图 1.42 所示.

下面将以平行于 z 轴的圆柱面为例,讨论母线平行于坐标轴的柱面方程.

如图 1.43 所示,圆柱面母线平行于 z 轴,曲线 C 为圆柱面在 xOy 坐标面内的准线圆,其平面坐标系下的方程表示为 $x^2+y^2=R^2$.设点 M 为准线圆上任意一点,则 M 一定在圆柱面上,若 M 的空间坐标为 $(x_0,y_0,0)$,则 x_0,y_0 满足 $x_0^2+y_0^2=R^2$.对于圆柱面上过 M 点且平行于 z 轴的直线 L 上的任意一点,其坐标 (x_0,y_0,z) 都满足方程 $x_0^2+y_0^2=R^2$.由 M 的任意性可知,圆柱面上任意一点的坐标都满足 $x^2+y^2=R^2$;反之,方程 $x^2+y^2=R^2$ 的解也一定在圆柱面上,故方程 $x^2+y^2=R^2$ 表示母线平行于 z 轴,半径为 R 的**圆柱面**.

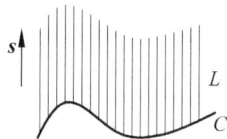
图　1.42

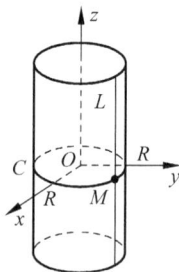
图　1.43

在 xOy 坐标面上的曲线方程 $F(x,y)=0$ 在空间直角坐标系中表示母线平行于 z 轴,以曲线 $F(x,y)=0$ 为准线的柱面;类似地,在空间直角坐标系中,不含 y 而只含 x,z 的方程 $G(x,z)=0$ 表示母线平行于 y 轴的柱面;不含 x 而只含 y,z 的方程 $H(y,z)=0$ 表示母线平行于 x 轴的柱面.

例如,方程 $y^2=2x$ 表示母线平行于 z 轴,以 xOy 坐标面上的抛物线 $y^2=2x$ 为准线的抛物柱面,如图 1.44(a)所示;方程 $-\dfrac{x^2}{a^2}+\dfrac{z^2}{b^2}=1$ 表示母线平行于 y 轴,以 zOx 坐标面上的

双曲线 $-\dfrac{x^2}{a^2}+\dfrac{z^2}{b^2}=1$ 为准线的双曲柱面,如图 1.44(b)所示;方程 $x+y-2=0$ 表示母线平行于 z 轴,以 xOy 坐标面上的直线 $y=-x+2$ 为准线的柱面,即平面,如图 1.44(c)所示.

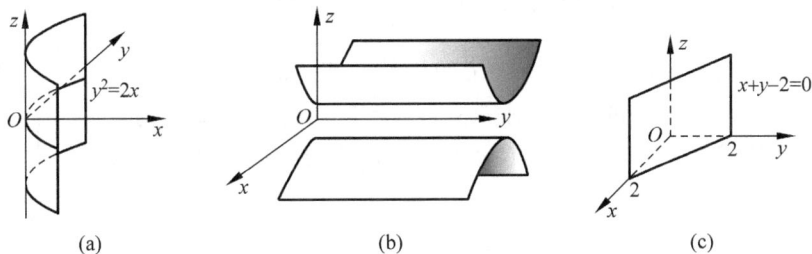

图 1.44

2. 投影柱面的方程

设空间曲线 C 的一般方程为

$$C:\begin{cases}F(x,y,z)=0,\\ G(x,y,z)=0.\end{cases} \tag{1.31}$$

如果将方程(1.31)中的 z 消去,得到的方程为

$$H(x,y)=0. \tag{1.32}$$

显然,方程(1.32)是一个以 C 为准线,母线平行于 z 轴的柱面,称这一柱面为 C 在 xOy 坐标面内的**投影柱面**.进一步地,曲线

$$\begin{cases}H(x,y)=0,\\ z=0\end{cases}$$

称为 C 在 xOy 坐标面内的**投影曲线**.

类似地,将方程(1.31)中的 x 和 y 分别消去得投影柱面方程为

$$I(y,z)=0 \quad 和 \quad J(x,z)=0.$$

进一步,C 在 yOz 坐标面和在 zOx 坐标面内的投影曲线分别为

$$\begin{cases}I(y,z)=0,\\ x=0.\end{cases} \quad 和 \quad \begin{cases}J(x,z)=0,\\ y=0.\end{cases}$$

例 1.32 求曲线 $C:\begin{cases}z=x^2+y^2,\\ z=4\end{cases}$ 在 xOy 坐标面的投影柱面方程和投影曲线方程.

解 该曲线实际上是 $z=x^2+y^2$ 与平面 $z=4$ 的交线.

从方程组 $\begin{cases}z=x^2+y^2,\\ z=4\end{cases}$ 中消去 z 得到方程为 $x^2+y^2=4$,故曲线 C 在 xOy 坐标面的投影柱面方程为 $x^2+y^2=4$,投影曲线方程为 $\begin{cases}x^2+y^2=4,\\ z=0.\end{cases}$

1.7.2 旋转曲面

定义 1.13 在空间直角坐标系中,一条曲线 C 绕一条定直线 L 旋转一周所生成的曲面

称为**旋转曲面**（rotating surface）. 曲线 C 称为旋转曲面的母线, 定直线 L 称为**旋转轴**. 这里仅讨论坐标面内的曲线绕坐标轴旋转而生成的旋转曲面方程.

设 yOz 坐标面上的曲线 C 的方程为 $\begin{cases} f(y,z)=0, \\ x=0, \end{cases}$ 将这条曲线绕 z

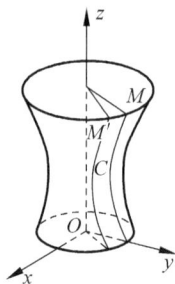

轴旋转一周, 就得到一个以 z 轴为旋转轴的旋转曲面, 如图 1.45 所示. 设 $M(0,y_0,z_0)$ 是曲线 C 上的一点, 则 $f(y_0,z_0)=0$, 且点 M 到 z 轴的距离为 $|y_0|$, 当曲线 C 绕 z 轴旋转时, 点 $M(0,y_0,z_0)$ 旋转到点 $M'(x,y,z)$ 的位置, 则 M' 的坐标满足

$$\begin{cases} \sqrt{x^2+y^2} = |y_0|, \\ z = z_0. \end{cases}$$

图 1.45

将其代入到 $f(y_0,z_0)=0$, 就可得到所求的旋转曲面方程

$$f(\pm\sqrt{x^2+y^2}, z) = 0.$$

因此, 求平面曲线 $\begin{cases} f(y,z)=0, \\ x=0 \end{cases}$ 绕 z 轴旋转的曲面方程, 只需将方程 $f(y,z)=0$ 中旋转

轴 z 的坐标保留, 而将另一个坐标 y 换成除旋转轴 z 之外的项 $\pm\sqrt{x^2+y^2}$ 即可. 类似地, 曲

线 $\begin{cases} f(y,z)=0, \\ x=0 \end{cases}$ 绕 y 轴旋转一周所得到的旋转曲面方程为 $f(y,\pm\sqrt{x^2+z^2})=0$.

例 1.33 求下列平面曲线绕指定坐标轴旋转所得的旋转曲面方程:

(1) xOy 坐标面上的抛物线 $\begin{cases} y=x^2, \\ z=0 \end{cases}$ 绕 y 轴旋转;

(2) yOz 坐标面上的直线 $\begin{cases} z=ky, \\ x=0 \end{cases}$ 绕 z 轴旋转.

解 (1) 曲线 $\begin{cases} y=x^2, \\ z=0 \end{cases}$ 绕 y 轴旋转, y 的坐标保持不变, 而将 x 换成 $\pm\sqrt{x^2+z^2}$, 代入即

得所求方程 $y=x^2+z^2$, 该曲面称为**旋转抛物面**（rotating paraboloid）, 如图 1.46(a)所示.

(2) 直线 $z=ky$ 绕 z 轴旋转, z 的坐标保持不变, 将方程中的 y 换成 $\pm\sqrt{x^2+y^2}$, 则有 $z=\pm k\sqrt{x^2+y^2}$ 或 $z^2=k^2(x^2+y^2)$, 该方程表示的曲面为**圆锥面**（conical surface）, 如图 1.46(b)所示.

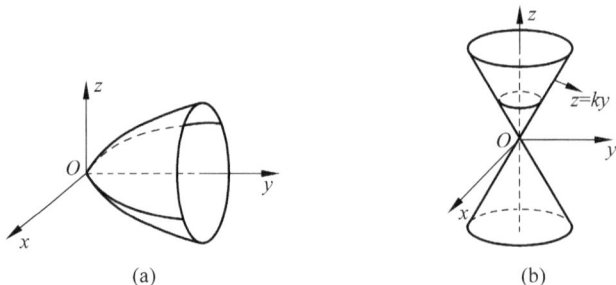

(a)　　　　　　　　　(b)

图 1.46

1.7.3 二次曲面

前面介绍了空间曲面中较为简单的柱面和旋转曲面,接下来将介绍几类常用的**二次曲面(quadric surface)**.通常采用截痕法来研究二次曲面的形状.所谓**截痕法**,就是用一系列平行于坐标面的平面去截割曲面,通过考察交线的形状和性质,进而了解曲面的形状和性质.

1. 椭球面

由方程

$$\frac{x^2}{a^2} + \frac{y^2}{b^2} + \frac{z^2}{c^2} = 1 \tag{1.33}$$

所确定的曲面称为**椭球面(ellipsoid)**,如图 1.47 所示,其中 a,b,c 均大于 0.

由方程(1.33)易知,$\frac{x^2}{a^2} \leqslant 1, \frac{y^2}{b^2} \leqslant 1, \frac{z^2}{c^2} \leqslant 1$,进而有

$$|x| \leqslant a, |y| \leqslant b, |z| \leqslant c.$$

以平行于 xOy 坐标面的平面 $z = z_0 (|z_0| \leqslant c)$ 截曲面,得到截线方程为

图 1.47

$$\begin{cases} \dfrac{x^2}{a^2} + \dfrac{y^2}{b^2} = 1 - \dfrac{z_0^2}{c^2}, \\ z = z_0. \end{cases}$$

当 $|z_0| < c$ 时,截线是平面 $z = z_0$ 上的一个椭圆,当 $|z_0| = c$ 时,截线退化成点 $(0,0,\pm c)$.

同理,用平面 $y = y_0 (|y_0| \leqslant b)$ 和平面 $x = x_0 (|x_0| \leqslant a)$ 截椭球面所截得的截线与上述情况相类似.当分别用平面 $z = 0, y = 0$ 和 $x = 0$ 去截时,截得的椭圆称为**主椭圆**.

当 $a = b$ 时,方程(1.33)变为

$$\frac{x^2 + y^2}{a^2} + \frac{z^2}{c^2} = 1.$$

由旋转曲面的知识可知,这是由 zOx 坐标面上的曲线 $\begin{cases} \dfrac{x^2}{a^2} + \dfrac{z^2}{c^2} = 1, \\ y = 0 \end{cases}$ 绕 z 轴旋转而成的**旋转椭球面**;也可看成由 yOz 坐标面上的曲线 $\begin{cases} \dfrac{y^2}{a^2} + \dfrac{z^2}{c^2} = 1, \\ x = 0 \end{cases}$ 绕 z 轴旋转而成的**旋转椭球面**.

当 $a = b = c$ 时,方程变为

$$x^2 + y^2 + z^2 = a^2,$$

它表示一个球心在原点,半径为 a 的球面.

2. 双曲面

(1) 单叶双曲面

由方程

$$\frac{x^2}{a^2} + \frac{y^2}{b^2} - \frac{z^2}{c^2} = 1, \quad a,b,c \text{ 均大于 0} \tag{1.34}$$

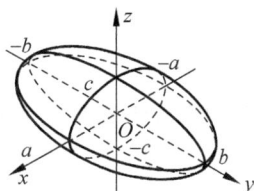

所确定的曲面称为**单叶双曲面**（**hyperboloid of one sheet**），如图 1.48 所示．

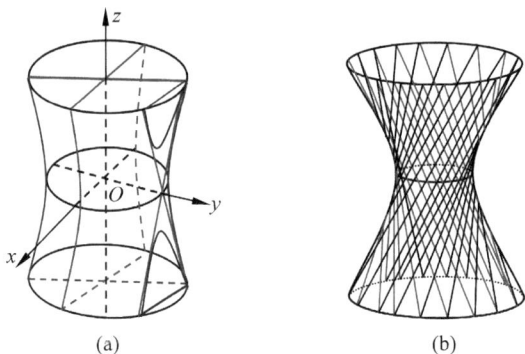

图　1.48

用平行于 zOx 坐标面的平面 $y=y_0$ 截该曲面，截线方程为

$$\begin{cases} \dfrac{x^2}{a^2} - \dfrac{z^2}{c^2} = 1 - \dfrac{y_0^2}{b^2}, \\ y = y_0. \end{cases}$$

它表示平面 $y=y_0(y_0 \neq \pm b)$ 内的双曲线．当 $y_0 = \pm b$ 时，截线各为一对相交直线，如图 1.48(a) 所示，这说明单叶双曲面上包含直线．事实上，单叶双曲面上不仅包含直线，而且可由直线生成，图 1.48(b) 刻画了这一点．

用平行于 xOy 坐标面的平面 $z=z_0$ 截该曲面，截线方程为

$$\begin{cases} \dfrac{x^2}{a^2} + \dfrac{y^2}{b^2} = 1 + \dfrac{z_0^2}{c^2}, \\ z = z_0, \end{cases}$$

它表示平面 $z=z_0$ 上的一个椭圆．

当 $a=b$ 时，方程(1.34)变为

$$\dfrac{x^2 + y^2}{a^2} - \dfrac{z^2}{c^2} = 1,$$

它是由双曲线 $\begin{cases} \dfrac{x^2}{a^2} - \dfrac{z^2}{c^2} = 1, \\ y = 0, \end{cases}$ 或者 $\begin{cases} \dfrac{y^2}{a^2} - \dfrac{z^2}{c^2} = 1, \\ x = 0 \end{cases}$ 绕 z 轴旋转而成的**旋转单叶双曲面**．

（2）双叶双曲面

由方程

$$\dfrac{x^2}{a^2} + \dfrac{y^2}{b^2} - \dfrac{z^2}{c^2} = -1, \quad a,b,c \text{ 均大于 } 0，且 \ |z| \geqslant c \quad (1.35)$$

所确定的曲面称为**双叶双曲面**（**hyperboloid of two sheets**），如图 1.49 所示，同样用截痕法可得到两族双曲线和一族椭圆：

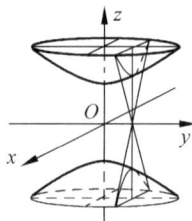

图　1.49

$$\begin{cases} \dfrac{z^2}{c^2} - \dfrac{x^2}{a^2} = \dfrac{y_0^2}{b^2} + 1, \\ y = y_0; \end{cases} \begin{cases} \dfrac{z^2}{c^2} - \dfrac{y^2}{b^2} = \dfrac{x_0^2}{a^2} + 1, \\ x = x_0; \end{cases} \begin{cases} \dfrac{x^2}{a^2} + \dfrac{y^2}{b^2} = \dfrac{z_0^2}{c^2} - 1, \\ z = z_0. \end{cases}$$

当 $a=b$ 时，方程(1.35)变为

$$\frac{x^2+y^2}{a^2}-\frac{z^2}{c^2}=-1,$$

它是由双曲线 $\begin{cases}\dfrac{x^2}{a^2}-\dfrac{z^2}{c^2}=-1,\\ y=0,\end{cases}$ 或者 $\begin{cases}\dfrac{y^2}{a^2}-\dfrac{z^2}{c^2}=-1,\\ x=0\end{cases}$ 绕 z 轴旋转而成的**旋转双叶双曲面**.

3. 抛物面

（1）椭圆抛物面

由方程

$$z=\frac{x^2}{2p}+\frac{y^2}{2q},\quad p,q\ 同号 \tag{1.36}$$

所确定的曲面称为**椭圆抛物面**（**elliptic paraboloid**）. 当 p,q 均大于 0 时，椭圆抛物面的开口朝上，如图 1.50 所示. 当 p,q 均小于 0 时，椭圆抛物面的开口朝下.

用平行于 xOy 坐标面的平面 $z=z_0\,(z_0>0)$ 截该曲面，则截线方程为

$$\begin{cases}z_0=\dfrac{x^2}{2p}+\dfrac{y^2}{2q},\\ z=z_0,\end{cases}$$

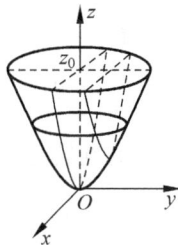

图　1.50

它表示平面 $z=z_0$ 上的一个椭圆. 特别地，当 $z_0=0$ 时，截线退化为一点，即原点.

用平行于 yOz 坐标面的平面 $x=x_0$ 截该曲面，截线方程为

$$\begin{cases}\dfrac{y^2}{2q}=z-\dfrac{x_0^2}{2p},\\ x=x_0.\end{cases}$$

它表示平面 $x=x_0$ 上的一条抛物线.

类似地，用平行于 zOx 坐标面的平面 $y=y_0$ 截该曲面，截线也是平面 $y=y_0$ 上的一条抛物线.

当 $p=q>0$ 时，方程（1.36）变为

$$z=\frac{x^2+y^2}{2p},$$

它表示抛物线 $\begin{cases}z=\dfrac{x^2}{2p},\\ y=0,\end{cases}$ 或者 $\begin{cases}z=\dfrac{y^2}{2p},\\ x=0\end{cases}$ 绕 z 轴旋转一周而成的**旋转抛物面**.

（2）双曲抛物面

由方程

$$z=-\frac{x^2}{2p}+\frac{y^2}{2q},\quad p,q\ 同号 \tag{1.37}$$

所表示的曲面称为**双曲抛物面**（**hyperbolic paraboloid**），如图 1.51 所示. 双曲抛物面也称马鞍面或鞍形曲面，同样可以用截痕法对该曲面进行讨论.

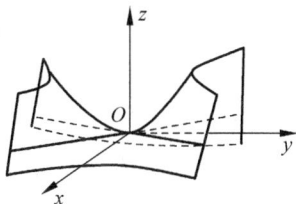

图　1.51

4. 二次锥面

由方程

$$\frac{x^2}{a^2}+\frac{y^2}{b^2}-\frac{z^2}{c^2}=0 \tag{1.38}$$

所确定的曲面称为**二次锥面（quadric cone）**，如图 1.52 所示.

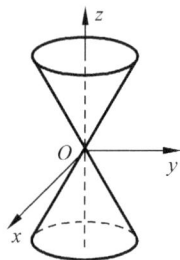

1.7.4　空间区域简图

在后续的学习中，常需要画出几个曲面所围成的空间区域的简图，这里举两个例子.

图　1.52

例 1.34　试画出曲面 $S_1: 2z=3-x^2-y^2$ 和 $S_2: z=\sqrt{x^2+y^2}$ 所围成的空间区域简图.

分析　需要先识别两个曲面的属性.

解　由 $S_1: 2z=3-x^2-y^2$ 可得 $z=\dfrac{3}{2}-\dfrac{x^2+y^2}{2}$，显然曲面 S_1 是顶点在 $\left(0,0,\dfrac{3}{2}\right)$ 且开口向下的旋转抛物面. 由 $S_2: z=\sqrt{x^2+y^2}$ 可得 $x^2+y^2=z^2\,(z>0)$，显然 S_2 是正半锥面. 而 S_1 与 S_2 的交线为 $\begin{cases}2z=3-x^2-y^2,\\ z=\sqrt{x^2+y^2},\end{cases}$ 解得 $z^2+2z-3=0$，由 $z>0$ 可得 $z=1$，故交线为 $\begin{cases}x^2+y^2=1,\\ z=1.\end{cases}$ 图 1.53 给出了 S_1 与 S_2 所围空间区域的简图.

例 1.35　试画出由 $x^2+y^2=a^2, x^2+z^2=a^2, x=0, y=0, z=0$ 所围成的空间区域在第一卦限内的简图.

分析　需要先识别两个曲面的属性.

解　由 $x^2+y^2=a^2$ 和 $x^2+z^2=a^2$ 分别为平行于 z 轴和 y 轴的圆柱面，两圆柱面相交，且被三个坐标平面所截，围成的区域如图 1.54 所示.

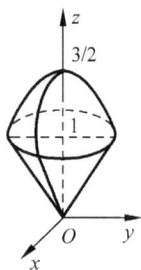

图　1.53

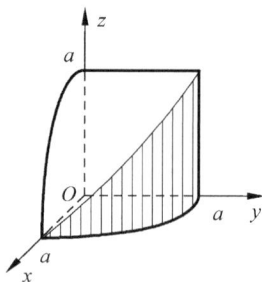

图　1.54

习　题　1.7

思　考　题

1. 在空间直角坐标系中，母线平行于坐标轴的柱面方程的特点是什么？

2. 旋转曲面在绕坐标轴旋转之前应具备什么条件? 旋转之后的方程有什么变化?

3. 利用截痕法判断二次曲面的形状时,有什么标准?

Ⓐ 类题

1. 指出下列方程在平面解析几何中和空间解析几何中分别表示什么图形.

(1) $x=2$;　(2) $y=x+1$;　(3) $x^2+y^2=4$;　(4) $x^2-y^2=1$.

2. 求通过曲线 $\begin{cases} 2x^2+y^2+z^2=16, \\ x^2+z^2-y^2=0 \end{cases}$ 且母线分别平行于 x 轴和 y 轴的柱面方程.

3. 求曲线 $\begin{cases} x^2+y^2+z^2=4, \\ y=z \end{cases}$ 在各坐标面上的投影方程.

4. 求将曲线 $\begin{cases} z=-y^2+1, \\ x=0 \end{cases}$ 绕 z 轴旋转一周所得的旋转曲面方程.

5. 画出下列方程所表示的曲面.

(1) $\left(x-\dfrac{a}{2}\right)^2+y^2=\left(\dfrac{a}{2}\right)^2$;　　(2) $\dfrac{x^2}{9}+\dfrac{z^2}{4}=1$;　　(3) $z=2-x^2$.

6. 画出由曲面 $z=6-x^2-y^2$ 和 $z=\sqrt{x^2+y^2}$ 所围成的空间区域.

Ⓑ 类题

1. 求曲线 $\begin{cases} x^2+y^2+4z^2=1, \\ z^2=x^2+y^2 \end{cases}$ 在 xOy 坐标面内的投影柱面和投影曲线方程.

2. 求曲线 $\begin{cases} y^2+z^2-2x=0, \\ z=3 \end{cases}$ 在 xOy 坐标面内的投影曲线方程,并指出原曲线是何种曲线.

3. 求将曲线 $\begin{cases} 4x^2-9y^2=36, \\ z=0 \end{cases}$ 分别绕 x 轴和 y 轴旋转一周所得的旋转曲面方程.

4. 画出由曲面 $x=0,y=0,z=0,x+y=1,y^2+z^2=1$ 在第一卦限所围成的空间区域.

5. 已知椭球面的三轴分别与三坐标轴重合,且通过椭圆 $\begin{cases} \dfrac{x^2}{9}+\dfrac{y^2}{16}=1, \\ z=0 \end{cases}$ 和点 $M(1,2,\sqrt{23})$,求该椭球面的方程.

复 习 题 ◇ 1

1. 判断题

(1) 平行于向量 $\boldsymbol{a}=(1,2,-2)$ 的单位向量为 $\boldsymbol{a}°=\dfrac{1}{3}(1,2,-2)$.　　　　　　(　　)

(2) 设 $\boldsymbol{a},\boldsymbol{b}$ 为非零向量,且 $\boldsymbol{a}\perp\boldsymbol{b}$,则必有 $|\boldsymbol{a}+\boldsymbol{b}|=|\boldsymbol{a}-\boldsymbol{b}|$.　　　　　(　　)

(3) 设 $\boldsymbol{a}$ 与 $\boldsymbol{b}$ 为非零向量,则 $\boldsymbol{a}\times\boldsymbol{b}=\boldsymbol{0}$ 是 $\boldsymbol{a}//\boldsymbol{b}$ 的必要不充分的条件.　　(　　)

(4) 设空间直线的对称式方程为 $\dfrac{x}{0}=\dfrac{y}{1}=\dfrac{z}{2}$,则该直线必过原点且垂直于 x 轴.(　　)

(5) 曲面 $x^2+y^2+z^2=a^2$ 与 $x^2+y^2=2az(a>0)$ 的交线是双曲线.　　(　　)

2. 填空题

(1) 设 $\boldsymbol{u}=\boldsymbol{a}-2\boldsymbol{b}-\boldsymbol{c},v=2\boldsymbol{a}-3\boldsymbol{b}+2\boldsymbol{c}$,则 $3\boldsymbol{u}-2v=$_____.

(2) 已知向量 $\boldsymbol{a}=(1,-3,2)$ 和 $\boldsymbol{b}=(2,1,-2)$,向量 $\boldsymbol{c}=2\boldsymbol{b}-\lambda\boldsymbol{a}$,且 $\boldsymbol{a}\perp\boldsymbol{c}$,则 $\lambda=$_____.

(3) 点 $M(3,-2,1)$ 关于坐标原点的对称点是_____.

(4) 动点 $M(x,y,z)$ 到 xOy 坐标面的距离与其到点 $(2,1,-2)$ 的距离相等,则点 M 的轨迹方程是_____.

(5) 旋转曲面 $\dfrac{x^2}{4}+\dfrac{y^2}{4}+\dfrac{z^2}{9}=1$ 的旋转轴是_____轴.

3. 选择题

(1) 设向量 $\boldsymbol{a}$ 与 $\boldsymbol{b}$ 平行且方向相反.又 $|\boldsymbol{a}|>|\boldsymbol{b}|>0$,则有(　　).

　　A. $|\boldsymbol{a}+\boldsymbol{b}|=|\boldsymbol{a}|-|\boldsymbol{b}|$ 　　　　　　　B. $|\boldsymbol{a}+\boldsymbol{b}|>|\boldsymbol{a}|-|\boldsymbol{b}|$

　　C. $|\boldsymbol{a}+\boldsymbol{b}|<|\boldsymbol{a}|-|\boldsymbol{b}|$ 　　　　　　　D. $|\boldsymbol{a}+\boldsymbol{b}|=|\boldsymbol{a}|+|\boldsymbol{b}|$

(2) 平面 $\pi_1:Ax+By+Cz+D_1=0$ 与 $\pi_2:Ax+By+Cz+D_2=0$ 的距离为(　　).

　　A. $|D_1-D_2|$ 　　　　　　　　B. $|D_1+D_2|$

　　C. $\dfrac{|D_1-D_2|}{\sqrt{A^2+B^2+C^2}}$ 　　　　　D. $\dfrac{|D_1+D_2|}{\sqrt{A^2+B^2+C^2}}$

(3) 直线 $\dfrac{x+3}{-2}=\dfrac{y+4}{-7}=\dfrac{z}{3}$ 与平面 $4x-2y-2z=3$ 的关系为(　　).

　　A. 平行但直线不在平面内 　　　　B. 直线在平面内

　　C. 垂直相交 　　　　　　　　　　D. 相交但不垂直

(4) 曲面 $x^2-y^2=z$ 在 zOx 坐标面内的截线方程为(　　).

　　A. $x^2=z$ 　　B. $\begin{cases}y^2=-z,\\x=0\end{cases}$ 　　C. $\begin{cases}x^2-y^2=0,\\z=0\end{cases}$ 　　D. $\begin{cases}x^2=z,\\y=0\end{cases}$

(5) 曲面 $2(x-1)^2+(y-2)^2-(z-3)^2=0$ 在空间直角坐标系中表示(　　).

　　A. 球面 　　　　B. 椭圆锥面 　　　　C. 抛物面 　　　　D. 圆锥面

4. 已知 $|\boldsymbol{a}|=2,|\boldsymbol{b}|=5,(\widehat{\boldsymbol{a},\boldsymbol{b}})=\dfrac{2\pi}{3}$,问 λ 为何值时向量 $\boldsymbol{u}=\lambda\boldsymbol{a}+17\boldsymbol{b}$ 与 $v=3\boldsymbol{a}-\boldsymbol{b}$ 互相垂直.

5. 求以 $A(1,2,3),B(3,4,5),C(-1,-2,7)$ 为顶点的三角形的面积 S.

6. 求过点 $M_1(x_1,y_1,z_1),M_2(x_2,y_2,z_2)$ 且垂直于平面 $x+y+z=0$ 的平面的法向量 $\boldsymbol{n}$.

7. 求过点 $(1,0,-3)$ 且过直线 $\dfrac{x+3}{-2}=\dfrac{y-2}{1}=\dfrac{z-1}{-3}$ 的平面方程.

8. 求过点 $(4,-1,3)$ 且平行于直线 $\dfrac{x-3}{2}=y=\dfrac{z-1}{5}$ 的直线方程.

9. 求直线 $\begin{cases} x+y+3z=0, \\ x-y-z=0 \end{cases}$ 与平面 $x-y-z+3=0$ 间的夹角.

10. 判断下列各组中的直线和平面间的位置关系：

(1) $\dfrac{x+1}{2}=\dfrac{y-1}{-2}=\dfrac{z-2}{-1}$ 和 $2x+3y-2z=1$；

(2) $\dfrac{x+3}{-1}=\dfrac{y+2}{-2}=\dfrac{z-3}{1}$ 和 $x+2y-z=3$；

(3) $\dfrac{x-3}{-2}=\dfrac{y-1}{2}=\dfrac{z+2}{3}$ 和 $x+y-z=4$.

11. 求点 $P(-1,2,0)$ 在平面 $x+2y-z+1=0$ 上的投影点的坐标.

12. 将 zOx 坐标面上的抛物线 $z^2=5x$ 分别绕 x 轴和 z 轴旋转一周，求所生成的两个旋转曲面的方程.

13. 判断下列方程表示哪种曲面：

(1) $\dfrac{x^2+y^2}{4}-\dfrac{z^2}{9}=1$；　　　(2) $\dfrac{x^2}{4}+\dfrac{y^2}{9}-\dfrac{z^2}{9}=1$；　　　(3) $\dfrac{x^2}{4}+\dfrac{y^2}{9}+\dfrac{z^2}{8}=1$；

(4) $\dfrac{x^2}{4}+\dfrac{y^2}{6}-\dfrac{z^2}{9}=-1$；　　(5) $\dfrac{x^2}{2}+\dfrac{y^2}{3}=1$；　　　　(6) $4x^2+3y^2-z=1$.

第 2 章

多元函数微分学及其应用

Differential calculus of multivariable functions and its applications

在本书上册的第 1 章至第 8 章,我们以一元函数为研究对象,讨论了函数的各种特性. 但是在自然科学、工程技术、管理科学等众多领域,在解决具体问题时,经常要面对多变量联动变化的情形. 这就需要首先明确这些变量的依赖关系,即建立含有多个自变量的函数关系,然后利用数学理论讨论它们可能拥有的特性,进而给出这些变量在具体问题中的联动效应.

从本章开始,我们研究多元函数的微积分,或称为多变量函数的微积分. 在数学的表现形式上,多元函数可以认为是一元函数的推广,因此它的研究框架、思想方法与一元函数相近. 但是,由于自变量由一个增加到多个,多元函数又产生了许多新的内容,必须单独讨论. 因此,在学习多元函数时,既要注意与一元函数的联系,又要注意它们之间的本质区别. 需要指出的是,二元函数的相关理论和研究方法可以完整地推广到一般的多元函数,即三元及以上的多元函数.

本章讨论多元函数的微分学及一些基本应用. 主要以二元函数为研究对象,首先给出其基本概念、极限及连续性;以此为基础,讨论二元函数的偏导数、全微分、几何应用、极值与最值、方向导数与梯度等内容. 期间,也介绍了三元及以上的多元函数的相关内容.

2.1 多元函数的极限与连续
Limits and continuity of multivariable functions

本节以二元函数为例,首先给出二元函数及其相关的基本概念;然后讨论二元函数的极限和连续;作为二元函数的推广,最后介绍 n 元函数的相关内容.

2.1.1 平面点集及相关概念

对于一元函数而言,其定义域是数轴上的某个集合,且在给出一元函数的定义之前,先引入了区间和邻域等重要概念. 由于二元函数的定义域是坐标平面上的某个集合,因此需要先引入平面点集及其相关概念.

由平面解析几何的知识知道,当在平面上建立了平面直角坐标系之后,平面上所有的点都与二元有序数组 (x,y) 存在一一对应的关系. 本书中所指的**平面点集**,是指在平面直角坐

标系中满足某种条件的点的集合,记作

$$E = \{(x,y) \mid (x,y) \text{ 满足条件 } P\}.$$

例如,坐标平面 xOy 上所有点的集合为 $\mathbf{R}^2 = \{(x,y) \mid -\infty < x < +\infty, -\infty < y < +\infty\}$;平面上以坐标原点为圆心,$r$ 为半径的圆的内部所有点的集合为 $C = \{(x,y) \mid x^2 + y^2 < r^2\}$.

定义 2.1 设 $P_0(x_0, y_0)$ 是 xOy 面上的一点,δ 是某一正数,与点 $P_0(x_0, y_0)$ 的距离小于 δ 的所有点 $P(x,y)$ 组成的集合称为点 P_0 的 δ **邻域**(**neighbourhood**),如图 2.1(a)所示,记作 $U(P_0, \delta)$,即

$$U(P_0, \delta) = \{P \mid \mid PP_0 \mid < \delta\} = \{(x,y) \mid \sqrt{(x-x_0)^2 + (y-y_0)^2} < \delta\}.$$

进一步地,点 P_0 的**去心 δ 邻域**,记作 $\mathring{U}(P_0, \delta)$,即

$$\mathring{U}(P_0, \delta) = \{P \mid 0 < \mid P_0 P \mid < \delta\}.$$

关于定义 2.1 的几点说明.

(1) 在几何上,$U(P_0, \delta)$ 是 xOy 平面上以点 $P_0(x_0, y_0)$ 为圆心,δ 为半径的圆的所有内部点组成的集合,而去心邻域 $\mathring{U}(P_0, \delta)$ 是以点 $P_0(x_0, y_0)$ 为圆心,δ 为半径的圆的所有内部点(但不包含圆心 $P_0(x_0, y_0)$)组成的集合. 此外,如果不需要强调邻域半径 δ 时,则用 $U(P_0)$ 表示点 P_0 的邻域,用 $\mathring{U}(P_0)$ 表示点 P_0 的去心邻域.

(2) 定义 2.1 所定义的邻域称为点 P_0 的圆形邻域. 事实上,点 P_0 的邻域也可以定义为**方形邻域**,如图 2.1(b)所示,即以点 $P_0(x_0, y_0)$ 为中心,2δ 为边长的正方形内所有点的集合 $\{(x,y) \mid \mid x - x_0 \mid < \delta, \mid y - y_0 \mid < \delta\}$. 事实上,这两种邻域只是形式上的不同,没有本质区别. 这是因为以点 P_0 为圆心的圆形邻域内总存在以点 P_0 为中心的方形邻域;反之亦然. 如图 2.1(c)所示.

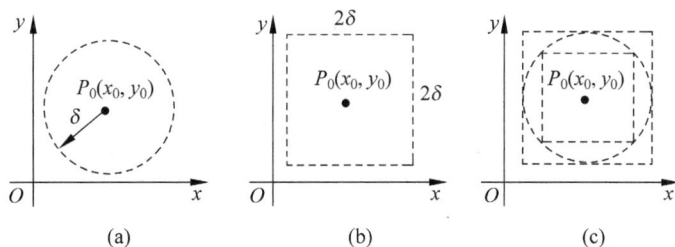

图 2.1

根据定义 2.1,可以定义点与平面点集之间的从属关系.

定义 2.2 对于平面上的一般点集 E 和平面上的任意一点 P,当它们的从属关系满足某些特定条件时,则有:

内点(**interior point**) 若存在点 P 的某一邻域 $U(P)$,使得 $U(P) \subset E$,则称点 P 为 E 的**内点**.

外点(**exterior point**) 若存在点 P 的某一邻域 $U(P)$,使得 $U(P) \cap E = \varnothing$,则称点 P 为 E 的**外点**.

边界点(**boundary point**) 若点 P 的任意邻域内既有属于 E 的点,又有不属于 E 的点,则称 P 为 E 的**边界点**.

孤立点（**isolated point**）　如果点 P 属于 E，但存在点 P 的某一邻域，使得 $\mathring{U}(P)\bigcap E=\varnothing$，则称点 P 是 E 的**孤立点**.

聚点（**accumulation point**）　如果点 P 的任何一个邻域内总有无限多个点属于 E，则称点 P 为 E 的**聚点**.

关于定义 2.2 的几点说明（参照图 2.2）.

（1）由 E 的内点、外点和边界点的定义不难理解，E 的内点必属于 E；外点必不属于 E；边界点可能属于 E，也可能不属于 E.

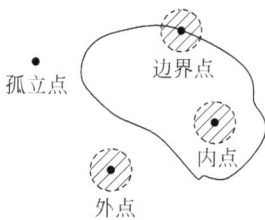

图　2.2

（2）由孤立点的定义可知，孤立点一定属于 E，并且孤立点一定是 E 的边界点，但边界点不一定是孤立点. E 的边界点的全体构成了 E 的**边界**.

（3）由聚点的定义可知，E 的内点一定是聚点，不是孤立点的边界点一定是聚点. 点集 E 的聚点可以属于 E，也可以不属于 E.

根据定义 2.2，可以进一步定义一些重要的平面点集.

定义 2.3　如果点集 E 中的所有点都是 E 的内点，则称 E 为**开集**（**open set**）；如果 E 中的所有点都是 E 的聚点，则称 E 为**闭集**（**closed set**）.

定义 2.4　若非空的开集 E 是连通的，即如果 E 中任意两点均可用 E 中折线连接起来，如图 2.3 所示，则称 E 是一个**开区域**（**open region**），或称**连通的开集**；开区域连同其边界（不包括孤立点）所构成的点集称为**闭区域**（**closed region**）；开区域、闭区域或者开区域连同其一部分边界点（不包括孤立点）构成的点集，统称为**区域**（**region**）.

显然，集合 $\mathbf{R}^2=\{(x,y)\mid-\infty<x<+\infty,-\infty<y<+\infty\}$ 和 $C=\{(x,y)\mid x^2+y^2<r^2\}$ 都构成了区域，其中 $\mathbf{R}^2$ 既是开区域，又是闭区域. 集合 $E=\{(x,y)\mid|x|>1,y\in\mathbf{R}\}$ 虽然是开集，但是它显然不是连通的，因此不构成区域，如图 2.4 所示.

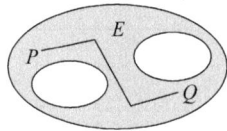

图　2.3

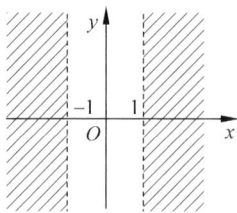

图　2.4

定义 2.5　对于平面区域 E，如果存在以坐标原点 O 为圆心，r 为半径的圆完全包含区域 E，即 $E\subset U(O,r)$，则称 E 为**有界区域**（**bounded region**）. 否则称为**无界区域**（**unbounded region**）.

集合 $\{(x,y)\mid y\geqslant0,x\in\mathbf{R}\}$ 构成了无界闭区域，$\{(x,y)\mid x+y>0\}$ 构成了无界开区域，如图 2.5(a)，(b) 所示.

例 2.1　对于给定的集合
$$E_1=\{(x,y)\mid1<x^2+y^2<4\},\quad E_2=\{(x,y)\mid1<x^2+y^2\leqslant4\},$$
$$E_3=\{(x,y)\mid1\leqslant x^2+y^2\leqslant4\},$$

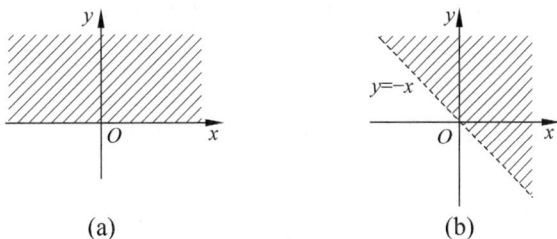

图 2.5

回答下列问题：

(1) 分别指出这些点集的内点、外点、边界点、聚点所构成的集合；

(2) 哪些集合是开集、闭集、开区域、闭区域？是否是有界区域？

分析 利用定义 2.2～2.5 进行分类判断.

解 集合 E_1，E_2，E_3 在平面直角坐标系中所表示的图形分别如图 2.6(a)，(b)，(c) 所示.

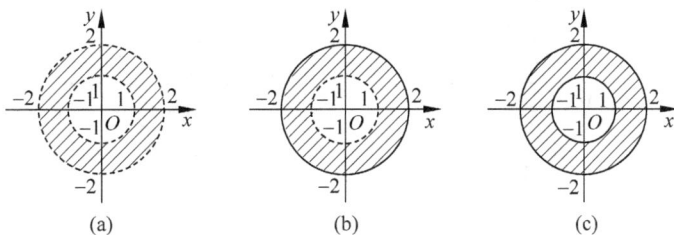

图 2.6

(1) 易见，集合 $\{(x,y)\mid 1<x^2+y^2<4\}$ 中的点是集合 E_1，E_2，E_3 的内点，并且是这些集合的聚点；

集合 $\{(x,y)\mid x^2+y^2<1$ 或 $x^2+y^2>4\}$ 中的点是集合 E_1，E_2，E_3 的外点；

集合 $F_1=\{(x,y)\mid x^2+y^2=1\}$ 和集合 $F_2=\{(x,y)\mid x^2+y^2=4\}$ 上的点分别是集合 E_1，E_2，E_3 的边界点，并且是这些集合的聚点.

(2) E_1 是开集，E_3 是闭集. 集合 E_1，E_2，E_3 都是连通的，因此它们都是区域，其中 E_1 为开区域，E_3 为闭区域. 显然，集合 E_1，E_2，E_3 都是有界区域.

2.1.2 二元函数的概念

定义 2.6 设 D 是平面上的一个非空点集，如果按照某对应法则 f，D 内的每一点 $P(x,y)$ 都有唯一确定的实数 z 与之对应，则称 f 是定义在 D 上的**二元函数**（**function of double variables**），记作

$$z=f(x,y), \quad (x,y)\in D,$$

其中，x,y 称为**自变量**（**independent variable**），z 称为**因变量**（**dependent variable**）. 点集 D 称为函数的**定义域**（**domain**），数集 $R=\{z\mid z=f(x,y),(x,y)\in D\}$ 称为函数的**值域**（**range**）.

例 2.2　求下列二元函数的定义域,并在平面直角坐标系中画出定义域:

(1) $f(x,y)=\dfrac{1}{\sqrt{x^2+3y^2-1}}+\sqrt{4-3x^2-y^2}$;　(2) $f(x,y)=\dfrac{\arcsin(3-x^2-2y^2)}{\sqrt{2x-y^2}}$.

分析　如果没有特殊说明,函数的定义域是使得表达式有意义的自变量的取值范围.先分项讨论,然后求它们的交集.

解　(1) 由题意得 $\begin{cases}x^2+3y^2-1>0,\\4-3x^2-y^2\geqslant 0.\end{cases}$ 容易求得,函数的定义域为

$$D=\{(x,y)\mid x^2+3y^2>1,\text{且 }3x^2+y^2\leqslant 4\}.$$

(2) 由题意可得 $\begin{cases}|3-x^2-2y^2|\leqslant 1,\\2x-y^2>0.\end{cases}$ 解得 $\begin{cases}2\leqslant x^2+2y^2\leqslant 4,\\2x>y^2.\end{cases}$ 因此,函数的定义域为

$$D=\{(x,y)\mid 2\leqslant x^2+2y^2\leqslant 4,\text{且 }2x>y^2\}.$$

(1)和(2)的图像分别如图 2.7(a)和(b)所示.

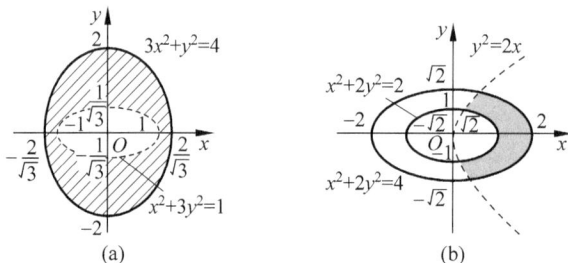

图　2.7

由空间解析几何的知识知道,二元函数 $z=f(x,y)$ 在其定义域 D 内表示空间曲面,即 $\forall (x,y)\in D$ 和对应的函数值 $z=f(x,y)$ 一起组成三维数组 (x,y,z) 时,空间点集

$$S=\{(x,y,z)\mid z=f(x,y),(x,y)\in D\}$$

就是二元函数 $z=f(x,y)$ 的**图像**.也就是说,函数 $z=f(x,y)$ 在空间直角坐标系中表示空间曲面,它的定义域 D 便是该曲面在 xOy 坐标面上的投影,如图 2.8 所示.

例 2.3　判断下列函数表示的空间曲面,并画出它们的草图:

(1) $z=\sqrt{R^2-x^2-y^2}$;　　　　(2) $z=\sqrt{x^2+y^2}$;

(3) $z=x^2+2y^2$;　　　　　　　(4) $z=[x^2+y^2]$.

分析　利用空间解析几何的知识判断,必要时利用截痕法判断.

解　(1) 将函数变形为 $x^2+y^2+z^2=R^2$,易见,它是以坐标原点为球心,以 R 为半径的球面. 因此,$z=$

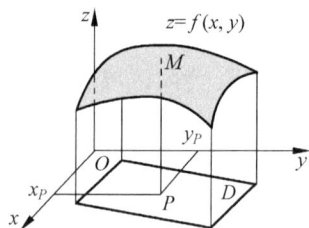

图　2.8

$\sqrt{R^2-x^2-y^2}$ 的图形是以坐标原点为球心,以 R 为半径的球的上半球面. 函数的定义域为平面区域 $D=\{(x,y)\mid x^2+y^2\leqslant R^2\}$,值域为 $R=\{z\mid 0\leqslant z\leqslant R\}$,如图 2.9(a)所示.

(2) 由旋转曲面方程的特征知道,函数 $z=\sqrt{x^2+y^2}$ 的图像是 zOx 坐标面上的直线 $z=x$ 绕 z 轴旋转一周形成的上半圆锥面. 函数的定义域为整个平面,值域为非负实数,如

图 2.9(b)所示.

（3）利用截痕法可知,函数 $z=x^2+2y^2$ 的图像是开口向上的椭圆抛物面,因为用 $x=x_0,y=y_0$ 和 $z=z_0$ 截取曲面时,截痕分别是抛物线、抛物线和椭圆线. 函数的定义域为整个平面,值域为非负实数,如图 2.9(c)所示.

（4）由于当 $n-1\leqslant x^2+y^2<n(n\in \mathbf{Z}_+)$ 时,$z=n-1$,所以函数 $z=[x^2+y^2]$ 的图像由整数圆环构成. 函数的定义域为整个平面,值域为全体非负整数,如图 2.9(d)所示.

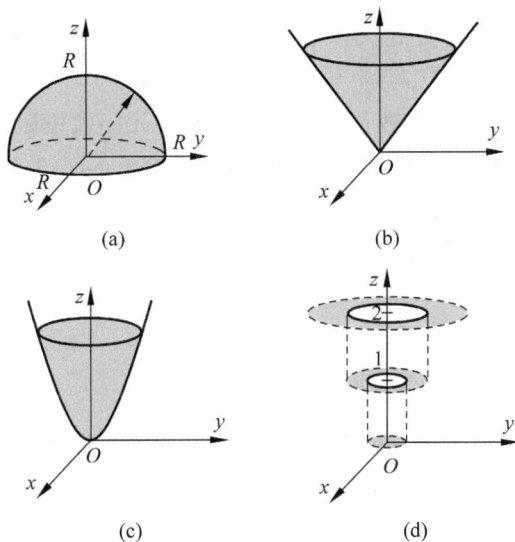

图　2.9

2.1.3　二元函数的极限

定义 2.7　设有函数 $z=f(x,y)$,定义域为 D,点 $P_0(x_0,y_0)$ 为 D 的聚点,A 是一个实常数. 如果 $\forall \varepsilon>0,\exists \delta>0$,当 $P(x,y)\in \overset{\circ}{U}(P_0,\delta)\bigcap D$ 时,有
$$|f(x,y)-A|<\varepsilon,$$
则称 A 为函数 $z=f(x,y)$ 当 $(x,y)\to(x_0,y_0)$ 时的**极限**,记作
$$\lim_{\substack{x\to x_0\\y\to y_0}}f(x,y)=A \quad 或 \quad f(x,y)\to A \ ((x,y)\to(x_0,y_0)),$$
也记作
$$\lim_{P\to P_0}f(P)=A \quad 或 \quad f(P)\to A \ (P\to P_0).$$

二元函数极限的四则运算法则和复合函数的极限法则与一元函数极限的结论相仿,在此不再详述. 为了区别于一元函数的极限,通常称二元函数的极限为**二重极限**（**double limit**）.

关于定义 2.7 的说明.

（1）在定义中,点 $P_0(x_0,y_0)$ 是 D 的聚点. 这个条件说明:当点 $P_0(x_0,y_0)$ 是 D 的内点时,它一定属于 D;当点 $P_0(x_0,y_0)$ 是 D 的非孤立边界点时,它可能属于 D,也可能不属于 D.

（2）在一元函数的极限中,由于函数的定义域为数轴上的某个集合,所以自变量 x 在数

轴上趋近于 x_0 的方式只有两种,即从 x_0 的左边($x < x_0$)和右边($x > x_0$)趋近于 x_0. 只有当函数 $f(x)$ 在点 x_0 处的左、右极限存在且相等时,才能称该函数在点 x_0 处的极限存在. 然而,对于二元函数而言,由于函数的定义域是平面点集,因此,当 $P(x,y) \in \mathring{U}(P_0, \delta) \bigcap D$ 时, $P \to P_0$ 的方式是**任意**的.

因此,定义 2.7 也可叙述为:

定义 2.7′ 设有函数 $z = f(x,y)$,定义域为 D,点 $P_0(x_0, y_0)$ 是 D 的聚点, A 是一个实常数. 如果当点 $P(x,y)$ 以任何方式无限趋近于点 $P_0(x_0, y_0)$ 时,函数 $f(x,y)$ 无限趋近于 A,则称 A 是函数 $z = f(x,y)$ 当 $(x,y) \to (x_0, y_0)$ 时的极限.

在计算二元函数的极限时,多数情况下可以仿照一元函数极限的计算方法及利用一些已有的结论进行计算,但在有些情况下是不能使用的,参见下面的例题.

例 2.4 求下列极限:

(1) $\lim\limits_{\substack{x \to 0 \\ y \to 0}} \dfrac{xy}{\sqrt{x^2 + y^2}}$;　　　(2) $\lim\limits_{\substack{x \to 0 \\ y \to 0}} \left[(x^2 + y^2) \sin \dfrac{1}{x^2 + y^2} \right]$;　　　(3) $\lim\limits_{\substack{x \to 0 \\ y \to 0}} \dfrac{\sin(xy)}{\sqrt{xy + 4} - 2}$;

(4) $\lim\limits_{\substack{x \to 0 \\ y \to 2}} \left(1 + \dfrac{x}{y} \right)^{\frac{1}{\sin x}}$;　　　(5) $\lim\limits_{\substack{x \to 0 \\ y \to 0}} \dfrac{(x^2 + y^2) \tan(x^2 + y^2)}{[1 - \cos(x^2 + y^2)] \mathrm{e}^{xy^2}}$.

分析 题(1)和(3)属于 $\dfrac{0}{0}$ 型未定式,但使用的方法会有所不同;题(2)是"无穷小乘有界函数"的典型算例;题(4)属于 1^∞ 型未定式;题(5)是复杂极限,但可以先用极坐标变换,然后用一元函数的等价无穷小替换进行简化.

解 (1) 由于 $x^2 + y^2 \geqslant 2xy$,所以有

$$0 \leqslant \left| \frac{xy}{\sqrt{x^2 + y^2}} \right| \leqslant \frac{x^2 + y^2}{2 \sqrt{x^2 + y^2}} = \frac{\sqrt{x^2 + y^2}}{2}.$$

易见, $\lim\limits_{\substack{x \to 0 \\ y \to 0}} \sqrt{x^2 + y^2} = 0$. 由夹逼准则可得, $\lim\limits_{\substack{x \to 0 \\ y \to 0}} \dfrac{xy}{\sqrt{x^2 + y^2}} = 0$.

(2) 令 $u = x^2 + y^2$,则当 $x \to 0$, $y \to 0$ 时,有 $u \to 0^+$. 由于

$$\lim\limits_{\substack{x \to 0 \\ y \to 0}} (x^2 + y^2) = \lim\limits_{u \to 0^+} u = 0, \quad \left| \sin \frac{1}{u} \right| = \left| \sin \frac{1}{x^2 + y^2} \right| \leqslant 1,$$

根据"无穷小乘有界函数仍为无穷小"的结论,有

$$\lim\limits_{\substack{x \to 0 \\ y \to 0}} \left[(x^2 + y^2) \sin \frac{1}{x^2 + y^2} \right] = \lim\limits_{u \to 0^+} \left[u \sin \frac{1}{u} \right] = 0.$$

(3) 令 $u = xy$,则当 $x \to 0$, $y \to 0$,有 $u \to 0$. 利用配项方法可得

$$\lim\limits_{u \to 0} \frac{\sin u}{\sqrt{u + 4} - 2} = \lim\limits_{u \to 0} \frac{\sin u \cdot (\sqrt{u + 4} + 2)}{(\sqrt{u + 4} - 2)(\sqrt{u + 4} + 2)} = \lim\limits_{u \to 0} \left[\frac{\sin u}{u} \cdot (\sqrt{u + 4} + 2) \right]$$

$$= \lim\limits_{u \to 0} \frac{\sin u}{u} \cdot \lim\limits_{u \to 0} (\sqrt{u + 4} + 2) = 4.$$

因此

$$\lim\limits_{\substack{x \to 0 \\ y \to 0}} \frac{\sin(xy)}{\sqrt{xy + 4} - 2} = 4.$$

（4）容易求得，$\lim\limits_{\substack{x\to 0\\y\to 2}}\left(1+\dfrac{x}{y}\right)^{\frac{y}{x}}=\mathrm{e},\lim\limits_{\substack{x\to 0\\y\to 2}}\left(\dfrac{1}{y}\cdot\dfrac{x}{\sin x}\right)=\dfrac{1}{2}.$ 利用配项方法及复合函数极限的运算法则可得

$$\lim_{\substack{x\to 0\\y\to 2}}\left(1+\frac{x}{y}\right)^{\frac{1}{\sin x}}=\lim_{\substack{x\to 0\\y\to 2}}\left(1+\frac{x}{y}\right)^{\frac{y}{x}\cdot\frac{1}{y}\cdot\frac{x}{\sin x}}=\sqrt{\mathrm{e}}.$$

（5）令 $x=r\cos\theta,y=r\sin\theta,r=\sqrt{x^2+y^2}$，则当 $x\to 0,y\to 0$ 时，$r\to 0^+$。进一步地，由于当 $r\to 0^+$ 时，$\tan r^2\sim r^2,1-\cos r^2\sim\dfrac{1}{2}r^4,r^3\cos\theta\sin^2\theta\to 0$，故有

$$\lim_{r\to 0^+}\mathrm{e}^{r^3\cos\theta\sin^2\theta}=1,$$

于是

$$\lim_{\substack{x\to 0\\y\to 0}}\frac{(x^2+y^2)\tan(x^2+y^2)}{[1-\cos(x^2+y^2)]\mathrm{e}^{xy^2}}=\lim_{r\to 0^+}\frac{r^2\tan r^2}{(1-\cos r^2)\mathrm{e}^{r^3\cos\theta\sin^2\theta}}=\lim_{r\to 0^+}\frac{2r^2\cdot r^2}{r^4\mathrm{e}^{r^3\cos\theta\sin^2\theta}}=2.$$

关于二重极限的计算方法的几点说明。

（1）在计算二重极限的过程中，如果遇到求 $\dfrac{0}{0},\dfrac{\infty}{\infty},1^\infty$ 等未定式的极限时，一元函数极限的性质、夹逼准则、重要极限的结论、等价无穷小替换、洛必达法则等方法不能直接应用，通常需要用**配项方法**将其配成一元函数极限的格式，或用变量替换的方法将其转化为一元函数极限的形式，然后才能进行计算。

（2）对于有些极限，利用极坐标（$x=r\cos\theta,y=r\sin\theta,r=\sqrt{x^2+y^2}$）进行变量替换是一种有效的方法，特别是当被求极限的表达式中含有形如 x^2+y^2 的因子时。有时候表达式虽然约不去关于 $\cos\theta$ 或 $\sin\theta$ 的信息，但是这并不影响极限的结果，因为它们都是有界函数，在求极限时可以利用"无穷小乘有界函数仍是无穷小"的结论将其化解。例如，

$$\lim_{\substack{x\to 0\\y\to 0}}\frac{xy}{\sqrt{x^2+y^2}}=\lim_{r\to 0^+}\frac{(r\cos\theta)(r\sin\theta)}{r}=\lim_{r\to 0^+}(r\cos\theta\sin\theta)=0.$$

（3）由定义 2.7′ 可知，当点 $P(x,y)$ 以任何方式无限趋于点 $P_0(x_0,y_0)$ 时，函数 $f(x,y)$ 无限趋于 A，则称函数的极限存在；换句话说，如果函数的极限存在，不论选取何种路径，极限只有一个。这就给我们一个启示，当选取不同路径得到的极限不相等时，则可以断定该极限一定不存在。参见下面的例题。

例 2.5 证明下列极限不存在：

（1）$\lim\limits_{\substack{x\to 0\\y\to 0}}\dfrac{x-y}{x+y}$； （2）$\lim\limits_{\substack{x\to 0\\y\to 0}}\dfrac{xy^2}{x^2+y^4+(x-y^2)^2}.$

分析 当 (x,y) 沿不同路径趋于 $(0,0)$ 时，只要求得的极限不同即可。

证 （1）取 $y=kx$（k 为常数），当 $x\to 0$ 时，$y\to 0$，且有

$$\lim_{\substack{x\to 0\\y=kx}}\frac{x-y}{x+y}=\lim_{x\to 0}\frac{x-kx}{x+kx}=\frac{1-k}{1+k}.$$

易见，当 k 取不同值时，对应的极限值不同，所以该极限不存在。

（2）取 $x=ky^2$，当 $y\to 0$ 时，$x\to 0$，且有

$$\lim_{\substack{x\to 0\\y\to 0}}\frac{xy^2}{x^2+y^4+(x-y^2)^2}=\lim_{\substack{y\to 0\\x=ky^2}}\frac{ky^4}{k^2y^4+y^4+(k-1)^2y^4}=\frac{k}{k^2+1+(k-1)^2}.$$

易见,当 k 取不同值时,对应的极限值不同,所以该极限不存在.　　　　　　证毕

2.1.4　二元函数的连续性

定义 2.8　设二元函数 $z=f(x,y)$ 在点 (x_0,y_0) 的某一邻域内有定义,如果

$$\lim_{\substack{x\to x_0 \\ y\to y_0}} f(x,y) = f(x_0,y_0),$$

则称函数 $z=f(x,y)$ 在点 (x_0,y_0) 处**连续**. 否则,称函数 $z=f(x,y)$ 在点 (x_0,y_0) 处**间断**.

如果 $z=f(x,y)$ 在其定义区域 D 内每一点都连续,则称该函数在 D 内连续. 从几何角度看,若二元函数在其定义区域 D 上连续,则它的图形在区域 D 上是一张连续的曲面,即曲面上没有洞,也没有裂纹.

与一元函数类似,二元连续函数经过四则运算和复合运算后仍为二元连续函数. 因此,判断二元函数的连续性的方法和步骤与一元函数的相同,在此不再重述.

例 2.6　讨论下列二元函数在点 $(0,0)$ 处的连续性:

$$(1)\ f(x,y)=\begin{cases}\dfrac{xy}{x^2+y^2}, & (x,y)\neq(0,0), \\ 0, & (x,y)=(0,0);\end{cases} \qquad (2)\ f(x,y)=\begin{cases}\dfrac{x^2y}{x^2+y^2}, & (x,y)\neq(0,0), \\ 0, & (x,y)=(0,0).\end{cases}$$

分析　易见,两个函数在点 $(0,0)$ 处都有定义,需要讨论它们在点 $(0,0)$ 处极限. 根据函数 $f(x,y)$ 的表达式的特点,可以利用极坐标变换讨论它们的极限.

解　(1)　**法一**　令 $x=r\cos\theta,y=r\sin\theta,r=\sqrt{x^2+y^2}$,则当 $x\to0,y\to0$ 时,$r\to0^+$.

$$\lim_{\substack{x\to0 \\ y\to0}} \frac{xy}{x^2+y^2} = \lim_{r\to0^+} \frac{r^2\cos\theta\sin\theta}{r^2} = \lim_{r\to0^+}(\cos\theta\sin\theta) = \cos\theta\sin\theta,$$

易见,当 θ 分别取 $\theta=0,\dfrac{\pi}{4}$ 时,对应的值分别为 $0,\dfrac{1}{2}$,所以该极限不存在. 故该函数在点 $(0,0)$ 处不连续.

法二　取 $y=kx(k$ 为常数),当 $x\to0$ 时,$y\to0$,且有

$$\lim_{\substack{x\to0 \\ y\to0}} \frac{xy}{x^2+y^2} = \lim_{\substack{x\to0 \\ y=kx}} \frac{x\cdot kx}{x^2+k^2x^2} = \frac{k}{1+k^2},$$

易见,当 k 取不同值时,对应的极限值不同,所以该极限不存在. 故该函数在点 $(0,0)$ 处不连续.

(2)　令 $x=r\cos\theta,y=r\sin\theta,r=\sqrt{x^2+y^2}$,则

$$\lim_{\substack{x\to0 \\ y\to0}} f(x,y) = \lim_{r\to0^+}(r\cos^2\theta\sin\theta) = 0,$$

因为,根据"有界函数与无穷小的乘积仍为无穷小"可知,上式的极限存在且为 0,所以

$$\lim_{\substack{x\to0 \\ y\to0}} f(x,y) = 0 = f(0,0),$$

所以函数 $f(x,y)$ 在点 $(0,0)$ 处连续.

与一元初等函数类似,**二元初等函数**是指由关于不同自变量(如 x 和 y)的基本初等函数经过有限次的四则运算和有限次的复合所构成的,并且可用一个表达式表示的二元函数. 例如,$\dfrac{x+y}{2+x^2+y^2}$,$\sin(x+y)$,$\dfrac{x^2y^4}{1+x^2y^4+(x^2-y)^2}$ 等都是二元初等函数. 因此有如下定理.

定理 2.1 二元初等函数在其**定义区域**内是连续的.

这里的**定义区域**是指包含在定义域内的区域,或是开区域,或是闭区域,或是开区域连同其部分边界组成的区域.

因此,由定理 2.1 可知,在计算二重极限时,如果该点是二元初等函数定义区域内的点,则只要算出函数在该点的函数值即可.

例 2.7 求下列函数的极限:

(1) $\lim\limits_{\substack{x\to 0\\y\to 1}}\dfrac{e^x+xy}{x^2+y^2}$;

(2) $\lim\limits_{\substack{x\to 0\\y\to 0}}\dfrac{\ln(x+e^y)}{\sqrt{1-x^2+y^2}}$.

分析 计算极限之前,先观察被求极限的表达式在该点是否连续,如果连续,可以直接代入函数值.

解 (1) 显然,函数 $f(x,y)=\dfrac{e^x+xy}{x^2+y^2}$ 在点 $(0,1)$ 处连续,故

$$\lim_{\substack{x\to 0\\y\to 1}}\frac{e^x+xy}{x^2+y^2}=\frac{e^0+0}{0+1}=1.$$

(2) 显然,函数 $f(x,y)=\dfrac{\ln(x+e^y)}{\sqrt{1-x^2+y^2}}$ 在点 $(0,0)$ 处连续,故

$$\lim_{\substack{x\to 0\\y\to 0}}\frac{\ln(x+e^y)}{\sqrt{1-x^2+y^2}}=\frac{\ln(0+e^0)}{1}=0.$$

对于在闭区间上连续的一元函数,有一些非常重要的定理,如有界性定理、最值定理、介值定理等.类似地,对于在有界闭区域 D 上连续的二元函数,也有类似的定理.

定理 2.2 设二元函数 $z=f(x,y)$ 在有界闭区域 D 上连续,则它在 D 上一定有界,一定有最大值和最小值,并且可以取得最大值与最小值之间的所有值.

2.1.5 n 元函数的概念、极限与连续

事实上,2.1.1 中关于平面点集的相关概念可以推广到 n 维空间,进而可以定义 n 元函数以及 n 元函数的极限与连续.

一般地,设 n 为取定的一个正整数,n 元有序实数组 $(x_1,x_2,\cdots,x_n)$ 的全体构成的集合称为 n 维空间,记作 $\mathbf{R}^n$,即

$$\mathbf{R}^n=\{(x_1,x_2,\cdots,x_n)\mid x_i\in\mathbf{R},i=1,2,\cdots,n\}.$$

其中,每个 n 元数组 $(x_1,x_2,\cdots,x_n)$ 称为 n 维空间中的一个点,数 x_i 称为该点的第 i 个坐标.

在 n 维空间中,两点 $P(x_1,x_2,\cdots,x_n)$ 和 $Q(y_1,y_2,\cdots,y_n)$ 之间的距离定义为

$$|PQ|=\sqrt{(y_1-x_1)^2+(y_2-x_2)^2+\cdots+(y_n-x_n)^2}.$$

特别地,当 $n=1,2,3$ 时,上述距离分别表示数轴上、平面上、空间上两点间的距离.

若给定点 $P_0\in\mathbf{R}^n$,δ 是某一正数,则点 P_0 在 n 维空间中的邻域和去心邻域可分别定义为

$$U(P_0,\delta)=\{P\mid|PP_0|<\delta,P\in\mathbf{R}^n\},\quad \mathring{U}(P_0,\delta)=\{P\mid0<|PP_0|<\delta,P\in\mathbf{R}^n\}.$$

进一步地,也可以类似地给出 n 维空间中的内点、边界点、聚点、区域等重要定义.

基于此,二元函数的定义、极限与连续可以完整地推广到 n 元函数,请读者根据需要对照学习.

定义 2.9 设 D 是 n 维空间中的一个非空点集,如果按照某对应法则 f, D 内的每一点 $P(x_1, x_2, \cdots, x_n)$ 都有唯一确定的实数 u 与之对应,则称 f 是定义在 D 上的 **n 元函数**(function of *n* variables),记作

$$u = f(x_1, x_2, \cdots, x_n), \quad (x_1, x_2, \cdots, x_n) \in D,$$

或记作

$$u = f(P), \quad P(x_1, x_2, \cdots, x_n) \in D.$$

注 二元及二元以上的函数统称为**多元函数**.

一般情况下,当 $n = 1, 2, 3$ 时,为了便于讨论,对应的一元函数、二元函数和三元函数分别表示为 $y = f(x)$, $z = f(x, y)$, $u = f(x, y, z)$.

定义 2.10 设有函数 $u = f(x_1, x_2, \cdots, x_n)$,定义域为 D,点 $P_0(x_1^0, x_2^0, \cdots, x_n^0)$ 为 D 的聚点,A 是一个实常数. 如果 $\forall \varepsilon > 0$, $\exists \delta > 0$,当 $P(x_1, x_2, \cdots, x_n) \in \mathring{U}(P_0, \delta) \bigcap D$ 时,有

$$| f(P) - A | < \varepsilon,$$

则称 A 为函数 $u = f(P)$ 当 $P \to P_0 ((x_1, x_2, \cdots, x_n) \to (x_1^0, x_2^0, \cdots, x_n^0))$ 时的**极限**,记作

$$\lim_{P \to P_0} f(P) = A \quad 或 \quad f(P) \to A (P \to P_0).$$

定义 2.11 设 n 元函数 $u = f(x_1, x_2, \cdots, x_n)$ 在点 $P_0(x_1^0, x_2^0, \cdots, x_n^0)$ 的某一邻域内有定义. 如果

$$\lim_{P \to P_0} f(P) = f(P_0),$$

则称函数 $u = f(x_1, x_2, \cdots, x_n)$ 在点 $P_0(x_1^0, x_2^0, \cdots, x_n^0)$ 处**连续**. 否则,称函数在点 P_0 处**间断**.

以三元函数 $u = \dfrac{1}{\sqrt{R^2 - x^2 - y^2 - z^2}} + \sqrt{x^2 + y^2 + z^2 - r^2} \ (r < R)$ 为例,它的定义域为空间球形区域

$$\Omega = \{(x, y, z) \mid r^2 \leqslant x^2 + y^2 + z^2 < R^2\}.$$

显然,该三元函数在它的定义域内是连续的,并且当 $(x_0, y_0, z_0) \in \Omega$ 时,有

$$\lim_{\substack{x \to x_0 \\ y \to y_0 \\ z \to z_0}} u = \frac{1}{\sqrt{R^2 - x_0^2 - y_0^2 - z_0^2}} + \sqrt{x_0^2 + y_0^2 + z_0^2 - r^2}.$$

习 题 2.1

思 考 题

1. 在平面点集中,内点、外点、边界点、孤立点、聚点是否存在某种关系?

2. 一元函数的极限与二元函数的极限有什么区别与联系?

3. 若点 (x, y) 沿着无数多条平面曲线趋近于点 (x_0, y_0) 时,函数 $f(x, y)$ 都趋近于 A,能否断定 $\lim\limits_{\substack{x \to x_0 \\ y \to y_0}} f(x, y) = A$?

A 类题

1. 描绘下列平面区域的图像,并指出是开区域、闭区域、有界区域、无界区域:

(1) $\{(x,y)\,|\,2x^2>y\}$;　　(2) $\{(x,y)\,|\,|x|+|y|\leqslant 1\}$;　　(3) $\{(x,y)\,|\,|x+y|<1\}$.

2. 描绘下列空间区域的图像,并指出是开区域、闭区域:

(1) $\{(x,y,z)\,|\,x^2+y^2+z^2\leqslant 4\}$;　　　　(2) $\left\{(x,y,z)\,\middle|\,\dfrac{x^2}{4}+\dfrac{y^2}{9}+z^2<1\right\}$;

(3) $\{(x,y,z)\,|\,x^2+y^2\leqslant 1,|z|\leqslant 2\}$;　　(4) $\{(x,y,z)\,|\,x^2+y^2<z,z<2\}$.

3. 已知函数 $f(x+y,xy)=x^2+y^2$,求 $f(x,y)$.

4. 求下列函数的定义域:

(1) $z=\sqrt{1-\dfrac{x^2}{4}-\dfrac{y^2}{9}}$;　　　　　　(2) $z=\ln(4-xy)$;

(3) $z=\sqrt{x^2-4}+\sqrt{1-y^2}$;　　　　　(4) $z=x+\arcsin\dfrac{y}{x}$.

5. 求下列函数的极限:

(1) $\lim\limits_{\substack{x\to 0\\y\to 0}}\dfrac{\sin(x^2y)}{2(x^2+y^2)}$;　　　　　(2) $\lim\limits_{\substack{x\to 2\\y\to\infty}}\arctan(x^3+y^2)$;

(3) $\lim\limits_{\substack{x\to 1\\y\to 0}}\dfrac{2xy}{x^2+3y^2}$;　　　　　　(4) $\lim\limits_{\substack{x\to 0\\y\to 0}}\dfrac{\sqrt{2xy+3}-\sqrt{3}}{xy}$;

(5) $\lim\limits_{\substack{x\to 0\\y\to 1}}\arccos\left(\dfrac{1}{2}\sqrt{y^2-x^2}\right)$;　　(6) $\lim\limits_{\substack{x\to 0\\y\to 1}}\dfrac{\arctan(x^2+y^2)}{x^2+y^2}$.

6. 判断下列极限是否存在? 说明理由:

(1) $\lim\limits_{\substack{x\to 0\\y\to 0}}\dfrac{2x^2-y^2}{x^2+y^2}$;　　　　　　(2) $\lim\limits_{\substack{x\to 0\\y\to 0}}\dfrac{x^2y^3}{x^4+y^4}$.

7. 讨论函数 $f(x,y)$ 在点 $(0,0)$ 处的连续性,其中

$$f(x,y)=\begin{cases}x\sin\dfrac{1}{y}+y\sin\dfrac{1}{x},&xy\neq 0,\\[2mm]0,&xy=0.\end{cases}$$

B 类题

1. 已知函数 $f\left(x+y,\dfrac{y}{x}\right)=x^2-y^2$,求 $f(x,y)$.

2. 求下列函数的极限:

(1) $\lim\limits_{\substack{x\to 0\\y\to 0}}\dfrac{\sin(x^2+y^2)}{\ln(1+3x^2+3y^2)}$;　　(2) $\lim\limits_{\substack{x\to+\infty\\y\to+\infty}}\left(\dfrac{xy}{x^2+y^2}\right)^x$;

(3) $\lim\limits_{\substack{x\to 0\\y\to 0}}\dfrac{\tan(2xy)}{\sqrt{3xy+1}-1}$;　　　(4) $\lim\limits_{\substack{x\to 0\\y\to 0}}(x^2+\sqrt{y^2-2x^3})\cos\dfrac{1}{x}\sin\dfrac{1}{y}$.

3．讨论二元函数

$$f(x,y) = \begin{cases} \dfrac{x^3 + y^4}{x^2 + y^2}, & (x,y) \neq (0,0), \\ 0, & (x,y) = (0,0) \end{cases}$$

在点 $(0,0)$ 处的连续性.

2.2　偏导数与全微分
Partial derivatives and total differentials

在一元微分学中，我们从研究函数的变化率引入了导数的概念. 由于一元函数只有一个自变量，变化率问题较为直接，并且单一. 然而，由于多元函数的自变量不止一个，因此对应的变化率问题要复杂得多，如有时需要考虑因变量只针对某一自变量的变化率问题，有时需要考虑整体的变化率问题. 本节中，我们首先研究多元函数针对某一自变量变化的变化率问题，即偏导数，以二元函数 $z = f(x,y)$ 为例，给出一阶偏导数的定义及其计算方法，并将其推广到三元及以上的多元函数；然后讨论多元函数的全微分.

2.2.1　偏导数及其计算方法

对于给定的二元函数 $z = f(x,y)$，在研究它关于自变量 x 的变化率时，暂时将自变量 y 视为不变量，即此时的函数只是 x 的一元函数，该函数关于 x 的导数（如果存在）就是二元函数关于 x 的偏导数. 于是有如下定义.

定义 2.12　设 $z = f(x,y)$ 是定义在区域 D 上的二元函数，$(x_0, y_0) \in D$ 为一定点. 当自变量 y 固定在 y_0，x 在 x_0 处取得增量 Δx，即 $x = x_0 + \Delta x$，相应的函数值的增量为

$$f(x_0 + \Delta x, y_0) - f(x_0, y_0) \quad (\text{或写为 } f(x, y_0) - f(x_0, y_0)).$$

如果

$$\lim_{\Delta x \to 0} \frac{f(x_0 + \Delta x, y_0) - f(x_0, y_0)}{\Delta x} \quad \left(\text{或写为} \lim_{x \to x_0} \frac{f(x, y_0) - f(x_0, y_0)}{x - x_0} \right) \tag{2.1}$$

存在，则称函数 $z = f(x,y)$ 在点 (x_0, y_0) 处关于 x 可偏导，并称此极限为函数在该点处关于 x 的**偏导数**（**partial derivative**），记作

$$\left. \frac{\partial z}{\partial x} \right|_{\substack{x=x_0 \\ y=y_0}}, \quad \left. \frac{\partial f}{\partial x} \right|_{\substack{x=x_0 \\ y=y_0}}, \quad \left. z_x \right|_{\substack{x=x_0 \\ y=y_0}} \quad \text{或} \quad f_x(x_0, y_0).$$

如果函数 $z = f(x,y)$ 在区域 D 内任一点 (x,y) 处关于 x 的偏导数都存在，则 D 内每一点 (x,y) 与这个偏导数 $f_x(x,y)$ 构成了一种对应关系，即二元函数关系，因此称 $f_x(x,y)$ 为函数 $z = f(x,y)$ 关于自变量 x 的偏导函数（也称为偏导数），也可以记作 $\dfrac{\partial z}{\partial x}, \dfrac{\partial f}{\partial x}, z_x$.

类似地，函数 $z = f(x,y)$ 在点 (x_0, y_0) 处关于自变量 y 的**偏导数**定义为

$$f_y(x_0, y_0) = \lim_{\Delta y \to 0} \frac{f(x_0, y_0 + \Delta y) - f(x_0, y_0)}{\Delta y}, \tag{2.2}$$

或记作

$$\left. \frac{\partial z}{\partial y} \right|_{\substack{x=x_0 \\ y=y_0}}, \quad \left. \frac{\partial f}{\partial y} \right|_{\substack{x=x_0 \\ y=y_0}}, \quad \left. z_y \right|_{\substack{x=x_0 \\ y=y_0}}.$$

同理也可以定义函数 $z=f(x,y)$ 关于自变量 y 的偏导(函)数,记作 $\frac{\partial z}{\partial y},\frac{\partial f}{\partial y},z_y$ 或 $f_y(x,y)$.

关于定义 2.12 的几点说明.

(1) 对一元函数而言,导数 $\frac{\mathrm{d}y}{\mathrm{d}x}$ 可以看作函数的微商,即因变量的微分 $\mathrm{d}y$ 与自变量的微分 $\mathrm{d}x$ 的商,但偏导数的记号 $\frac{\partial z}{\partial x}$ 是一个整体,不可拆分,可参见例 2.13.

(2) 在一元函数微分学中,我们知道,如果函数在某点导数存在,则它在该点必定连续.但对多元函数而言,即使函数在该点处关于各个自变量的偏导数都存在,也不能保证函数在该点连续,参见例 2.10.

(3) 二元函数的偏导数可以推广到三元及以上的多元函数. 例如,三元函数 $u=f(x,y,z)$ 在点 (x,y,z) 处的偏导数定义为

$$f_x(x,y,z)=\lim_{\Delta x\to 0}\frac{f(x+\Delta x,y,z)-f(x,y,z)}{\Delta x};\tag{2.3a}$$

$$f_y(x,y,z)=\lim_{\Delta y\to 0}\frac{f(x,y+\Delta y,z)-f(x,y,z)}{\Delta y};\tag{2.3b}$$

$$f_z(x,y,z)=\lim_{\Delta z\to 0}\frac{f(x,y,z+\Delta z)-f(x,y,z)}{\Delta z}.\tag{2.3c}$$

(4) 由定义可见,在式(2.1)、(2.2)中,各极限表达式的分子都是函数关于某一自变量的增量,称为关于对应自变量的**偏增量**(**partial increment**),分别记作 $\Delta_x z$ 和 $\Delta_y z$,即

$$\Delta_x z=f(x_0+\Delta x,y_0)-f(x_0,y_0)\quad \text{和}\quad \Delta_y z=f(x_0,y_0+\Delta y)-f(x_0,y_0).$$

根据式(2.3a,b,c),可以类似地定义函数 $u=f(x,y,z)$ 在点 (x_0,y_0,z_0) 处的偏增量 $\Delta_x u,\Delta_y u$ 和 $\Delta_z u$.

(5) 偏导数的定义表明,在求多元函数对某个自变量的偏导数时,只需把其余的自变量暂时看作常数,然后直接利用一元函数的求导公式及复合函数求导法则计算即可.

例 2.8 已知函数 $f(x,y)=x^3+xy+y^2+2x+3$,求 $f(x,y)$ 在点 $(1,0)$ 处的偏导数.

分析 可以用定义 2.12 计算,也可以先求偏导数再代值.

解 法一 用定义 2.12 计算. 由式(2.1)可得

$$f_x(1,0)=\lim_{x\to 1}\frac{f(x,0)-f(1,0)}{x-1}=\lim_{x\to 1}\frac{x^3+2x+3-6}{x-1}=\lim_{x\to 1}\frac{x^3+2x-3}{x-1}=5;$$

由式(2.2)可得

$$f_y(1,0)=\lim_{y\to 0}\frac{f(1,y)-f(1,0)}{y-0}=\lim_{y\to 0}\frac{1+y+y^2+2+3-6}{y}=\lim_{y\to 0}\frac{y+y^2}{y}=1.$$

法二 先求偏导数再代值. 不难求得,$\frac{\partial z}{\partial x}=3x^2+y+2,\frac{\partial z}{\partial y}=x+2y$,所以有

$$\frac{\partial z}{\partial x}\Big|_{\substack{x=1\\y=0}}=3\times 1+0+2=5,\quad \frac{\partial z}{\partial y}\Big|_{\substack{x=1\\y=0}}=1+2\times 0=1.$$

例 2.9 求下列函数关于各个自变量的偏导数:

(1) $z=\mathrm{e}^{x^2}\sin(x+2y^2)$;　　(2) $z=\arcsin\left(\frac{y^2}{x}\right)$;　　(3) $u=x^{\frac{y}{z}}$.

分析 利用规则"在求多元函数关于某一自变量的偏导数时,把其余自变量暂时看作常数,然后利用一元函数的求导方法计算."注意到,对于一元函数的求导运算,题(1)中用到了

求两个函数乘积的导数和求复合函数的导数的方法；题(2)中用到了反正弦函数的导数和两个函数商的导数；题(3)中用到了求幂函数的导数和指数函数的导数的方法.

解 (1) $\dfrac{\partial z}{\partial x}=\dfrac{\partial}{\partial x}(\mathrm{e}^{x^2})\cdot\sin(x+2y^2)+\mathrm{e}^{x^2}\cdot\dfrac{\partial}{\partial x}(\sin(x+2y^2))$

$\qquad=2x\mathrm{e}^{x^2}\sin(x+2y^2)+\mathrm{e}^{x^2}\cos(x+2y^2);$

$\dfrac{\partial z}{\partial y}=\dfrac{\partial}{\partial y}(\mathrm{e}^{x^2})\cdot\sin(x+2y^2)+\mathrm{e}^{x^2}\dfrac{\partial}{\partial y}(\sin(x+2y^2))=4y\mathrm{e}^{x^2}\cos(x+2y^2).$

(2) $\dfrac{\partial z}{\partial x}=\dfrac{1}{\sqrt{1-\frac{y^4}{x^2}}}\cdot\dfrac{\partial}{\partial x}\left(\dfrac{y^2}{x}\right)=-\dfrac{|x|}{\sqrt{x^2-y^4}}\cdot\dfrac{y^2}{x^2}=-\dfrac{y^2}{|x|\sqrt{x^2-y^4}};$

$\dfrac{\partial z}{\partial y}=\dfrac{1}{\sqrt{1-\frac{y^4}{x^2}}}\cdot\dfrac{\partial}{\partial y}\left(\dfrac{y^2}{x}\right)=\dfrac{|x|}{\sqrt{x^2-y^4}}\cdot\dfrac{2y}{x}=\dfrac{2|x|y}{x\sqrt{x^2-y^4}}.$

(3) 特别地，在求函数 $u=x^{\frac{y}{z}}$ 关于自变量 x 的偏导函数时，$u=x^{\frac{y}{z}}$ 可以暂时看作是幂函数，在关于其他两个自变量求偏导数时，$u=x^{\frac{y}{z}}$ 可以暂时看作是指数函数. 因此有

$$\dfrac{\partial u}{\partial x}=\dfrac{y}{z}x^{\frac{y}{z}-1};\quad \dfrac{\partial u}{\partial y}=x^{\frac{y}{z}}\ln x\cdot\dfrac{\partial}{\partial y}\left(\dfrac{y}{z}\right)=x^{\frac{y}{z}}\ln x\cdot\dfrac{1}{z}=\dfrac{1}{z}x^{\frac{y}{z}}\ln x;$$

$$\dfrac{\partial u}{\partial z}=x^{\frac{y}{z}}\ln x\cdot\dfrac{\partial}{\partial z}\left(\dfrac{y}{z}\right)=x^{\frac{y}{z}}\ln x\cdot\left(-\dfrac{y}{z^2}\right)=-\dfrac{y}{z^2}x^{\frac{y}{z}}\ln x.$$

例 2.10 已知二元函数 $f(x,y)=\begin{cases}\dfrac{xy}{x^2+y^2},&(x,y)\neq(0,0),\\0,&(x,y)=(0,0).\end{cases}$ 求 $f_x(0,0)$ 和 $f_y(0,0)$.

分析 利用定义 2.12 计算较为方便. 注意到，由例 2.6(1)可知，该函数在点(0,0)处不连续.

解 分别利用式(2.1)和式(2.2)可得

$$f_x(0,0)=\lim_{\Delta x\to0}\dfrac{f(0+\Delta x,0)-f(0,0)}{\Delta x}=\lim_{\Delta x\to0}\dfrac{0}{\Delta x}=0;$$

$$f_y(0,0)=\lim_{\Delta y\to0}\dfrac{f(0,0+\Delta y)-f(0,0)}{\Delta y}=\lim_{\Delta y\to0}\dfrac{0}{\Delta y}=0.$$

例 2.11 证明：函数 $f(x,y)=\sqrt{x^2+y^2}$ 在点(0,0)处关于自变量 x 和 y 的偏导数都不存在.

分析 利用定义 2.12 证明. 注意到，该函数在点(0,0)处连续.

证 分别利用式(2.1)和式(2.2)可得

$$\lim_{\Delta x\to0}\dfrac{f(0+\Delta x,0)-f(0,0)}{\Delta x}=\lim_{\Delta x\to0}\dfrac{|\Delta x|}{\Delta x};$$

$$\lim_{\Delta y\to0}\dfrac{f(0,0+\Delta y)-f(0,0)}{\Delta y}=\lim_{\Delta y\to0}\dfrac{|\Delta y|}{\Delta y}.$$

易见，上面两个极限都不存在，即该函数关于自变量 x 和 y 的偏导数都不存在. 证毕

例 2.10 和例 2.11 说明，函数在某一点的偏导数和函数在该点是否连续没有必然联系.

例 2.12 求 $r=\sqrt{x^2+y^2+z^2}$ 的偏导数.

分析 在求某个自变量的偏导数时，将其余自变量暂时看作常数，直接利用一元复合函

数求导法则计算即可.

解 $\dfrac{\partial r}{\partial x}=\dfrac{2x}{2\sqrt{x^2+y^2+z^2}}=\dfrac{x}{r},\dfrac{\partial r}{\partial y}=\dfrac{2y}{2\sqrt{x^2+y^2+z^2}}=\dfrac{y}{r},$

$\dfrac{\partial r}{\partial z}=\dfrac{2z}{2\sqrt{x^2+y^2+z^2}}=\dfrac{z}{r}.$

例 2.13 已知理想气体的状态方程 $pV=RT$（R 为常数），证明：$\dfrac{\partial p}{\partial V}\cdot\dfrac{\partial V}{\partial T}\cdot\dfrac{\partial T}{\partial p}=-1.$

分析 根据等式 $pV=RT$ 分别计算 $\dfrac{\partial p}{\partial V},\dfrac{\partial V}{\partial T},\dfrac{\partial T}{\partial p}$；然后再计算它们的乘积即可.

证 因为 $p=\dfrac{RT}{V}$，所以 $\dfrac{\partial p}{\partial V}=-\dfrac{RT}{V^2}$. 同理可求得 $\dfrac{\partial V}{\partial T}=\dfrac{R}{p},\dfrac{\partial T}{\partial p}=\dfrac{V}{R}$，因此有

$$\dfrac{\partial p}{\partial V}\cdot\dfrac{\partial V}{\partial T}\cdot\dfrac{\partial T}{\partial p}=-\dfrac{RT}{V^2}\cdot\dfrac{R}{p}\cdot\dfrac{V}{R}=-\dfrac{RT}{pV}=-1.$$ 证毕

2.2.2 全微分

1. 全微分的定义

由一元微分学知道，若函数 $y=f(x)$ 在点 x_0 处可微，则有
$$dy=f'(x_0)\Delta x,\quad 且\quad \Delta y=dy+o(\Delta x),$$
即 dy 是 Δx 的线性函数，并且当 $\Delta x\to 0$ 时，函数值的增量 Δy 与微分 dy 的差是比 Δx 的高阶无穷小. 自然想到的问题是：多元函数是否也有类似的关系呢？

由式(2.1)、式(2.2)可见，当 $\Delta x,\Delta y$ 都很小时，二元函数的偏增量与自变量增量之间的关系为
$$\Delta_x z=f(x_0+\Delta x,y_0)-f(x_0,y_0)=f_x(x_0,y_0)\Delta x+o(\Delta x),$$
$$\Delta_y z=f(x_0,y_0+\Delta y)-f(x_0,y_0)=f_y(x_0,y_0)\Delta y+o(\Delta y).$$
将上式中的 $f_x(x_0,y_0)\Delta x$ 和 $f_y(x_0,y_0)\Delta y$ 分别称为函数 $z=f(x,y)$ 在点 (x_0,y_0) 处关于自变量 x 和 y 的**偏微分**（**partial differential**）.

注意到，偏微分与偏导数都只是针对某一自变量而言的. 在实际应用中，经常需要研究多元函数关于各个自变量都取得增量时因变量所获得的增量，即所谓全增量的问题，进而研究多元函数的全增量、全微分和偏导数之间的关系. 下面以二元函数为例进行讨论.

假设二元函数 $z=f(x,y)$ 在点 $P_0(x_0,y_0)$ 的某邻域内有定义，$P_1(x_0+\Delta x,y_0+\Delta y)$ 为邻域内的任意一点，称 $f(x_0+\Delta x,y_0+\Delta y)-f(x_0,y_0)$ 为函数在点 $P_0(x_0,y_0)$ 对应于自变量增量 $\Delta x,\Delta y$ 的**全增量**（**total increment**），记作 Δz，即
$$\Delta z=f(x_0+\Delta x,y_0+\Delta y)-f(x_0,y_0).\tag{2.4}$$

类似于一元函数中函数值的增量与微分的关系，我们引入二元函数全微分的定义，进而可以将其推广到三元及以上的多元函数.

定义 2.13 如果函数 $z=f(x,y)$ 在点 $P_0(x_0,y_0)$ 处的全增量(式(2.4))可以表示为
$$\Delta z=A\Delta x+B\Delta y+o(\rho),\tag{2.5}$$
其中 A,B 为不依赖于 $\Delta x,\Delta y$ 的常数，$\rho=\sqrt{(\Delta x)^2+(\Delta y)^2}$，则称函数 $z=f(x,y)$ 在点 $P_0(x_0,y_0)$ 处**可微**，$A\Delta x+B\Delta y$ 称为函数 $z=f(x,y)$ 在点 $P_0(x_0,y_0)$ 处的**全微分**（**total differential**），记作 dz，即

$$\mathrm{d}z\mid_{(x_0,y_0)} = A\Delta x + B\Delta y.$$

关于定义 2.13 的几点说明.

（1）由式（2.5）可见，全增量 Δz 与自变量的增量 $\Delta x,\Delta y$ 是线性关系；当 $\Delta x,\Delta y$ 都趋于零时，全增量 Δz 与全微分 $\mathrm{d}z$ 的差是比 ρ 的高阶无穷小，它是用定义判断二元函数在某一点可微的必备条件.

（2）根据多元函数在某一点处连续的定义（定义 2.8），容易验证：若二元函数 $z=f(x,y)$ 在点 $P_0(x_0,y_0)$ 处可微，则函数在该点处一定连续.

（3）若函数在区域 D 内每点 (x,y) 都可微，则称函数在 D 内**可微**.

2. 函数可微的条件

对于一元函数，可微和可导是等价关系，但是对于多元函数，这种关系就不复存在了. 根据多元函数可微的定义，有下面的定理.

定理 2.3（可微的必要条件）　若二元函数 $z=f(x,y)$ 在点 $(x,y)\in D$ 处可微，则函数在该点处的偏导数 $\dfrac{\partial z}{\partial x},\dfrac{\partial z}{\partial y}$ 存在，且 $z=f(x,y)$ 在点 (x,y) 处的全微分为

$$\mathrm{d}z = \frac{\partial z}{\partial x}\Delta x + \frac{\partial z}{\partial y}\Delta y.$$

分析　利用二元函数偏导数以及全微分的定义证明.

证　由于 $z=f(x,y)$ 在点 (x,y) 处可微，由全微分的定义知，在点 (x,y) 的某一邻域内有

$$f(x+\Delta x,y+\Delta y) - f(x,y) = A\Delta x + B\Delta y + o(\rho).$$

特别地，当 $\Delta y=0$ 时，上式变为 $f(x+\Delta x,y)-f(x,y)=A\Delta x+o(|\Delta x|)$，两端同除以 Δx，再令 $\Delta x\to 0$，可得

$$\lim_{\Delta x\to 0}\frac{f(x+\Delta x,y)-f(x,y)}{\Delta x} = A,$$

从而偏导数 $\dfrac{\partial z}{\partial x}$ 存在，且 $\dfrac{\partial z}{\partial x}=A$. 同样可证 $\dfrac{\partial z}{\partial y}$ 存在，且 $\dfrac{\partial z}{\partial y}=B$. 于是

$$\mathrm{d}z = \frac{\partial z}{\partial x}\Delta x + \frac{\partial z}{\partial y}\Delta y. \qquad\qquad 证毕$$

定理 2.4（可微的充分条件）　若二元函数 $z=f(x,y)$ 的偏导数 $\dfrac{\partial z}{\partial x},\dfrac{\partial z}{\partial y}$ 在点 $(x,y)\in D$ 处连续，则函数在该点处可微.

分析　利用二元函数偏导数以及全微分的定义证明.

证　对全增量利用配项方法和一元函数的拉格朗日中值定理，有

$$\begin{aligned}
\Delta z &= f(x+\Delta x,y+\Delta y) - f(x,y)\\
&= f(x+\Delta x,y+\Delta y) - f(x,y+\Delta y) + f(x,y+\Delta y) - f(x,y)\\
&= f_x(x+\theta_1\Delta x,y+\Delta y)\Delta x + f_y(x,y+\theta_2\Delta y)\Delta y,
\end{aligned}$$

其中 $0<\theta_1<1,0<\theta_2<1$. 已知函数 $z=f(x,y)$ 的偏导数在点 (x,y) 处连续，有

$$\lim_{\substack{\Delta x\to 0\\ \Delta y\to 0}} f_x(x+\theta_1\Delta x,y+\Delta y) = f_x(x,y) \quad 和 \quad \lim_{\substack{\Delta x\to 0\\ \Delta y\to 0}} f_y(x,y+\theta_2\Delta y) = f_y(x,y).$$

于是有

$$f_x(x+\theta_1\Delta x, y+\Delta y)=f_x(x,y)+\alpha \quad 和 \quad f_y(x,y+\theta_2\Delta y)=f_y(x,y)+\beta,$$

其中 $\lim\limits_{\substack{\Delta x\to 0\\\Delta y\to 0}}\alpha=0, \lim\limits_{\substack{\Delta x\to 0\\\Delta y\to 0}}\beta=0$. 从而

$$\Delta z= f(x+\Delta x, y+\Delta y)-f(x,y)$$
$$= f_x(x,y)\Delta x+f_y(x,y)\Delta y+\alpha\Delta x+\beta\Delta y. \tag{2.6}$$

注意到,在式(2.6)中,有

$$\frac{|\alpha\Delta x+\beta\Delta y|}{\rho}\leqslant|\alpha|\frac{\Delta x}{\rho}+|\beta|\frac{\Delta y}{\rho}\leqslant|\alpha|+|\beta|\to 0(\rho\to 0^+),$$

或记作 $\alpha\Delta x+\beta\Delta y=o(\rho)(\rho\to 0^+)$. 因此有

$$\Delta z = f(x+\Delta x, y+\Delta y)-f(x,y) = f_x(x,y)\Delta x+f_y(x,y)\Delta y+o(\rho).$$

由函数的可微性定义(定义 2.13)知,函数在该点处可微.   证毕

关于定理 2.3 和定理 2.4 的几点说明.

(1) 定理 2.3 和定理 2.4 的结论可以推广到三元及以上的多元函数.

(2) 定理 2.3 只给出了函数在某一点的全微分存在的必要条件,即函数可微一定存在关于各自变量的偏导数;但反之未必成立,参见例 2.14.

(3) 类似地,定理 2.4 只给出了函数在某一点的全微分存在的充分条件,即函数的偏导数连续;反之也未必成立,参见例 2.15.

(4) 与一元函数类似,习惯上将自变量的增量 Δx 和 Δy 分别记为 dx, dy. 于是函数 $z=f(x,y)$ 在点 (x,y) 处的全微分可重新记作

$$dz = \frac{\partial z}{\partial x}dx + \frac{\partial z}{\partial y}dy. \tag{2.7}$$

类似地,三元函数 $u=f(x,y,z)$ 的全微分可表示为

$$du = \frac{\partial u}{\partial x}dx + \frac{\partial u}{\partial y}dy + \frac{\partial u}{\partial z}dz. \tag{2.8}$$

例 2.14 已知函数 $f(x,y)=\begin{cases}\dfrac{xy}{\sqrt{x^2+y^2}}, & x^2+y^2\neq 0,\\ 0, & x^2+y^2=0.\end{cases}$ 证明:该函数在点 $(0,0)$ 处的偏导数存在,但是不可微.

分析 利用二元函数偏导数以及全微分的定义证明.

证 由偏导数的定义,有

$$f_x(0,0) = \lim_{\Delta x\to 0}\frac{f(0+\Delta x,0)-f(0,0)}{\Delta x} = \lim_{\Delta x\to 0}\frac{0}{\Delta x}=0;$$

$$f_y(0,0) = \lim_{\Delta y\to 0}\frac{f(0,0+\Delta y)-f(0,0)}{\Delta y} = \lim_{\Delta y\to 0}\frac{0}{\Delta y}=0,$$

即 $f_x(0,0)=f_y(0,0)=0$. 进一步地,有

$$\Delta z-[f_x(0,0)\Delta x+f_y(0,0)\Delta y] = \frac{\Delta x\Delta y}{\sqrt{(\Delta x)^2+(\Delta y)^2}}.$$

由例 2.6(1)知

$$\lim_{\rho\to 0^+}\frac{\dfrac{\Delta x\Delta y}{\sqrt{(\Delta x)^2+(\Delta y)^2}}}{\rho} = \lim_{\substack{\Delta x\to 0\\\Delta y\to 0}}\frac{\Delta x\Delta y}{(\Delta x)^2+(\Delta y)^2}$$

不存在,所以当 $\rho \to 0^+$ 时,

$$\Delta z - [f_x(0,0)\Delta x + f_y(0,0)\Delta y]$$

不是比 ρ 的高阶无穷小,因此函数在点 $(0,0)$ 处不可微.　　　　　　　　　　证毕

例 2.15　已知函数 $f(x,y) = \begin{cases} (x^2+y^2)\sin\dfrac{1}{x^2+y^2}, & x^2+y^2 \neq 0, \\ 0, & x^2+y^2 = 0. \end{cases}$　证明:该函数在点

$(0,0)$ 处的偏导数不连续,但是可微.

分析　利用二元函数偏导数以及全微分的定义证明.

证　由偏导数的定义,有

$$f_x(0,0) = \lim_{\Delta x \to 0} \frac{f(0+\Delta x,0) - f(0,0)}{\Delta x} = \lim_{\Delta x \to 0} \left[\Delta x \cdot \sin\frac{1}{(\Delta x)^2} \right] - 0;$$

$$f_y(0,0) = \lim_{\Delta y \to 0} \frac{f(0,0+\Delta y) - f(0,0)}{\Delta y} = \lim_{\Delta y \to 0} \left[\Delta y \cdot \sin\frac{1}{(\Delta y)^2} \right] = 0,$$

即 $f_x(0,0) = f_y(0,0) = 0$. 进一步地,有

$$\Delta z - [f_x(0,0)\Delta x + f_y(0,0)\Delta y] = [(\Delta x)^2 + (\Delta y)^2]\sin\frac{1}{(\Delta x)^2 + (\Delta y)^2} = \rho^2 \sin\frac{1}{\rho^2},$$

$$\rho = \sqrt{(\Delta x)^2 + (\Delta y)^2}.$$

易见,$\lim\limits_{\rho \to 0^+} \dfrac{\rho^2 \sin\dfrac{1}{\rho^2}}{\rho} = \lim\limits_{\rho \to 0^+} \left[\rho \sin\frac{1}{\rho^2} \right] = 0$,即函数在点 $(0,0)$ 处可微.

下面考察函数的两个偏导数 $f_x(x,y)$ 和 $f_y(x,y)$ 在点 $(0,0)$ 处的连续性. 不难求得,当 $(x,y) \neq (0,0)$ 时,有

$$f_x(x,y) = 2x\sin\frac{1}{x^2+y^2} - \frac{2x}{x^2+y^2}\cos\frac{1}{x^2+y^2}.$$

注意到,在上式中,$\lim\limits_{\substack{x \to 0 \\ y \to 0}} \dfrac{2x}{x^2+y^2}$ 不存在,因而 $\lim\limits_{\substack{x \to 0 \\ y \to 0}} f_x(x,y)$ 不存在,即偏导数 $f_x(x,y)$ 在点 $(0,0)$ 处不连续. 同理可证,$f_y(x,y)$ 在点 $(0,0)$ 处也不连续.　　　　　　　　　证毕

由例 2.14 和例 2.15 可见,对于多元函数而言,各偏导数存在并不能保证函数的全微分存在,反过来,即使函数的全微分存在,虽然能够保证偏导数存在,但并不能保证偏导数连续. 其中的原因是:函数的偏导数仅描述了函数在一点处沿坐标轴的变化率,而全微分描述了函数沿各个方向的变化率情况. 对于多元函数,连续、偏导数存在与可微之间的关系如图 2.10 所示.

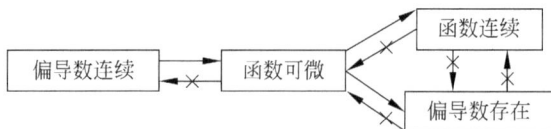

图　2.10

2.2.3　偏导数和全微分的几何解释

由一元函数的微分学知道,一元函数在某一点处的导数(如果存在)在几何上表示曲线

在该点处切线的斜率.对于二元函数而言,其在空间直角坐标系中表示曲面,那么二元函数关于某一自变量的偏导数(如果存在)有什么样的几何解释呢?

下面考察偏导数 $f_x(x_0,y_0)$ 和 $f_y(x_0,y_0)$ 在空间直角坐标系中的几何意义.

对于给定的二元函数 $z=f(x,y)((x,y)\in D)$,它在空间直角坐标系中表示的曲面如图 2.11(a)所示.设点 $M_0(x_0,y_0,f(x_0,y_0))$ 是该曲面上的一点,过点 M_0 作平面 $y=y_0$,与曲面相交成一条曲线,参数方程为 $\begin{cases} x=x, \\ y=y_0, \\ z=f(x,y_0) \end{cases}$ (x 为参数),则偏导数 $f_x(x_0,y_0)$ 表示上述曲线在点 M_0 处的切线 M_0T_x 关于 x 轴正向的斜率.同理,偏导数 $f_y(x_0,y_0)$ 是曲面被平面 $x=x_0$ 所截得的曲线在点 M_0 处的切线 M_0T_y 关于 y 轴正向的斜率.

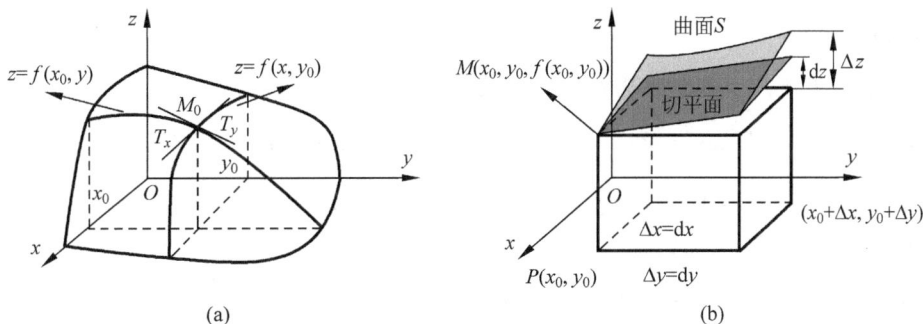

图 2.11

同样由一元函数的微分学知道,如果函数在某一点处可微,则对应的平面曲线在该点存在切线.类似地,如果二元函数 $z=f(x,y)$ 在点 $P(x_0,y_0)$ 处可微,则对应的曲面在点 $M_0(x_0,y_0,f(x_0,y_0))$ 处存在切平面,方程为

$$z-z_0=f_x(x_0,y_0)(x-x_0)+f_y(x_0,y_0)(y-y_0). \tag{2.9}$$

注意到,式(2.9)的左边为切平面上点的竖坐标的增量,右边为函数 $z=f(x,y)$ 在点 $P(x_0,y_0)$ 处的全微分.故函数 $z=f(x,y)$ 在点 $P(x_0,y_0)$ 处的全微分在几何上表示曲面 $z=f(x,y)$ 在点 $M_0(x_0,y_0,f(x_0,y_0))$ 处的切平面上的点的竖坐标的增量,如图 2.11(b)所示.

例 2.16 求下列函数的全微分:

(1) $z=\ln(1+x^2+y^2)$;　　　　(2) $u=x+\sin\dfrac{x+y}{2}+\mathrm{e}^{xyz}$.

分析 先计算相应的偏导数,再将它们代入式(2.7)或式(2.8).

解 (1) 因为 $\dfrac{\partial z}{\partial x}=\dfrac{2x}{1+x^2+y^2}$,$\dfrac{\partial z}{\partial y}=\dfrac{2y}{1+x^2+y^2}$,由式(2.7)可得

$$\mathrm{d}z=\frac{2x}{1+x^2+y^2}\mathrm{d}x+\frac{2y}{1+x^2+y^2}\mathrm{d}y.$$

(2) 因为 $\dfrac{\partial u}{\partial x}=1+\dfrac{1}{2}\cos\dfrac{x+y}{2}+yz\mathrm{e}^{xyz}$,$\dfrac{\partial u}{\partial y}=\dfrac{1}{2}\cos\dfrac{x+y}{2}+xz\mathrm{e}^{xyz}$,$\dfrac{\partial u}{\partial z}=xy\mathrm{e}^{xyz}$,由式(2.8)可得

$$\mathrm{d}u=\left(1+\frac{1}{2}\cos\frac{x+y}{2}+yz\mathrm{e}^{xyz}\right)\mathrm{d}x+\left(\frac{1}{2}\cos\frac{x+y}{2}+xz\mathrm{e}^{xyz}\right)\mathrm{d}y+xy\mathrm{e}^{xyz}\mathrm{d}z.$$

◇ 习 题 ◇ 2.2

思 考 题

1. 函数 $z=f(x,y)$ 在点 (x_0,y_0) 处连续、偏导数存在、可微的关系是什么？并对它们之间的关系举例说明.

2. 说法"函数 $z=f(x,y)$ 在点 (x_0,y_0) 处可微的充分必要条件是：当 $\sqrt{(\Delta x)^2+(\Delta y)^2}\to 0$ 时，$\Delta z-f_x(x,y)\Delta x-f_y(x,y)\Delta y$ 是无穷小量"是否正确？说明理由.

A 类题

1. 求下列函数关于各个自变量的偏导数：

(1) $z=x^4+2y^3+3xy^2-2$；　　　　　　(2) $z=\dfrac{x}{x^2+y^3}$；

(3) $z=\sqrt{x}+\sqrt{xy}+\ln(xy+1)$；　　　　(4) $u=\tan(x^2+2y+3\mathrm{e}^z)$；

(5) $u=\mathrm{e}^{yz}\sin(x^2+xyz)$；　　　　　(6) $z=2^y-y^x$.

2. 设 $f(x,y)=\sqrt{16-x^2-y^2}$，求 $f_x(2,\sqrt{3})$，$f_y(2,\sqrt{3})$.

3. 求下列函数的全微分：

(1) $z=\sqrt{x^2+y^3+1}$；　　(2) $z=\mathrm{e}^x\cos(x+y^2)$；　　(3) $z=\mathrm{e}^{\frac{y}{x}}$；

(4) $z=(x+y)^y$；　　　　(5) $u=\arctan(xyz)$；　　(6) $u=x^{y^2z}$.

4. 求函数 $z=2x^3+3y^2$ 在点 $(1,2)$ 处当 $\Delta x=0.2$，$\Delta y=0.1$ 时的全增量及全微分.

5. 求函数 $z=\mathrm{e}^{xy}(x^2+y^3-2)$ 在点 $(2,1)$ 处的全微分.

B 类题

1. 求下列函数的一阶偏导数：

(1) $z=\sin\dfrac{x}{y}\cos\dfrac{y}{x}$；　　　　　　　(2) $u=\sin\dfrac{y}{z}\cdot\ln(x+z)$；

(3) $z=\displaystyle\int_0^{\sqrt{xy}}\mathrm{e}^{-t^2}\mathrm{d}t(x>0,y>0)$.

2. 设 $z=\mathrm{e}^{-\frac{1}{x}-\frac{1}{y}}$，证明：$x^2\dfrac{\partial z}{\partial x}+y^2\dfrac{\partial z}{\partial y}=2z$.

3. 求函数 $z=\ln(\sqrt[3]{x}+\sqrt[4]{y}-1)$ 当 $\Delta x=0.03$，$\Delta y=-0.02$ 时在点 $(1,1)$ 处的全微分.

4. 讨论函数 $z=\begin{cases}\dfrac{x^2y}{x^2+y^2}, & x^2+y^2\neq 0,\\ 0, & x^2+y^2=0\end{cases}$ 在点 $(0,0)$ 处是否可微？

5. 求函数 $u=\dfrac{x}{x^2+y^2+z^2}$ 关于各个自变量的偏导数.

6. 求函数 $u=2x^3-\tan(xy)+\arctan\dfrac{z}{y}$ 的全微分.

2.3　多元复合函数的微分法

Differentials of composite functions of several variables

本节对求一元复合函数导数的"链式法则"进行推广,用于求多元复合函数的偏导数.与一元复合函数相比,多元复合函数的形式更为多样化.我们仍以二元函数为主,根据二元复合函数的不同复合形式,讨论一种经典形式的多元复合函数偏导数的"链式法则",其他形式的复合函数可以以此类推.

2.3.1　多元复合函数的求导法则

首先回顾一元复合函数的"链式法则",即:先将给定的复合函数分解为若干个简单函数(形成一个由简单函数构成的"链条"),然后按照从外到内的顺序对各级函数依次求导,再将这些导数进行相乘.例如,若函数 $y=f\{g[h(x)]\}$ 可以分解为可导的简单函数 $y=f(u),u=g(v),v=h(x)$,"链条"为 $y\to u\to v\to x$,则函数 $y=f\{g[h(x)]\}$ 的导数为

$$y' = \frac{\mathrm{d}y}{\mathrm{d}u} \cdot \frac{\mathrm{d}u}{\mathrm{d}v} \cdot \frac{\mathrm{d}v}{\mathrm{d}x} = f'(u) \cdot g'(v) \cdot h'(x) = f'\{g[h(x)]\} \cdot g'[h(x)] \cdot h'(x).$$

受此启发,下面将这种一元函数的"单链条"推广到多元复合函数的"多链条".

1. 经典形式的多元复合函数

首先给出多元复合函数的一个经典形式,其他形式可以依此推广.

设函数 $u=u(x,y)$ 及 $v=v(x,y)$ 在 xOy 平面上的区域 D 上有定义,函数 $z=f(u,v)$ 在 uOv 平面的区域 D_1 上有定义,且有 $\{(u,v)\mid u=u(x,y),v=v(x,y),(x,y)\in D\}\subset D_1$,则函数

$$z = f[u(x,y),v(x,y)], \quad (x,y) \in D$$

称为由函数 $z=f(u,v)$ 和函数 $u=u(x,y),v=v(x,y)$ 构成的**二元复合函数**(**composite function of double variables**),其中 $z=f(u,v)$ 称为**外函数**(**outer function**),$u=u(x,y)$ 和 $v=v(x,y)$ 称为**内函数**(**inner funtion**).

定理 2.5　若内函数 $u=u(x,y)$ 及 $v=v(x,y)$ 都在点 (x,y) 处可微,外函数 $z=f(u,v)$ 在点 $(u,v)=(u(x,y),v(x,y))$ 处可微,则复合函数 $z=f[u(x,y),v(x,y)]$ 在点 (x,y) 处可微,且它关于 x 和 y 的偏导数分别为

$$\frac{\partial z}{\partial x} = \frac{\partial z}{\partial u}\frac{\partial u}{\partial x} + \frac{\partial z}{\partial v}\frac{\partial v}{\partial x}, \qquad \frac{\partial z}{\partial y} = \frac{\partial z}{\partial u}\frac{\partial u}{\partial y} + \frac{\partial z}{\partial v}\frac{\partial v}{\partial y}. \tag{2.10}$$

分析　综合利用多元函数的连续、偏导数、可微的定义证明.

证　由假设内函数 $u=u(x,y)$ 及 $v=v(x,y)$ 都可微,类似于式(2.6),有

$$\Delta u = \frac{\partial u}{\partial x}\Delta x + \frac{\partial u}{\partial y}\Delta y + \alpha_1\Delta x + \beta_1\Delta y, \qquad \Delta v = \frac{\partial v}{\partial x}\Delta x + \frac{\partial v}{\partial y}\Delta y + \alpha_2\Delta x + \beta_2\Delta y,$$

其中 $\alpha_1,\beta_1,\alpha_2,\beta_2$ 是当 $\Delta x\to 0,\Delta y\to 0$ 时的无穷小.因为外函数 $z=f(u,v)$ 在点 (u,v) 处可微,类似于式(2.6),有

$$\Delta z = \frac{\partial z}{\partial u}\Delta u + \frac{\partial z}{\partial v}\Delta v + \alpha\Delta u + \beta\Delta v,$$

其中 α,β 是当 $\Delta u\to 0,\Delta v\to 0$ 时的无穷小.将 $\Delta u,\Delta v$ 的表达式代入上式,有

$$\Delta z = \left(\frac{\partial z}{\partial u}+\alpha\right)\left(\frac{\partial u}{\partial x}\Delta x+\frac{\partial u}{\partial y}\Delta y+\alpha_1\Delta x+\beta_1\Delta y\right)+\left(\frac{\partial z}{\partial v}+\beta\right)\left(\frac{\partial v}{\partial x}\Delta x+\frac{\partial v}{\partial y}\Delta y+\alpha_2\Delta x+\beta_2\Delta y\right),$$

整理后可得

$$\Delta z = \left(\frac{\partial z}{\partial u}\frac{\partial u}{\partial x}+\frac{\partial z}{\partial v}\frac{\partial v}{\partial x}\right)\Delta x+\left(\frac{\partial z}{\partial u}\frac{\partial u}{\partial y}+\frac{\partial z}{\partial v}\frac{\partial v}{\partial y}\right)\Delta y+\overline{\alpha}\Delta x+\overline{\beta}\Delta y, \qquad (2.11)$$

其中

$$\overline{\alpha}=\frac{\partial z}{\partial u}\alpha_1+\frac{\partial z}{\partial v}\alpha_2+\frac{\partial u}{\partial x}\alpha+\frac{\partial v}{\partial x}\beta+\alpha\alpha_1+\beta\alpha_2,$$

$$\overline{\beta}=\frac{\partial z}{\partial u}\beta_1+\frac{\partial z}{\partial v}\beta_2+\frac{\partial u}{\partial y}\alpha+\frac{\partial v}{\partial y}\beta+\alpha\beta_1+\beta\beta_2.$$

由于内函数 $u=u(x,y)$ 及 $v=v(x,y)$ 在点 (x,y) 处都可微,因此它们在点 (x,y) 处都连续,即当 $\Delta x,\Delta y\to 0$ 时,有 $\Delta u,\Delta v$ 都趋近于零,从而有 $\alpha_1,\alpha_2,\alpha,\beta_1,\beta_2,\beta$ 都趋近于零. 于是当 $\Delta x,\Delta y\to 0$ 时,可知 $\overline{\alpha},\overline{\beta}$ 都趋近于零,进而有 $\frac{\overline{\alpha}\Delta x+\overline{\beta}\Delta y}{\rho}$ 趋近于零. 由式 (2.11) 可以推得,复合函数 $z=f[u(x,y),v(x,y)]$ 在点 (x,y) 处可微,并且可以得到它关于 x 和 y 的偏导数公式 (2.10).　　　　　　证毕

关于定理 2.5 的几点说明.

(1) 由定理的证明过程可见,用到的知识点是多元函数的连续、偏导数、可微的定义,但用到的知识点较多,过程较为复杂,且环环相扣,对初学者来说掌握该定理的证明过程有一定难度. 然而,如果能够理顺该定理的证明脉络,对培养初学者的逻辑推理能力意义重大.

(2) 在具体问题中,若只求复合函数 $z=f[u(x,y),v(x,y)]$ 关于 x 和 y 的偏导数,则定理中对内函数 $u=u(x,y)$ 及 $v=v(x,y)$ 的条件可以适当放宽,即只要求内函数关于 x 和 y 的偏导数存在就足够了. 但是对于外函数 $z=f(u,v)$ 在点 (u,v) 处可微的条件不能省略,否则式 (2.10) 不一定成立. 请读者思考为什么?

(3) 式 (2.10) 也称为"链式法则","链条"如图 2.12 所示.

例 2.17　求下列函数关于自变量 x 和 y 的偏导数:

(1) $z=\cos(xy)\cdot\ln(x+y)$;

(2) $z=f(x^2+y,2x+y^3)$,其中 f 是可微函数;

(3) $z=f(u,v)$,其中 $u=\sqrt{x+y}$,$v=x\sin y$,f 是可微函数.

图　2.12

分析　利用式 (2.10) 计算.

解　(1) 令 $z=\cos u\cdot\ln v,u=xy,v=x+y$. 由式 (2.10) 可得

$$\frac{\partial z}{\partial x}=\frac{\partial z}{\partial u}\frac{\partial u}{\partial x}+\frac{\partial z}{\partial v}\frac{\partial v}{\partial x}=\ln v\cdot(-\sin u)y+\frac{1}{v}\cdot 1\cdot\cos u$$

$$=-y\sin(xy)\ln(x+y)+\frac{\cos(xy)}{x+y};$$

$$\frac{\partial z}{\partial y}=\frac{\partial z}{\partial u}\frac{\partial u}{\partial y}+\frac{\partial z}{\partial v}\frac{\partial v}{\partial y}=\ln v\cdot(-\sin u)x+\frac{1}{v}\cdot 1\cdot\cos u$$

$$=-x\sin(xy)\ln(x+y)+\frac{\cos(xy)}{x+y}.$$

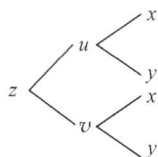

（2）令 $u=x^2+y,v=2x+y^3$. 由式(2.10)可得

$$\frac{\partial z}{\partial x}=\frac{\partial z}{\partial u}\frac{\partial u}{\partial x}+\frac{\partial z}{\partial v}\frac{\partial v}{\partial x}=2xf_1'+2f_2';\qquad \frac{\partial z}{\partial y}=\frac{\partial z}{\partial u}\frac{\partial u}{\partial y}+\frac{\partial z}{\partial v}\frac{\partial v}{\partial y}=f_1'+3y^2f_2'.$$

（3）不难求得, $\dfrac{\partial u}{\partial x}=\dfrac{1}{2\sqrt{x+y}}=\dfrac{\partial u}{\partial y},\dfrac{\partial v}{\partial x}=\sin y,\dfrac{\partial v}{\partial y}=x\cos y$. 由式(2.10)可得

$$\frac{\partial z}{\partial x}=\frac{\partial z}{\partial u}\frac{\partial u}{\partial x}+\frac{\partial z}{\partial v}\frac{\partial v}{\partial x}=\frac{f_1'}{2\sqrt{x+y}}+f_2'\sin y;$$

$$\frac{\partial z}{\partial y}=\frac{\partial z}{\partial u}\frac{\partial u}{\partial y}+\frac{\partial z}{\partial v}\frac{\partial v}{\partial y}=\frac{f_1'}{2\sqrt{x+y}}+f_2'x\cos y.$$

上式中, f_1',f_2' 分别表示函数 $f(u,v)$ 对第一个、第二个变量的偏导数.

注意到,这里针对复合函数的外函数的偏导数采用了记号 f_1',f_2',目的很明确,它们表示对复合函数中第几个中间变量的偏导数. 这种表示方法的好处是条理清晰,不易产生混淆.

2. 其他形式的多元复合函数

作为定理 2.5 的一个特殊情况,若内函数 u 和 v 都只是 t 的函数,即 $u=u(t)$ 和 $v=v(t)$,则对复合函数 $z=f(u,v)$ 的"链式法则"有如下推论.

推论 1 若内函数 $u=u(t)$ 和 $v=v(t)$ 关于 t 均可导,外函数 $z=f(u,v)$ 在点 (u,v) 处可微,则复合函数 $z=f[u(t),v(t)]$ 关于 t 可导,且其导数的计算公式为

$$\frac{\mathrm{d}z}{\mathrm{d}t}=\frac{\partial z}{\partial u}\frac{\mathrm{d}u}{\mathrm{d}t}+\frac{\partial z}{\partial v}\frac{\mathrm{d}v}{\mathrm{d}t}. \qquad (2.12)$$

分析 类似于定理 2.5 的证明思路.

证 设自变量 t 有增量 Δt,则函数 $u=u(t),v=v(t)$ 有相应的增量 $\Delta u,\Delta v$,进而使得函数 $z=f(u,v)$ 有增量 Δz. 根据假设,函数 $z=f(u,v)$ 在点 (u,v) 可微,于是有

$$\Delta z=\frac{\partial z}{\partial u}\Delta u+\frac{\partial z}{\partial v}\Delta v+o(\rho),$$

其中 $\rho=\sqrt{(\Delta u)^2+(\Delta v)^2}$. 将上式两边同除以 Δt,并进行必要的配项,有

$$\frac{\Delta z}{\Delta t}=\frac{\partial z}{\partial u}\frac{\Delta u}{\Delta t}+\frac{\partial z}{\partial v}\frac{\Delta v}{\Delta t}+\frac{o(\rho)}{\rho}\cdot\sqrt{\left(\frac{\Delta u}{\Delta t}\right)^2+\left(\frac{\Delta v}{\Delta t}\right)^2}\cdot\frac{|\Delta t|}{\Delta t}.$$

注意到,由于 $u=u(t)$ 和 $v=v(t)$ 关于 t 均可导,所以当 $\Delta t\to0$ 时, $\Delta u,\Delta v$ 都趋于零,且有 $\lim\limits_{\Delta t\to0}\dfrac{\Delta u}{\Delta t}=\dfrac{\mathrm{d}u}{\mathrm{d}t},\lim\limits_{\Delta t\to0}\dfrac{\Delta v}{\Delta t}=\dfrac{\mathrm{d}v}{\mathrm{d}t},\lim\limits_{\Delta t\to0}\dfrac{o(\rho)}{\rho}=0$,于是

$$\lim\limits_{\Delta t\to0}\frac{\Delta z}{\Delta t}=\frac{\partial z}{\partial u}\frac{\mathrm{d}u}{\mathrm{d}t}+\frac{\partial z}{\partial v}\frac{\mathrm{d}v}{\mathrm{d}t}.$$

因此,复合函数 $z=f[u(t),v(t)]$ 关于 t 可导,且其导数的计算公式为式(2.12). 证毕

式(2.12)称为函数 $z=f[u(t),v(t)]$ 关于 t 的**全导数**,"链条"如图 2.13(a)所示.

推论 1 的结论可推广到中间变量多于两个的情况. 如函数 $z=f[u(t),v(t),w(t)]$ 关于 t 的**全导数**为

$$\frac{\mathrm{d}z}{\mathrm{d}t}=\frac{\partial z}{\partial u}\frac{\mathrm{d}u}{\mathrm{d}t}+\frac{\partial z}{\partial v}\frac{\mathrm{d}v}{\mathrm{d}t}+\frac{\partial z}{\partial w}\frac{\mathrm{d}w}{\mathrm{d}t}. \qquad (2.13)$$

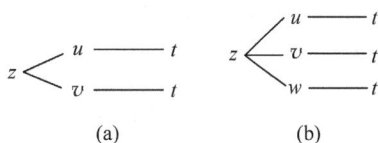

图 2.13

求偏导的"链条"如图 2.13(b)所示.

作为定理 2.5 的 3 种推广形式,有如下 3 个推论.

推论 2　若内函数 $u=u(x,y)$ 在点 (x,y) 处关于 x 和 y 的偏导数存在,且外函数 $z=f(u)$ 在对应点 u 具有连续导数,则复合函数 $z=f[u(x,y)]$ 在对应点 (x,y) 的两个偏导数存在,且有如下计算公式

$$\frac{\partial z}{\partial x}=\frac{\mathrm{d}z}{\mathrm{d}u}\frac{\partial u}{\partial x},\quad \frac{\partial z}{\partial y}=\frac{\mathrm{d}z}{\mathrm{d}u}\frac{\partial u}{\partial y}.$$

求偏导的"链条"如图 2.14(a)所示.

推论 3　设内函数 $u=u(x,y)$,$v=v(x,y)$ 及 $w=w(x,y)$ 在点 (x,y) 处关于 x 和 y 的偏导数均存在,且外函数 $z=f(u,v,w)$ 在对应点 (u,v,w) 处具有连续偏导数,则复合函数 $z=f[u(x,y),v(x,y),w(x,y)]$ 在点 (x,y) 处关于 x 和 y 的偏导数存在,计算公式为

$$\frac{\partial z}{\partial x}=\frac{\partial z}{\partial u}\frac{\partial u}{\partial x}+\frac{\partial z}{\partial v}\frac{\partial v}{\partial x}+\frac{\partial z}{\partial w}\frac{\partial w}{\partial x};\quad \frac{\partial z}{\partial y}=\frac{\partial z}{\partial u}\frac{\partial u}{\partial y}+\frac{\partial z}{\partial v}\frac{\partial v}{\partial y}+\frac{\partial z}{\partial w}\frac{\partial w}{\partial y}. \tag{2.14}$$

求偏导的"链条"如图 2.14(b)所示.

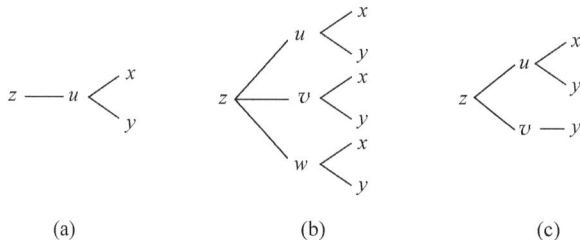

图　2.14

推论 4　如果内函数 $u=u(x,y)$ 在点 (x,y) 处关于 x 和 y 的偏导数存在,内函数 $v=v(y)$ 关于 y 可导,且外函数 $z=f(u,v)$ 在对应点 (u,v) 具有连续偏导数,则复合函数 $z=f[u(x,y),v(y)]$ 在对应点 (x,y) 的两个偏导数存在,计算公式为

$$\frac{\partial z}{\partial x}=\frac{\partial z}{\partial u}\frac{\partial u}{\partial x},\quad \frac{\partial z}{\partial y}=\frac{\partial z}{\partial u}\frac{\partial u}{\partial y}+\frac{\partial z}{\partial v}\frac{\mathrm{d}v}{\mathrm{d}y}.$$

求偏导的"链条"如图 2.14(c)所示.

例 2.18　设内函数 $u=\varphi(x,y)$ 关于 x 和 y 的偏导数存在,外函数 $z=f(u,x,y)$ 具有连续偏导数,计算复合函数 $z=f[\varphi(x,y),x,y]$ 关于 x 和 y 的偏导数.

分析　复合函数 $z=f[\varphi(x,y),x,y]$ 可看作推论 3 中 $v=x$,$w=y$ 的特殊情形.

解　若令 $u=\varphi(x,y)$,$v=x$,$w=y$,则有

$$\frac{\partial v}{\partial x}=1,\quad \frac{\partial w}{\partial x}=0,\quad \frac{\partial v}{\partial y}=0,\quad \frac{\partial w}{\partial y}=1,$$

由推论 3 可知,复合函数 $z=f[\varphi(x,y),x,y]$ 关于 x 和 y 的偏导数存在,且有

$$\frac{\partial z}{\partial x}=f_1'\frac{\partial u}{\partial x}+f_2';\quad \frac{\partial z}{\partial y}=f_1'\frac{\partial u}{\partial y}+f_3'. \tag{2.15}$$

求偏导的"链条"如图 2.15 所示.

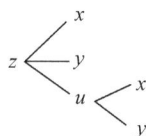

图　2.15

例 2.19 计算下列函数的全导数：

(1) $z=\mathrm{e}^{x-2y}$，其中 $x=\sin t,y=t^2$；

(2) $u=\arctan(xz+y^2)$，其中 $x=\mathrm{e}^t,y=\cos t,z=t$.

分析 利用计算全导数的式(2.12)和式(2.13)计算.

解 (1) 因为 $\dfrac{\partial z}{\partial x}=\mathrm{e}^{x-2y},\dfrac{\partial z}{\partial y}=-2\mathrm{e}^{x-2y},\dfrac{\mathrm{d}x}{\mathrm{d}t}=\cos t,\dfrac{\mathrm{d}y}{\mathrm{d}t}=2t$，由式(2.12)可得

$$\frac{\mathrm{d}z}{\mathrm{d}t}=(\mathrm{e}^{x-2y})\cos t+(-2\mathrm{e}^{x-2y})2t=\mathrm{e}^{\sin t-2t^2}(\cos t-4t).$$

(2) 因为 $\dfrac{\partial u}{\partial x}=\dfrac{1}{1+(xz+y^2)^2}z,\dfrac{\partial u}{\partial y}=\dfrac{1}{1+(xz+y^2)^2}(2y),\dfrac{\partial u}{\partial z}=\dfrac{1}{1+(xz+y^2)^2}x,\dfrac{\mathrm{d}x}{\mathrm{d}t}=\mathrm{e}^t,$

$\dfrac{\mathrm{d}y}{\mathrm{d}t}=-\sin t,\dfrac{\mathrm{d}z}{\mathrm{d}t}=1.$ 由式(2.13)可得

$$\frac{\mathrm{d}u}{\mathrm{d}t}=\frac{\partial u}{\partial x}\frac{\mathrm{d}x}{\mathrm{d}t}+\frac{\partial u}{\partial y}\frac{\mathrm{d}y}{\mathrm{d}t}+\frac{\partial u}{\partial z}\frac{\mathrm{d}z}{\mathrm{d}t}=\frac{1}{1+(t\mathrm{e}^t+\cos^2 t)^2}(t\mathrm{e}^t-2\cos t\sin t+\mathrm{e}^t).$$

例 2.20 求函数 $z=\arcsin(u+v+w)$ 关于各个自变量的偏导数，其中 $u=\sin(xy)$，$v=x+y,w=x^2y.$

分析 先分清函数的"链条"，然后利用多元复合函数的链式法则(2.14)计算.

解 因为 $\dfrac{\partial z}{\partial u}=\dfrac{1}{\sqrt{1-(u+v+w)^2}}=\dfrac{\partial z}{\partial v}=\dfrac{\partial z}{\partial w},\dfrac{\partial u}{\partial x}=y\cos(xy),\dfrac{\partial u}{\partial y}=x\cos(xy),\dfrac{\partial v}{\partial x}=\dfrac{\partial v}{\partial y}=$

$1,\dfrac{\partial w}{\partial x}=2xy,\dfrac{\partial w}{\partial y}=x^2.$ 由式(2.14)可得

$$\frac{\partial z}{\partial x}=\frac{\partial z}{\partial u}\frac{\partial u}{\partial x}+\frac{\partial z}{\partial v}\frac{\partial v}{\partial x}+\frac{\partial z}{\partial w}\frac{\partial w}{\partial x}=\frac{1}{\sqrt{1-(\sin(xy)+x+y+x^2y)^2}}(y\cos(xy)+1+2xy);$$

$$\frac{\partial z}{\partial y}=\frac{\partial z}{\partial u}\frac{\partial u}{\partial y}+\frac{\partial z}{\partial v}\frac{\partial v}{\partial y}+\frac{\partial z}{\partial w}\frac{\partial w}{\partial y}=\frac{1}{\sqrt{1-(\sin(xy)+x+y+x^2y)^2}}(x\cos(xy)+1+x^2).$$

例 2.21 求函数 $u=f(x,y,z)=\mathrm{e}^{x^2+y^2+z^2}$ 关于各个自变量的偏导数，其中 $z=x^2\sin y.$

分析 先分清函数的"链条"，然后利用多元复合函数的链式法则(2.15)计算.

解 容易求得，$\dfrac{\partial z}{\partial x}=2x\sin y,\dfrac{\partial z}{\partial y}=x^2\cos y.$ 利用式(2.15)，有

$$\frac{\partial u}{\partial x}=f_1'+f_3'\cdot\frac{\partial z}{\partial x}=2x\mathrm{e}^{x^2+y^2+z^2}+2z\mathrm{e}^{x^2+y^2+z^2}2x\sin y=2x(1+2x^2\sin^2 y)\mathrm{e}^{x^2+y^2+x^4\sin^2 y},$$

$$\frac{\partial u}{\partial y}=f_2'+f_3'\cdot\frac{\partial z}{\partial y}=2y\mathrm{e}^{x^2+y^2+z^2}+2z\mathrm{e}^{x^2+y^2+z^2}x^2\cos y=2(y+x^4\sin y\cos y)\mathrm{e}^{x^2+y^2+x^4\sin^2 y}.$$

2.3.2 全微分形式不变性

对于给定的二元函数 $z=f(u,v)$，若它满足可微条件，则当 u,v 是自变量时，函数 $z=f(u,v)$ 的全微分为 $\mathrm{d}z=\dfrac{\partial z}{\partial u}\mathrm{d}u+\dfrac{\partial z}{\partial v}\mathrm{d}v.$

当 $z=f(u,v)$ 是外函数，u,v 是内函数(中间变量)，x,y 是自变量时，即 $u=u(x,y),v=v(x,y)$，有 $\mathrm{d}u=\dfrac{\partial u}{\partial x}\mathrm{d}x+\dfrac{\partial u}{\partial y}\mathrm{d}y,\mathrm{d}v=\dfrac{\partial v}{\partial x}\mathrm{d}x+\dfrac{\partial v}{\partial y}\mathrm{d}y.$ 由多元复合函数的全微分定义和链式法则式(2.10)，有

$$\mathrm{d}z = \frac{\partial z}{\partial x}\mathrm{d}x + \frac{\partial z}{\partial y}\mathrm{d}y = \left(\frac{\partial z}{\partial u}\frac{\partial u}{\partial x} + \frac{\partial z}{\partial v}\frac{\partial v}{\partial x}\right)\mathrm{d}x + \left(\frac{\partial z}{\partial u}\frac{\partial u}{\partial y} + \frac{\partial z}{\partial v}\frac{\partial v}{\partial y}\right)\mathrm{d}y$$

$$= \frac{\partial z}{\partial u}\left(\frac{\partial u}{\partial x}\mathrm{d}x + \frac{\partial u}{\partial y}\mathrm{d}y\right) + \frac{\partial z}{\partial v}\left(\frac{\partial v}{\partial x}\mathrm{d}x + \frac{\partial v}{\partial y}\mathrm{d}y\right) = \frac{\partial z}{\partial u}\mathrm{d}u + \frac{\partial z}{\partial v}\mathrm{d}v.$$

由此可见,不论 u,v 是自变量,还是中间变量,函数的全微分 $\mathrm{d}z$ 具有相同的形式,这个性质称为**全微分形式不变性**.

利用这一性质,可得多元函数全微分与一元函数微分相同的运算性质:

(1) $\mathrm{d}(u \pm v) = \mathrm{d}u \pm \mathrm{d}v$;

(2) $\mathrm{d}(uv) = u\mathrm{d}v + v\mathrm{d}u$;

(3) $\mathrm{d}\left(\dfrac{u}{v}\right) = \dfrac{v\mathrm{d}u - u\mathrm{d}v}{v^2}(v \neq 0)$.

恰当地利用这些公式,常会取得很好的结果.

由全微分的表达式 $\mathrm{d}z = \frac{\partial z}{\partial x}\mathrm{d}x + \frac{\mathrm{d}z}{\partial y}\mathrm{d}y$ 可知,$\mathrm{d}x,\mathrm{d}y$ 前面的系数分别是函数 $z = f(x,y)$ 关于 x,y 的偏导数. 利用全微分形式的不变性和微分的运算法则,可以同时求出 $z = f(x,y)$ 的两个偏导数.

例 2.22　求函数 $z = \arctan\dfrac{x+y}{1-xy}$ 的全微分 $\mathrm{d}z$.

分析　利用多元复合函数的链式法则求出 $\frac{\partial z}{\partial x},\frac{\partial z}{\partial y}$,然后代入 $\mathrm{d}z = \frac{\partial z}{\partial x}\mathrm{d}x + \frac{\partial z}{\partial y}\mathrm{d}y$;也可以利用微分形式的不变性计算.

解　设 $u = x+y, v = 1-xy$,则有 $z = \arctan\dfrac{u}{v}$.

法一　由式(2.10)可得

$$\frac{\partial z}{\partial x} = \frac{\partial z}{\partial u}\frac{\partial u}{\partial x} + \frac{\partial z}{\partial v}\frac{\partial v}{\partial x} = \frac{1}{1+\left(\dfrac{u}{v}\right)^2} \cdot \frac{1}{v} \cdot 1 + \frac{1}{1+\left(\dfrac{u}{v}\right)^2} \cdot \left(-\frac{u}{v^2}\right) \cdot (-y)$$

$$= \frac{1}{u^2+v^2}v + \frac{1}{u^2+v^2}uy = \frac{1}{(x+y)^2+(1-xy)^2}(1+y^2) = \frac{1}{1+x^2};$$

$$\frac{\partial z}{\partial y} = \frac{\partial z}{\partial u}\frac{\partial u}{\partial y} + \frac{\partial z}{\partial v}\frac{\partial v}{\partial y} = \frac{1}{1+\left(\dfrac{u}{v}\right)^2} \cdot \frac{1}{v} \cdot 1 + \frac{1}{1+\left(\dfrac{u}{v}\right)^2} \cdot \left(-\frac{u}{v^2}\right) \cdot (-x)$$

$$= \frac{1}{u^2+v^2}v + \frac{1}{u^2+v^2}ux = \frac{1}{(x+y)^2+(1-xy)^2}(1+x^2) = \frac{1}{1+y^2}.$$

于是有 $\mathrm{d}z = \frac{\partial z}{\partial x}\mathrm{d}x + \frac{\partial z}{\partial y}\mathrm{d}y = \dfrac{\mathrm{d}x}{1+x^2} + \dfrac{\mathrm{d}y}{1+y^2}$.

法二　由微分形式的不变性可得

$$\mathrm{d}z = \frac{\partial z}{\partial u}\mathrm{d}u + \frac{\partial z}{\partial v}\mathrm{d}v = \frac{1}{1+\left(\dfrac{u}{v}\right)^2} \cdot \frac{1}{v}\mathrm{d}u + \frac{1}{1+\left(\dfrac{u}{v}\right)^2}\left(-\frac{u}{v^2}\right)\mathrm{d}v = \frac{1}{u^2+v^2}(v\mathrm{d}u - u\mathrm{d}v).$$

由于 $u = x+y, v = 1-xy$,所以 $\mathrm{d}u = \mathrm{d}x + \mathrm{d}y, \mathrm{d}v = -(y\mathrm{d}x + x\mathrm{d}y)$. 将其代入上式,得

$$\mathrm{d}z = \frac{1}{(x+y)^2+(1-xy)^2}\big[(1-xy)(\mathrm{d}x+\mathrm{d}y) + (x+y)(y\mathrm{d}x+x\mathrm{d}y)\big]$$

$$= \frac{1}{(1+x^2)(1+y^2)}\big[(1+y^2)\mathrm{d}x+(1+x^2)\mathrm{d}y\big] = \frac{\mathrm{d}x}{1+x^2} + \frac{\mathrm{d}y}{1+y^2}.$$

例 2.23 求函数 $z=\left(\dfrac{x+y}{x-y}\right)^{\frac{1}{3}}$ 的全微分 $\mathrm{d}z$.

分析 直接求 $\dfrac{\partial z}{\partial x},\dfrac{\partial z}{\partial y}$ 较为困难,尝试利用对数求导法和微分形式的不变性计算.

解 对函数 $z=\left(\dfrac{x+y}{x-y}\right)^{\frac{1}{3}}$ 的两边取对数,有

$$\ln z = \frac{1}{3}\big[\ln(x+y)-\ln(x-y)\big].$$

对上式两边求全微分,有

$$\frac{\mathrm{d}z}{z} = \frac{1}{3}\left(\frac{\mathrm{d}x+\mathrm{d}y}{x+y}-\frac{\mathrm{d}x-\mathrm{d}y}{x-y}\right) = \frac{2}{3}\frac{x\mathrm{d}y-y\mathrm{d}x}{x^2-y^2}.$$

于是

$$\mathrm{d}z = \frac{2}{3}\frac{x\mathrm{d}y-y\mathrm{d}x}{x^2-y^2}\cdot z = \frac{2}{3}\left(\frac{x+y}{x-y}\right)^{\frac{1}{3}}\frac{x\mathrm{d}y-y\mathrm{d}x}{x^2-y^2}.$$

注意到,从上式中还可以得到 $\dfrac{\partial z}{\partial x},\dfrac{\partial z}{\partial y}$,即

$$\frac{\partial z}{\partial x} = -\frac{2}{3}\left(\frac{x+y}{x-y}\right)^{\frac{1}{3}}\frac{y}{x^2-y^2}; \qquad \frac{\partial z}{\partial y} = \frac{2}{3}\left(\frac{x+y}{x-y}\right)^{\frac{1}{3}}\frac{x}{x^2-y^2}.$$

因此,全微分形式的不变性也是求偏导数的一种方法.

习 题 2.3

思 考 题

1. 在定理 2.5 中,求复合函数 $z=f[u(x,y),v(x,y)]$ 关于 x 和 y 的偏导数时,对定理中内函数 $u=u(x,y)$ 及 $v=v(x,y)$ 的条件是否可以适当放宽为"函数关于 x 和 y 的偏导数存在"? 说明理由.

2. 在定理 2.5 中,如果将条件"外函数 $z=f(u,v)$ 在点 (u,v) 处可微"减弱为"外函数 $z=f(u,v)$ 在点 (u,v) 处关于 u 和 v 的偏导数存在",定理的结论是否成立? 说明理由.

3. 设 $z=f(u,v,x)$,而 $u=\varphi(x)$,$v=\psi(x)$,则 $\dfrac{\mathrm{d}z}{\mathrm{d}x}=\dfrac{\partial f}{\partial u}\dfrac{\mathrm{d}u}{\mathrm{d}x}+\dfrac{\partial f}{\partial v}\dfrac{\mathrm{d}v}{\mathrm{d}x}+\dfrac{\partial f}{\partial x}$,试问 $\dfrac{\mathrm{d}z}{\mathrm{d}x}$ 与 $\dfrac{\partial f}{\partial x}$ 是否相同? 为什么?

A 类题

1. 求下列函数关于各个自变量的偏导数(其中 f 是可微函数):

(1) $z=(x+y)^2\sin(xy^2)$; (2) $z=\mathrm{e}^{xy}\sin(x+y)$;

(3) $z=\left(\dfrac{y}{x}\right)^2\ln(2x-y)$; (4) $z=xyf(xy^2)$;

(5) $z = f(x^2 - y^2, e^{xy})$;　　　　　　　(6) $u = f\left(\dfrac{z}{y}, 2x - y, \sin z\right)$.

2. 求下列函数的全导数：

(1) $z = \sin\dfrac{x}{y}$，其中 $x = e^t, y = t^2$；　(2) $z = \arcsin(u - v)$，其中 $u = t^3, v = 3t^2$；

(3) $z = \arctan(2xy)$，其中 $x = t^2, y = e^t$；　(4) $z = u\cos t + \sin 2v$，其中 $u = e^t, v = \ln t$.

3. 设 $z = \dfrac{y}{f(x^2 - y^2)}$，其中 $f(t)$ 具有连续导数，且 $f(t) \neq 0$，求 $\dfrac{1}{x}\dfrac{\partial z}{\partial x} + \dfrac{1}{y}\dfrac{\partial z}{\partial y}$.

4. 设 $z = \arctan\dfrac{x + y}{x - y}$，证明：$\dfrac{\partial z}{\partial x} + \dfrac{\partial z}{\partial y} = \dfrac{x - y}{x^2 + y^2}$.

5. 已知 $z = \arctan\dfrac{y}{x}$，利用全微分形式不变性求 $\dfrac{\partial z}{\partial x}$ 和 $\dfrac{\partial z}{\partial y}$.

B 类题

1. 求下列函数的关于各个自变量的偏导数：

(1) $z = e^{2x - 3y + u}$，其中 $u = \sin(xy)$；　　　(2) $z = (3x^2 + y^2)^{4x + 2y}$；

(3) $z = f[e^{xy}, \tan(x + y)]$；　　　　　　(4) $z = f(x + y, xy, x - y)$；

(5) $u = e^{x^2 + y^2 + z^2}$，其中 $z = \sin(xy^2)$.

2. 设函数 $z = f(x, y)$ 具有连续偏导数，且 $f(x, x^2) = 1, f_1'(x, x^2) = x$，求 $f_2'(x, x^2)$.

3. 验证函数 $u = x^k f\left(\dfrac{z}{y}, \dfrac{y}{x}\right)$ 满足等式 $x\dfrac{\partial u}{\partial x} + y\dfrac{\partial u}{\partial y} + z\dfrac{\partial u}{\partial z} = ku$.

4. 设 $u = f(r, \theta), r = \sqrt{x^2 + y^2}, \theta = \arctan\dfrac{y}{x}$，证明：

$$\left(\dfrac{\partial u}{\partial x}\right)^2 + \left(\dfrac{\partial u}{\partial y}\right)^2 = \left(\dfrac{\partial u}{\partial r}\right)^2 + \dfrac{1}{r^2}\left(\dfrac{\partial u}{\partial \theta}\right)^2.$$

2.4　隐函数求导法则
Differentiation rules of implicit functions

　　在上册 1.3 节中曾引入显函数和隐函数的概念. 对于给定的方程 $F(x, y) = 0$，在假设该方程能够确定隐函数的情况下（即可以确定 x 与 y 的对应关系），上册 4.4 节中介绍了无需对函数进行显化处理，直接求所确定的隐函数导数的方法. 现在的问题是：方程 $F(x, y) = 0$ 在什么情况下能够确定隐函数，需要满足哪些条件？ 如何保证隐函数的存在唯一性、连续性和可微性等性质？ 这些正是本节要讨论的问题. 本节将按照从简单到复杂、从一元到多元的顺序，讨论由方程（组）确定的隐函数的存在性、唯一性及求导公式. 本节的定理将不予证明，有兴趣的读者可查阅数学专业的"数学分析"教材.

2.4.1　一个方程的情形

定理 2.6（隐函数存在定理 Ⅰ）　设函数 $F(x, y)$ 满足下列条件：

(1) $F(x_0, y_0) = 0$；

(2) $F(x,y)$ 在点 (x_0,y_0) 的某一邻域内具有连续的偏导数；

(3) $F_y(x_0,y_0)\neq 0$,

则有：

(1) 在点 (x_0,y_0) 的某一邻域内由方程 $F(x,y)=0$ 可以唯一确定一个单值连续函数 $y=y(x)$, $x\in U(x_0)$, 使得 $F(x,y(x))\equiv 0$, 并且满足条件 $y_0=y(x_0)$；

(2) 隐函数 $y=y(x)$ 在 $U(x_0)$ 上连续；

(3) 隐函数 $y=y(x)$ 在 $U(x_0)$ 上具有连续的导数，且

$$\frac{\mathrm{d}y}{\mathrm{d}x}=-\frac{F_x}{F_y}. \tag{2.16}$$

现就计算式(2.16)做如下推导.

若已经由方程 $F(x,y)=0$ 确定了隐函数 $y=y(x)$, $x\in U(x_0)$, 将函数 $y=y(x)$ 代入该方程,得恒等式 $F(x,y(x))\equiv 0$. 对恒等式的两端关于 x 求导,并利用复合函数的链式法则,得到

$$F_x+F_y\frac{\mathrm{d}y}{\mathrm{d}x}=0.$$

由于 F_y 连续,且 $F_y(x_0,y_0)\neq 0$, 所以存在 (x_0,y_0) 的一个邻域,在这个邻域内 $F_y\neq 0$, 因此有

$$\frac{\mathrm{d}y}{\mathrm{d}x}=-\frac{F_x}{F_y}.$$

注意到,这个定理的结论显然是局部的,即在点 (x_0,y_0) 的某个邻域内,由方程 $F(x,y)=0$ 可以唯一确定一个隐函数,并可以求得所确定的隐函数的导数.

例 2.24 验证方程 $2x^2+y^2-9=0$ 在点 $(2,1)$ 处的某邻域内能唯一确定一个单值可导的隐函数 $y=y(x)$, 且满足 $y(2)=1$, 并求 $y'(2)$ 和 $y''(2)$.

分析 利用定理 2.6(隐函数存在定理 I)验证,并用式(2.16)计算一阶导数,再根据一阶导数求二阶导数.

解 令 $F(x,y)=2x^2+y^2-9$. 易见, $F(2,1)=0$, $F_y(x,y)$ 连续, $F_y(2,1)=2\neq 0$, 由定理 2.6 可知,方程 $2x^2+y^2-9=0$ 在点 $(2,1)$ 的某邻域内能够唯一确定一个单值可导的隐函数 $y=y(x)$, 显然满足 $y(2)=1$. 由于 $F_x=4x$, $F_y=2y$, 由式(2.16)可得

$$\frac{\mathrm{d}y}{\mathrm{d}x}=-\frac{F_x}{F_y}=-\frac{2x}{y}, \quad \frac{\mathrm{d}y}{\mathrm{d}x}\bigg|_{x=2}=-4.$$

根据上式,不难求得

$$\frac{\mathrm{d}^2y}{\mathrm{d}x^2}=-\frac{2y-2xy'}{y^2}=-\frac{2y-2x\left(-\frac{2x}{y}\right)}{y^2}=-\frac{2y^2+4x^2}{y^3}, \quad \frac{\mathrm{d}^2y}{\mathrm{d}x^2}\bigg|_{x=2}=-18.$$

例 2.25 求由下列方程确定的函数 $y(x)$ 的导数 $\frac{\mathrm{d}y}{\mathrm{d}x}$:

(1) $xy-\mathrm{e}^x+\mathrm{e}^y=0$; (2) $x^y=y^x$.

分析 利用式(2.16)计算.

解 (1) 令 $F(x,y)=xy-\mathrm{e}^x+\mathrm{e}^y$. 容易求得, $F_x=y-\mathrm{e}^x$, $F_y=x+\mathrm{e}^y$, 代入式(2.16)可得

$$\frac{\mathrm{d}y}{\mathrm{d}x}=-\frac{F_x}{F_y}=\frac{\mathrm{e}^x-y}{x+\mathrm{e}^y}.$$

(2) 令 $F(x,y)=x^y-y^x$. 容易求得，$F_x=yx^{y-1}-y^x\ln y$，$F_y=x^y\ln x-xy^{x-1}$，代入式(2.16)可得

$$\frac{\mathrm{d}y}{\mathrm{d}x}=-\frac{F_x}{F_y}=-\frac{yx^{y-1}-y^x\ln y}{x^y\ln x-xy^{x-1}}.$$

由上面的分析可知，在一定条件下，由一个二元方程可以确定一个一元隐函数，并可以求出隐函数的导数. 类似地，由一个三元方程 $F(x,y,z)=0$ 可否确定一个二元隐函数？作为定理 2.6 的一种推广形式，隐函数存在定理还可以推广到三元及以上的多元方程的情形.

定理 2.7（隐函数存在定理Ⅱ）　设函数 $F(x,y,z)$ 满足下列条件：

(1) $F(x_0,y_0,z_0)=0$；

(2) $F(x,y,z)$ 在点 (x_0,y_0,z_0) 的某一邻域内关于各个自变量有连续的偏导数；

(3) $F_z(x_0,y_0,z_0)\neq0$，

则有：

(1) 在点 (x_0,y_0,z_0) 的某一邻域内由方程 $F(x,y,z)=0$ 可以唯一确定一个单值连续函数 $z=f(x,y),(x,y)\in U((x_0,y_0))$，并且满足条件 $z_0=f(x_0,y_0)$；

(2) 隐函数 $z=f(x,y)$ 在 $U((x_0,y_0))$ 上连续；

(3) 隐函数 $z=f(x,y)$ 在 $U((x_0,y_0))$ 上具有连续偏导数，且有

$$\frac{\partial z}{\partial x}=-\frac{F_x}{F_z},\qquad\frac{\partial z}{\partial y}=-\frac{F_y}{F_z}. \tag{2.17}$$

定理 2.7 中，$U((x_0,y_0))$ 表示点 (x_0,y_0) 处的某一邻域.

例 2.26　求由方程 $z^3-3xyz=a^3$ 确定的函数 $z=f(x,y)$ 的偏导数 $\dfrac{\partial z}{\partial x},\dfrac{\partial z}{\partial y}$.

分析　利用式(2.17)计算.

解　令 $F(x,y,z)=z^3-3xyz-a^3$. 容易求得

$$F_x=-3yz,\quad F_y=-3xz,\quad F_z=3z^2-3xy.$$

由式(2.17)可得

$$\frac{\partial z}{\partial x}=-\frac{F_x}{F_z}=\frac{yz}{z^2-xy},\quad\frac{\partial z}{\partial y}=-\frac{F_y}{F_z}=\frac{xz}{z^2-xy}.$$

例 2.27　求由方程 $\ln\dfrac{z}{y}=\dfrac{x}{z}$ 确定的函数 $z=f(x,y)$ 的偏导数 $\dfrac{\partial z}{\partial x},\dfrac{\partial z}{\partial y}$.

分析　利用式(2.17)计算.

解　令 $F(x,y,z)=\ln\dfrac{z}{y}-\dfrac{x}{z}$. 不难求得

$$\frac{\partial F}{\partial x}=-\frac{1}{z},\quad\frac{\partial F}{\partial y}=-\frac{1}{y},\quad\frac{\partial F}{\partial z}=\frac{1}{z}+\frac{x}{z^2}=\frac{x+z}{z^2}.$$

由式(2.17)可得

$$\frac{\partial z}{\partial x}=-\frac{F_x}{F_z}=\frac{z}{x+z},\quad\frac{\partial z}{\partial y}=-\frac{F_y}{F_z}=\frac{z^2}{y(x+z)}.$$

例 2.28　设 $z=f(u)$，u 是由方程 $u=y+x\varphi(u)$ 确定的关于 x,y 的函数，其中 f,φ 均是可微函数. 求 $\dfrac{\partial z}{\partial x},\dfrac{\partial z}{\partial y}$.

分析　由于求偏导数 $\dfrac{\partial z}{\partial x},\dfrac{\partial z}{\partial y}$ 时需要求已知函数 $u(x,y)$ 关于 x,y 的偏导数，而这些信息

可以根据方程 $u=y+x\varphi(u)$ 求得.

解　因为 u 是由方程 $u=y+x\varphi(u)$ 确定的关于 x,y 的函数,令

$$F(x,y,u) = u - y - x\varphi(u),$$

容易求得

$$F_x = -\varphi(u), \quad F_y = -1, \quad F_u = 1 - x\varphi'(u).$$

由式(2.17)可得

$$\frac{\partial u}{\partial x} = -\frac{F_x}{F_u} = \frac{\varphi(u)}{1 - x\varphi'(u)}, \quad \frac{\partial u}{\partial y} = -\frac{F_y}{F_u} = \frac{1}{1 - x\varphi'(u)}.$$

另外,由函数 $z=f(u)$ 和 $u=u(x,y)$ 复合而成的函数为 $z=f[u(x,y)]$,因此

$$\frac{\partial z}{\partial x} = f'(u)\frac{\partial u}{\partial x} = \frac{\varphi(u)f'(u)}{1 - x\varphi'(u)}, \quad \frac{\partial z}{\partial y} = f'(u)\frac{\partial u}{\partial y} = \frac{f'(u)}{1 - x\varphi'(u)}.$$

2.4.2　方程组的情形

作为定理 2.6 的另一种推广形式,下面我们将隐函数存在定理(定理 2.6)推广到由多个方程组成的方程组的情形.在此情形下,不仅增加了方程中变量的个数,而且增加了方程的个数,因而隐函数存在定理的条件和结论远比一个方程的情形复杂得多.这里我们只给出两种情形的隐函数定理,即方程组

$$\begin{cases} F(x,y,z) = 0, \\ G(x,y,z) = 0 \end{cases} \text{和} \quad \begin{cases} F(x,y,u,v) = 0, \\ G(x,y,u,v) = 0. \end{cases}$$

注意到,在第一个方程组中,有两个方程和三个变量,一般来说只能有一个自变量牵动其他两个变量的变化,因此该方程组就有可能确定两个一元函数;在第二个方程组中,有两个方程和四个变量,可以想象应该有两个自变量牵动其他两个变量的变化,因此该方程组就有可能确定两个二元函数.这样的设想在什么条件下成立呢?下面两个定理给出了回答.

定理 2.8（隐函数存在定理Ⅲ）　设 $F(x,y,z)$、$G(x,y,z)$ 满足如下条件:

(1) $F(x_0,y_0,z_0)=0, G(x_0,y_0,z_0)=0$;

(2) $F(x,y,z), G(x,y,z)$ 在点 (x_0,y_0,z_0) 的某邻域内关于各变量具有连续偏导数;

(3) 在点 (x_0,y_0,z_0) 处,雅可比行列式

$$J = \frac{\partial(F,G)}{\partial(y,z)} = \begin{vmatrix} \dfrac{\partial F}{\partial y} & \dfrac{\partial F}{\partial z} \\ \dfrac{\partial G}{\partial y} & \dfrac{\partial G}{\partial z} \end{vmatrix}$$

不等于零,则有:

(1) 方程组 $\begin{cases} F(x,y,z)=0, \\ G(x,y,z)=0 \end{cases}$ 在点 (x_0,y_0,z_0) 的某一邻域内能唯一确定隐函数组

$\begin{cases} y=y(x), \\ z=z(x) \end{cases}$ $(x \in U(x_0))$,并且满足条件 $\begin{cases} y_0=y(x_0), \\ z_0=z(x_0); \end{cases}$

(2) 隐函数组 $\begin{cases} y=y(x), \\ z=z(x) \end{cases}$ 在 $U(x_0)$ 上连续;

（3）隐函数组 $\begin{cases} y=y(x) \\ z=z(x) \end{cases}$ 在 $U(x_0)$ 上具有连续导数，且有

$$\frac{\mathrm{d}y}{\mathrm{d}x}=-\frac{1}{J}\frac{\partial(F,G)}{\partial(x,z)}=-\frac{\begin{vmatrix} F_x & F_z \\ G_x & G_z \end{vmatrix}}{\begin{vmatrix} F_y & F_z \\ G_y & G_z \end{vmatrix}}, \quad \frac{\mathrm{d}z}{\mathrm{d}x}=-\frac{1}{J}\frac{\partial(F,G)}{\partial(y,x)}=-\frac{\begin{vmatrix} F_y & F_x \\ G_y & G_x \end{vmatrix}}{\begin{vmatrix} F_y & F_z \\ G_y & G_z \end{vmatrix}}.$$

注意到，在空间直角坐标系中，$\begin{cases} F(x,y,z)=0, \\ G(x,y,z)=0 \end{cases}$ 可以看做曲线的一般方程，由定理 2.8

确定的方程 $\begin{cases} x=x, \\ y=y(x), \\ z=z(x) \end{cases}$ 可以视为曲线的参数方程.

定理 2.9（隐函数存在定理Ⅳ） 设 $F(x,y,u,v),G(x,y,u,v)$ 满足如下条件：

（1）$F(x_0,y_0,u_0,v_0)=0,G(x_0,y_0,u_0,v_0)=0$；

（2）$F(x,y,u,v),G(x,y,u,v)$ 在点 (x_0,y_0,u_0,v_0) 的某一邻域内关于各个变量具有连续偏导数；

（3）在点 (x_0,y_0,u_0,v_0) 处，雅可比行列式

$$J=\frac{\partial(F,G)}{\partial(u,v)}=\begin{vmatrix} \dfrac{\partial F}{\partial u} & \dfrac{\partial F}{\partial v} \\[2mm] \dfrac{\partial G}{\partial u} & \dfrac{\partial G}{\partial v} \end{vmatrix}$$

不等于零，则有：

（1）方程组 $\begin{cases} F(x,y,u,v)=0, \\ G(x,y,u,v)=0 \end{cases}$ 在点 (x_0,y_0,u_0,v_0) 的某一邻域内唯一确定隐函数组

$\begin{cases} u=u(x,y), \\ v=v(x,y) \end{cases}$ $((x,y)\in U((x_0,y_0)))$，并且满足条件 $\begin{cases} u_0=u(x_0,y_0), \\ v_0=v(x_0,y_0); \end{cases}$

（2）隐函数组 $\begin{cases} u=u(x,y), \\ v=v(x,y) \end{cases}$ 在 $U((x_0,y_0))$ 上连续；

（3）隐函数组 $\begin{cases} u=u(x,y), \\ v=v(x,y) \end{cases}$ 在 $U((x_0,y_0))$ 上具有连续偏导数，且有

$$\begin{cases} \dfrac{\partial u}{\partial x}=-\dfrac{1}{J}\dfrac{\partial(F,G)}{\partial(x,v)}=-\dfrac{\begin{vmatrix} F_x & F_v \\ G_x & G_v \end{vmatrix}}{\begin{vmatrix} F_u & F_v \\ G_u & G_v \end{vmatrix}}, \quad \dfrac{\partial v}{\partial x}=-\dfrac{1}{J}\dfrac{\partial(F,G)}{\partial(u,x)}=-\dfrac{\begin{vmatrix} F_u & F_x \\ G_u & G_x \end{vmatrix}}{\begin{vmatrix} F_u & F_v \\ G_u & G_v \end{vmatrix}}, \\[6mm] \dfrac{\partial u}{\partial y}=-\dfrac{1}{J}\dfrac{\partial(F,G)}{\partial(y,v)}=-\dfrac{\begin{vmatrix} F_y & F_v \\ G_y & G_v \end{vmatrix}}{\begin{vmatrix} F_u & F_v \\ G_u & G_v \end{vmatrix}}, \quad \dfrac{\partial v}{\partial y}=-\dfrac{1}{J}\dfrac{\partial(F,G)}{\partial(u,y)}=-\dfrac{\begin{vmatrix} F_u & F_y \\ G_u & G_y \end{vmatrix}}{\begin{vmatrix} F_u & F_v \\ G_u & G_v \end{vmatrix}}. \end{cases} \tag{2.18}$$

例 2.29 设函数 $u=u(x,y)$, $v=v(x,y)$ 由方程组 $\begin{cases} xu-yv=0, \\ yu+xv=1 \end{cases}$ 所确定,求 $\dfrac{\partial u}{\partial x}, \dfrac{\partial u}{\partial y}, \dfrac{\partial v}{\partial x}$

和 $\dfrac{\partial v}{\partial y}$.

分析 可以直接利用式(2.18)求解.这里我们选择通过逐步推导进行求解.

解 将所给方程组的两边关于 x 求导,并移项得关于 $\dfrac{\partial u}{\partial x}, \dfrac{\partial v}{\partial x}$ 的线性方程组

$$\begin{cases} x\dfrac{\partial u}{\partial x} - y\dfrac{\partial v}{\partial x} = -u, \\ y\dfrac{\partial u}{\partial x} + x\dfrac{\partial v}{\partial x} = -v. \end{cases}$$

注意到,$J=\begin{vmatrix} x & -y \\ y & x \end{vmatrix}=x^2+y^2$. 当 $J\neq 0$,即 $x^2+y^2\neq 0$ 时,由克莱姆法则得

$$\frac{\partial u}{\partial x} = \frac{\begin{vmatrix} -u & -y \\ -v & x \end{vmatrix}}{\begin{vmatrix} x & -y \\ y & x \end{vmatrix}} = -\frac{xu+yv}{x^2+y^2}, \quad \frac{\partial v}{\partial x} = \frac{\begin{vmatrix} x & -u \\ y & -v \end{vmatrix}}{\begin{vmatrix} x & -y \\ y & x \end{vmatrix}} = \frac{yu-xv}{x^2+y^2}.$$

将所给方程的两边对 y 求导,用同样的方法可得

$$\frac{\partial u}{\partial y} = \frac{xv-yu}{x^2+y^2}, \quad \frac{\partial v}{\partial y} = -\frac{xu+yv}{x^2+y^2}.$$

习 题 2.4

思 考 题

隐函数定理($\text{I}\sim\text{IV}$)有哪些共同点,有什么联系和区别?

A 类题

1. 求由下列方程确定的函数 $y(x)$ 的导数 $\dfrac{\mathrm{d}y}{\mathrm{d}x}$:

(1) $x^2+2xy-y^2=a^2$;　　　　(2) $\ln\sqrt{x^2+y^2}=\arctan\dfrac{y}{x}$.

2. 求由下列方程确定的函数 $z=z(x,y)$ 的一阶偏导数 $\dfrac{\partial z}{\partial x}, \dfrac{\partial z}{\partial y}$:

(1) $x^2+y^2+z^2-4z=0$;　　　　(2) $x^2y-\mathrm{e}^{x+y+z}=1$;

(3) $\cos^2 x+\cos^2 y+\cos^2 z=1$.

3. 设 $u=xy^2z^3$,其中 $z=z(x,y)$ 是由方程 $x^2+y^2+z^2-3xyz=0$ 所确定的隐函数,求 $\dfrac{\partial u}{\partial x}, \dfrac{\partial u}{\partial y}$.

4. 设 $u=\sin(xy+3z)$,其中 $z=z(x,y)$ 由方程 $yz^2-xz^3=1$ 所确定,求 $\dfrac{\partial u}{\partial x}$.

5. 设函数 $y=y(x),z=z(x)$ 由方程组 $\begin{cases} z=x^2+y^2, \\ 2x^2+y^2+3z^2=3 \end{cases}$ 所确定,求 $\dfrac{\mathrm{d}y}{\mathrm{d}x}$ 和 $\dfrac{\mathrm{d}z}{\mathrm{d}x}$.

B 类题

1. 设 $z=f(x+y+z,xyz)$,求 $\dfrac{\partial z}{\partial x},\dfrac{\partial x}{\partial y},\dfrac{\partial y}{\partial z}$.

2. 设函数 $u=u(x,y),v=v(x,y)$ 由方程组 $\begin{cases} x=\mathrm{e}^u+u\sin v, \\ y=\mathrm{e}^u-u\cos v \end{cases}$ 所确定,求 $\dfrac{\partial u}{\partial x},\dfrac{\partial u}{\partial y},\dfrac{\partial v}{\partial x}$ 和 $\dfrac{\partial v}{\partial y}$.

3. 设函数 $z=z(x,y)$ 由 $\dfrac{x}{z}=\varphi\left(\dfrac{y}{z}\right)$ 所确定,其中 $\varphi(u)$ 具有二阶连续偏导数.证明: $x\dfrac{\partial z}{\partial x}+y\dfrac{\partial z}{\partial y}=z$.

4. 设 $y=f(x,t)$,其中 t 是由方程 $F(x,y,t)=0$ 确定的 x,y 的函数,f,F 均为可微函数.证明: $\dfrac{\mathrm{d}y}{\mathrm{d}x}=\dfrac{f_xF_t-f_tF_x}{f_tF_y+F_t}$.

2.5　高阶偏导数
Higher order partial derivatives

在前面的一些例题中,所给的函数关于 x 求偏导数后,所得到的都是一些新的函数,而这些新函数仍然具有与原来函数相同数量的自变量.与一元函数类似,在条件允许的情况下,多元函数可以计算高阶的偏导数.以二元函数为例,设函数 $z=f(x,y)$ 在其定义区域 D 内具有偏导数

$$\frac{\partial z}{\partial x}=f_x(x,y), \quad \frac{\partial z}{\partial y}=f_y(x,y).$$

易见,它们在 D 内仍然都是 x,y 的函数.如果函数 $f_x(x,y),f_y(x,y)$ 的偏导数存在,进一步对它们再关于 x,y 求偏导数,按照对自变量求导次序的不同,共有下列四种**二阶偏导数**(**second order partial derivative**):

$$\frac{\partial}{\partial x}\left(\frac{\partial z}{\partial x}\right)=\frac{\partial^2 z}{\partial x^2}=f_{xx}(x,y); \quad \frac{\partial}{\partial y}\left(\frac{\partial z}{\partial y}\right)=\frac{\partial^2 z}{\partial y^2}=f_{yy}(x,y);$$

$$\frac{\partial}{\partial y}\left(\frac{\partial z}{\partial x}\right)=\frac{\partial^2 z}{\partial x\partial y}=f_{xy}(x,y); \quad \frac{\partial}{\partial x}\left(\frac{\partial z}{\partial y}\right)=\frac{\partial^2 z}{\partial y\partial x}=f_{yx}(x,y).$$

$\dfrac{\partial^2 z}{\partial x^2}$ 称为函数 $z=f(x,y)$ 关于 x 的二阶偏导数;$\dfrac{\partial^2 z}{\partial y^2}$ 称为函数 $z=f(x,y)$ 关于 y 的二阶偏导数;$\dfrac{\partial^2 z}{\partial x\partial y}$ 称为函数 $z=f(x,y)$ 先关于 x 再关于 y 的二阶混合偏导数;$\dfrac{\partial^2 z}{\partial y\partial x}$ 称为函数 $z=f(x,y)$ 先关于 y 再关于 x 的二阶混合偏导数.

类似地,可以定义三阶、四阶、……以及 n 阶偏导数.我们将二阶及二阶以上的偏导数统称为**高阶偏导数**(**high order partial derivative**).

例 2.30 计算下列函数的二阶偏导数 $\dfrac{\partial^2 z}{\partial x^2}, \dfrac{\partial^2 z}{\partial y \partial x}, \dfrac{\partial^2 z}{\partial x \partial y}, \dfrac{\partial^2 z}{\partial y^2}$：

(1) $z = 4x^3 + 3x^2 y - 3xy^2 - x + y + 3$;　　　　(2) $z = x\ln(x+y)$.

分析 利用高阶偏导数的定义计算.

解 (1) 容易求得

$$\frac{\partial z}{\partial x} = 12x^2 + 6xy - 3y^2 - 1, \quad \frac{\partial z}{\partial y} = 3x^2 - 6xy + 1.$$

进一步地, 有

$$\frac{\partial^2 z}{\partial x^2} = 24x + 6y; \quad \frac{\partial^2 z}{\partial y^2} = -6x;$$

$$\frac{\partial^2 z}{\partial x \partial y} = 6x - 6y; \quad \frac{\partial^2 z}{\partial y \partial x} = 6x - 6y.$$

(2) 容易求得

$$\frac{\partial z}{\partial x} = \ln(x+y) + \frac{x}{x+y}, \quad \frac{\partial z}{\partial y} = \frac{x}{x+y}.$$

进一步地, 有

$$\frac{\partial^2 z}{\partial x^2} = \frac{1}{x+y} + \frac{x+y-x}{(x+y)^2} = \frac{x+2y}{(x+y)^2}; \quad \frac{\partial^2 z}{\partial y^2} = \frac{-x}{(x+y)^2};$$

$$\frac{\partial^2 z}{\partial x \partial y} = \frac{1}{x+y} + \frac{-x}{(x+y)^2} = \frac{y}{(x+y)^2}; \quad \frac{\partial^2 z}{\partial y \partial x} = \frac{(x+y)-x}{(x+y)^2} = \frac{y}{(x+y)^2}.$$

例 2.31 设有函数 $f(x,y) = \begin{cases} xy\dfrac{x^2-y^2}{x^2+y^2}, & (x,y) \neq (0,0), \\ 0, & (x,y) = (0,0). \end{cases}$ 求 $f_{xy}(0,0)$ 及 $f_{yx}(0,0)$.

分析 先求一阶偏导数, 在此基础上, 利用二阶偏导数的定义求函数在分段点 $(0,0)$ 处的二阶混合偏导数.

解 不难求得, 函数的一阶偏导数为

$$f_x(x,y) = \begin{cases} y\dfrac{x^4+4x^2y^2-y^4}{(x^2+y^2)^2}, & (x,y) \neq (0,0), \\ 0, & (x,y) = (0,0), \end{cases}$$

$$f_y(x,y) = \begin{cases} x\dfrac{x^4-4x^2y^2-y^4}{(x^2+y^2)^2}, & (x,y) \neq (0,0), \\ 0, & (x,y) = (0,0). \end{cases}$$

进一步地, 函数在点 $(0,0)$ 处的二阶混合偏导数为

$$f_{xy}(0,0) = \lim_{\Delta y \to 0} \frac{f_x(0, \Delta y) - f_x(0,0)}{\Delta y} = \lim_{\Delta y \to 0} \frac{-\Delta y}{\Delta y} = -1,$$

$$f_{yx}(0,0) = \lim_{\Delta x \to 0} \frac{f_y(\Delta x, 0) - f_y(0,0)}{\Delta x} = \lim_{\Delta x \to 0} \frac{\Delta x}{\Delta x} = 1.$$

上面的例子中, 易见例 2.30(1) 和 (2) 中的二阶混合偏导数满足 $\dfrac{\partial^2 z}{\partial x \partial y} = \dfrac{\partial^2 z}{\partial y \partial x}$, 然而例 2.31 中的二阶混合偏导数 $f_{xy}(0,0) \neq f_{yx}(0,0)$. 现在的问题是: 一个函数的二阶混合偏导数在什么情况下是相等的, 即在什么情况下与求偏导数的顺序无关?

定理 2.10 如果函数 $z = f(x,y)$ 的两个二阶混合偏导数 $\dfrac{\partial^2 z}{\partial y \partial x}$ 及 $\dfrac{\partial^2 z}{\partial x \partial y}$ 在区域 D 内连

续,则在该区域内,有 $\dfrac{\partial^2 z}{\partial y \partial x} = \dfrac{\partial^2 z}{\partial x \partial y}$.

类似地,对于三阶及以上的高阶混合偏导数,若这些混合偏导数在其定义区域内连续,则它们与求偏导数的顺序无关.

在计算多元复合函数的高阶偏导数时,只需要重复求一阶偏导数时的运算法则即可. 例如 $z = f(u, v)$,f 具有二阶连续偏导数,$u = \varphi(x, y)$,$v = \psi(x, y)$ 的偏导数存在,依照链式法则(2.10),有

$$\frac{\partial z}{\partial x} = \frac{\partial z}{\partial u} \frac{\partial u}{\partial x} + \frac{\partial z}{\partial v} \frac{\partial v}{\partial x}.$$

进一步地,继续依照链式法则(2.10),有

$$\frac{\partial^2 z}{\partial x \partial y} = \frac{\partial}{\partial y}\left(\frac{\partial z}{\partial x}\right) = \frac{\partial}{\partial y}\left(\frac{\partial z}{\partial u} \frac{\partial u}{\partial x} + \frac{\partial z}{\partial v} \frac{\partial v}{\partial x}\right)$$

$$= \frac{\partial}{\partial y}\left(\frac{\partial z}{\partial u}\right)\frac{\partial u}{\partial x} + \frac{\partial z}{\partial u} \frac{\partial^2 u}{\partial x \partial y} + \frac{\partial}{\partial y}\left(\frac{\partial z}{\partial v}\right)\frac{\partial v}{\partial x} + \frac{\partial z}{\partial v} \frac{\partial^2 v}{\partial x \partial y}.$$

这里需要注意的是,$\dfrac{\partial u}{\partial x}$ 和 $\dfrac{\partial v}{\partial x}$ 仍是 x, y 的函数,$\dfrac{\partial z}{\partial u}$ 与 $\dfrac{\partial z}{\partial v}$ 仍是以 u, v 为中间变量的 x, y 的复合函数.因此有

$$\frac{\partial}{\partial y}\left(\frac{\partial z(u, v)}{\partial u}\right) = \frac{\partial^2 z}{\partial u^2} \frac{\partial u}{\partial y} + \frac{\partial^2 z}{\partial u \partial v} \frac{\partial v}{\partial y}, \quad \frac{\partial}{\partial y}\left(\frac{\partial z(u, v)}{\partial v}\right) = \frac{\partial^2 z}{\partial u \partial v} \frac{\partial u}{\partial y} + \frac{\partial^2 z}{\partial v^2} \frac{\partial v}{\partial y}.$$

对于高阶偏导数,引入下列记号

$$f''_{11} = \frac{\partial^2 f(u, v)}{\partial u^2}, \quad f''_{12} = \frac{\partial^2 f(u, v)}{\partial u \partial v}, \quad f''_{22} = \frac{\partial^2 f(u, v)}{\partial v^2}.$$

这里 f''_{11} 表示函数关于第一个变量求二阶偏导数;f''_{12} 表示函数先关于第一个变量求偏导数,再关于第二个变量求偏导数;f''_{22} 表示函数关于第二个变量求二阶偏导数.更高阶的偏导数可以以此类推.

例 2.32 设 $x^2 + y^2 + z^2 - x = 0$,求 $\dfrac{\partial^2 z}{\partial x^2}, \dfrac{\partial^2 z}{\partial x \partial y}, \dfrac{\partial^2 z}{\partial y \partial x}$.

分析 本题属于隐函数的高阶导数问题,可以先利用隐函数存在定理求出一阶偏导数,在此基础上再求二阶偏导数.

解 令 $F(x, y, z) = x^2 + y^2 + z^2 - x$. 容易求得,$F_x = 2x - 1$,$F_y = 2y$,$F_z = 2z$. 由隐函数的求导公式(2.17)可得

$$\frac{\partial z}{\partial x} = -\frac{F_x}{F_z} = \frac{1 - 2x}{2z}, \quad \frac{\partial z}{\partial y} = -\frac{F_y}{F_z} = -\frac{y}{z}.$$

进一步地,有

$$\frac{\partial^2 z}{\partial x^2} = \frac{-4z - (1 - 2x)2\dfrac{\partial z}{\partial x}}{4z^2} = \frac{-4z - 2(1 - 2x)\dfrac{1 - 2x}{2z}}{4z^2} = \frac{-4z^2 - (1 - 2x)^2}{4z^3},$$

$$\frac{\partial^2 z}{\partial x \partial y} = \frac{-(1 - 2x) \cdot 2\dfrac{\partial z}{\partial y}}{4z^2} = \frac{(1 - 2x)y}{2z^3}, \quad \frac{\partial^2 z}{\partial y \partial x} = \frac{(1 - 2x)y}{2z^3}.$$

例 2.33 设 $w = f(xyz, x + y + z)$,f 具有二阶连续偏导数,求 $\dfrac{\partial w}{\partial x}$ 和 $\dfrac{\partial^2 w}{\partial x \partial z}$.

分析 利用多元复合函数求偏导的链式法则(2.14)以及上述记号表示方法计算.

解 令 $u=xyz,v=x+y+z$. 先求一阶偏导数,有

$$\frac{\partial w}{\partial x}=\frac{\partial f}{\partial u}\frac{\partial u}{\partial x}+\frac{\partial f}{\partial v}\frac{\partial v}{\partial x}=yzf_1'+f_2',$$

$$\frac{\partial^2 w}{\partial x\partial z}=\frac{\partial}{\partial z}(yzf_1'+f_2')=yf_1'+yz\frac{\partial f_1'}{\partial z}+\frac{\partial f_2'}{\partial z},$$

$$\frac{\partial f_1'}{\partial z}=\frac{\partial f_1'}{\partial u}\frac{\partial u}{\partial z}+\frac{\partial f_1'}{\partial v}\frac{\partial v}{\partial z}=xyf_{11}''+f_{12}'',$$

$$\frac{\partial f_2'}{\partial z}=\frac{\partial f_2'}{\partial u}\frac{\partial u}{\partial z}+\frac{\partial f_2'}{\partial v}\frac{\partial v}{\partial z}=xyf_{21}''+f_{22}''.$$

由于 f 具有二阶连续偏导数,所以有 $f_{12}''=f_{21}''$. 于是

$$\frac{\partial^2 w}{\partial x\partial z}=yf_1'+yz(xyf_{11}''+f_{12}'')+(xyf_{21}''+f_{22}'')=yf_1'+xy^2zf_{11}''+y(x+z)f_{12}''+f_{22}''.$$

例 2.34 证明:函数 $u=\frac{1}{r}$ 满足方程 $\frac{\partial^2 u}{\partial x^2}+\frac{\partial^2 u}{\partial y^2}+\frac{\partial^2 u}{\partial z^2}=0$,其中 $r=\sqrt{x^2+y^2+z^2}$.

分析 利用多元复合函数的链式法则求出各个二阶偏导数,代入验证即可.

证 不难求得

$$\frac{\partial u}{\partial x}=-\frac{1}{r^2}\frac{\partial r}{\partial x}=-\frac{1}{r^2}\frac{x}{r}=-\frac{x}{r^3},\quad \frac{\partial^2 u}{\partial x^2}=-\frac{1}{r^3}+\frac{3x}{r^4}\frac{\partial r}{\partial x}=-\frac{1}{r^3}+\frac{3x^2}{r^5};$$

同理

$$\frac{\partial^2 u}{\partial y^2}=-\frac{1}{r^3}+\frac{3y^2}{r^5},\quad \frac{\partial^2 u}{\partial z^2}=-\frac{1}{r^3}+\frac{3z^2}{r^5}.$$

所以

$$\frac{\partial^2 u}{\partial x^2}+\frac{\partial^2 u}{\partial y^2}+\frac{\partial^2 u}{\partial z^2}=-\frac{3}{r^3}+\frac{3(x^2+y^2+z^2)}{r^5}=-\frac{3}{r^3}+\frac{3}{r^3}=0.\qquad 证毕$$

方程 $\frac{\partial^2 u}{\partial x^2}+\frac{\partial^2 u}{\partial y^2}+\frac{\partial^2 u}{\partial z^2}=0$ 称为**拉普拉斯(Laplace)**方程,它是数学物理方程中一类很重要的方程.

习 题 2.5

思 考 题

1. 在求函数的高阶混合偏导数时,在什么条件下与求偏导数的顺序无关?尝试举出一个例子,使得函数在某一点处的二阶混合偏导数不相等.

2. 多元复合函数的链式法则对高阶偏导数是否依然适用?举例说明.

A 类题

1. 求下列函数的所有二阶偏导数:

(1) $z=e^{xy}+\sin(x+y)$;
(2) $z=x^3y^2-3xy^3-xy+1$.

2. 求下列函数的高阶偏导数：

(1) 设 $z = x\ln(xy)$，求 $\dfrac{\partial^3 z}{\partial x^2 \partial y}$；　　　　(2) 设 $z = x^3\sin y + y^3\sin x$，求 $\dfrac{\partial^4 z}{\partial x^3 \partial y}$.

3. 假设下列函数的二阶偏导数均存在，求 $\dfrac{\partial^2 z}{\partial x \partial y}$：

(1) $z = \dfrac{f(x,y)}{y} + xf(x,y)$；　　　　(2) $z = \dfrac{1}{y}f(xy) + xf\left(\dfrac{y}{x}\right)$；

(3) $z = f[u(x) - y, v(y) + x]$；　　　　(4) $z = f(u,x,y)$，$u = x\mathrm{e}^y$.

4. 验证函数 $u(x,y) = \ln\sqrt{x^2 + y^2}$ 满足方程 $\dfrac{\partial^2 u}{\partial x^2} + \dfrac{\partial^2 u}{\partial y^2} = 0$.

Ⓑ 类题

1. 已知函数 $f(x,y) = \sqrt{25 - x^2 - y^2}$，求 $f_{xx}(2\sqrt{2}, 3)$，$f_{xy}(2\sqrt{2}, 3)$，$f_{yx}(2\sqrt{2}, 3)$.

2. 已知函数 $z = y^x\ln(xy)$，求 $\dfrac{\partial z}{\partial x}$，$\dfrac{\partial z}{\partial y}$，$\dfrac{\partial^2 z}{\partial x^2}$，$\dfrac{\partial^2 z}{\partial x \partial y}$.

3. 假设下列函数的二阶偏导数均存在，求指定的二阶偏导数：

(1) $z = f(\mathrm{e}^x\sin y, x^2 + y^2)$，求 $\dfrac{\partial^2 z}{\partial x \partial y}$；　(2) $z = f(\mathrm{e}^{xy}, x^2 - y^2)$，求 $\dfrac{\partial z}{\partial y}$，$\dfrac{\partial^2 z}{\partial y^2}$.

4. 已知函数 $f(x,y) = \begin{cases} \dfrac{x^3 y}{x^2 + y^2}, & (x,y) \neq (0,0), \\ 0, & (x,y) = (0,0). \end{cases}$ 求 $f(x,y)$ 在点 $(0,0)$ 的二阶混合偏导数.

2.6　偏导数与全微分的应用（Ⅰ）——几何应用
Applications of partial derivatives and total differentials (Ⅰ)——Applications on Geometry

从本节开始，我们将介绍函数的偏导数与全微分的一些应用. 本节给出的是偏导数与全微分在几何上的应用，即求空间曲线的切线与法平面以及空间曲面的切平面和法线.

2.6.1　空间曲线的切线与法平面

由一元函数导数的几何意义可知，平面曲线的切线是割线的极限位置. 对于空间曲线，切线也可定义为割线的极限位置.

设 M_0 是空间曲线 $\varGamma$ 上一定点，在 $\varGamma$ 上点 M_0 的附近任取一点 M_1，过 M_0 和 M_1 两点的直线 M_0M_1 称为**割线**（secant line）. 如果当点 M_1 沿曲线 $\varGamma$ 趋于 M_0 时，割线 M_0M_1 存在极限位置 M_0T，称直线 M_0T 为空间曲线 $\varGamma$ 在点 M_0 处的**切线**（tangent line）. 过点 M_0 且与切线垂直的平面称为曲线 $\varGamma$ 在点 M_0 处的**法平面**（normal plane）.

1. 参数方程的情形

设空间曲线 $\varGamma$ 的参数方程为

$$x = \varphi(t), \quad y = \psi(t), \quad z = \omega(t),$$

其中 $\alpha \leqslant t \leqslant \beta, \varphi(t), \psi(t), \omega(t)$ 均可导,且当 $t = t_0$ 时导数不全为零,$t = t_0$ 对应曲线上的点为 $M_0(x_0, y_0, z_0)$.

在曲线 Γ 上另取一点 $M_1(x_0 + \Delta x, y_0 + \Delta y, z_0 + \Delta z)$,其中 $t = t_0 + \Delta t$ 对应于点 M_1,则经过 M_0 和 M_1 两点的割线的方向向量为 $\boldsymbol{s} = (\Delta x, \Delta y, \Delta z)$,或 $\boldsymbol{s} = \left(\dfrac{\Delta x}{\Delta t}, \dfrac{\Delta y}{\Delta t}, \dfrac{\Delta z}{\Delta t}\right)$,于是割线的方程为

$$\frac{x - x_0}{\Delta x} = \frac{y - y_0}{\Delta y} = \frac{z - z_0}{\Delta z} \quad \text{或} \quad \frac{x - x_0}{\dfrac{\Delta x}{\Delta t}} = \frac{y - y_0}{\dfrac{\Delta y}{\Delta t}} = \frac{z - z_0}{\dfrac{\Delta z}{\Delta t}}.$$

由假设可知,$\varphi(t), \psi(t), \omega(t)$ 均可导,因而当 M_1 沿曲线无限趋近于 M_0,即当 $\Delta t \to 0$ 时,有

$$\lim_{\Delta t \to 0} \frac{\Delta x}{\Delta t} = \varphi'(t_0), \quad \lim_{\Delta t \to 0} \frac{\Delta y}{\Delta t} = \psi'(t_0), \quad \lim_{\Delta t \to 0} \frac{\Delta z}{\Delta t} = \omega'(t_0).$$

换句话说,当 M_1 最终与 M_0 重合时,割线到达极限位置,即为切线,从而切线的方程为

$$\frac{x - x_0}{\varphi'(t_0)} = \frac{y - y_0}{\psi'(t_0)} = \frac{z - z_0}{\omega'(t_0)}. \tag{2.19}$$

切线的方向向量称为曲线在点 M_0 的**切向量**(**tangent vector**),记作

$$\boldsymbol{s} = (\varphi'(t_0), \psi'(t_0), \omega'(t_0)).$$

于是,过点 $M_0(x_0, y_0, z_0)$ 且与切线垂直的法平面的方程为

$$\varphi'(t_0)(x - x_0) + \psi'(t_0)(y - y_0) + \omega'(t_0)(z - z_0) = 0. \tag{2.20}$$

例 2.35 求曲线 $x = a\cos t, y = a\sin t, z = bt$ 在 $t = \dfrac{\pi}{2}$ 时的切线方程和法平面方程.

分析 分别利用式(2.19)和式(2.20)求切线方程和法平面方程.

解 容易求得,$\dfrac{\mathrm{d}x}{\mathrm{d}t} = -a\sin t, \dfrac{\mathrm{d}y}{\mathrm{d}t} = a\cos t, \dfrac{\mathrm{d}z}{\mathrm{d}t} = b$. 当 $t = \dfrac{\pi}{2}$ 时,切点坐标为 $\left(0, a, \dfrac{b\pi}{2}\right)$,曲线的切向量为 $\boldsymbol{s} = (-a, 0, b)$,因此由式(2.19)可得曲线的切线方程为

$$\frac{x}{-a} = \frac{y - a}{0} = \frac{z - \dfrac{b\pi}{2}}{b},$$

或写成

$$\begin{cases} y = a, \\ \dfrac{x}{-a} = \dfrac{z - \dfrac{b\pi}{2}}{b}. \end{cases}$$

由式(2.19)可得曲线的法平面方程为

$$-ax + b\left(z - \frac{b\pi}{2}\right) = 0, \quad \text{即} \quad ax - bz + \frac{\pi}{2}b^2 = 0.$$

2. 一般方程的情形

假设空间曲线的一般方程为

$$\begin{cases} F(x, y, z) = 0, \\ G(x, y, z) = 0, \end{cases}$$

其中 $F(x,y,z),G(x,y,z)$ 在点 $P_0(x_0,y_0,z_0)$ 的某一邻域内有对各个变量的连续偏导数,且 $F(x_0,y_0,z_0)=0,G(x_0,y_0,z_0)=0$. 由隐函数存在定理(定理 2.8)可知,若在点 $P_0(x_0,y_0,z_0)$ 处,方程组的雅可比行列式 $J=\dfrac{\partial(F,G)}{\partial(y,z)}=\begin{vmatrix} \dfrac{\partial F}{\partial y} & \dfrac{\partial F}{\partial z} \\ \dfrac{\partial G}{\partial y} & \dfrac{\partial G}{\partial z} \end{vmatrix}$ 不等于零,则由上述方程

组确定的隐函数 $\begin{cases} x=x, \\ y=y(x), \\ z=z(x) \end{cases}$ 在点 $P_0(x_0,y_0,z_0)$ 的切向量为 $\left(1,\dfrac{\mathrm{d}y}{\mathrm{d}x},\dfrac{\mathrm{d}z}{\mathrm{d}x}\right)\Big|_{P_0}$,即

$$\left(1,-\dfrac{\begin{vmatrix} F_x & F_z \\ G_x & G_z \end{vmatrix}}{\begin{vmatrix} F_y & F_z \\ G_y & G_z \end{vmatrix}},-\dfrac{\begin{vmatrix} F_y & F_x \\ G_y & G_x \end{vmatrix}}{\begin{vmatrix} F_y & F_z \\ G_y & G_z \end{vmatrix}}\right)\Bigg|_{P_0}, \quad \text{或记作} \quad \left(\begin{vmatrix} F_y & F_z \\ G_y & G_z \end{vmatrix},\begin{vmatrix} F_z & F_x \\ G_z & G_x \end{vmatrix},\begin{vmatrix} F_x & F_y \\ G_x & G_y \end{vmatrix}\right)\Bigg|_{P_0}.$$

因此,空间曲线过点 $P_0(x_0,y_0,z_0)$ 的切线方程为

$$\frac{x-x_0}{\begin{vmatrix} F_y & F_z \\ G_y & G_z \end{vmatrix}\Big|_{P_0}}=\frac{y-y_0}{\begin{vmatrix} F_z & F_x \\ G_z & G_x \end{vmatrix}\Big|_{P_0}}=\frac{z-z_0}{\begin{vmatrix} F_x & F_y \\ G_x & G_y \end{vmatrix}\Big|_{P_0}}; \tag{2.21}$$

法平面方程为

$$(x-x_0)\begin{vmatrix} F_y & F_z \\ G_y & G_z \end{vmatrix}\Big|_{P_0}+(y-y_0)\begin{vmatrix} F_z & F_x \\ G_z & G_x \end{vmatrix}\Big|_{P_0}+(z-z_0)\begin{vmatrix} F_x & F_y \\ G_x & G_y \end{vmatrix}\Big|_{P_0}=0. \tag{2.22}$$

例 2.36 已知空间曲线是由圆柱面 $x^2+z^2=10$ 和 $y^2+z^2=10$ 相交而成,求曲线在点 $(1,1,3)$ 处的切线方程和法平面方程.

分析 利用式(2.21)和式(2.22)求解.

解 设 $F(x,y,z)=x^2+z^2-10,G(x,y,z)=y^2+z^2-10$. 容易求得

$$F_x=2x,\quad F_y=0,\quad F_z=2z,\quad G_x=0,\quad G_y=2y,\quad G_z=2z.$$

故

$$\begin{vmatrix} F_y & F_z \\ G_y & G_z \end{vmatrix}_{(1,1,3)}=\begin{vmatrix} 0 & 2z \\ 2y & 2z \end{vmatrix}_{(1,1,3)}=-12,\quad \begin{vmatrix} F_z & F_x \\ G_z & G_x \end{vmatrix}_{(1,1,3)}=\begin{vmatrix} 2z & 2x \\ 2z & 0 \end{vmatrix}_{(1,1,3)}=-12,$$

$$\begin{vmatrix} F_x & F_y \\ G_x & G_y \end{vmatrix}_{(1,1,3)}=\begin{vmatrix} 2x & 0 \\ 0 & 2y \end{vmatrix}_{(1,1,3)}=4.$$

于是所求的切线方程为

$$\frac{x-1}{3}=\frac{y-1}{3}=\frac{z-3}{-1};$$

法平面方程为

$$3(x-1)+3(y-1)-(z-3)=0,\quad \text{即}\quad 3x+3y-z=3.$$

2.6.2 空间曲面的切平面与法线方程

设空间曲面 Σ 的方程为

$$F(x,y,z) = 0,$$

函数 $F(x,y,z)$ 关于各自变量存在一阶连续的偏导数,且不同时为零. 在曲面 Σ 上取一点 $M_0(x_0,y_0,z_0)$,假设在曲面 Σ 上过点 M_0 的任意一条曲线可由参数方程

$$\Gamma: x = \varphi(t), \quad y = \psi(t), \quad z = \omega(t)$$

表示,且点 M_0 对应的参数为 $t=t_0$,即 $x_0=\varphi(t_0),y_0=\psi(t_0),z_0=\omega(t_0)$. 由于曲线 Γ 在曲面 Σ 上,于是

$$F(\varphi(t),\psi(t),\omega(t)) \equiv 0;$$

又因为复合函数 $F(\varphi(t),\psi(t),\omega(t))$ 在 $t=t_0$ 时具有连续偏导数,应用链式法则,对上式两端关于 t 求导数,有

$$\frac{\partial F}{\partial x}\frac{\mathrm{d}x}{\mathrm{d}t} + \frac{\partial F}{\partial y}\frac{\mathrm{d}y}{\mathrm{d}t} + \frac{\partial F}{\partial z}\frac{\mathrm{d}z}{\mathrm{d}t} = 0.$$

特别地,当 $t=t_0$ 时,有

$$F_x(x_0,y_0,z_0)\varphi'(t_0) + F_y(x_0,y_0,z_0)\psi'(t_0) + F_z(x_0,y_0,z_0)\omega'(t_0) = 0,$$

其中 $\varphi'(t_0),\psi'(t_0),\omega'(t_0)$ 不同时为零. 记

$$\boldsymbol{n} = (F_x(x_0,y_0,z_0),F_y(x_0,y_0,z_0),F_z(x_0,y_0,z_0)) = (F_x,F_y,F_z)_{M_0},$$

$$\boldsymbol{s} = (\varphi'(t_0),\psi'(t_0),\omega'(t_0)).$$

由于向量 $\boldsymbol{s}=(\varphi'(t_0),\psi'(t_0),\omega'(t_0))$ 是曲线 Γ 在点 M_0 处的切线向量,故有 $\boldsymbol{n} \cdot \boldsymbol{s}=0$,即 $\boldsymbol{n}$ 与 $\boldsymbol{s}$ 垂直. 注意到,曲线 Γ 是曲面 Σ 上过 M_0 的任意一条曲线. 上述结论表明:曲面 Σ 上过 M_0 点的任意一条曲线在 M_0 点的切线都与向量 $\boldsymbol{n}$ 垂直,从而所有这样的切线均位于过 M_0 点的同一平面上,称此平面为曲面 Σ 上过点 M_0 的**切平面**(**tangent plane**). 向量 $\boldsymbol{n}$ 称为曲面 Σ 在点 M_0 处的**法向量**(**normal vector**). 如图 2.16 所示.

由切平面的定义可知,其法向量为 $\boldsymbol{n}=(F_x,F_y,F_z)_{M_0}$,从而切平面的方程为

$$F_x\mid_{M_0}(x-x_0) + F_y\mid_{M_0}(y-y_0) + F_z\mid_{M_0}(z-z_0) = 0;$$

$$(2.23)$$

过 M_0 点与切平面垂直的直线称为**法线**(**normal line**),其方程为

$$\frac{x-x_0}{F_x\mid_{M_0}} = \frac{y-y_0}{F_y\mid_{M_0}} = \frac{z-z_0}{F_z\mid_{M_0}}. \qquad (2.24)$$

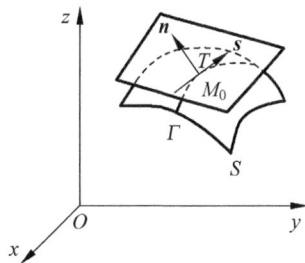

图 2.16

特别地,若空间曲面方程为 $z=f(x,y)$,可令 $F(x,y,z)=f(x,y)-z$,则曲面在点 M_0 处的切平面方程为

$$f_x(x_0,y_0)(x-x_0) + f_y(x_0,y_0)(y-y_0) = z-z_0; \qquad (2.25)$$

曲面在点 M_0 处的法线方程为

$$\frac{x-x_0}{f_x(x_0,y_0)} = \frac{y-y_0}{f_y(x_0,y_0)} = \frac{z-z_0}{-1}. \qquad (2.26)$$

例 2.37 求曲面 $z-\mathrm{e}^z+2xy=3$ 在点 $(1,2,0)$ 处的切平面及法线方程.

分析 利用式(2.23)和式(2.24)求解.

解 令 $F(x,y,z)=z-\mathrm{e}^z+2xy-3$,不难求得

$$F_x\mid_{(1,2,0)} = 2y\mid_{(1,2,0)} = 4, \quad F_y\mid_{(1,2,0)} = 2x\mid_{(1,2,0)} = 2, \quad F_z\mid_{(1,2,0)} = 1-\mathrm{e}^z\mid_{(1,2,0)} = 0.$$

由式(2.23)可得,曲面的切平面方程为

$$4(x-1)+2(y-2)+0 \cdot (z-0)=0, \quad 即 \quad 2x+y-4=0.$$

由式(2.24)可得,法线方程为

$$\frac{x-1}{2}=\frac{y-2}{1}=\frac{z-0}{0}.$$

例 2.38　求旋转抛物面 $z=x^2+y^2-4$ 在点 $(-1,1,-2)$ 处的切平面方程和法线方程.

分析　利用式(2.25)和式(2.26)求解.

解　令 $f(x,y,z)=x^2+y^2-z-4$,则有 $\boldsymbol{n}|_{(-1,1,-2)}=(2x,2y,-1)|_{(-1,1,-2)}=(-2,2,-1)$.由式(2.25)可得,曲面的切平面方程为

$$-2(x+1)+2(y-1)-(z+2)=0, \quad 即 \quad 2x-2y+z+6=0.$$

由式(2.26)可得,法线方程为

$$\frac{x+1}{-2}=\frac{y-1}{2}=\frac{z+2}{-1}.$$

例 2.39　在曲面 $z=xy$ 上求一点,使这点处的法线垂直于平面 $x+3y+z+9=0$,并写出该法线的方程.

分析　通过曲面方程可求出曲面上任意一点的法向量,而所求法向量又与已知平面的法向量平行,因此可利用 $\boldsymbol{n}=(F_x,F_y,F_z)_{M_0}$ 求解.

解　令 $F(x,y,z)=xy-z$,则有 $\boldsymbol{n}=(y,x,-1)$.由于平面 $x+3y+z+9=0$ 的法向量为 $(1,3,1)$,由已知条件可得 $\frac{y}{1}=\frac{x}{3}=\frac{-1}{1}$,即 $x=-3,y=-1$,代入方程 $z=xy$,得 $z=3$.于是,曲面在点 $(-3,-1,3)$ 处的法线方程为

$$\frac{x+3}{1}=\frac{y+1}{3}=\frac{z-3}{1}.$$

习　题　2.6

思　考　题

1. 对于给定的空间曲线方程 $\begin{cases} F(x,y,z)=0, \\ G(x,y,z)=0, \end{cases}$ 在什么条件下才能保证该曲线存在切线?

2. 对于给定的曲面方程 $z=f(x,y)$,如果函数在某点处关于 x 和 y 的偏导数存在,能否保证曲面在该点处具有切平面? 说明理由.

A 类题

1. 求下列各曲线在指定点处的切线和法平面方程:

(1) $x=t-\sin t, y=1-\cos t, z=4\sin\frac{t}{2}$,在 $t=\frac{\pi}{2}$ 时;

(2) $x=\frac{t}{1+t}, y=\frac{1+t}{t}, z=t^2$,在 $t=1$ 时;

(3) $y^2=2mx, z^2=m-x$,在点 (x_0,y_0,z_0) 处;

(4) 由 $x^2+y^2+z^2-3x=0, 2x-3y+5z-4=0$ 相交的曲线,在点$(1,1,1)$处.

2. 求下列各曲面在指定点处的切平面与法线方程:

(1) $3x^2+y^2-z^2=27$ 在点$(3,1,1)$处;

(2) $x^2-xy-8x+z+5=0$ 在点$(2,-1,3)$处;

(3) $z=x^2+y^2-1$ 在点$(2,1,4)$处;

(4) $x=\dfrac{y^2}{2}+2z^2$ 在点$\left(1,-1,\dfrac{1}{2}\right)$处.

3. 如果平面 $3x+\lambda y-3z+16=0$ 与椭球面 $3x^2+y^2+z^2=16$ 相切,求λ.

4. 求抛物面 $z=x^2+y^2$ 的切平面,使切平面平行于平面 $x-2y+2z=0$.

5. 求曲面 $x^2+y^2+z^2=6, x+y+z=0$ 相交的曲线在点$(1,-2,1)$处的切线及法平面方程.

6. 求曲线 $x=t, y=t^2, z=t^3$ 上平行于平面 $x+2y+z=4$ 的切线方程.

B 类题

1. 求曲线 $\Gamma: x=\displaystyle\int_0^t \mathrm{e}^u\cos u\,\mathrm{d}u, y=2\sin t+\cos t, z=1+\mathrm{e}^{3t}$ 在 $t=0$ 处的切线和法平面方程.

2. 求椭球面 $x^2+\dfrac{y^2}{4}+\dfrac{z^2}{4}=1$ 上的点,使其法线与三坐标轴正方向成等角.

3. 求旋转椭球面 $3x^2+y^2+z^2=16$ 上点$(-1,-2,3)$处的切平面与 xOy 坐标面的夹角的余弦.

4. 试证曲面 $\sqrt{x}+\sqrt{y}+\sqrt{z}=\sqrt{a}\ (a>0)$ 上任何点处的切平面在各坐标轴上的截距之和等于a.

5. 求曲面 $x^2+2y^2+3z^2=21$ 平行于平面 $x+4y+6z=0$ 的各切平面方程.

2.7 偏导数与全微分的应用(Ⅱ)——极值与最值

Applications of partial derivatives and total differentials (Ⅱ)——Extrema, maxima and minima

本节以二元函数为例,利用函数的偏导数与全微分讨论多元函数的极值问题.

2.7.1 二元函数的极值

与一元函数的极值定义类似,二元函数的极值定义如下.

定义 2.14 设函数 $z=f(x,y)$ 在点 $P_0(x_0,y_0)$ 的某一邻域 $U(P_0)$ 内有定义. 若对于任意的 $(x,y)\in \overset{\circ}{U}(P_0)$,有 $f(x,y)\leqslant f(x_0,y_0)$,则称函数在点$(x_0,y_0)$取**极大值**,点$(x_0,y_0)$称为**极大值点**;若有 $f(x,y)\geqslant f(x_0,y_0)$,则称函数在点$(x_0,y_0)$取**极小值**,点$(x_0,y_0)$称为**极小值点**.

极大值和极小值统称为**极值**(extremum).使函数取得极值的点称为**极值点**(extremum point).

由定义 2.14 可见,多元函数的极值也是一个局部的概念.对于给定的二元连续函数 $z=f(x,y)$,它在空间直角坐标系中表示一张曲面,则函数的极大值和极小值分别对应着局部曲面的"高峰"和"低谷". 一些直观的几何图形可参见 1.7 节和 2.1 节.

在一元函数中,导数的一个非常重要的应用就是研究函数的极值. 类似地,偏导数也是研究多元函数极值的主要手段.

在求多元函数关于某一自变量的偏导数时,总是要先固定其他自变量,再求函数关于该自变量的偏导数. 受此启发,如果二元函数 $z=f(x,y)$ 在点 (x_0,y_0) 处取得极值,那么固定 $y=y_0$,一元函数 $z=f(x,y_0)$ 在点 $x=x_0$ 处一定取得相同的极值;同理,固定 $x=x_0$,一元函数 $z=f(x_0,y)$ 在点 $y=y_0$ 处一定取得极值. 类比于一元函数中判断函数取得极值的条件(费马定理),我们给出如下定理.

定理 2.11(极值的必要条件)　设函数 $z=f(x,y)$ 在点 (x_0,y_0) 处具有偏导数,且在点 (x_0,y_0) 处有极值,则它在该点的偏导数必为零,即

$$f_x(x_0,y_0)=0, \quad f_y(x_0,y_0)=0.$$

分析　利用多元函数极值的定义以及一元函数极值的性质证明.

证　设函数 $z=f(x,y)$ 在点 (x_0,y_0) 处取得极小值,则存在点 (x_0,y_0) 的一个邻域,对此邻域内的任意点 (x,y),都有 $f(x_0,y_0)\leqslant f(x,y)$.

特别地,在该邻域内,令 $x\neq x_0,y=y_0$,则对于点 (x_0,y_0),有 $f(x_0,y_0)\leqslant f(x,y_0)$,这说明一元函数 $g(x)=f(x,y_0)$ 在点 $x=x_0$ 取得极小值并且可导,从而 $g'(x)=0$,即 $f_x(x_0,y_0)=0$.

同理可得 $f_y(x_0,y_0)=0$.　　　　　　　　　　　　　　　　　　　　证毕

关于定理 2.11 的几点说明.

(1) 对于二元函数 $z=f(x,y)$,若存在点 (x,y) 使得 $f_x(x,y)=0$ 和 $f_y(x,y)=0$ 同时成立,这样的点 (x,y) 称为函数的**驻点**.

(2) 由定理结论可见,当函数的偏导数存在时,函数的极值点产生于驻点. 但反之未必成立,即驻点不一定都是极值点. 如双曲抛物面 $z=xy$,$(0,0)$ 是其驻点,但不是极值点.

(3) 偏导数不存在的点也有可能是极值点. 如 $z=\sqrt{x^2+y^2}$,$(0,0)$ 是极小值点,但是函数在点 $(0,0)$ 处的偏导数都不存在.

(4) 此结论可以推广到三元及以上的多元函数. 例如,若三元函数 $u=f(x,y,z)$ 在点 (x_0,y_0,z_0) 处的偏导数存在,且在 (x_0,y_0,z_0) 取得极值,则有

$$f_x(x_0,y_0,z_0)=0, \quad f_y(x_0,y_0,z_0)=0, \quad f_z(x_0,y_0,z_0)=0.$$

由以上说明可知,如何进一步判定一个驻点是否为极值点是该类问题的关键.

定理 2.12(极值的充分条件)　设函数 $z=f(x,y)$ 在点 (x_0,y_0) 的某邻域内有二阶连续偏导数,且 $f_x(x_0,y_0)=0,f_y(x_0,y_0)=0$. 令

$$f_{xx}(x_0,y_0)=A, \quad f_{xy}(x_0,y_0)=B, \quad f_{yy}(x_0,y_0)=C.$$

(1) 当 $AC-B^2>0$ 时,函数 $f(x,y)$ 在点 (x_0,y_0) 处取极值,且当 $A>0$ 时取极小值,当 $A<0$ 时取极大值;

(2) 当 $AC-B^2<0$ 时,函数 $f(x,y)$ 在点 (x_0,y_0) 处不取极值;

(3) 当 $AC-B^2=0$ 时,函数 $f(x,y)$ 在点 (x_0,y_0) 处可能取极值,也可能不取极值.

为了更好地理解定理 2.12,回顾一元函数取得极值的第二充分条件,即对于一元函数 $y=f(x)$,它在 x_0 取得极值需要满足 $f'(x_0)=0$,当 $f''(x_0)>0$ 时取得极小值;当 $f''(x_0)<0$ 时取得极大值. 对于二元函数也可以类似地去理解,即函数 $z=f(x,y)$ 在点 (x_0,y_0) 处取得极值时需要满足

$$f_x(x_0,y_0)=0,\quad f_y(x_0,y_0)=0,$$

当二阶导数的矩阵 $\begin{bmatrix} A & B \\ B & C \end{bmatrix}$（称为**黑塞矩阵**）正定时，即 $A>0$，$\begin{vmatrix} A & B \\ B & C \end{vmatrix}>0$，函数取得极小

值；当矩阵 $\begin{bmatrix} A & B \\ B & C \end{bmatrix}$ 负定时，即 $A<0$，$\begin{vmatrix} A & B \\ B & C \end{vmatrix}>0$，函数取得极大值.

根据定理 2.11 与定理 2.12，如果函数 $z=f(x,y)$ 具有二阶连续偏导数，则求此函数的极值的一般步骤为：

（1）确定函数 $z=f(x,y)$ 的定义域；

（2）解方程组 $f_x(x,y)=0,f_y(x,y)=0$，求出 $f(x,y)$ 在定义域内的所有驻点；

（3）求出函数 $f(x,y)$ 的二阶偏导数，依次确定各驻点处 A,B,C 的值，并根据 $AC-B^2$ 的符号判定驻点是否为极值点；

（4）若存在极值点，求出函数 $f(x,y)$ 在极值点处的极值.

例 2.40　求下列函数的极值：

（1）$z=e^{2x}(x+2y+y^2)$；　　　　　　（2）$z=x^3+y^3-3xy$.

分析　易见，两个函数在它们的定义域内具有二阶连续偏导数，可以利用上述步骤求解.

解　（1）不难求得

$$z_x=e^{2x}(2x+4y+2y^2+1),\quad z_y=e^{2x}(2y+2),$$
$$z_{xx}=4e^{2x}(x+2y+y^2+1),\quad z_{xy}=4e^{2x}(y+1),\quad z_{yy}=2e^{2x}.$$

令 $z_x=0,z_y=0$，解得驻点 $\left(\dfrac{1}{2},-1\right)$. 在该点处，有

$$A=2e,\quad B=0,\quad C=2e,\quad AC-B^2=4e^2>0\text{ 且 }A=2e>0,$$

所以函数在点 $\left(\dfrac{1}{2},-1\right)$ 处取得极小值 $z|_{(\frac{1}{2},-1)}=-\dfrac{e}{2}$.

（2）容易求得

$$z_x=3x^2-3y,\quad z_y=3y^2-3x,\quad z_{xx}=6x,\quad z_{yy}=6y,\quad z_{xy}=-3=z_{yx}.$$

令 $z_x=0,z_y=0$，解得驻点 $(0,0)$ 和 $(1,1)$.

在点 $(0,0)$ 处，有 $A=0,B=-3,C=0,AC-B^2=-9<0$，所以函数在点 $(0,0)$ 处不取极值；

在点 $(1,1)$ 处，有 $A=6,B=-3,C=6,AC-B^2=27>0$ 且 $A=6>0$，所以函数在点 $(1,1)$ 处取得极小值 $z|_{(1,1)}=-1$.

2.7.2　二元函数的最大值与最小值

由定理 2.2 可知，有界闭区域 D 上的连续函数可以在 D 上取得最大值和最小值. 若最大值或最小值在区域 D 的内部取得，则一定是极值；若最大值或最小值在区域 D 的边界曲线上取得，则属于后面要介绍的条件极值问题.

因此，求函数的最大值、最小值的一般方法为：首先求函数 $z=f(x,y)$ 在 D 内的所有极值点；然后求函数 $z=f(x,y)$ 在 D 的边界曲线上的所有条件极值点；最后计算所有点的函数值，比较大小即可.

特别地,在应用问题中,若已知 $z = f(x, y)$ 在 D 内有最大或最小值,且在 D 内有唯一的驻点,则该驻点一定就是最大或最小值点.

例 2.41　设长方体内接于半径为 R 的半球,问长方体各边长是多少时其体积最大? 最大体积是多少?

分析　先建立空间直角坐标系,然后根据已知条件列出目标函数,再利用求多元函数的极值的步骤求解.

解　设球心在原点,长方体在第一卦限的顶点为 $P(x, y, z)$,则长方体的长、宽、高分别为 $2x, 2y, z$,其体积为 $V = 4xyz$,而 $x^2 + y^2 + z^2 = R^2$,故 $V = 4xy\sqrt{R^2 - x^2 - y^2}$. 令

$$\begin{cases} V_x = 4y\sqrt{R^2 - x^2 - y^2} - 4xy\,\dfrac{x}{\sqrt{R^2 - x^2 - y^2}} = 0, \\[3mm] V_y = 4x\sqrt{R^2 - x^2 - y^2} - 4xy\,\dfrac{y}{\sqrt{R^2 - x^2 - y^2}} = 0. \end{cases}$$

解得 $x = y = \dfrac{R}{\sqrt{3}}$. 由 $x^2 + y^2 + z^2 = R^2$ 可得 $z = \dfrac{R}{\sqrt{3}}$,即当长方体的长、宽、高分别为 $\dfrac{2R}{\sqrt{3}}, \dfrac{2R}{\sqrt{3}}, \dfrac{R}{\sqrt{3}}$ 时,体积最大,且最大体积为 $V = \dfrac{4\sqrt{3}}{9} R^3$.

例 2.42　在 xOy 平面上求一点,使它到 $x = 0, y = 0$ 及 $x + 2y - 6 = 0$ 三条直线的距离平方之和为最小.

分析　根据已知条件列出目标函数,再利用求多元函数的极值的步骤求解.

解　设所求点为 (x, y),则它到三已知直线的距离分别为 $|y|, |x|, \left| \dfrac{x + 2y - 6}{\sqrt{5}} \right|$. 令

$$u = x^2 + y^2 + \frac{1}{5}(x + 2y - 6)^2.$$

不难得其驻点为 $\left(\dfrac{3}{5}, \dfrac{6}{5} \right)$,此时 u 取极小值,且驻点唯一,从而为最小值,点 $\left(\dfrac{3}{5}, \dfrac{6}{5} \right)$ 即为所求.

2.7.3　条件极值与拉格朗日乘数法

在讨论极值问题时,往往会遇到所求极值对函数的自变量有附加条件,它们之间需要满足一定的约束条件. 例如,求坐标原点到曲面 $F(x, y, z) = 0$ 的最小距离问题就是在约束条件 $F(x, y, z) = 0$ 下,求函数 $f(x, y, z) = \sqrt{x^2 + y^2 + z^2}$ 的最小值. 这种问题称为**条件极值问题**. 相应地,对于那些没有约束条件的极值问题称为**无条件极值问题**.

对于有些极值问题,可以把条件极值问题化为无条件极值. 例如,在上述求距离最小值的问题中,如果通过方程 $F(x, y, z) = 0$ 可以得到 $z = z(x, y)$ 的表示式,然后将其代入函数 $f(x, y, z) = \sqrt{x^2 + y^2 + z^2}$,这样便可将条件极值问题化为无条件极值问题. 但在许多情形下,将条件极值化为无条件极值并不容易,即使可以转化,求解也可能会很复杂.

下面介绍一种直接求解条件极值的方法——**拉格朗日乘数法**. 这种方法可以不必将条件极值问题化为无条件极值问题.

以三元函数 $u = f(x, y, z)$ 为例,讨论函数在约束条件 $\varphi(x, y, z) = 0$ 下的极值,其中 $u =$

$f(x,y,z)$ 称为**目标函数**.

设函数 $f(x,y,z)$ 和 $\varphi(x,y,z)$ 关于各个自变量均有一阶连续偏导数,且 $\varphi_z(x,y,z)\neq 0$.根据隐函数存在定理Ⅱ,由方程 $\varphi(x,y,z)=0$ 可以确定一个具有连续偏导数的函数 $z=z(x,y)$,并且有

$$\frac{\partial z}{\partial x}=-\frac{\varphi_x}{\varphi_z},\quad \frac{\partial z}{\partial y}=-\frac{\varphi_y}{\varphi_z}.$$

将 $z=z(x,y)$ 代入到函数 $u=f(x,y,z)$,有

$$u=f(x,y,z(x,y)),$$

由定理 2.11(极值的必要条件)可得

$$\begin{cases} \dfrac{\partial u}{\partial x}=f_x+f_z\dfrac{\partial z}{\partial x}=0, \\ \dfrac{\partial u}{\partial y}=f_y+f_z\dfrac{\partial z}{\partial y}=0. \end{cases}$$

将 $\dfrac{\partial z}{\partial x},\dfrac{\partial z}{\partial y}$ 代入方程组,连同约束条件 $\varphi(x,y,z)=0$,得

$$\begin{cases} f_x(x,y,z)\varphi_z(x,y,z)-f_z(x,y,z)\varphi_x(x,y,z)=0, \\ f_y(x,y,z)\varphi_z(x,y,z)-f_z(x,y,z)\varphi_y(x,y,z)=0, \\ \varphi(x,y,z)=0. \end{cases}$$

由上述方程组求出的点 (x_0,y_0,z_0) 即为可能的极值点.

注意到,$\dfrac{f_x}{\varphi_x}=\dfrac{f_y}{\varphi_y}=\dfrac{f_z}{\varphi_z}$,若记 $\lambda=-\dfrac{f_z}{\varphi_z}$,则 x_0,y_0,z_0,λ 满足方程组

$$\begin{cases} f_x(x,y,z)+\lambda\varphi_x(x,y,z)=0, \\ f_y(x,y,z)+\lambda\varphi_y(x,y,z)=0, \\ f_z(x,y,z)+\lambda\varphi_z(x,y,z)=0, \\ \varphi(x,y,z)=0. \end{cases} \qquad (2.27)$$

引入辅助函数

$$L(x,y,z,\lambda)=f(x,y,z)+\lambda\varphi(x,y,z), \qquad (2.28)$$

其中 λ 为参数.注意到,方程组(2.27)正是函数 $L(x,y,z,\lambda)$ 在点 (x_0,y_0,z_0,λ) 取得极值的必要条件.

函数 $L(x,y,z,\lambda)$ 称为**拉格朗日函数(Lagrange function)**,参数 λ 称为**拉格朗日乘子(Lagrange multiplier)**.这种利用引入拉格朗日函数 $L(x,y,z,\lambda)$ 将条件极值问题转化为无条件极值问题的方法称为**拉格朗日乘数法**.

用拉格朗日乘数法求目标函数 $u=f(x,y,z)$ 在约束条件 $\varphi(x,y,z)=0$ 下的极值问题的基本步骤为:①构造拉格朗日函数(2.28);②求 $L(x,y,z,\lambda)=f(x,y,z)+\lambda\varphi(x,y,z)$ 关于 x,y,z 及 λ 的一阶偏导数,并令它们等于零,即方程组(2.27);③求出 (x_0,y_0,z_0,λ),其中 (x_0,y_0,z_0) 就是 $u=f(x,y,z)$ 在约束条件 $\varphi(x,y,z)=0$ 下可能的极值点.

关于拉格朗日乘数法的几点说明.

(1)拉格朗日乘数法只给出了函数取极值的必要条件,因此按照这种方法求出来的点是否为极值点还需要加以讨论.在实际问题中,一般根据问题本身的性质来判定所求的点是否是极值点.

（2）拉格朗日乘数法中的函数 $z=z(x,y)$ 是由方程 $\varphi(x,y,z)=0$ 确定的隐函数，如果可以求出它的显式表达式，则问题也可以转化为无条件极值问题进行求解.

（3）当 f,φ 为二元函数时，相应的拉格朗日函数为

$$L(x,y,\lambda)=f(x,y)+\lambda\varphi(x,y),$$

其中 λ 为拉格朗日乘子.

（4）拉格朗日乘数法还可以推广到自变量多于两个且约束条件多于一个的情形. 例如，要求目标函数 $u=f(x,y,z,t)$ 在约束条件 $\varphi(x,y,z,t)=0,\psi(x,y,z,t)=0$ 下的极值，可以先作拉格朗日函数

$$L(x,y,z,t,\lambda,\mu)=f(x,y,z,t)+\lambda\varphi(x,y,z,t)+\mu\psi(x,y,z,t),$$

其中 λ,μ 均为参数.

例 2.43 在椭球 $\dfrac{x^2}{a^2}+\dfrac{y^2}{b^2}+\dfrac{z^2}{c^2}=1$ 内嵌入长方体，求长方体的边长分别为多少时其体积最大？

分析 该问题属于条件极值问题，利用拉格朗日乘数法求解. 目标函数为长方体的体积，约束条件为椭球面方程.

解 设长方体在第一卦限的顶点为 (x,y,z). 由于该点在椭球面上，因此要解决的问题就是在约束条件 $\dfrac{x^2}{a^2}+\dfrac{y^2}{b^2}+\dfrac{z^2}{c^2}=1$ 下求目标函数 $V=8xyz$ 的最大值.

引入拉格朗日函数 $L(x,y,z,\lambda)=8xyz+\lambda\left(\dfrac{x^2}{a^2}+\dfrac{y^2}{b^2}+\dfrac{z^2}{c^2}-1\right)$，其中 λ 为参数. 解方程组

$$\begin{cases}\dfrac{\partial L}{\partial x}=8yz+2\lambda\cdot\dfrac{x}{a^2}=0,\\[2mm]\dfrac{\partial L}{\partial y}=8xz+2\lambda\cdot\dfrac{y}{b^2}=0,\\[2mm]\dfrac{\partial L}{\partial z}=8xy+2\lambda\cdot\dfrac{z}{c^2}=0,\\[2mm]\dfrac{x^2}{a^2}+\dfrac{y^2}{b^2}+\dfrac{z^2}{c^2}=1.\end{cases}$$

得到唯一可能的极值点为 $x=\dfrac{a}{\sqrt{3}},y=\dfrac{b}{\sqrt{3}},z=\dfrac{c}{\sqrt{3}}$.

由问题本身意义知，长方体的最大体积一定存在，故此点就是所求最大值点，即当 $x=\dfrac{a}{\sqrt{3}},y=\dfrac{b}{\sqrt{3}},z=\dfrac{c}{\sqrt{3}}$ 时长方体体积最大，最大体积为 $V=8xyz=\dfrac{8\sqrt{3}}{9}abc$.

例 2.44 已知正数 a 为三个正数之和，求这三个数使它们的倒数之和为最小.

分析 本题为条件极值问题，找到目标函数和约束条件，然后利用拉格朗日乘数法求解.

解 设三个正数分别为 x,y,z，依题意，目标函数为 $f(x,y,z)=\dfrac{1}{x}+\dfrac{1}{y}+\dfrac{1}{z}$，约束条件为 $x+y+z=a$. 利用拉格朗日乘数法，对应的拉格朗日函数为

$$L(x,y,z,\lambda)=\dfrac{1}{x}+\dfrac{1}{y}+\dfrac{1}{z}+\lambda(x+y+z-a),$$

其中 λ 为参数. 解方程组

$$\begin{cases} L_x = -\dfrac{1}{x^2} + \lambda = 0, \\[2mm] L_y = -\dfrac{1}{y^2} + \lambda = 0, \\[2mm] L_z = -\dfrac{1}{z^2} + \lambda = 0, \\[2mm] x + y + z = a. \end{cases}$$

不难求得唯一的驻点为 $\left(\dfrac{a}{3}, \dfrac{a}{3}, \dfrac{a}{3}\right)$. 根据问题的要求, 当 $x = y = z = \dfrac{a}{3}$ 时, 它们的倒数之和最小.

习 题 2.7

思 考 题

1. 若 $f(x_0, y)$ 及 $f(x, y_0)$ 在 (x_0, y_0) 点均取得极值, 则 $f(x, y)$ 在点 (x_0, y_0) 是否也取得极值? 说明理由.

2. 求多元函数在有界闭区域上的最大值和最小值的步骤是什么?

A 类题

1. 求下列函数的极值:

(1) $z = x^2 (x-1)^2 + y^2$; (2) $z = x^2 + y^2 - 4x + 4y$;

(3) $z = x^3 - y^3 + 3x^2 + 3y^2 - 9x$.

2. 求函数 $z = x^2 + y^2$ 在条件 $\dfrac{x}{2} + \dfrac{y}{3} = 1$ 下的极值.

3. 设 $x + y + z = a (x, y, z, a > 0)$, 当 x, y, z 各为何值时, 三者的乘积最大?

4. 求函数 $z = x^2 + y^2 - 12x + 16y$ 在区域 $x^2 + y^2 \leqslant 25$ 上的最大值和最小值.

5. 制作一个容积为 V 的无盖圆柱形容器, 当高和底半径各为多少时, 所用材料最省?

6. 用铁板做成一个体积为 2m^3 的有盖长方体水箱. 问当长、宽、高各取怎样的尺寸时, 才能使用料最省?

7. 一厂商通过电视和报纸两种方式做销售某产品的广告, 据统计资料, 销售收入 R(万元)与电视广告费用 x(万元)、报纸广告费用 y 万元之间, 有如下的经验公式:

$$R = 15 + 14x + 32y - 8xy - 2x^2 - 10y^2, \quad (x, y) \in \mathbf{R}^2,$$

试在广告费用不限的前提下, 求最优广告策略.

B 类题

1. 求 xOy 坐标面上一点, 使它到 $x = 0, y = 0$ 及 $x + 2y - 16 = 0$ 三条直线的距离的平方

之和最小.

2. 求抛物面 $z=x^2+y^2$ 与平面 $x+y+z=1$ 相交而成的椭圆上的点到原点的最长和最短距离.

3. 求曲面 $\sqrt{x}+\sqrt{y}+\sqrt{z}=1$ 上的切平面在三个坐标轴上的截距乘积的最大值.

4. 求函数 $f(x,y)=2x^2+3y^2$ 在区域 D：$x^2+y^2\leqslant16$ 上的最大值.

5. 求二元函数 $f(x,y)=x^2y(4-x-y)$ 在由直线 $x+y=6,x$ 轴,y 轴所围成的闭区域 D 上的最大值与最小值.

6. 有一宽为 24cm 的长方形铁板,把它两边折起来做成一断面为等腰梯形的水槽,问怎样折法才能使断面的面积最大？

7. 证明：函数 $z=(1+e^y)\cos x-ye^y$ 有无穷多个极大值而无极小值.

2.8 偏导数与全微分的应用（Ⅲ）——方向导数和梯度
Applications of partial derivatives and total differentials（Ⅲ）——Directional derivative and gradient

本节介绍如何利用函数的偏导数与全微分研究函数沿任意方向的变化率问题,即方向导数和梯度.

2.8.1 方向导数

由定义 2.12 可知,偏导数研究的是函数沿着坐标轴方向的变化率问题. 然而在实际问题中,如空气的流动、声音的传递、电波的扩散等,需要考虑沿着某些方向的变化率,而不再是沿着坐标轴的方向. 为此,我们首先引入方向导数的定义.

定义 2.15 设函数 $z=f(x,y)$ 在点 $P_0(x_0,y_0)$ 的某一邻域 $U(P_0)$ 内有定义. 自点 P_0 引射线 l,射线 l 与 x 轴正向的夹角为 φ,如图 2.17 所示,与射线 l 的同方向的单位向量记为 $e_l=(\cos\varphi,\sin\varphi)$,在 l 上另取一点 $P\in U(P_0)$,坐标为 $(x_0+t\cos\varphi,y_0+t\sin\varphi)$. 当 P 沿着 l 趋于 P_0,即 $t\to0^+$ 时,如果极限

$$\lim_{t\to0^+}\frac{f(x_0+t\cos\varphi,y_0+t\sin\varphi)-f(x_0,y_0)}{t}$$

图 2.17

存在,则称此极限为函数在点 P_0 沿方向 l 的**方向导数**（**direction derivative**）,记作 $\dfrac{\partial f}{\partial l}\Big|_{(x_0,y_0)}$,即

$$\frac{\partial f}{\partial l}\Big|_{(x_0,y_0)}=\lim_{t\to0^+}\frac{f(x_0+t\cos\varphi,y_0+t\sin\varphi)-f(x_0,y_0)}{t}.$$

在定义 2.15 中,方向导数的方向是由射线 l 与 x 轴正向夹角 φ 描述的. 对于沿 x 轴正方向的射线,有 $\varphi=0,\cos\varphi=1,\sin\varphi=0$,函数 $z=f(x,y)$ 在点 $P_0(x_0,y_0)$ 沿 x 轴正方向的方向导数$\left(\text{记作}\dfrac{\partial z}{\partial l}\Big|_{x^+}\right)$定义为

$$\frac{\partial z}{\partial l}\Big|_{x^+}=\lim_{t\to0^+}\frac{f(x_0+t,y_0)-f(x_0,y_0)}{t}=f_x(x_0,y_0),$$

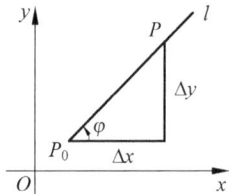

类似地,函数 $z=f(x,y)$ 在点 $P_0(x_0,y_0)$ 沿 x 轴负方向的方向导数定义为

$$\frac{\partial z}{\partial l}\bigg|_{x^-} = \lim_{t\to 0^+}\frac{f(x-t,y)-f(x,y)}{t} = -f_x(x_0,y_0).$$

同理,函数 $z=f(x,y)$ 在点 $P_0(x_0,y_0)$ 沿 y 轴的正方向和负方向的方向导数分别定义为

$$\frac{\partial z}{\partial l}\bigg|_{y^+} = f_y(x_0,y_0), \quad \frac{\partial z}{\partial l}\bigg|_{y^-} = -f_y(x_0,y_0).$$

这说明:若函数 $z=f(x,y)$ 在点 $P_0(x_0,y_0)$ 关于 x 和 y 的偏导数存在,则函数沿着 x 轴和 y 轴的正方向和负方向的方向导数存在;但反之未必成立.

直接利用定义 2.15 计算方向导数显然是很不方便的,下列定理给出了利用偏导数计算方向导数的一个简单公式.

定理 2.13 设函数 $z=f(x,y)$ 在点 $P_0(x_0,y_0)$ 处可微,则函数在点 $P_0(x_0,y_0)$ 处沿任何方向的方向导数均存在,且有

$$\frac{\partial f}{\partial l}\bigg|_{(x_0,y_0)} = f_x(x_0,y_0)\cos\alpha + f_y(x_0,y_0)\cos\beta, \quad (2.29)$$

其中 $\cos\alpha,\cos\beta$ 为射线 l 的方向余弦,如图 2.18 所示.

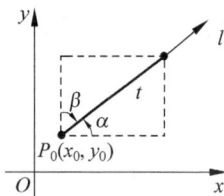

图 2.18

分析 利用方向导数的定义证明.

证 由于函数 $z=f(x,y)$ 在点 $P_0(x_0,y_0)$ 处可微,因此有

$$\Delta z = f(x_0+\Delta x,y_0+\Delta y) - f(x_0,y_0)$$
$$= f_x(x_0,y_0)\Delta x + f_y(x_0,y_0)\Delta y + o\left(\sqrt{(\Delta x)^2+(\Delta y)^2}\right).$$

注意到,当点 $(x_0+\Delta x,y_0+\Delta y)$ 在射线 l 上时,对应地有,$\Delta x = t\cos\alpha$,$\Delta y = t\cos\beta$,$t = \sqrt{(\Delta x)^2+(\Delta y)^2}$. 于是

$$\lim_{t\to 0^+}\frac{f(x_0+t\cos\alpha,y_0+t\sin\beta)-f(x_0,y_0)}{t} = f_x(x_0,y_0)\cos\alpha + f_y(x_0,y_0)\cos\beta.$$

根据方向导数的定义知,定理的结论成立. 证毕

特别地,在平面直角坐标系中,因为 $\cos\beta = \cos\left(\dfrac{\pi}{2}-\alpha\right) = \sin\alpha$,所以式(2.29)也可以记为

$$\frac{\partial f}{\partial l}\bigg|_{(x_0,y_0)} = f_x(x_0,y_0)\cos\alpha + f_y(x_0,y_0)\sin\alpha.$$

类似地,定理 2.13 的结论可以推广到三元及以上的多元函数. 例如,若函数 $u=f(x,y,z)$ 在点 $P_0(x_0,y_0,z_0)$ 处可微,则函数在点 $P_0(x_0,y_0,z_0)$ 处沿射线 l 方向的方向导数为

$$\frac{\partial f}{\partial l}\bigg|_{(x_0,y_0,z_0)} = f_x(x_0,y_0,z_0)\cos\alpha + f_y(x_0,y_0,z_0)\cos\beta + f_z(x_0,y_0,z_0)\cos\gamma, \quad (2.30)$$

其中 α,β,γ 为 l 方向的方向角.

例 2.45 设函数 $z=x^3y^2$,求在点 $P_0(3,1)$,沿直线 $\overrightarrow{P_0P_1}$ 的方向导数,其中点 P_1 的坐标为 $(2,3)$,如图 2.19 所示.

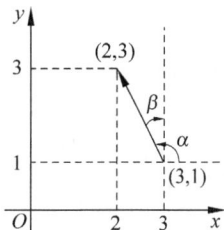

图 2.19

分析 先根据已知条件求出 $\overrightarrow{P_0P_1}$ 的方向向量、方向余弦、在点 $P_0(3,1)$ 处的偏导数等信息,再代入式(2.29)求解.

解 易见,$\dfrac{\partial z}{\partial x}=3x^2y^2,\dfrac{\partial z}{\partial y}=2x^3y$,所以 $\dfrac{\partial z}{\partial x}\bigg|_{P_0}=27,\dfrac{\partial z}{\partial y}\bigg|_{P_0}=54.$

不难求得

$$l = \overrightarrow{P_0P_1} = (-1,2), \quad |l| = \sqrt{(-1)^2 + 2^2} = \sqrt{5}, \quad e = \left(-\frac{1}{\sqrt{5}}, \frac{2}{\sqrt{5}}\right).$$

由此可得,$\cos\alpha = -\dfrac{1}{\sqrt{5}}$,$\cos\beta = \dfrac{2}{\sqrt{5}}$. 所以有

$$\frac{\partial z}{\partial l}\bigg|_{P_0} = \frac{\partial z}{\partial x}\bigg|_{P_0}\cos\alpha + \frac{\partial z}{\partial y}\bigg|_{P_0}\cos\beta = 27 \times \left(-\frac{1}{\sqrt{5}}\right) + 54 \times \frac{2}{\sqrt{5}} = \frac{81}{\sqrt{5}}.$$

例 2.46 设函数 $u = xy\mathrm{e}^{xz}$,求在点 $P_0(1,1,0)$ 处沿着 $\overrightarrow{P_0P_1}$ 从 $P_0(1,1,0)$ 到 $P_1(-2,3, \sqrt{3})$ 的直线方向的方向导数.

分析 先根据已知条件求出 $\overrightarrow{P_0P_1}$ 的方向向量、方向余弦、在点 $P_0(1,1,0)$ 处的偏导数等信息,再代入式(2.30)求解.

解 不难求得

$$\frac{\partial u}{\partial x} = y\mathrm{e}^{xz}(1+xz), \quad \frac{\partial u}{\partial y} = x\mathrm{e}^{xz}, \quad \frac{\partial u}{\partial z} = x^2 y\mathrm{e}^{xz}.$$

在点 $P_0(1,1,0)$ 处,有 $\dfrac{\partial u}{\partial x}\bigg|_{P_0} = 1$,$\dfrac{\partial u}{\partial y}\bigg|_{P_0} = 1$,$\dfrac{\partial u}{\partial z}\bigg|_{P_0} = 1$. 另一方面

$$l = \overrightarrow{P_0P_1} = (-3,2,\sqrt{3}), \quad |l| = \sqrt{9+4+3} = 4, \quad e = \left(-\frac{3}{4}, \frac{1}{2}, \frac{\sqrt{3}}{4}\right),$$

因此有

$$\cos\alpha = -\frac{3}{4}, \quad \cos\beta = \frac{1}{2}, \quad \cos\gamma = \frac{\sqrt{3}}{4}.$$

于是

$$\frac{\partial u}{\partial l}\bigg|_{P_0} = \frac{\partial u}{\partial x}\bigg|_{P_0}\cos\alpha + \frac{\partial u}{\partial y}\bigg|_{P_0}\cos\beta + \frac{\partial u}{\partial z}\bigg|_{P_0}\cos\gamma = -\frac{3}{4} + \frac{1}{2} + \frac{\sqrt{3}}{4} = \frac{\sqrt{3}-1}{4}.$$

2.8.2 梯度

由方向导数的定义可知,函数在某一点的方向导数会因为方向的改变而不同. 自然会问:函数在该点处的方向导数既然会变,那么它沿哪个方向取值最大? 下面给出与方向导数有重要关联的概念——梯度.

以二元函数为例,设函数 $z = f(x,y)$ 在其定义区域 D 内具有一阶连续的偏导数,对于区域 D 内任意一点 (x_0,y_0),对应的向量

$$(f_x(x_0,y_0), f_y(x_0,y_0)) = f_x(x_0,y_0)\boldsymbol{i} + f_y(x_0,y_0)\boldsymbol{j}$$

称为函数 $z = f(x,y)$ 在点 (x_0,y_0) 处的**梯度向量**,简称为**梯度**(**gradient**),记作 $\mathrm{grad}f(x_0,y_0)$,即

$$\mathrm{grad}f(x_0,y_0) = (f_x(x_0,y_0), f_y(x_0,y_0)) = f_x(x_0,y_0)\boldsymbol{i} + f_y(x_0,y_0)\boldsymbol{j}.$$

在实际应用中,函数 $z = f(x,y)$ 在点 $(x_0,y_0) \in D$ 处的梯度也经常记作 $\nabla f(x_0,y_0)$,其中 ∇ 称为二元向量微分算子或 Nabla 算子,即

$$\nabla f(x_0,y_0) = f_x(x_0,y_0)\boldsymbol{i} + f_y(x_0,y_0)\boldsymbol{j}.$$

在方向导数的定义中,曾用记号 $e_l = (\cos\varphi, \sin\varphi)$ 表示与射线 l 同方向的单位向量,根据向量的数量积的定义,函数 $z = f(x,y)$ 在点 $(x_0,y_0) \in D$ 处的方向导数和梯度的关系为

$$\frac{\partial f}{\partial l}\bigg|_{(x_0,y_0)} = f_x(x_0,y_0)\cos\alpha + f_y(x_0,y_0)\cos\beta = \mathrm{grad}f(x_0,y_0)\cdot\boldsymbol{e}.$$

进一步地，若记 θ 为梯度向量 $\mathrm{grad}f(x_0,y_0)$ 与 $\boldsymbol{e}$ 的夹角，则有

$$\frac{\partial f}{\partial l}\bigg|_{(x_0,y_0)} = |\mathrm{grad}f(x_0,y_0)|\cdot|\boldsymbol{e}|\cos\theta = |\mathrm{grad}f(x_0,y_0)|\cos\theta.$$

下面针对 θ 的取值，讨论梯度与方向导数之间的关系：

（1）$\cos\theta=1$，即 $\theta=0$ 时，$\dfrac{\partial f}{\partial l}\bigg|_{(x_0,y_0)} = |\mathrm{grad}f(x_0,y_0)|$.这表明当射线 l 的方向与梯度方向一致时，方向导数取最大值，或者说，方向导数沿着梯度的方向取最大值，即梯度方向是函数增长速度最快的方向.

（2）$\cos\theta=0$，即 $\theta=\dfrac{\pi}{2}$ 时，$\dfrac{\partial f}{\partial l}\bigg|_{(x_0,y_0)} =0$.这表明射线 l 的方向与梯度方向垂直时，方向导数在垂直于梯度的方向上值为零，即在此方向上函数的变化率 $\dfrac{\partial f}{\partial l}$ 为零.

（3）$\cos\theta=-1$，即 $\theta=\pi$ 时，$\dfrac{\partial f}{\partial l}\bigg|_{(x_0,y_0)} =-|\mathrm{grad}f(x_0,y_0)|$.这表明当射线 l 的方向与梯度方向相反时，方向导数取最小值，或者说，方向导数沿着梯度相反的方向取最小值.

在几何上，函数 $z=f(x,y)$ 在其定义区域 D 内表示一张曲面，当用平面 $z=C$（C 为常数）去横截曲面 $z=f(x,y)$ 时，截得一平面曲线，对应的方程为

$$\begin{cases} z = f(x,y), \\ z = C. \end{cases}$$

根据空间解析几何的知识，可知该曲线在坐标面 xOy 上的投影曲线的方程可表示为 $f(x,y)=C$.注意到该曲线上的点都等于常数 C，因此称该平面曲线为函数 $z=f(x,y)$ 的**等值线**，通常也称为**等高线**.

若函数 $z=f(x,y)$ 在点 $(x_0,y_0)\in D$ 处可微，且 $f_x(x_0,y_0),f_y(x_0,y_0)$ 不同时为零，从几何上讲，等高线 $f(x,y)=C$ 具有特殊的几何解释.

对等高线 $f(x,y)=C$ 的两端求导数，得到 $f_x(x_0,y_0)+f_y(x_0,y_0)\dfrac{\mathrm{d}y}{\mathrm{d}x}=0$，即

$$(f_x(x_0,y_0),f_y(x_0,y_0))\cdot\left(1,\frac{\mathrm{d}y}{\mathrm{d}x}\bigg|_{(x_0,y_0)}\right)=0.$$

注意到，向量 $\left(1,\dfrac{\mathrm{d}y}{\mathrm{d}x}\bigg|_{(x_0,y_0)}\right)$ 是等高线 $f(x,y)=C$ 在点 (x_0,y_0) 处的切向量，也就是说，向量 $\boldsymbol{n}=(f_x(x_0,y_0),f_y(x_0,y_0))$ 就是等高线 $f(x,y)=C$ 在点 (x_0,y_0) 处的法线方向，而这个法线方向又恰好就是函数 $z=f(x,y)$ 在点 (x_0,y_0) 处的梯度方向.

因此，等值线 $f(x,y)=C$ 有很直观的几何解释：函数 $z=f(x,y)$ 在点 $(x_0,y_0)\in D$ 处的梯度方向就是等值线 $f(x,y)=C$ 在该点的法线方向，梯度的模 $|\mathrm{grad}f(x_0,y_0)|$ 就是沿着这个法线方向的方向导数 $\dfrac{\partial f}{\partial\boldsymbol{n}}\bigg|_{(x_0,y_0)}$.

如图 2.20 所示，梯度向量与等高线上的切线向量垂直；又因为梯度方向是函数增长最快的方向，梯度向量应指向函

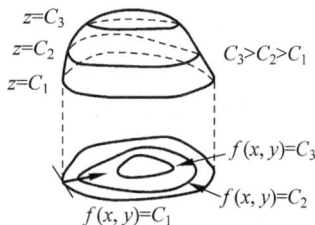

图 2.20

数增长的方向,从而梯度向量从数值较低的等高线指向数值较高的等高线,图 2.20 中粗箭头所示即为梯度方向.

类似于对二元函数的梯度的相关讨论,若三元函数 $u=f(x,y,z)$ 在空间区域 Ω 内具有一阶连续偏导数,则它在区域 Ω 内任意一点 (x_0,y_0,z_0) 的梯度向量可以表示为

$$\text{grad} f(x_0,y_0,z_0) = f_x(x_0,y_0,z_0)\boldsymbol{i} + f_y(x_0,y_0,z_0)\boldsymbol{j} + f_z(x_0,y_0,z_0)\boldsymbol{k}, \quad (2.31)$$

或记作

$$\nabla f(x_0,y_0,z_0) = f_x(x_0,y_0,z_0)\boldsymbol{i} + f_y(x_0,y_0,z_0)\boldsymbol{j} + f_z(x_0,y_0,z_0)\boldsymbol{k},$$

其中 ∇ 称为三元向量微分算子或 Nabla 算子.

例 2.47 设函数 $f(x,y,z)=x^3+x^2yz-3xz^2-2x+2y-6z+3$,求 $\text{grad} f(0,0,0)$,$\text{grad} f(1,1,1)$.

分析 利用梯度定义的式(2.31)求解.

解 因为 $\dfrac{\partial f}{\partial x}=3x^2+2xyz-3z^2-2$,$\dfrac{\partial f}{\partial y}=x^2z+2$,$\dfrac{\partial f}{\partial z}=x^2y-6xz-6$,所以有

$$\text{grad} f(0,0,0) = \left(\frac{\partial f}{\partial x},\frac{\partial f}{\partial y},\frac{\partial f}{\partial z}\right)\bigg|_{(0,0,0)} = (-2,2,-6),$$

$$\text{grad} f(1,1,1) = \left(\frac{\partial f}{\partial x},\frac{\partial f}{\partial y},\frac{\partial f}{\partial z}\right)\bigg|_{(1,1,1)} = (0,3,-11).$$

例 2.48 问函数 $f(x,y,z)=xy^2z$ 在点 $P(1,-1,2)$ 处沿什么方向的方向导数最大?并求方向导数的最大值.

分析 由前面知识可知,沿梯度方向的方向导数最大.

解 $\dfrac{\partial f}{\partial x}\bigg|_P=(y^2z)_P=2$,$\dfrac{\partial f}{\partial y}\bigg|_P=(2xyz)_P=-4$,$\dfrac{\partial f}{\partial z}\bigg|_P=(xy^2)_P=1$.

已知函数 $z=xy^2z$ 在点 $P(1,-1,2)$ 处沿梯度方向的方向导数最大,且

$$\max\left(\frac{\partial z}{\partial l}\bigg|_P\right)=|\text{grad} f(P)| = \left|\left(\frac{\partial f}{\partial x},\frac{\partial f}{\partial y},\frac{\partial f}{\partial z}\right)\bigg|_P\right|=|(2,-4,1)|=\sqrt{21}.$$

习 题 2.8

思 考 题

1. 函数 $z=f(x,y)=\sqrt{x^2+y^2}$ 在点 $(0,0)$ 处的偏导数是否存在? 方向导数沿着 x 轴和 y 轴的正方向是否存在?

2. 若函数 $z=f(x,y)$ 在点 $P_0(x_0,y_0)$ 关于 x 和 y 的偏导数存在,则函数沿着任意方向的方向导数是否存在? 说明理由.

3. 函数 $z=f(x,y)$ 在点 $(x_0,y_0)\in D$ 处的梯度方向是否是等值线 $f(x,y)=C$ 在该点的法线方向,说明理由.

A 类题

1. 求函数 $z=2x^2+y^2-2$ 在点 $P(1,0)$ 处沿从点 $P(1,0)$ 到点 $Q(2,-1)$ 的直线方向的

方向导数.

2. 求函数 $u=2x^2y+yz^2-2z+2$ 在点 $M(1,2,3)$ 处沿 $\overrightarrow{OM}$ 方向的方向导数.

3. 求函数 $u=2xy+yz^2-2xz+2x+1$ 在点 $(1,1,2)$ 沿方向 l 的方向导数,其中 l 的方向角分别为 $60°,45°,60°$.

4. 已知函数 $u=2x^3y+yz^2-2x^2z+2y+z+1$,求 $\mathrm{grad}u(0,0,0)$,$\mathrm{grad}u(1,1,1)$.

5. 设 $u=f(r)$,$r=\sqrt{x^2+y^2+z^2}$,其中 f 为可导函数,求 $\mathrm{grad}u$.

6. 已知函数 $u=\dfrac{1}{x^2+y^2+z^2}$,求 $\mathrm{grad}u$.

B 类题

1. 设 $\boldsymbol{n}$ 是曲面 $x^2+2y^2+4z^2=7$ 在点 $P(1,1,1)$ 处的指向外侧的法向量,求函数 $u=3x^2+y^2+2z^2$ 在点 P 处沿方向 $\boldsymbol{n}$ 的方向导数.

2. 求函数 $u=2x^2+z^2+2y+x+3$ 在点 $P(1,1,1)$ 处沿哪个方向的方向导数最大? 最大值是多少?

3. 求函数 $z=3x^2-2xy+y^2$ 在点 $(1,1)$ 沿与 x 轴方向夹角为 α 的方向射线 l 的方向导数,并求在哪个方向上此方向导数有(1)最大值;(2)最小值;(3)等于零.

4. 求函数 $u=\ln(x+\sqrt{y^2+z^2})$ 在点 $A(1,0,1)$ 处沿点 A 指向点 $B(3,-2,2)$ 方向的方向导数.

复 习 题 2

1. 是非题

(1) 当动点 (x,y) 沿着任一直线趋向于点 $(0,0)$ 时,函数 $f(x,y)$ 的极限存在且都等于 A,但不能说明函数 $f(x,y)$ 当 $(x,y)\to(0,0)$ 时的极限一定存在. ( )

(2) 若函数 $f(x,y)$ 在点 (x_0,y_0) 处的两个偏导数都存在,则函数 $f(x,y)$ 在点 (x_0,y_0) 处连续. ( )

(3) 若 $\dfrac{\partial^2 z}{\partial x\partial y}$,$\dfrac{\partial^2 z}{\partial y\partial x}$ 在区域 D 内连续,则 $\dfrac{\partial^2 z}{\partial x\partial y}=\dfrac{\partial^2 z}{\partial y\partial x}$. ( )

(4) 若函数 $z=f(x,y)$ 在某点处可微,则函数在该点的一阶偏导数必连续. ( )

(5) 若函数 $u=f(x,y,z)$ 在点 P_0 处的偏导数存在,则函数在该点沿任何方向的方向导数必定存在. ( )

2. 填空题

(1) 函数 $u=\arcsin\dfrac{2z}{\sqrt{x^2+2y^2}}$ 的定义域为 _____.

(2) $\lim\limits_{\substack{x\to0\\y\to1}}\dfrac{\ln(2x+\mathrm{e}^y)}{\sqrt{x^2+4y^2}}=$ _____.

(3) 函数 $z=\dfrac{1}{4-x^2+4y^2}$ 的间断点为 _____.

(4) 设 $z=\arctan\dfrac{x+y}{x-y}$，则 $\mathrm{d}z=$_____.

(5) 曲面 $z=x^2+y^2$ 与平面 $2x+4y-z=0$ 平行的切平面方程是_____.

3．选择题

(1) 设函数 $f(x,y)=\begin{cases}\dfrac{x^2}{x^2+y^2}, & (x,y)\neq(0,0),\\ 0, & (x,y)=(0,0),\end{cases}$ 则它在点 $(0,0)$ 处是（　）.

  A．连续的   B．没有定义   C．极限不存在   D．极限存在

(2) $f_x(x_0,y_0)=0,f_y(x_0,y_0)=0$ 是函数 $z=f(x,y)$ 在点 (x_0,y_0) 处取得极值的（　）.

  A．必要条件但非充分条件   B．充分条件但非必要条件

  C．充要条件   D．既非必要也非充分条件

(3) 设函数 $z=1-\sqrt{x^2+y^2}$，则点 $(0,0)$ 是函数的（　）.

  A．极小值点且是最小值点   B．极大值点且是最大值点

  C．极小值点但非最小点   D．极大值点但非最大值点

(4) 对于方程 $xe^z+xyz-2x+1=0$，必存在点 $(1,1,0)$ 的某个邻域，使得该方程在此邻域内（　）.

  A．只能确定一个具有连续偏导数的隐函数 $z=z(x,y)$

  B．可确定两个具有连续偏导数的隐函数 $x=x(y,z)$ 和 $y=y(x,z)$

  C．可确定两个具有连续偏导数的隐函数 $x=x(y,z)$ 和 $z=z(x,y)$

  D．可确定两个具有连续偏导数的隐函数 $z=z(x,y)$ 和 $y=y(x,z)$

(5) 对于函数 $u=xyz+2xy+2yz-3x+1$，它在点 $(1,1,1)$ 处的方向导数的最大值为（　）.

  A．$\sqrt{33}$ B．$\sqrt{34}$ C．$\sqrt{35}$ D．6

4．求下列极限：

(1) $\lim\limits_{\substack{x\to0\\y\to1}}\dfrac{\sin xy}{x}$；

(2) $\lim\limits_{\substack{x\to0\\y\to0}}\dfrac{\arcsin(x^2+y^2)}{\sqrt{1-x^2-y^2}-1}$；

(3) $\lim\limits_{\substack{x\to\infty\\y\to\infty}}\left(1-\dfrac{2}{x^2+y^2}\right)^{2(x^2+y^2)}$；

(4) $\lim\limits_{\substack{x\to0\\y\to1}}\dfrac{\cos(\pi y)}{3x^2+2y^2}$.

5．计算下列各题：

(1) 设 $(x+1)y+x^2+e^y=e^{x+y}$，求 $\dfrac{\mathrm{d}y}{\mathrm{d}x}$；

(2) 设 $z=uv^2+t\cos u,u=e^t,v=\ln t$，求 $\dfrac{\mathrm{d}z}{\mathrm{d}t}$；

(3) 设 $f(x+y,x-y)=x^2-y^2$，求 $f_x(x,y),f_y(x,y),f_x(x,y)+f_y(x,y)$；

(4) 设 $z=f\left(x^2+y^2,\dfrac{y}{x}\right)$，其中 f 有一阶偏导数，求 $\dfrac{\partial z}{\partial x},\dfrac{\partial z}{\partial y}$；

(5) 设 $z=f(e^x\cos y,x^2-y^2)$，其中 f 具有二阶连续偏导数，求 $\dfrac{\partial z}{\partial x},\dfrac{\partial^2 z}{\partial x^2},\dfrac{\partial^2 z}{\partial x\partial y}$.

6．设 $f(x,y)=\begin{cases}\dfrac{2xy}{x^2+y^2}, & x^2+y^2\neq0,\\ 0, & x^2+y^2=0.\end{cases}$ 证明：$f(x,y)$ 在点 $(0,0)$ 的两个偏导数都存在，

但 $f(x,y)$ 在 $(0,0)$ 点不连续.

7. 设 $z=f(x,y)$ 是由方程 $e^z-z+xy^3=0$ 确定的隐函数,求 $\frac{\partial z}{\partial x},\frac{\partial z}{\partial y},\frac{\partial^2 z}{\partial x\partial y}$.

8. 求函数 $z=\ln(2+x^2+y^2)$ 在点 $(1,2)$ 处的全微分.

9. 求曲面 $x^2+2y^2+3z^2=12$ 的平行于平面 $x+4y+3z=0$ 的切平面方程.

10. 求抛物面 $z=x^2+y^2$ 与抛物柱面 $y=x^2$ 的交线上的点 $P(1,1,2)$ 处的切线方程和法平面方程.

11. 求函数 $z=x^2+5y^2-6x+10y+3$ 的极值.

12. 求函数 $z=x^2+y^2-xy+x+y$ 在闭区域 $D=\{(x,y)\,|\,x+y\geq-3,x\leq0,y\leq0\}$ 上的最大值与最小值.

13. 求函数 $u=xyz$ 在点 $(5,1,2)$ 处沿从点 $(5,1,2)$ 到点 $(9,4,14)$ 的直线方向的方向导数.

14. 求函数 $u=x^2yz+2xz-y+3$ 在点 $P(1,-1,2)$ 处沿哪个方向的方向导数最大,并求此最大值.

15. 求函数 $u=\dfrac{x}{\sqrt{x^2+y^2+z^2}}$ 在点 $M(1,2,-2)$ 处沿 $x=t,y=2t^2,z=-2t^4$ 的切线方向上的方向导数.

16. 要建造一个容积为 $10\mathrm{m}^3$ 的无盖长方体贮水池,底面材料单价 20 元/m^2,侧面材料单价 8 元/m^2.问应如何设计尺寸,使得材料造价最省?

第 3 章

重积分

Multiple integrals

与定积分类似,重积分的概念也是在解决实际问题的过程中抽象出来的,是定积分的一种推广形式,其中的数学思想与定积分一样,也是一种"和式的极限". 所不同的是:定积分的被积函数是一元函数,积分范围是一个区间;而重积分的被积函数是多元函数,积分范围是平面或空间中的某一区域. 尽管如此,定积分和重积分之间仍然存在着密切联系,如重积分可以转化为累次积分,再利用定积分的计算方法进行求解. 本章首先介绍二重积分的概念、性质、计算方法;然后将其推广到三重积分;最后给出重积分的一些简单应用.

3.1 二重积分的概念与性质
Concepts and properties of double integrals

本节通过引入两个实例,即曲顶柱体的体积和非均匀平面薄片的质量,抽象出二重积分的定义,并给出二重积分的几何解释;然后讨论二重积分的一些基本性质;最后根据积分区域的对称性和被积函数的奇偶性,给出二重积分的约化方法.

3.1.1 引例

引例 1　曲顶柱体的体积

这里所指的**曲顶柱体**,其特征是顶为曲面、底为平面、侧面为母线垂直于底面的柱面.

将曲顶柱体放置在空间直角坐标系中,假设其底面为 xOy 坐标面上可求面积的有界闭区域 D,它的侧面是以 D 的边界曲线为准线、母线平行于 z 轴的柱面,它的顶可以由连续函数 $z = f(x,y)$ 表示,且 $f(x,y) \geqslant 0$,如图 3.1(a)所示. 求该曲顶柱体的体积.

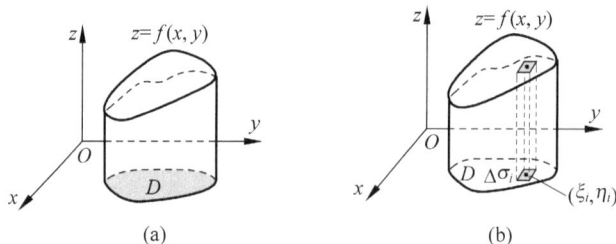

(a)   (b)

图　3.1

易知,若曲顶柱体的顶是与底面 $z=0$ 平行的平顶,即 $z=f(x,y)=C>0$,则其体积等于底面积乘以高.但对于曲顶柱体,这个公式就失效了.事实上,利用计算曲边梯形面积的基本思想,采用"分割、近似、求和、极限"这 4 个步骤,便可以解决此问题.具体求解步骤如下:

(1) **分割(partition)** 用任意一组线网将平面区域 D 分割成 n 个小闭区域,记作 $\Delta\sigma_1$, $\Delta\sigma_2,\cdots,\Delta\sigma_n$,其中 $\Delta\sigma_i(i=1,2,\cdots,n)$ 也表示小闭区域的面积.以 $\Delta\sigma_i$ 的边界曲线为准线,作母线平行于 z 轴的柱面,如图 3.1(b)所示,得到一个小曲顶柱体.以此类推,可以将原来的曲顶柱体分割成 n 个小曲顶柱体.

(2) **近似(approximation)** 以第 i 个小曲顶柱体(底面为 $\Delta\sigma_i$)为例,体积记作 ΔV_i.由于函数 $z=f(x,y)$ 在 D 上连续,所以函数在小闭区域 $\Delta\sigma_i$ 内变化很小,于是该小曲顶柱体可以近似看成平顶柱体.此时,在底 $\Delta\sigma_i$ 上任取一点 (ξ_i,η_i),则平顶柱体的高为 $f(\xi_i,\eta_i)$,体积为 $f(\xi_i,\eta_i)\Delta\sigma_i$.从而第 i 个小曲顶柱体的体积的近似值为 $\Delta V_i\approx f(\xi_i,\eta_i)\Delta\sigma_i(i=1,2,\cdots,n)$.

(3) **求和(sum)** 将这些小平顶柱体的体积相加,得到 $\sum\limits_{i=1}^{n}f(\xi_i,\eta_i)\Delta\sigma_i$,并用它作为曲顶柱体的体积 V 的近似值,则有

$$V=\sum_{i=1}^{n}\Delta V_i\approx\sum_{i=1}^{n}f(\xi_i,\eta_i)\Delta\sigma_i.$$

(4) **极限(limit)** 当分割越来越细,小平顶柱体的体积之和就会越来越接近于曲顶柱体的体积.将 $\Delta\sigma_i$ 中任意两点距离的最大值称为 $\Delta\sigma_i$ 的直径,记作 λ_i,则当 $\lambda=\max\limits_{1\leqslant i\leqslant n}\{\lambda_i\}\rightarrow0$ 时,上述和式右端的极限就是曲顶柱体的体积 V,即

$$V=\lim_{\lambda\to0}\sum_{i=1}^{n}f(\xi_i,\eta_i)\Delta\sigma_i.$$

引例 2 平面薄片的质量

将一非均匀材质的平面薄片放置在平面直角坐标系中,如图 3.2 所示.若已知其占有 xOy 坐标面上可求面积的有界闭区域 D,面密度由连续函数 $\rho(x,y)((x,y)\in D)$ 表示,且 $\rho(x,y)>0$.求该平面薄片的质量 m.

沿用引例 1 的求解思想和过程,具体步骤如下:

(1) **分割** 用任意一组线网把平面区域 D 分割成 n 个小闭区域,记作 $\Delta\sigma_1,\Delta\sigma_2,\cdots,\Delta\sigma_n$,其中 $\Delta\sigma_i$ 也表示小闭区域的面积,如图 3.2 所示.

(2) **近似** 在第 i 个小闭区域 $\Delta\sigma_i$ 上任取一点 (ξ_i,η_i),以该点所对应的面密度 $\rho(\xi_i,\eta_i)$ 代替 $\Delta\sigma_i$ 上其他点处的面密度,则 $\rho(\xi_i,\eta_i)\Delta\sigma_i$ 可近似看成第 i 个小块薄片的质量.

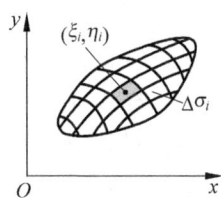

图 3.2

(3) **求和** 将这些小块的质量相加,便得到所求平面薄片质量的近似值,即

$$m\approx\sum_{i=1}^{n}\rho(\xi_i,\eta_i)\Delta\sigma_i.$$

(4) **极限** 与引例 1 类似,同样将 $\Delta\sigma_i$ 中任意两点距离的最大值称为 $\Delta\sigma_i$ 的直径,记作 λ_i,则当 $\lambda=\max\limits_{1\leqslant i\leqslant n}\{\lambda_i\}\rightarrow0$ 时,上述和式右端的极限就是平面薄片的质量 m,即

$$m = \lim_{\lambda \to 0} \sum_{i=1}^{n} \rho(\xi_i, \eta_i) \Delta \sigma_i.$$

抛开上述两个引例自身的应用背景,不难抽象出二重积分的定义.

3.1.2 二重积分的概念

定义 3.1 设 D 是可求面积的有界闭区域,函数 $f(x, y)$ 在 D 上有界. 首先将 D 用线网任意分割成 n 个小闭区域 $\Delta \sigma_1, \Delta \sigma_2, \cdots, \Delta \sigma_n$,其中 $\Delta \sigma_i$ 也表示小闭区域的面积;然后在每个 $\Delta \sigma_i$ 上任取一点 (ξ_i, η_i),作乘积 $f(\xi_i, \eta_i) \Delta \sigma_i (i=1, 2, \cdots, n)$,再作和 $\sum_{i=1}^{n} f(\xi_i, \eta_i) \Delta \sigma_i$. 如果当各小闭区域的直径中的最大值 λ 趋于零时,$\lim_{\lambda \to 0} \sum_{i=1}^{n} f(\xi_i, \eta_i) \Delta \sigma_i$ 存在(记作 J),则称函数 $f(x, y)$ 在区域 D 上**可积**,称极限值 J 为 $f(x, y)$ 在 D 上的**二重积分**(**double integral**),记作 $\iint\limits_{D} f(x, y) \mathrm{d}\sigma$, 即

$$\iint\limits_{D} f(x, y) \mathrm{d}\sigma = J = \lim_{\lambda \to 0} \sum_{i=1}^{n} f(\xi_i, \eta_i) \Delta \sigma_i, \tag{3.1}$$

其中,$f(x, y)$ 称为**被积函数**,$f(x, y) \mathrm{d}\sigma$ 称为**被积表达式**,$\mathrm{d}\sigma$ 称为**面积微元**,D 称为**积分区域**,$\sum_{i=1}^{n} f(\xi_i, \eta_i) \Delta \sigma_i$ 称为**积分和**.

关于定义 3.1 的几点说明.

(1) 在定义中,当 $\lim_{\lambda \to 0} \sum_{i=1}^{n} f(\xi_i, \eta_i) \Delta \sigma_i$ 存在时,式(3.1)的运算结果是一个数值,该数值仅与被积函数 $f(x, y)$ 及积分区域 D 有关,而与积分变量用哪些字母表示无关,即

$$\iint\limits_{D} f(x, y) \mathrm{d}\sigma = \iint\limits_{D} f(u, v) \mathrm{d}\sigma.$$

(2) 在定义中,对有界闭区域 D 的分割是任意的,点 (ξ_i, η_i) 在 $\Delta \sigma_i$ 上的取法也是任意的,只有在这两个"任意"同时被满足,且 $\lim_{\lambda \to 0} \sum_{i=1}^{n} f(\xi_i, \eta_i) \Delta \sigma_i$ 存在的前提下,才称其极限值 J 为函数 $f(x, y)$ 在 D 上的二重积分.

(3) 若已知函数 $f(x, y)$ 在有界闭区域 D 上可积,由二重积分的定义可知,对 D 进行任意形式的分割都不会改变最后的结果 J. 因此,为方便计算起见,常选用一些特殊的分割方法,如在直角坐标系中用平行于坐标轴的直线网分割区域 D,如图 3.3 所示,那么除一些包含边界的小闭区域外(并不影响最后的结果),其余的小闭区域都是矩形闭区域,面积为 $\Delta \sigma = \Delta x \Delta y$. 此时通常将面积微元 $\mathrm{d}\sigma$ 记作 $\mathrm{d}x\mathrm{d}y$,将二重积分记作 $\iint\limits_{D} f(x, y) \mathrm{d}x\mathrm{d}y$,其中,$\mathrm{d}x\mathrm{d}y$ 称为直角坐标系中的面积微元.

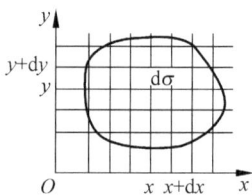

图 3.3

(4) 由定义可知,引例 1 中曲顶柱体的体积可表示为 $V = \iint\limits_{D} f(x, y) \mathrm{d}\sigma$;引例 2 中平面薄

片的质量可表示为 $m = \iint\limits_D \rho(x,y)\mathrm{d}\sigma$.

定理 3.1 当函数 $f(x,y)$ 在有界闭区域 D 上连续时,二重积分 $\iint\limits_D f(x,y)\mathrm{d}\sigma$ 必存在.

3.1.3 二重积分的几何解释

对于放置在空间直角坐标系中的曲顶柱体,如图 3.1 所示,它的顶为曲面 $z = f(x,y)$, $(x,y) \in D$,底为 xOy 坐标面上区域 D,侧面为以 D 的边界曲线为准线、母线平行于 z 轴的柱面. 二重积分的几何解释是: 当被积函数 $f(x,y) \geqslant 0$ 时,$\iint\limits_D f(x,y)\mathrm{d}\sigma$ 表示上述曲顶柱体的体积; 当 $f(x,y) \leqslant 0$ 时,$\iint\limits_D f(x,y)\mathrm{d}\sigma$ 表示曲顶柱体体积的负值; 当 $f(x,y)$ 在区域 D 上有正有负时,$\iint\limits_D f(x,y)\mathrm{d}\sigma$ 表示在 xOy 面的上、下曲顶柱体体积的代数和. 特别地,当 $f(x,y) \equiv 1$,σ 为闭区域 D 的面积时,$\iint\limits_D 1\mathrm{d}\sigma = \iint\limits_D \mathrm{d}\sigma = \sigma$. 该等式表示: 以 D 为底、高为 1 的平顶柱体的体积在数值上等于该柱体的底面积.

例 3.1 计算下列二重积分:

(1) $\iint\limits_D \sqrt{R^2 - x^2 - y^2}\mathrm{d}\sigma$,其中 $D = \{(x,y) \mid x^2 + y^2 \leqslant R^2\}$;

(2) $\iint\limits_D (2 - \sqrt{x^2 + y^2})\mathrm{d}\sigma$,其中 $D = \{(x,y) \mid x^2 + y^2 \leqslant 4\}$.

分析 根据被积函数和积分区域的特点,利用二重积分的几何意义计算.

解 (1) 易见,被积函数 $f(x,y) = \sqrt{R^2 - x^2 - y^2}$ 是球心在坐标原点,半径为 R 的上半球面,积分区域 $D = \{(x,y) \mid x^2 + y^2 \leqslant R^2\}$ 是被积函数在 xOy 坐标面上的投影. 由二重积分的几何意义知,$\iint\limits_D \sqrt{R^2 - x^2 - y^2}\mathrm{d}\sigma$ 等于半径为 R 的上半球的体积,如图 3.4(a) 所示,所以

$$\iint\limits_D \sqrt{R^2 - x^2 - y^2}\mathrm{d}\sigma = \frac{1}{2} \times \frac{4}{3}\pi R^3 = \frac{2\pi R^3}{3}.$$

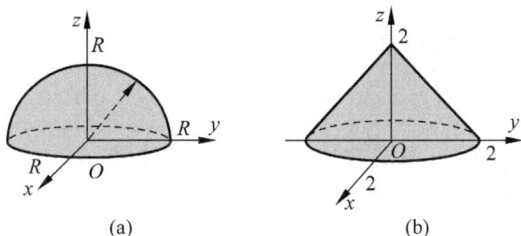

(a)   (b)

图 3.4

(2) 易见,被积函数 $f(x,y) = 2 - \sqrt{x^2 + y^2}$ 是 yOz 坐标面上的直线 $z = 2 - y$ 绕 z 轴旋转一周形成的半圆锥面,积分区域为 $D = \{(x,y) \mid x^2 + y^2 \leqslant 4\}$. 由二重积分的几何意义知,

$\iint\limits_{D}(2-\sqrt{x^2+y^2})\,\mathrm{d}\sigma$ 等于底面半径为 2 高为 2 的圆锥体的体积,如图 3.4(b)所示,所以

$$\iint\limits_{D}(2-\sqrt{x^2+y^2})\,\mathrm{d}\sigma = \frac{1}{3}\times\pi\times 2^2\times 2 = \frac{8\pi}{3}.$$

3.1.4 二重积分的性质

由于二重积分与定积分有完全类似的性质,这里不加证明地给出二重积分的几个重要性质.在如下的各性质中,均假设函数 $f(x,y)$ 和 $g(x,y)$ 在有界闭区域 D 上可积.

性质 1(线性性质) 对于任意的 $\alpha,\beta\in\mathbf{R}$,函数 $\alpha f(x,y)+\beta g(x,y)$ 在 D 上可积,且

$$\iint\limits_{D}[\alpha f(x,y)+\beta g(x,y)]\,\mathrm{d}\sigma = \alpha\iint\limits_{D}f(x,y)\,\mathrm{d}\sigma + \beta\iint\limits_{D}g(x,y)\,\mathrm{d}\sigma.$$

事实上,性质 1 的结论包含了二重积分运算的两种特殊情形,即

$$\iint\limits_{D}[f(x,y)\pm g(x,y)]\,\mathrm{d}\sigma = \iint\limits_{D}f(x,y)\,\mathrm{d}\sigma \pm \iint\limits_{D}g(x,y)\,\mathrm{d}\sigma;$$

$$\iint\limits_{D}kf(x,y)\,\mathrm{d}\sigma = k\iint\limits_{D}f(x,y)\,\mathrm{d}\sigma \quad (k\ \text{为常数}).$$

上面的第一式表明两个函数的和(差)的二重积分等于它们的二重积分的和(差);第二式表明被积函数的常数因子可以提到积分号的外面.

性质 1 的结论可推广到有限个可积函数的线性组合的积分,即 $\forall k_1,k_2,\cdots,k_r\in\mathbf{R}$,有

$$\iint\limits_{D}[k_1f_1(x,y)+k_2f_2(x,y)+\cdots+k_rf_r(x,y)]\,\mathrm{d}\sigma$$

$$= k_1\iint\limits_{D}f_1(x,y)\,\mathrm{d}\sigma + k_2\iint\limits_{D}f_2(x,y)\,\mathrm{d}\sigma + \cdots + k_r\iint\limits_{D}f_r(x,y)\,\mathrm{d}\sigma.$$

性质 2(积分区域的可加性) 如果 D 可被曲线分为两个没有公共内点的闭子区域 D_1 和 D_2,则有

$$\iint\limits_{D}f(x,y)\,\mathrm{d}\sigma = \iint\limits_{D_1}f(x,y)\,\mathrm{d}\sigma + \iint\limits_{D_2}f(x,y)\,\mathrm{d}\sigma.$$

性质 3(保序性质) 在 D 上,如果有 $f(x,y)\leqslant g(x,y)$,则有

$$\iint\limits_{D}f(x,y)\,\mathrm{d}\sigma \leqslant \iint\limits_{D}g(x,y)\,\mathrm{d}\sigma.$$

特别地,不难证明如下的绝对值不等式成立:

$$\left|\iint\limits_{D}f(x,y)\,\mathrm{d}\sigma\right| \leqslant \iint\limits_{D}|f(x,y)|\,\mathrm{d}\sigma.$$

性质 4(积分的估值定理) 设函数 $f(x,y)$ 在 D 上连续,M,m 分别为 $f(x,y)$ 在 D 上的最大值和最小值,σ 为 D 的面积,则有

$$m\sigma \leqslant \iint\limits_{D}f(x,y)\,\mathrm{d}\sigma \leqslant M\sigma.$$

性质 5(积分中值定理) 设函数 $f(x,y)$ 在 D 上连续,σ 为 D 的面积,则至少存在一点 $(\xi,\eta)\in D$,使得

$$\iint\limits_{D}f(x,y)\,\mathrm{d}\sigma = f(\xi,\eta)\sigma.$$

例 3.2 比较下列二重积分的大小:

(1) $\iint\limits_D (x+y)^2 d\sigma$ 与 $\iint\limits_D (x+y) d\sigma$,其中 D 是由 x 轴,y 轴以及 $x+y=1$ 围成的三角形区域;

(2) $\iint\limits_D \tan^2(x+y) d\sigma$ 与 $\iint\limits_D \tan^3(x+y) d\sigma$,其中 D 是由 x 轴,y 轴以及 $x+y=\dfrac{\pi}{4}$ 围成的三角形区域.

分析 当二重积分的积分区域相同时,比较被积函数的大小.

解 (1) 易见,在 D 内,$0 \leqslant x+y \leqslant 1$,故有 $(x+y)^2 \leqslant (x+y)$,由性质 3 可得

$$\iint\limits_D (x+y)^2 d\sigma \leqslant \iint\limits_D (x+y) d\sigma$$

(2) 易见,在 D 内,$0 \leqslant x+y \leqslant \dfrac{\pi}{4}$,故有 $0 \leqslant \tan(x+y) \leqslant 1$,从而 $\tan^2(x+y) \geqslant \tan^3(x+y)$,其中等号仅当 $x+y=0$ 和 $x+y=\dfrac{\pi}{4}$ 时成立. 故

$$\iint\limits_D \tan^2(x+y) d\sigma \geqslant \iint\limits_D \tan^3(x+y) d\sigma.$$

例 3.3 估计下列二重积分的值的范围:

(1) $\iint\limits_D (x+y) d\sigma$,其中 $D = \{(x,y) \mid 0 \leqslant x \leqslant 1, 0 \leqslant y \leqslant 1\}$;

(2) $\iint\limits_D (1+\sqrt{x^2+y^2}) d\sigma$,其中 $D = \{(x,y) \mid x^2+y^2 \leqslant 2x\}$.

分析 先求出被积函数在积分区域上的最大值和最小值,然后利用性质 4 估算.

解 (1) 易见,D 是边长为 1 的正方形区域,面积为 $\sigma=1$. 在 D 内,有 $0 \leqslant x+y \leqslant 2$. 由性质 4 知,$0 \cdot \sigma \leqslant \iint\limits_D (x+y) d\sigma \leqslant 2 \cdot \sigma$,即

$$0 \leqslant \iint\limits_D (x+y) d\sigma \leqslant 2.$$

(2) 易见,D 是圆心在点 $(1,0)$,半径为 1 的圆形闭区域,面积为 $\sigma=\pi$. 在 D 内,$0 \leqslant x \leqslant 2, 0 \leqslant \sqrt{x^2+y^2} \leqslant \sqrt{2x} \leqslant 2$,于是 $1 \leqslant 1+\sqrt{x^2+y^2} \leqslant 3$. 由性质 4 知

$$\pi \leqslant \iint\limits_D (1+\sqrt{x^2+y^2}) d\sigma \leqslant 3\pi.$$

3.1.5 二重积分的对称性质

在计算定积分时知道,若被积函数在对称区间上具有奇偶性,则定积分有"偶倍奇零"的结论. 对于二重积分而言,利用积分区域的对称性与被积函数关于单个变量的奇偶性,有时可以简化计算,甚至可以直接得到结果.

给定一个平面区域 D,$\forall (x,y) \in D$,若有 $(x,-y) \in D$,则称区域 D 关于 x 轴对称;若有 $(-x,y) \in D$,则称 D 关于 y 轴对称. 利用二重积分的几何解释,可以得到如下结果.

对称性 1　如果积分区域 D 关于 x 轴对称,设 $D_1 = \{(x,y) \mid (x,y) \in D, y \geqslant 0\}$,则

$$\iint\limits_{D} f(x,y)\mathrm{d}\sigma = \begin{cases} 0, & f(x,-y) = -f(x,y); \\ 2\iint\limits_{D_1} f(x,y)\mathrm{d}\sigma, & f(x,-y) = f(x,y). \end{cases}$$

对称性 2　如果积分区域 D 关于 y 轴对称,设 $D_1 = \{(x,y) \mid (x,y) \in D, x \geqslant 0\}$,则

$$\iint\limits_{D} f(x,y)\mathrm{d}\sigma = \begin{cases} 0, & f(-x,y) = -f(x,y); \\ 2\iint\limits_{D_1} f(x,y)\mathrm{d}\sigma, & f(-x,y) = f(x,y). \end{cases}$$

对称性 3　如果积分区域 D 关于坐标原点对称,设 $D_1 = \{(x,y) \mid (x,y) \in D, x \geqslant 0\}$,则

$$\iint\limits_{D} f(x,y)\mathrm{d}\sigma = \begin{cases} 0, & f(-x,-y) = -f(x,y); \\ 2\iint\limits_{D_1} f(x,y)\mathrm{d}\sigma, & f(-x,-y) = f(x,y). \end{cases}$$

事实上,关于二重积分的对称性质还有很多,有兴趣的读者可以查阅相关资料.

例 3.4　利用二重积分的对称性质化简:

(1) $\displaystyle\iint\limits_{D} f(x^2+y^2)(1+xy)\mathrm{d}x\mathrm{d}y$,其中 D 由曲线 $y=x^2$ 与 $y=1$ 所围成;

(2) $\displaystyle\iint\limits_{D} f(x^2 y^2)\mathrm{d}x\mathrm{d}y$,其中 $D = \{(x,y) \mid |x|+|y| \leqslant 1\}$;

(3) $\displaystyle\iint\limits_{D} (x^2 y+1)\mathrm{d}x\mathrm{d}y$,其中 $D = \{(x,y) \mid 4x^2+y^2 \leqslant 4\}$.

分析　利用积分区域的对称性和被积函数的奇偶性化简.

解　(1) 令 $g(x,y) = xyf(x^2+y^2)$. 因为区域 D 关于 y 轴对称,且 $g(-x,y) = -g(x,y)$,故 $\displaystyle\iint\limits_{D} xyf(x^2+y^2)\mathrm{d}x\mathrm{d}y = 0$,则有

$$\iint\limits_{D} f(x^2+y^2)(1+xy)\mathrm{d}x\mathrm{d}y = \iint\limits_{D} f(x^2+y^2)\mathrm{d}x\mathrm{d}y.$$

进一步地,令 D_1 为区域 D 在第一象限的部分,则有

$$\iint\limits_{D} f(x^2+y^2)\mathrm{d}x\mathrm{d}y = 2\iint\limits_{D_1} f(x^2+y^2)\mathrm{d}x\mathrm{d}y.$$

(2) 令 D_1 为区域 D 在第一象限的部分. 因为 D 关于 x 轴和 y 轴均对称,且 $f(x^2 y^2)$ 关于自变量 x 或关于 y 均为偶函数,则

$$\iint\limits_{D} f(x^2 y^2)\mathrm{d}x\mathrm{d}y = 4\iint\limits_{D_1} f(x^2 y^2)\mathrm{d}x\mathrm{d}y.$$

(3) 易见,积分区域 D 是一个椭圆形区域,面积为 2π. 因为积分区域关于 x 轴对称,且函数 $f(x,y) = x^2 y$ 关于自变量 y 是奇函数,所以 $\displaystyle\iint\limits_{D} x^2 y\mathrm{d}x\mathrm{d}y = 0$;又因为 $\displaystyle\iint\limits_{D}\mathrm{d}x\mathrm{d}y = 2\pi$,所以

$$\iint\limits_{D} (x^2 y+1)\mathrm{d}x\mathrm{d}y = \iint\limits_{D} x^2 y\mathrm{d}x\mathrm{d}y + \iint\limits_{D}\mathrm{d}x\mathrm{d}y = 2\pi.$$

习 题 3.1

思 考 题

1. 将二重积分的定义与定积分的定义进行比较,找出它们的相似之处与不同之处.

2. 试用二重积分表示 $\lim\limits_{n \to \infty} \dfrac{1}{n^2} \sum\limits_{i=1}^{n} \sum\limits_{j=1}^{n} \mathrm{e}^{\frac{i^2+j^2}{n^2}}$.

3. 利用二重积分的对称性质简化计算,需要考虑哪些因素?

A 类题

1. 用二重积分表示由平面 $x+y+z=1,x=0,y=0,z=0$ 所围成的四面体的体积 V,并用不等式(组)表示曲顶柱体在 xOy 坐标面上的底.

2. 计算 $\iint\limits_{D} \sqrt{4-x^2-y^2}\,\mathrm{d}\sigma$,其中 $D=\{(x,y) \mid x^2+y^2 \leqslant 4\}$.

3. 判断 $\iint\limits_{r \leqslant |x|+|y| \leqslant 1} \ln(x^2+y^2)\,\mathrm{d}\sigma\,(0<r<1)$ 的符号.

4. 比较 $\iint\limits_{D}(x+y)^2\,\mathrm{d}\sigma$ 与 $\iint\limits_{D}(x+y)\,\mathrm{d}\sigma$ 的大小,其中 $D=\{(x,y)\mid (x-3)^2+(y-4)^2 \leqslant 1\}$.

5. 利用二重积分的性质估计下列积分值的范围:

(1) $\iint\limits_{D} \mathrm{e}^{(x^2+y^2)}\,\mathrm{d}\sigma$,其中 $D=\left\{(x,y) \,\middle|\, \dfrac{x^2}{a^2}+\dfrac{y^2}{b^2} \leqslant 1, 0<b<a\right\}$;

(2) $\iint\limits_{D} \dfrac{\mathrm{d}\sigma}{\sqrt{x^2+y^2+2xy+16}}$,其中 $D=\{(x,y)\mid 0 \leqslant x \leqslant 1, 0 \leqslant y \leqslant 3\}$.

6. 利用二重积分的对称性质化简:

(1) $\iint\limits_{D} f(x^2 y)(1+2x)\,\mathrm{d}\sigma$,其中 D 由曲线 $y=3x^2$ 与 $y=2$ 所围成;

(2) $\iint\limits_{D}(5y+1)\,\mathrm{d}\sigma$,其中 $D=\{(x,y)\mid x^2+y^2 \leqslant 9\}$.

B 类题

1. 用二重积分表示由圆形抛物面 $z=4-(x^2+y^2)$ 及平面 $z=0$ 所围成的曲顶柱体 V 的体积,并用不等式(组)表示曲顶柱体在 xOy 坐标面上的底.

2. 利用二重积分的几何意义,计算 $\iint\limits_{D}(R-\sqrt{x^2+y^2})\,\mathrm{d}\sigma$,其中 $D=\{(x,y)\mid x^2+y^2 \leqslant R^2\}$.

3. 判断 $\iint\limits_{D} \sqrt[3]{1-x^2-y^2}\,\mathrm{d}\sigma$ 的符号,其中 $D=\{(x,y)\mid x^2+y^2 \leqslant 4\}$.

4. 利用二重积分的性质估计下列积分值的范围:

(1) $\iint\limits_{D} (x^2 + 4y^2 + 9)\mathrm{d}\sigma$，其中 $D = \{(x,y)\,|\,x^2 + y^2 \leqslant 4\}$；

(2) $\iint\limits_{D} (x + y + 10)\mathrm{d}\sigma$，其中 $D = \{(x,y)\,|\,x^2 + y^2 \leqslant 4\}$.

5. 利用二重积分的对称性质化简：

(1) $\iint\limits_{D} (2xf(x^2 y) + 3)\mathrm{d}\sigma$，其中 $D = \{(x,y)\,|\,4x^2 + y^2 \leqslant 4\}$；

(2) $\iint\limits_{D} (2x + 1)\mathrm{d}\sigma$，其中 $D = \{(x,y)\,|\,-1 \leqslant x \leqslant 1, -3 \leqslant y \leqslant 3\}$.

3.2 二重积分的计算方法
Calculation of double integrals

由定义 3.1 可见，二重积分仍然是计算一类和式的极限，并且形式上要比定积分的更加复杂. 因此，直接利用定义计算二重积分会十分困难. 为了计算一般形式的二重积分，可以从计算曲顶柱体的体积入手. 本节首先给出二重积分在直角坐标系中的计算方法，然后给出其在极坐标系中的计算方法.

3.2.1 直角坐标系下二重积分的计算

根据二重积分的几何意义，当二重积分的被积函数在积分区域上连续且非负时，$\iint\limits_{D} f(x,y)\mathrm{d}\sigma$ 等于曲顶柱体的体积. 在学习定积分在几何上的应用时，我们知道：若已知一立体的平行截面的面积，便可以利用定积分计算它的体积. 受此启发，若已知曲顶柱体的平行于某坐标面的截面面积，也可以计算它的体积，而截面面积可以利用定积分的方法解决.

为了更直观地理解二重积分在直角坐标系下的计算方法，需要先对积分区域进行分类，并根据每个分类将二重积分化为累次积分，再利用计算定积分的方法计算累次积分.

1. 积分区域的分类

一般地，平面积分区域可以分为三类，即 X 型区域、Y 型区域和混合型区域.

类型一　X 型区域

设有区域 $D = \{(x,y)\,|\,a \leqslant x \leqslant b, \varphi_1(x) \leqslant y \leqslant \varphi_2(x)\}$，其中函数 $\varphi_1(x), \varphi_2(x)$ 分别在 $[a,b]$ 上连续. 如果用垂直于 x 轴的直线 $(a < x < b)$ 穿过 D 的内部时，这些直线与 D 的边界最多有两个交点，如图 3.5(a)，(b)所示. 此种类型的区域称为 X 型区域.

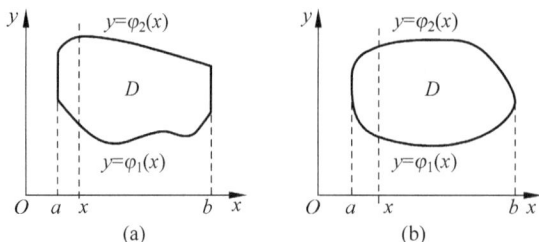

图　3.5

类型二 Y 型区域

设有区域 $D=\{(x,y)\mid c\leqslant y\leqslant d, \psi_1(y)\leqslant x\leqslant \psi_2(y)\}$,其中函数 $\psi_1(y)$, $\psi_2(y)$ 分别在 $[c,d]$ 上连续.如果用垂直于 y 轴的直线 $(c<y<d)$ 穿过 D 的内部时,这些直线与 D 的边界最多有两个交点,如图 3.6(a),(b)所示.此种类型的区域称为 Y 型区域.

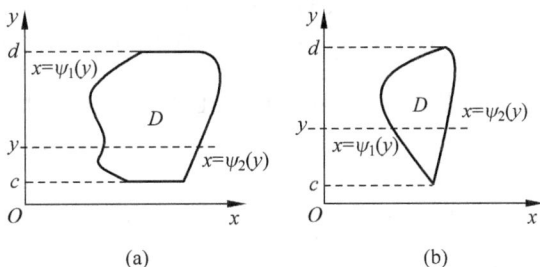

图 3.6

X 型区域和 Y 型区域统称为简单区域.还有一类有界闭区域,它既不是 X 型区域,又不是 Y 型区域,称之为混合型区域.

类型三 混合型区域

对于有界闭区域 D,如果用垂直于 x 轴和 y 轴的直线穿过 D 的内部时,除了相交为线段的情形外,存在直线与 D 的边界的交点多于两个的情形,如图 3.7 所示,此种类型的积分区域称为**混合型区域**.

对于混合型区域,可以用一条或几条辅助线将其分割为若干个小区域,使得这些小区域为简单区域,即或是 X 型区域,或是 Y 型区域.例如,如图 3.7 所示的区域,可用一条辅助线将区域 D 分割为三个 X 型区域.

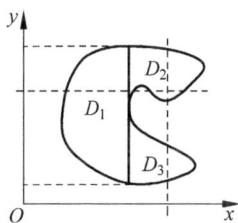

图 3.7

2. 直角坐标系中的累次积分法

下面根据积分区域的类型将二重积分化为累次积分,其中假定 $f(x,y)\geqslant 0$.

类型一 X 型区域的累次积分

假设二重积分的积分区域 D 为 X 型区域,如图 3.8 所示,在闭区间 $[a,b]$ 上取一定点 x_0,过点 x_0 作与 yOz 坐标面平行的平面,方程为 $x=x_0$,该平面与曲顶柱体相交所得的截面是一个底边为闭区间 $[\varphi_1(x_0),\varphi_2(x_0)]$、曲边为曲线 $z=f(x_0,y)$ 的曲边梯形,截面的面积记作 $A(x_0)$.由定积分的几何意义可知,$A(x_0)=\int_{\varphi_1(x_0)}^{\varphi_2(x_0)} f(x_0,y)\mathrm{d}y$.

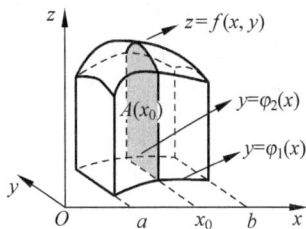

图 3.8

一般地,当 x 在区间 $[a,b]$ 上任意变动时,与 yOz 坐标面平行的截面面积可以表示为

$$A(x)=\int_{\varphi_1(x)}^{\varphi_2(x)} f(x,y)\mathrm{d}y.$$

于是,利用计算"平行截面面积为已知的立体的体积"的方法,曲顶柱体的体积为

$$V=\int_a^b A(x)\mathrm{d}x=\int_a^b\left[\int_{\varphi_1(x)}^{\varphi_2(x)} f(x,y)\mathrm{d}y\right]\mathrm{d}x.$$

注意到,曲顶柱体体积也是二重积分的值,即

$$\iint\limits_{D} f(x,y)\mathrm{d}\sigma = \int_a^b \left[\int_{\varphi_1(x)}^{\varphi_2(x)} f(x,y)\mathrm{d}y \right] \mathrm{d}x. \tag{3.2}$$

上式右端的积分称为先关于 y 后关于 x 的**累次积分**(**iterated integral**)或**二次积分**.

在利用公式(3.2)计算二重积分时,先将 x 看成常数,将 $f(x,y)$ 只看成 y 的函数,并关于 y 计算从 $\varphi_1(x)$ 到 $\varphi_2(x)$ 的定积分;然后再把计算结果(是 x 的函数)关于 x 计算在 $[a,b]$ 上的定积分.这个先关于 y 后关于 x 的累次积分也可以写成 $\int_a^b \mathrm{d}x \int_{\varphi_1(x)}^{\varphi_2(x)} f(x,y)\mathrm{d}y$. 因此式(3.2)也可写成

$$\iint\limits_{D} f(x,y)\mathrm{d}\sigma = \int_a^b \mathrm{d}x \int_{\varphi_1(x)}^{\varphi_2(x)} f(x,y)\mathrm{d}y. \tag{3.3}$$

这就是二重积分先关于 y 后关于 x 的累次积分公式.

类型二 Y 型区域的累次积分

如果二重积分的积分区域 D 是 Y 型的,利用前面 X 型区域的累次积分的推导过程,可以得到二重积分的计算公式为

$$\iint\limits_{D} f(x,y)\mathrm{d}\sigma = \int_c^d \left[\int_{\psi_1(y)}^{\psi_2(y)} f(x,y)\mathrm{d}x \right] \mathrm{d}y, \tag{3.4}$$

或

$$\iint\limits_{D} f(x,y)\mathrm{d}\sigma = \int_c^d \mathrm{d}y \int_{\psi_1(y)}^{\psi_2(y)} f(x,y)\mathrm{d}x. \tag{3.5}$$

如果积分区域 D 既是 X 型区域,又是 Y 型区域时,如图 3.9 所示,则两个累次积分相同,即

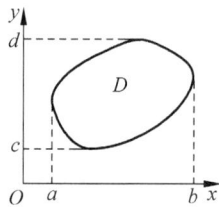

图 3.9

$$\iint\limits_{D} f(x,y)\mathrm{d}\sigma = \int_a^b \mathrm{d}x \int_{\varphi_1(x)}^{\varphi_2(x)} f(x,y)\mathrm{d}y = \int_c^d \mathrm{d}y \int_{\psi_1(y)}^{\psi_2(y)} f(x,y)\mathrm{d}x.$$

不难证明,被积函数 $f(x,y)$ 在积分区域 D 上有正有负时,公式(3.2)~(3.5)仍然成立.

类型三 混合型区域的累次积分

当二重积分的积分区域 D 是混合型区域时,如图 3.7 所示,为计算二重积分的需要,可用平行于坐标轴的直线将 D 分割成几个部分,使每一部分区域或为 X 型区域,或为 Y 型区域,进而将它们化为累次积分,最后利用二重积分区域的可加性,将这些小区域上的二重积分数值相加,可得在区域 D 上的二重积分.若 $D=D_1 \bigcup D_2 \bigcup D_3$,且 D_1,D_2,D_3 无公共内点,则有

$$\iint\limits_{D} f(x,y)\mathrm{d}\sigma = \iint\limits_{D_1} f(x,y)\mathrm{d}\sigma + \iint\limits_{D_2} f(x,y)\mathrm{d}\sigma + \iint\limits_{D_3} f(x,y)\mathrm{d}\sigma. \tag{3.6}$$

3. 典型算例

例 3.5 计算下列二重积分:

(1) $\iint\limits_{D} xy\mathrm{d}\sigma$,其中 D 是由直线 $x=2$,$y=1$ 及 $y=x$ 所围成的闭区域;

(2) $\iint\limits_{D} y\sqrt{1+x^2-y^2}\mathrm{d}\sigma$,其中 D 是由直线 $x=-1$,$y=1$ 及 $y=x$ 所围成的闭区域.

分析 首先画出积分区域的图形,判断积分区域的类型,并将积分区域表示为相应类型的集合;选择积分变量的顺序,确定积分限,计算时要综合积分区域和被积函数的便利性,进而将二重积分化为累次积分;最后进行计算.

解 (1) 积分区域 D 的图形如图 3.10(a)所示.

法一 可将 D 看成是 X 型区域,即 $D=\{(x,y)\mid 1\leqslant x\leqslant 2,1\leqslant y\leqslant x\}$. 于是

$$\iint\limits_{D}xy\,\mathrm{d}\sigma=\int_{1}^{2}\mathrm{d}x\left(\int_{1}^{x}xy\,\mathrm{d}y\right)=\int_{1}^{2}x\left(\frac{y^{2}}{2}\right)\Big|_{1}^{x}\mathrm{d}x=\frac{1}{2}\int_{1}^{2}(x^{3}-x)\mathrm{d}x=\frac{1}{2}\left(\frac{x^{4}}{4}-\frac{x^{2}}{2}\right)\Big|_{1}^{2}=\frac{9}{8}.$$

此外,积分还可以写成 $\displaystyle\iint\limits_{D}xy\,\mathrm{d}\sigma=\int_{1}^{2}\mathrm{d}x\int_{1}^{x}xy\,\mathrm{d}y=\int_{1}^{2}x\,\mathrm{d}x\int_{1}^{x}y\,\mathrm{d}y.$

法二 也可将 D 看成是 Y 型区域,即 $D=\{(x,y)\mid 1\leqslant y\leqslant 2,y\leqslant x\leqslant 2\}$. 于是

$$\iint\limits_{D}xy\,\mathrm{d}\sigma=\int_{1}^{2}\left(\int_{y}^{2}xy\,\mathrm{d}x\right)\mathrm{d}y=\int_{1}^{2}y\left(\frac{x^{2}}{2}\right)\Big|_{y}^{2}\mathrm{d}y=\int_{1}^{2}\left(2y-\frac{y^{3}}{2}\right)\mathrm{d}y=\left(y^{2}-\frac{y^{4}}{8}\right)\Big|_{1}^{2}=\frac{9}{8}.$$

(2) 积分区域 D 的图形如图 3.10(b)所示.

可将 D 看成是 X 型区域,即 $D=\{(x,y)\mid -1\leqslant x\leqslant 1,x\leqslant y\leqslant 1\}$. 于是

$$\iint\limits_{D}y\sqrt{1+x^{2}-y^{2}}\,\mathrm{d}\sigma=\int_{-1}^{1}\mathrm{d}x\int_{x}^{1}y\sqrt{1+x^{2}-y^{2}}\,\mathrm{d}y$$

$$=-\frac{1}{3}\int_{-1}^{1}\sqrt{(1+x^{2}-y^{2})^{3}}\,\Big|_{x}^{1}\mathrm{d}x$$

$$=-\frac{1}{3}\int_{-1}^{1}(\mid x\mid^{3}-1)\mathrm{d}x$$

$$=-\frac{2}{3}\int_{0}^{1}(x^{3}-1)\mathrm{d}x=\frac{1}{2}.$$

此小题中,也可将 D 看成是 Y 型区域,即 $D=\{(x,y)\mid -1\leqslant y\leqslant 1,-1\leqslant x\leqslant y\}$. 于是

$$\iint\limits_{D}y\sqrt{1+x^{2}-y^{2}}\,\mathrm{d}\sigma=\int_{-1}^{1}y\,\mathrm{d}y\int_{-1}^{y}\sqrt{1+x^{2}-y^{2}}\,\mathrm{d}x.$$

易见,若选 y 为积分变量,则计算过程将会复杂很多,故合理选择积分次序对二重积分的计算非常重要. 此外,由图 3.10(b)可见,若对积分区域 D 添加辅助线 $y=-x$,可将区域分割为两个对称区域,请读者尝试利用积分区域的对称性和被积函数的奇偶性将二重积分化简,再进行计算.

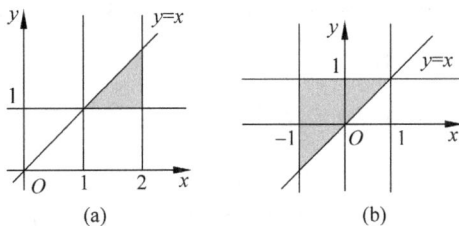

图 3.10

例 3.6 计算下列二重积分:

(1) $\displaystyle\iint\limits_{D}y\,\mathrm{d}\sigma$,其中 D 是由抛物线 $y^{2}=x$ 及直线 $y=x-2$ 所围成的闭区域;

(2) $\iint\limits_{D} e^{\frac{1}{2}y^2} d\sigma$，其中 D 由 $y=x$，$y=1$ 及 y 轴所围成的闭区域.

分析 如图 3.11(a) 和 (b) 所示，两个积分区域 D 均既是 X 型区域，也是 Y 型区域. 如果选择 X 型区域计算，即先关于 y 积分会比较麻烦，题 (1) 的区域有两个下边界，题 (2) 中不定积分 $\int e^{\frac{1}{2}y^2} dy$ 不能用初等函数表示，故它们都选择 Y 型区域计算.

解 (1) 如图 3.11(a) 所示，选择 Y 型区域计算.

积分区域 D 可以表示为 $D=\{(x,y) \mid -1 \leqslant y \leqslant 2, y^2 \leqslant x \leqslant y+2\}$. 于是

$$\iint\limits_{D} y d\sigma = \int_{-1}^{2} \left[\int_{y^2}^{y+2} y dx \right] dy = \int_{-1}^{2} y(x) \Big|_{y^2}^{y+2} dy = \int_{-1}^{2} [y(y+2)-y^3] dy$$

$$= \left(\frac{y^3}{3} + y^2 - \frac{y^4}{4} \right) \Big|_{-1}^{2} = \frac{27}{12}.$$

(2) 如图 3.11(b) 所示，选择 Y 型区域计算.

积分区域 D 可以表示为 $D=\{(x,y) \mid 0 \leqslant y \leqslant 1, 0 \leqslant x \leqslant y\}$. 于是

$$\iint\limits_{D} e^{\frac{1}{2}y^2} d\sigma = \int_{0}^{1} e^{\frac{1}{2}y^2} dy \int_{0}^{y} dx = \int_{0}^{1} e^{\frac{1}{2}y^2} (x) \Big|_{0}^{y} dy = \int_{0}^{1} y e^{\frac{1}{2}y^2} dy = \int_{0}^{1} e^{\frac{1}{2}y^2} d\left(\frac{1}{2}y^2\right) = e^{\frac{1}{2}} - 1.$$

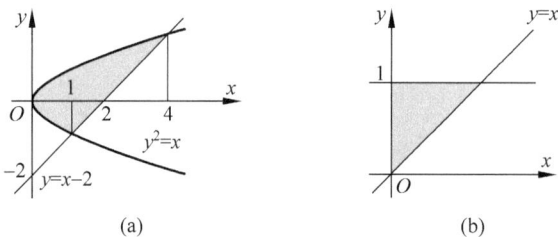

图 3.11

例 3.7 计算 $\iint\limits_{D} x^2 y^2 d\sigma$，其中 $D=\{(x,y) \mid |x|+|y| \leqslant 1\}$.

分析 先利用积分区域 D 关于坐标轴的对称性和被积函数关于 x 或关于 y 的奇偶性进行简化处理；然后再进行计算.

解 易见，积分区域 D 关于 x 轴和 y 轴都对称，如图 3.12 所示，且被积函数 $f(x,y)=x^2 y^2$ 关于 x 或关于 y 都是偶函数，取 $D_1 = \{(x,y) \mid x+y \leqslant 1, x \geqslant 0, y \geqslant 0\}$，有

$$I = 4 \iint\limits_{D_1} x^2 y^2 d\sigma = 4 \int_{0}^{1} dx \int_{0}^{1-x} x^2 y^2 dy = \frac{4}{3} \int_{0}^{1} x^2 (1-x)^3 dx = \frac{1}{45}.$$

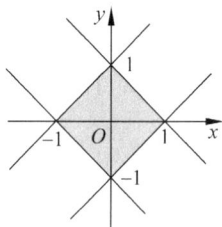

图 3.12

此题若是直接在 D 上求二重积分，则要繁琐很多.

由例 3.6 和例 3.7 可见，在计算二重积分时，既要考虑选取的积分区域类型（使计算简便），也要考虑被积函数的形式（容易求得原函数）.

此外，在计算某些累次积分时，如果先进行积分的原函数不易求得或无法用初等函数表示，可以考虑交换积分次序，再进行计算.

例 3.8 交换下列累次积分的次序：

$(1) \int_0^2 \mathrm{d}y \int_{y^2}^{2y} f(x,y)\mathrm{d}x;$
$(2) \int_0^1 \mathrm{d}y \int_0^{2y} f(x,y)\mathrm{d}x + \int_1^3 \mathrm{d}y \int_0^{3-y} f(x,y)\mathrm{d}x.$

分析 先根据题中所给的累次积分找出积分区域类型，写出关于 x,y 的一组不等式；然后画出积分区域的图形；最后根据图形写出另一组不等式，写出相应的累次积分.

解 (1) 易见，该累次积分选取积分区域 D 属于 Y 型区域，如图 3.13(a)所示.将积分区域表示成 X 型区域，即 $D = \left\{(x,y) \mid 0 \leqslant x \leqslant 4, \frac{x}{2} \leqslant y \leqslant \sqrt{x}\right\}$，于是

$$\int_0^2 \mathrm{d}y \int_{y^2}^{2y} f(x,y)\mathrm{d}x = \int_0^4 \mathrm{d}x \int_{\frac{x}{2}}^{\sqrt{x}} f(x,y)\mathrm{d}y.$$

(2) 易见，该累次积分选取积分区域 D 属于 Y 型区域，如图 3.13(b)所示，并且 $D = D_1 \bigcup D_2$，其中

$D_1 = \{(x,y) \mid 0 \leqslant y \leqslant 1, 0 \leqslant x \leqslant 2y\}, \quad D_2 = \{(x,y) \mid 1 \leqslant y \leqslant 3, 0 \leqslant x \leqslant 3-y\}.$

将积分区域表示成 X 型区域，即 $D = \left\{(x,y) \mid 0 \leqslant x \leqslant 2, \frac{x}{2} \leqslant y \leqslant 3-x\right\}$，于是

$$\int_0^1 \mathrm{d}y \int_0^{2y} f(x,y)\mathrm{d}x + \int_1^3 \mathrm{d}y \int_0^{3-y} f(x,y)\mathrm{d}x = \int_0^2 \mathrm{d}x \int_{\frac{x}{2}}^{3-x} f(x,y)\mathrm{d}y.$$

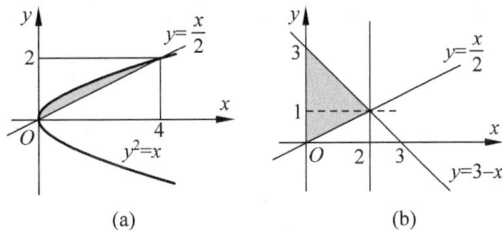

图 3.13

3.2.2 极坐标系下二重积分的计算

有些二重积分虽然是以直角坐标的形式表示的，但直接用 3.2.1 节中的方法计算会很麻烦，甚至无法计算.因此，根据积分区域和被积函数的特点，通过适当的变量替换，可以使二重积分得到简化.下面利用极坐标和直角坐标的关系，即 $x = r\cos\theta, y = r\sin\theta$，给出在极坐标系下计算二重积分的计算方法.

1. 极坐标系下曲顶柱体的体积

在计算二重积分时，有些积分区域的边界曲线用极坐标描述会较为方便，特别是与圆相关的一些边界曲线，用极坐标描述要比直角坐标简单.

例如，圆形区域 $D = \{(x,y) \mid x^2+y^2 \leqslant 1\}$ 在直角坐标系中可以表示为 X 型区域，即 $D = \{(x,y) \mid -1 \leqslant x \leqslant 1, -\sqrt{1-x^2} \leqslant y \leqslant \sqrt{1-x^2}\}$；利用直角坐标与极坐标的关系，$D$ 在极坐标系下的区域可以表示为 $D = \{(r,\theta) \mid 0 \leqslant r \leqslant 1, 0 \leqslant \theta \leqslant 2\pi\}$，形式简单许多.

再如，2.1 节中给出的圆环区域 $D = \{(x,y) \mid 1 \leqslant x^2+y^2 \leqslant 4\}$，在直角坐标系中属于混合型区域，计算二重积分时需要将其分成 2 个 X(或 Y)型子区域，并且表示形式非常繁琐；然而，它的极坐标表示形式非常简单，即 $D = \{(r,\theta) \mid 1 \leqslant r \leqslant 2, 0 \leqslant \theta \leqslant 2\pi\}$.

在极坐标系下计算二重积分时,需要将被积函数 $f(x,y)$、积分区域 D 以及面积元素 $\mathrm{d}\sigma$ 都用极坐标表示.下面在极坐标系中,重新计算曲顶柱体的体积,具体步骤如下.

(1)分割   用极坐标系中的曲线网分割积分区域 D,曲线网由两类线条组成,即一族 "$r=$ 常数"的同心圆和一族"从点 O 出发,$\theta=$ 常数"的射线.曲线网将 D 分割成 n 个小区域 $\Delta\sigma_i(i=1,2,\cdots,n)$,其中 $\Delta\sigma_i$ 是由同心圆 r_i 与 $r_i+\Delta r_i$ 以及射线 θ_i 与 $\theta_i+\Delta\theta_i$ 围成的小闭区域,$\Delta\sigma_i$ 也表示该小闭区域的面积,如图 3.14 所示.

(2)近似   注意到,除包含边界点的一些小闭区域外,小闭区域的面积 $\Delta\sigma_i$ 可表示为两个扇形区域面积的差,即

$$\Delta\sigma_i = \frac{1}{2}(r_i+\Delta r_i)^2\Delta\theta_i - \frac{1}{2}r_i^2\Delta\theta_i = r_i\Delta r_i\Delta\theta_i + \frac{1}{2}\Delta r_i^2\Delta\theta_i.$$

一方面,当 $\Delta r_i,\Delta\theta_i$ 充分小,即当 $\Delta r_i\to0,\Delta\theta_i\to0$ 时,忽略其中比 $\Delta r_i\Delta\theta_i$ 更高阶的无穷小量 $\frac{1}{2}\Delta r_i^2\Delta\theta_i$,有 $\Delta\sigma_i\approx r_i\Delta r_i\Delta\theta_i$.另一方面,记 $\xi_i=r_i\cos\theta_i,\eta_i=r_i\sin\theta_i,(\xi_i,\eta_i)\in\Delta\sigma_i$,取 $f(r_i\cos\theta_i,r_i\sin\theta_i)$ 作为这个小曲顶柱体的高,于是第 i 个小曲顶柱体的体积近似地表示为小平顶柱体的体积,即 $f(r_i\cos\theta_i,r_i\sin\theta_i)r_i\Delta r_i\Delta\theta_i$.

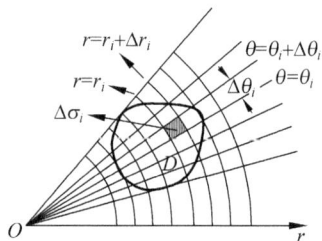

图   3.14

(3)求和   将这些小平顶柱体的体积相加,并用它作为曲顶柱体的体积 V 的近似值,有

$$V \approx \sum_{i=1}^{n}f(r_i\cos\theta_i,r_i\sin\theta_i)r_i\Delta r_i\Delta\theta_i.$$

(4)极限   各小闭区域的直径记作 $\lambda_i(i=1,2,\cdots,n)$,当 $\lambda=\max\limits_{1\leqslant i\leqslant n}\{\lambda_i\}\to0$ 时,上述和式右端的极限就是曲顶柱体的体积 V,即

$$V = \iint\limits_{D}f(x,y)\mathrm{d}\sigma = \lim_{\lambda\to0}\sum_{i=1}^{n}f(r_i\cos\theta_i,r_i\sin\theta_i)r_i\Delta r_i\Delta\theta_i.$$

于是,极坐标系下二重积分的表示形式为

$$\iint\limits_{D}f(x,y)\mathrm{d}\sigma = \iint\limits_{D}f(r\cos\theta,r\sin\theta)r\mathrm{d}r\mathrm{d}\theta. \tag{3.7}$$

2. 极坐标系下的累次积分法

利用极坐标计算二重积分,同样需要将它化为累次积分,下面根据积分区域的三种类型予以说明.

类型一   若积分区域 D 不包含原点,如图 3.15(a),(b)所示,设 D 可表示为

$$D = \{(r,\theta)\mid r_1(\theta)\leqslant r\leqslant r_2(\theta),\alpha\leqslant\theta\leqslant\beta\},$$

于是

$$\iint\limits_{D}f(r\cos\theta,r\sin\theta)r\mathrm{d}r\mathrm{d}\theta = \int_{\alpha}^{\beta}\mathrm{d}\theta\int_{r_1(\theta)}^{r_2(\theta)}f(r\cos\theta,r\sin\theta)r\mathrm{d}r. \tag{3.8}$$

类型二   若积分区域 D 通过原点,如图 3.16 所示,设 D 可表示为

$$D = \{(r,\theta)\mid 0\leqslant r\leqslant r(\theta),\alpha\leqslant\theta\leqslant\beta\},$$

于是

$$\iint\limits_{D}f(r\cos\theta,r\sin\theta)r\mathrm{d}r\mathrm{d}\theta = \int_{\alpha}^{\beta}\mathrm{d}\theta\int_{0}^{r(\theta)}f(r\cos\theta,r\sin\theta)r\mathrm{d}r. \tag{3.9}$$

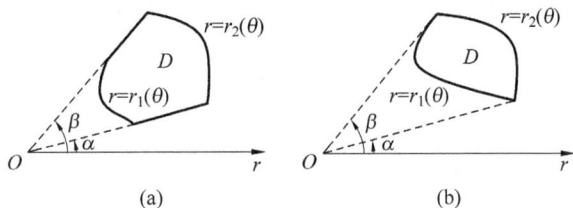

图 3.15

图 3.16　　　　　　　　图 3.17

类型三 若积分区域 D 包含原点,如图 3.17 所示,设 D 可表示为
$$D = \{(r,\theta) \mid 0 \leqslant r \leqslant r(\theta), 0 \leqslant \theta \leqslant 2\pi\},$$
于是
$$\iint\limits_{D} f(r\cos\theta, r\sin\theta) r \, dr \, d\theta = \int_0^{2\pi} d\theta \int_0^{r(\theta)} f(r\cos\theta, r\sin\theta) r \, dr. \tag{3.10}$$

关于利用极坐标计算二重积分的几点说明.

(1) 由式(3.7)可见,要将二重积分的变量从直角坐标变换为极坐标,首先是被积函数中的 x, y 分别换成 $r\cos\theta, r\sin\theta$,然后是直角坐标系中的面积微元 $d\sigma$ 换成极坐标系中的面积微元 $r \, dr \, d\theta$. 在计算时要特别注意面积微元 $r \, dr \, d\theta$ 中的 r,经常被初学者遗漏.

(2) 当二重积分的积分区域 D 为圆域、扇形域或圆环域,且被积函数表达式含有因子 $x^2 + y^2$ 时,可优先考虑用极坐标计算该二重积分.

(3) 在极坐标系下化二重积分为累次积分时,通常选择的积分次序是先 r 后 θ;确定积分限时采用"**扫描穿线法**".为确定 θ 的变化范围,从极点出发的射线从极轴开始进行逆时针扫描,射线扫描到 D 的边界时的角即为 θ 的下限,直至最后离开 D 的边界时的角为 θ 的上限;为确定 r 的变化范围,由于极径 $r \geqslant 0$,当极径 r 穿入 D 时碰到的边界曲线 $r_1(\theta)$ 为下限,穿出 D 时离开的边界曲线 $r_2(\theta)$ 为上限.有时候累次积分的顺序也可以是先 θ 后 r,但不常用,有兴趣的读者可以查阅相关资料.

3. 典型算例

例 3.9 写出二重积分 $\iint\limits_{D} f(x,y) \, d\sigma$ 在极坐标系下的累次积分,其中积分区域为
$$D = \{(x,y) \mid 1 - x \leqslant y \leqslant \sqrt{1 - x^2}, 0 \leqslant x \leqslant 1\}.$$

分析 先画出积分区域的图形,将边界曲线用极坐标方程表示,利用"扫描穿线法",确定极坐标 r, θ 的积分限;然后将被积函数中的 x, y 分别换为 $r\cos\theta, r\sin\theta$,将面积微元 $d\sigma$ 换为极坐标系中的面积微元 $r \, dr \, d\theta$;最后将二重积分化为累次积分.

解 积分区域 D 的图形如图 3.18 所示. 易见, 直线方程 $x+y=1$ 的极坐标形式为

$$r = \frac{1}{\sin\theta + \cos\theta}.$$

积分区域 D 的极坐标表示形式为 $D = \left\{ (r,\theta) \left| \frac{1}{\sin\theta + \cos\theta} \leqslant r \leqslant 1, \right. \right.$ $\left. 0 \leqslant \theta \leqslant \frac{\pi}{2} \right\}$. 于是

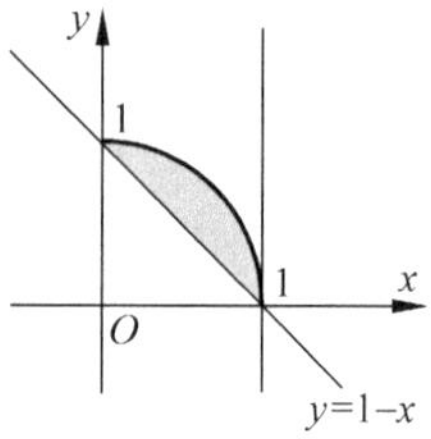

图 3.18

$$\iint\limits_{D} f(x,y)\mathrm{d}\sigma = \int_{0}^{\frac{\pi}{2}} \mathrm{d}\theta \int_{\frac{1}{\sin\theta+\cos\theta}}^{1} f(r\cos\theta, r\sin\theta) r \mathrm{d}r.$$

例 3.10 利用极坐标计算下列二重积分:

(1) $\iint\limits_{D} \ln(1+x^2+y^2)\mathrm{d}\sigma$, 其中 $D = \{ (x,y) \,|\, x^2+y^2 \leqslant R^2, x \geqslant 0, y \geqslant 0 \}$.

(2) $\iint\limits_{D} (x^2+y^2)\mathrm{d}\sigma$, 其中 D 为由圆 $x^2+y^2=2y, x^2+y^2=4y$ 及直线 $x-\sqrt{3}y=0, y-\sqrt{3}x=0$ 所围成的平面闭区域.

分析 先将边界曲线用极坐标方程表示, 利用"扫描穿线法"确定相应的积分限; 然后将被积函数中的 x, y 分别换成 $r\cos\theta, r\sin\theta$, 面积微元换为 $r\mathrm{d}r\mathrm{d}\theta$, 最后将二重积分化为累次积分并计算.

解 (1) 积分区域 D 的图形如图 3.19(a)所示. 易见, D 是圆形区域位于第一象限的部分, 它在极坐标下可表示为 $D = \left\{ (r,\theta) \,|\, 0 \leqslant r \leqslant R, 0 \leqslant \theta \leqslant \frac{\pi}{2} \right\}$. 故

$$\iint\limits_{D} \ln(1+x^2+y^2)\mathrm{d}\sigma = \int_{0}^{\frac{\pi}{2}} \mathrm{d}\theta \int_{0}^{R} \ln(1+r^2) r \mathrm{d}r$$

$$= \frac{\pi}{4} \int_{0}^{R} \ln(1+r^2)\mathrm{d}(1+r^2) = \frac{\pi}{4} \left[(1+R^2)\ln(1+R^2) - R^2 \right].$$

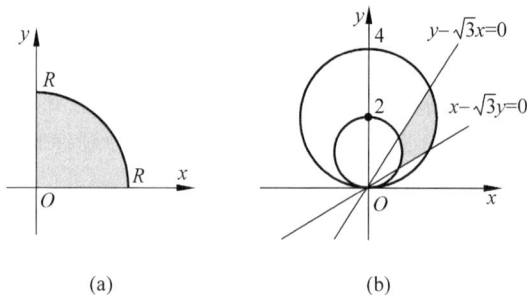

(a)   (b)

图 3.19

(2) 积分区域 D 的图形如图 3.19(b)所示. 不难求得, $x-\sqrt{3}y=0$ 和 $y-\sqrt{3}x=0$ 可分别转化为 $\theta = \frac{\pi}{6}$ 和 $\theta = \frac{\pi}{3}$; $x^2+y^2=2y$ 和 $x^2+y^2=4y$ 可分别转化为 $r=2\sin\theta$ 和 $r=4\sin\theta$. 因此, 在极坐标下, 有 $D = \left\{ (r,\theta) \,|\, 2\sin\theta \leqslant r \leqslant 4\sin\theta, \frac{\pi}{6} \leqslant \theta \leqslant \frac{\pi}{3} \right\}$. 故

$$\iint\limits_{D}(x^2+y^2)\mathrm{d}\sigma=\int_{\frac{\pi}{6}}^{\frac{\pi}{3}}\mathrm{d}\theta\int_{2\sin\theta}^{4\sin\theta}r^2\cdot r\mathrm{d}r=60\int_{\frac{\pi}{6}}^{\frac{\pi}{3}}\sin^4\theta\mathrm{d}\theta$$

$$=15\int_{\frac{\pi}{6}}^{\frac{\pi}{3}}(1-2\cos2\theta+\cos^2 2\theta)\mathrm{d}\theta=\frac{15}{8}(2\pi-\sqrt{3}).$$

例 3.11 计算下列积分：

(1) $\iint\limits_{D}\mathrm{e}^{-(x^2+y^2)}\mathrm{d}\sigma$，其中 $D=\{(x,y)\,|\,x^2+y^2\leqslant R^2\}$；

(2) $I=\int_0^{+\infty}\mathrm{e}^{-x^2}\mathrm{d}x$.

分析 根据(1)中被积函数和积分区域的特点，将其化为极坐标形式的累次积分再计算；受(1)的计算过程启发，可利用(1)的结果计算(2).

解 (1) 易见，积分区域 D 在极坐标系下的形式为 $D=\{(r,\theta)\,|\,0\leqslant r\leqslant R,0\leqslant\theta\leqslant 2\pi\}$. 于是

$$\iint\limits_{D}\mathrm{e}^{-(x^2+y^2)}\mathrm{d}\sigma=\int_0^{2\pi}\mathrm{d}\theta\int_0^R\mathrm{e}^{-r^2}r\mathrm{d}r=2\pi\int_0^R\mathrm{e}^{-r^2}r\mathrm{d}r$$

$$=-\pi\int_0^R\mathrm{e}^{-r^2}\mathrm{d}(-r^2)=-\pi\mathrm{e}^{-r^2}\Big|_0^R=\pi(1-\mathrm{e}^{-R^2}).$$

本小题如果选用直角坐标的方法计算，由于积分 $\int\mathrm{e}^{-x^2}\mathrm{d}x$ 不能用初等函数表示，所以无法直接计算. 下面利用本小题的结论计算一个在概率论中经常用到的反常积分.

(2) 设有如下区域：
$$D_1=\{(x,y)\,|\,x^2+y^2\leqslant R^2,x\geqslant 0,y\geqslant 0\};$$
$$D_2=\{(x,y)\,|\,x^2+y^2\leqslant 2R^2,x\geqslant 0,y\geqslant 0\};$$
$$S=\{(x,y)\,|\,0\leqslant x\leqslant R,0\leqslant y\leqslant R\}.$$

显然，$D_1\subset S\subset D_2$，如图 3.20 所示. 由于 $\mathrm{e}^{-(x^2+y^2)}>0$，根据二重积分的性质，有

$$\iint\limits_{D_1}\mathrm{e}^{-(x^2+y^2)}\mathrm{d}\sigma<\iint\limits_{S}\mathrm{e}^{-(x^2+y^2)}\mathrm{d}\sigma<\iint\limits_{D_2}\mathrm{e}^{-(x^2+y^2)}\mathrm{d}\sigma.$$

根据(1)的结果，有
$$\frac{\pi}{4}(1-\mathrm{e}^{-R^2})<\iint\limits_{S}\mathrm{e}^{-(x^2+y^2)}\mathrm{d}\sigma<\frac{\pi}{4}(1-\mathrm{e}^{-2R^2}).$$

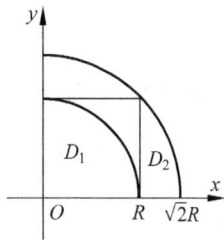

图 3.20

不难验证，

$$\iint\limits_{D}\mathrm{e}^{-(x^2+y^2)}\mathrm{d}\sigma=\int_0^R\mathrm{e}^{-x^2}\mathrm{d}x\int_0^R\mathrm{e}^{-y^2}\mathrm{d}y=\Big(\int_0^R\mathrm{e}^{-x^2}\mathrm{d}x\Big)\Big(\int_0^R\mathrm{e}^{-y^2}\mathrm{d}y\Big)=\Big(\int_0^R\mathrm{e}^{-x^2}\mathrm{d}x\Big)^2.$$

又由于 $\lim\limits_{R\to+\infty}\dfrac{\pi}{4}(1-\mathrm{e}^{-R^2})=\dfrac{\pi}{4}$，$\lim\limits_{R\to+\infty}\dfrac{\pi}{4}(1-\mathrm{e}^{-2R^2})=\dfrac{\pi}{4}$. 由夹逼准则可得

$$\Big(\int_0^{+\infty}\mathrm{e}^{-x^2}\mathrm{d}x\Big)^2=\frac{\pi}{4},\quad 即\quad I=\int_0^{+\infty}\mathrm{e}^{-x^2}\mathrm{d}x=\frac{\sqrt{\pi}}{2}.$$

◇ 习 ◇ 题 ◇ 3.2

思 考 题

1. 将二重积分化为累次积分的基本步骤和策略是什么？

2. 在利用对称性计算二重积分时，用坐标轴划分积分区域是否最为简单？若不是，举例说明.

3. 对于给定的累次积分，为什么要对其交换积分次序，有必要吗？

4. 在什么条件下，利用极坐标计算二重积分较为方便？

Ⓐ 类题

1. 设有如下区域 D，画出其图形，并把 $\iint\limits_{D} f(x,y)\mathrm{d}\sigma$ 化为累次积分：

(1) D 是由 $x=0,x=2,y=0$ 及 $y=1$ 围成的区域；

(2) D 是由 $x+y=1,x-y=1$ 及 $x=0$ 围成的区域；

(3) D 是由 $y=x,y=2x$ 及 $x=1$ 围成的区域；

(4) D 是由 $y=x^2$ 与 $y=1$ 围成的区域.

2. 计算下列二重积分：

(1) $\iint\limits_{D} \mathrm{e}^{x+y}\mathrm{d}\sigma$，其中区域 D 是由 $x=0,x=1,y=0$ 及 $y=1$ 围成的闭区域；

(2) $\iint\limits_{D} \mathrm{e}^{y^2}\mathrm{d}\sigma$，其中 D 由 $y=x,y=2$ 及 y 轴所围成的闭区域；

(3) $\iint\limits_{D} xy\,\mathrm{d}\sigma$，其中 D 是由抛物线 $y^2=x$ 及直线 $y=x-2$ 围成的闭区域.

3. 利用对称性和奇偶性计算二重积分：

(1) $\iint\limits_{D} y[1+xf(x^2y^2)]\mathrm{d}\sigma$，其中 D 是由曲线 $y=x^2$ 与 $y=1$ 围成的闭区域；

(2) $\iint\limits_{D} (xy+5)\mathrm{d}\sigma$，其中 $D=\{(x,y)\,|\,4x^2+y^2\leqslant 4\}$；

(3) $\iint\limits_{D} x^2y^2\mathrm{d}\sigma$，其中 $D=\{(x,y)\,|\,|x|+|y|\leqslant 2\}$.

4. 交换下列累次积分的次序：

(1) $\int_0^1 \mathrm{d}x \int_0^x f(x,y)\mathrm{d}y$； (2) $\int_0^2 \mathrm{d}x \int_{x^2}^{2x} f(x,y)\mathrm{d}y$； (3) $\int_3^4 \mathrm{d}x \int_3^x f(x,y)\mathrm{d}y$；

(4) $\int_0^1 \mathrm{d}x \int_x^{\sqrt{x}} f(x,y)\mathrm{d}y$； (5) $\int_0^1 \mathrm{d}x \int_0^{\sqrt{2x+x^2}} f(x,y)\mathrm{d}y$； (6) $\int_{-1}^2 \mathrm{d}x \int_{x^2}^{x+2} f(x,y)\mathrm{d}y$.

5. 画出下列积分区域 D，将 $\iint\limits_{D} f(x,y)\mathrm{d}\sigma$ 化为极坐标系中的累次积分（先积 r，后积 θ）：

(1) $D=\{(x,y)\,|\,x^2+y^2\leqslant 2x\}$； (2) $D=\{(x,y)\,|\,x^2+y^2\leqslant a^2,a>0\}$；

(3) $D = \{(x,y) \mid 4x \leqslant x^2 + y^2 \leqslant 4\}$.

6. 利用极坐标计算下列积分：

(1) $\iint\limits_{D}(x^2 + y^2)\mathrm{d}\sigma$，其中 $D = \{(x,y) \mid 2x \leqslant x^2 + y^2 \leqslant 4x\}$；

(2) $\iint\limits_{D}\dfrac{\sin(\pi\sqrt{x^2 + y^2})}{\sqrt{x^2 + y^2}}\mathrm{d}\sigma$，其中 $D = \{(x,y) \mid 4 \leqslant x^2 + y^2 \leqslant 9\}$；

(3) $\iint\limits_{D}\dfrac{1}{1 + x^2 + y^2}\mathrm{d}\sigma$，其中 $D = \{(x,y) \mid x^2 + y^2 \leqslant 1\}$；

(4) $\iint\limits_{D}\mathrm{e}^{2(x^2 + y^2)}\mathrm{d}\sigma$，其中 $D = \{(x,y) \mid x^2 + y^2 \leqslant R^2\}$.

7. 把下列积分化为极坐标形式的二次积分，并计算积分值：

(1) $\displaystyle\int_0^a \mathrm{d}y \int_0^{\sqrt{a^2 - y^2}} \sqrt{x^2 + y^2}\,\mathrm{d}x$；　　　　(2) $\displaystyle\int_0^1 \mathrm{d}x \int_{x^2}^{x} \dfrac{1}{\sqrt{x^2 + y^2}}\,\mathrm{d}y$.

B 类题

1. 已知二重积分的积分区域为 D，画出其图形，并将 $\iint\limits_{D} f(x,y)\mathrm{d}\sigma$ 化为二次积分：

(1) D 是由 $x = y$，$y = 1$，及 y 轴围成的区域；

(2) D 是由 $y = x^2$ 与 $y = 4 - x^2$ 围成的闭区域.

2. 交换下列二次积分的次序：

(1) $\displaystyle\int_0^{\pi} \mathrm{d}x \int_{-\sin\frac{x}{2}}^{\sin x} f(x,y)\mathrm{d}y$；　　(2) $\displaystyle\int_0^1 \mathrm{d}x \int_0^{\sqrt{2x - x^2}} f(x,y)\mathrm{d}y + \int_1^2 \mathrm{d}x \int_0^{2-x} f(x,y)\mathrm{d}y$；

(3) $\displaystyle\int_{-1}^0 \mathrm{d}y \int_0^{\sqrt{1 - y^2}} f(x,y)\mathrm{d}x + \int_0^1 \mathrm{d}y \int_0^{1-y} f(x,y)\mathrm{d}x$.

3. 计算下列二重积分：

(1) $\iint\limits_{D} x\cos(x + y)\mathrm{d}x\mathrm{d}y$，其中 D 是由 $(0,0),(\pi,0)$ 和 (π,π) 围成的三角形闭区域；

(2) $\iint\limits_{D}(x^3 + 3x^2 y + y^3)\mathrm{d}\sigma$，其中 $D = \{(x,y) \mid 0 \leqslant x \leqslant 1, 0 \leqslant y \leqslant 1\}$；

(3) $\iint\limits_{D}(x^2 + y^2)\mathrm{d}\sigma$，其中 $D = \{(x,y) \mid |x| + |y| \leqslant 1\}$；

(4) $\iint\limits_{D} |y - x^2|\,\mathrm{d}\sigma$，其中 $D = \{(x,y) \mid -1 \leqslant x \leqslant 1, 0 \leqslant y \leqslant 1\}$.

4. 将下列积分化为极坐标形式的二次积分：

(1) $\displaystyle\int_0^2 \mathrm{d}x \int_x^{\sqrt{3}x} f(\sqrt{x^2 + y^2})\mathrm{d}y$；　　(2) $\displaystyle\int_0^a \mathrm{d}x \int_x^{\sqrt{2ax - x^2}} f(x,y)\mathrm{d}y$.

5. 利用极坐标计算下列积分：

(1) $\iint\limits_{D} \sqrt{\dfrac{1 - x^2 - y^2}{1 + x^2 + y^2}}\,\mathrm{d}\sigma$，其中 D 是由圆周 $x^2 + y^2 = 1$ 及坐标轴所围成的在第一象限内

的闭区域;

(2) $\iint\limits_{D} (x^2 + y^2) \mathrm{d}\sigma$,其中 D 是由直线 $x=0, x=a, y=0, y=a(a>0)$ 所围的闭区域;

(3) $\iint\limits_{D} \arctan \dfrac{y}{x} \mathrm{d}\sigma$,其中 $D=\{(x,y)\,|\,1 \leqslant x^2+y^2 \leqslant 4,$ 且 $0 \leqslant y \leqslant x\}$;

(4) $\iint\limits_{D} \sqrt{x^2+y^2}\, \mathrm{d}\sigma$,其中 $D=\{(x,y)\,|\,x^2+y^2 \leqslant 2x,$ 且 $0 \leqslant y \leqslant x\}$.

3.3 三重积分的概念及计算
Concepts and calculation of triple integrals

本节通过引入实例,即空间物体的质量,抽象出三重积分的定义,并介绍三重积分的对称性质,然后给出三重积分在直角坐标系、柱面坐标系、球面坐标系中的计算方法.

3.3.1 引例

引例 1 空间物体的质量

将一非均匀材质的空间物体放置在空间直角坐标系 $Oxyz$ 中,如图 3.21 所示,它占有的空间有界闭区域为 Ω,体密度为连续函数 $\mu=f(x,y,z)((x,y,z)\in\Omega)$,且 $f(x,y,z)>0$,所指的体密度是单位体积的物体质量.求该空间物体的质量 m.

类似于平面薄片质量的求解过程,仍然采用如下 4 个步骤.

(1) 分割 把空间有界闭区域 Ω 分割成 n 个没有公共内点的小空间闭区域 $\Delta V_1, \Delta V_2, \cdots, \Delta V_n$,用 ΔV_i 表示第 i 个小闭区域的体积,如图 3.21 所示.

(2) 近似 在每个小空间闭区域 $\Delta V_i(i=1,2,\cdots,n)$ 上任取一点 (ξ_i, η_i, ζ_i),由于密度函数 $f(x,y,z)$ 连续,以该点所对应的密度 $f(\xi_i, \eta_i, \zeta_i)$ 近似作为第 i 个小块物体的密度,于是第 i 个小块物体的质量近似为 $f(\xi_i, \eta_i, \zeta_i)\Delta V_i$.

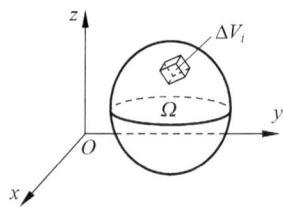

图 3.21

(3) 求和 整个空间物体质量的近似值为

$$m \approx \sum_{i=1}^{n} f(\xi_i, \eta_i, \zeta_i)\Delta V_i.$$

(4) 极限 将小空间闭区域 ΔV_i 中任意两点距离的最大值称为 ΔV_i 的直径,记作 λ_i. 当 $\lambda=\max\limits_{1 \leqslant i \leqslant n}\{\lambda_i\}\to 0$ 时,如果上述和式的极限存在,则此极限值就是空间物体的质量 m,即

$$m = \lim_{\lambda \to 0} \sum_{i=1}^{n} f(\xi_i, \eta_i, \zeta_i)\Delta V_i.$$

3.3.2 三重积分的概念

抛开空间物体质量的实际意义,抽象出对上述和式极限的数学描述,便可得到三重积分的定义.

定义 3.2 设 Ω 是空间直角坐标系 $Oxyz$ 中可求体积的有界闭区域,函数 $f(x,y,z)$ 在

Ω 上有界. 将 Ω 任意分割成 n 个无公共内点的小闭区域 $\Delta V_1, \Delta V_2, \cdots, \Delta V_n$, 其中 ΔV_i 也表示该小闭区域的体积. 在 $\Delta V_i (i=1,2,\cdots,n)$ 上任取一点 (ξ_i, η_i, ζ_i), 作乘积 $f(\xi_i, \eta_i, \zeta_i) \Delta V_i$, 并作和 $\sum_{i=1}^{n} f(\xi_i, \eta_i, \zeta_i) \Delta V_i$. 记 $\lambda = \max_{1 \leqslant i \leqslant n} \{\Delta V_i$ 的直径$\}$, 如果 $\lim_{\lambda \to 0} \sum_{i=1}^{n} f(\xi_i, \eta_i, \zeta_i) \Delta V_i$ 存在(记作 K), 则称函数 $f(x,y,z)$ 在空间有界闭区域 Ω 上可积, 称极限值 K 为 $f(x,y,z)$ 在 Ω 上的**三重积分**(triple integral), 记作 $\iiint\limits_{\Omega} f(x,y,z) \mathrm{d}V$, 即

$$\iiint\limits_{\Omega} f(x,y,z) \mathrm{d}V = K = \lim_{\lambda \to 0} \sum_{i=1}^{n} f(\xi_i, \eta_i, \zeta_i) \Delta V_i. \tag{3.11}$$

其中 $f(x,y,z)$ 称为**被积函数**, $f(x,y,z) \mathrm{d}V$ 称为**被积表达式**, $\mathrm{d}V$ 称为**体积微元**, Ω 称为**积分区域**, $\sum_{i=1}^{n} f(\xi_i, \eta_i, \zeta_i) \Delta V_i$ 称为**积分和**.

利用三重积分的定义, 非均匀材质的空间物体的质量可表示为 $m = \iiint\limits_{\Omega} f(x,y,z) \mathrm{d}V$. 特别地, 当 $f(x,y,z) \equiv 1$ 时, 三重积分在数值上等于空间区域 Ω 的体积 V, 即 $V = \iiint\limits_{\Omega} 1 \mathrm{d}V$.

定理 3.2 当函数 $f(x,y,z)$ 在有界闭区域 Ω 上连续时, $f(x,y,z)$ 在 Ω 上的三重积分一定存在.

由于三重积分的基本性质与二重积分完全类似, 在此不再一一赘述, 请读者自行归纳.

3.3.3 三重积分的对称性质

与二重积分一样, 利用积分区域的对称性与被积函数关于单个变量的奇偶性, 三重积分有如下的对称性质.

对称性 1 如果空间闭区域 Ω 关于 xOy 面对称, 设 $\Omega_1 = \{(x,y,z) \mid (x,y,z) \in \Omega, z \geqslant 0\}$, 则有

$$\iiint\limits_{\Omega} f(x,y,z) \mathrm{d}V = \begin{cases} 0, & f(x,y,-z) = -f(x,y,z), \\ 2\iiint\limits_{\Omega_1} f(x,y,z) \mathrm{d}V, & f(x,y,-z) = f(x,y,z). \end{cases}$$

对称性 2 如果空间闭区域 Ω 关于 zOx 面对称, 设 $\Omega_1 = \{(x,y,z) \mid (x,y,z) \in \Omega, y \geqslant 0\}$, 则有

$$\iiint\limits_{\Omega} f(x,y,z) \mathrm{d}V = \begin{cases} 0, & f(x,-y,z) = -f(x,y,z), \\ 2\iiint\limits_{\Omega_1} f(x,y,z) \mathrm{d}V, & f(x,-y,z) = f(x,y,z). \end{cases}$$

对称性 3 如果空间闭区域 Ω 关于 yOz 面对称, 设 $\Omega_1 = \{(x,y,z) \mid (x,y,z) \in \Omega, x \geqslant 0\}$, 则有

$$\iiint\limits_{\Omega} f(x,y,z) \mathrm{d}V = \begin{cases} 0, & f(-x,y,z) = -f(x,y,z), \\ 2\iiint\limits_{\Omega_1} f(x,y,z) \mathrm{d}V, & f(-x,y,z) = f(x,y,z). \end{cases}$$

例 3.12 计算下列三重积分：

(1) $\iiint\limits_{\Omega}(x^2\sin y+3xy^2z^2+4)\mathrm{d}V$，其中 $\Omega=\{(x,y,z)\,|\,x^2+y^2+z^2\leqslant 9\}$；

(2) $\iiint\limits_{\Omega}\dfrac{z\ln(x^2+y^2+1)}{x^2+y^2+1}\mathrm{d}V$，其中 $\Omega=\{(x,y,z)\,|\,x^2+y^2\leqslant 1,-2\leqslant z\leqslant 2\}$.

分析 利用三重积分的线性性质展开，然后利用积分区域 Ω 关于坐标平面的对称性和被积函数关于单个变量的奇偶性化简.

解 (1) 易见，积分区域 Ω 是球形区域，它分别关于坐标面 zOx 面、yOz 面对称，被积函数 $f_1(x,y,z)=x^2\sin y$ 和 $f_2(x,y,z)=3xy^2z^2$ 分别关于变量 y 和 x 为奇函数，所以 $\iiint\limits_{\Omega}x^2\sin y\mathrm{d}V=0,\iiint\limits_{\Omega}3xy^2z^2\mathrm{d}V=0.$ 于是

$$\iiint\limits_{\Omega}(x^2\sin y+3xy^2z^2+4)\mathrm{d}V=\iiint\limits_{\Omega}4\mathrm{d}V=4\times\frac{4}{3}\pi\times3^3=144\pi.$$

(2) 易见，积分区域 Ω 是圆柱形区域，上下底分别为 $z=2$ 和 $z=-2$，它关于坐标面 xOy 面对称，并且被积函数 $f(x,y,z)=\dfrac{z\ln(x^2+y^2+1)}{x^2+y^2+1}$ 关于变量 z 是奇函数，所以

$$\iiint\limits_{\Omega}\frac{z\ln(x^2+y^2+1)}{x^2+y^2+1}\mathrm{d}V=0.$$

3.3.4 空间直角坐标系中的计算方法

由 3.2 节知道，在直角坐标系中计算二重积分时，需要将其化为分别对 x,y 的累次积分进行计算. 类似地，三重积分也可以化为分别对 x,y,z 的累次积分计算. 然而，如果三重积分的积分区域的几何形状过于复杂，三重积分很难计算. 本节将基于一些具有特殊形状的积分区域，先讨论三重积分在空间直角坐标系中的计算方法.

由定义 3.2 可知，式(3.11)右端的和式极限 K 如果存在，则该极限与区域 Ω 的分割方式无关，且与小闭区域 $\Delta V_i(i=1,2,\cdots,n)$ 上的点 (ξ_i,η_i,ζ_i) 的取法无关. 因此，在直角坐标系中，如果用平行于坐标平面的三组平面去分割积分区域 Ω，除去包含 Ω 的边界的一些不规则的小闭区域外，剩余的都是小长方体，相应的体积微元可表示为 $\mathrm{d}V=\mathrm{d}x\mathrm{d}y\mathrm{d}z$. 因此，三重积分在空间直角坐标系中也可记作 $\iiint\limits_{\Omega}f(x,y,z)\mathrm{d}x\mathrm{d}y\mathrm{d}z$，即

$$\iiint\limits_{\Omega}f(x,y,z)\mathrm{d}V=\iiint\limits_{\Omega}f(x,y,z)\mathrm{d}x\mathrm{d}y\mathrm{d}z.$$

下面讨论将三重积分化为累次积分的方法.

在空间直角坐标系中，计算三重积分有两种方法，即投影法和截面法. 在计算公式推导的过程中，仍以空间物体的质量为研究对象，并假设 $f(x,y,z)>0$.

1. 投影法（先一后二法）

(1) 长方体型区域的累次积分

为了更好地理解计算三重积分的投影法，首先考虑一种简单的积分区域类型，即长方体型区域 $\Omega=\{(x,y,$

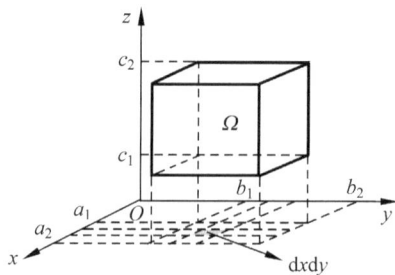
图 3.22

$z)\mid a_1\leqslant x\leqslant a_2,b_1\leqslant y\leqslant b_2,c_1\leqslant z\leqslant c_2\}$,如图 3.22 所示.

易见,空间区域 Ω 在坐标面 xOy 面上的投影是矩形区域,即 $D=\{(x,y)\mid a_1\leqslant x\leqslant a_2,$ $b_1\leqslant y\leqslant b_2\}$.由图可见,$D$ 中的面积微元为 $\mathrm{d}x\mathrm{d}y$,从而以该微元为底的小长方体的质量为 $\left(\int_{c_1}^{c_2}f(x,y,z)\mathrm{d}z\right)\mathrm{d}x\mathrm{d}y$.因此,整个空间物体的质量为

$$\iiint_\Omega f(x,y,z)\mathrm{d}x\mathrm{d}y\mathrm{d}z=\iint_D\left(\int_{c_1}^{c_2}f(x,y,z)\mathrm{d}z\right)\mathrm{d}x\mathrm{d}y.$$

上式表示:在计算 $\iiint_\Omega f(x,y,z)\mathrm{d}x\mathrm{d}y\mathrm{d}z$ 时,先计算定积分 $\int_{c_1}^{c_2}f(x,y,z)\mathrm{d}z$,再计算一次二重积分,从而得到了三重积分的结果.这种方法是先将积分区域往坐标平面上投影,进而将三重积分化为二重积分,即先对 z 求定积分后再对 x,y 求二重积分,称之为**投影法**,也称**先一后二法**.

进一步地,上式中的二重积分还可以简化,最后得到的累次积分为

$$\iiint_\Omega f(x,y,z)\mathrm{d}x\mathrm{d}y\mathrm{d}z=\int_{a_1}^{a_2}\left[\int_{b_1}^{b_2}\left(\int_{c_1}^{c_2}f(x,y,z)\mathrm{d}z\right)\mathrm{d}y\right]\mathrm{d}x$$

$$=\int_{a_1}^{a_2}\mathrm{d}x\int_{b_1}^{b_2}\mathrm{d}y\int_{c_1}^{c_2}f(x,y,z)\mathrm{d}z.\tag{3.12}$$

若将积分区域 Ω 先往 yOz 面上投影,最后得到的累次积分为

$$\iiint_\Omega f(x,y,z)\mathrm{d}x\mathrm{d}y\mathrm{d}z=\int_{c_1}^{c_2}\mathrm{d}z\int_{b_1}^{b_2}\mathrm{d}y\int_{a_1}^{a_2}f(x,y,z)\mathrm{d}x.$$

事实上,当积分区域是长方体型区域时,先往哪个坐标平面上投影都不影响最后的结果,换句话说,在计算长方体型积分区域的三重积分时,可选择的积分次序有很多种.

例 3.13 $\iiint_\Omega xy^2z^3\mathrm{d}V$,其中 $\Omega=\{(x,y,z)\mid 0\leqslant x\leqslant 3,0\leqslant y\leqslant 2,0\leqslant z\leqslant 1\}$.

分析 先画出积分区域,由于积分区域是长方体型区域,可以利用投影法将三重积分化为三个定积分.

解 积分区域 Ω 的图形如图 3.23 所示,它是一个长方体型区域,由公式(3.12)可得

$$\iiint_\Omega xy^2z^3\mathrm{d}V=\int_0^3x\mathrm{d}x\int_0^2y^2\mathrm{d}y\int_0^1z^3\mathrm{d}z=\frac{x^2}{2}\Big|_0^3\cdot\frac{y^3}{3}\Big|_0^2\cdot\frac{z^4}{4}\Big|_0^1=3.$$

(2) 一般区域的累次积分

与二重积分的累次积分公式的推导过程类似,在利用投影法计算三重积分之前,需要先对积分区域 Ω 进行分类.

对于有界闭区域 Ω,如图 3.24(a)所示,它在 xOy 坐标面上的投影为 D_{xy},若平行于 z 轴的直线穿过 Ω 内部时,除了相交为线段的情形(如柱形等区域)外,与 Ω 的边界曲面 S 最多有两个交点,称这种区域为 **xy 型区域**,或称之为关于 z 轴的**简单区域**.

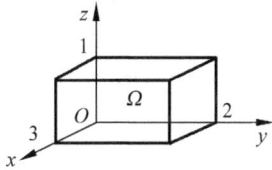
图　3.23

类似地,可以定义 **yz 型区域** 和 **zx 型区域**,分别如图 3.24(b)和 3.24(c)所示.

下面以 xy 型区域为例,给出三重积分化为累次积分的过程,其他两种类型的区域建议读者自行推演.

如图 3.24(a)所示,以 D_{xy} 的边界曲线为准线作母线平行于 z 轴的柱面,这个柱面与曲面 S 的交线把 S 分出两个部分,它们的方程分别为

$$S_1: z = z_1(x,y), \quad S_2: z = z_2(x,y).$$

其中 $z_1(x,y)$ 与 $z_2(x,y)$ 都在 D_{xy} 上连续,且 $z_1(x,y) \leqslant z_2(x,y)$. 设 $P(x,y)$ 是 D_{xy} 内部任一点,过点 P 作平行于 z 轴的直线,该直线通过曲面 S_1 穿入 Ω,通过曲面 S_2 穿出 Ω,穿入点与穿出点的竖坐标分别为 $z_1(x,y)$ 与 $z_2(x,y)$,于是积分区域 Ω 可以表示为

$$\Omega = \{(x,y,z) \mid z_1(x,y) \leqslant z \leqslant z_2(x,y), (x,y) \in D\}.$$

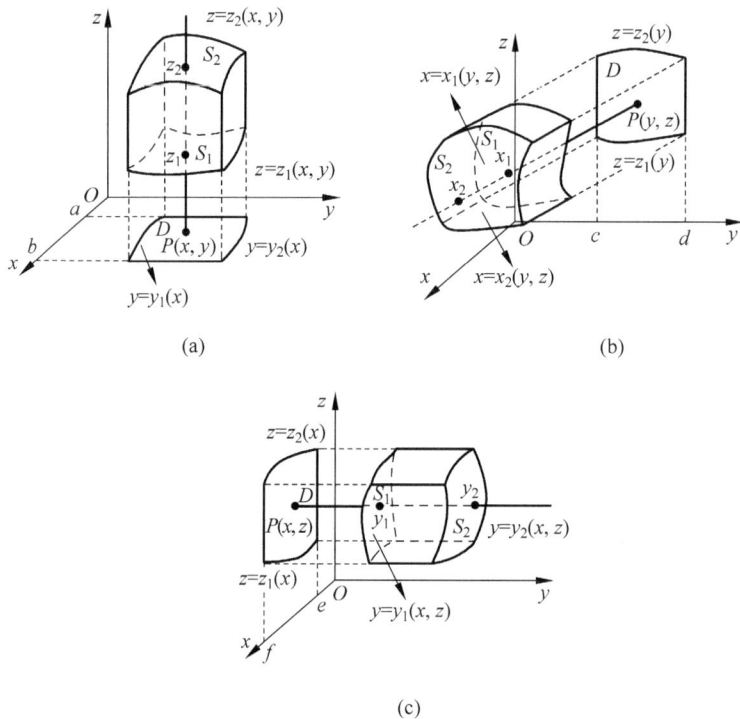

(a)

(b)

(c)

图 3.24

先将变量 x,y 看作常数,把 $f(x,y,z)$ 看作 z 的函数,在区间 $[z_1(x,y), z_2(x,y)]$ 上对 z 积分,积分结果是 x,y 的函数,记作 $F(x,y)$,即 $F(x,y) = \int_{z_1(x,y)}^{z_2(x,y)} f(x,y,z)\mathrm{d}z$,然后计算 $F(x,y)$ 在闭区域 D_{xy} 上的二重积分 $\iint\limits_{D_{xy}} F(x,y)\mathrm{d}x\mathrm{d}y = \iint\limits_{D_{xy}} \mathrm{d}x\mathrm{d}y \int_{z_1(x,y)}^{z_2(x,y)} f(x,y,z)\mathrm{d}z$. 所以有

$$\iiint\limits_{\Omega} f(x,y,z)\mathrm{d}x\mathrm{d}y\mathrm{d}z = \iint\limits_{D_{xy}} \mathrm{d}x\mathrm{d}y \int_{z_1(x,y)}^{z_2(x,y)} f(x,y,z)\mathrm{d}z. \tag{3.13}$$

如果二重积分的积分区域 D_{xy} 可以表示为

$$D_{xy} = \{(x,y) \mid y_1(x) \leqslant y \leqslant y_2(x), a \leqslant x \leqslant b\},$$

则积分区域 Ω 可进一步表示为

$$\Omega = \{(x,y,z) \mid z_1(x,y) \leqslant z \leqslant z_2(x,y), y_1(x) \leqslant y \leqslant y_2(x), a \leqslant x \leqslant b\}. \tag{3.14}$$

于是,式(3.13)还可进一步化为累次积分,即三重积分的计算公式为

$$\iiint\limits_{\Omega} f(x,y,z)\mathrm{d}x\mathrm{d}y\mathrm{d}z = \int_a^b \mathrm{d}x \int_{y_1(x)}^{y_2(x)} \mathrm{d}y \int_{z_1(x,y)}^{z_2(x,y)} f(x,y,z)\mathrm{d}z. \qquad (3.15)$$

这样就将三重积分化成了先对 z，再对 y，最后对 x 的累次积分.

类似地，对于 yz 型区域和 zx 型区域，如图 3.24(b) 和图 3.24(c) 所示，也可化为累次积分的形式：

$$\iiint\limits_{\Omega} f(x,y,z)\mathrm{d}x\mathrm{d}y\mathrm{d}z = \int_c^d \mathrm{d}y \int_{z_1(y)}^{z_2(y)} \mathrm{d}z \int_{x_1(y,z)}^{x_2(y,z)} f(x,y,z)\mathrm{d}x. \qquad (3.15)'$$

$$\iiint\limits_{\Omega} f(x,y,z)\mathrm{d}x\mathrm{d}y\mathrm{d}z = \int_e^f \mathrm{d}x \int_{z_1(x)}^{z_2(x)} \mathrm{d}z \int_{y_1(x,z)}^{y_2(x,z)} f(x,y,z)\mathrm{d}y. \qquad (3.15)''$$

例 3.14 将三重积分 $I = \iiint\limits_{\Omega} f(x,y,z)\mathrm{d}V$ 化为累次积分，其中积分区域 Ω 为由曲面 $z = x^2 + 2y^2$ 及 $z = 8 - x^2$ 围成的闭区域.

分析 注意到，$z = x^2 + 2y^2$ 是开口向上的椭圆抛物面，$z = 8 - x^2$ 是开口向下母线平行于 y 轴的抛物柱面，它们的交线是圆 $x^2 + y^2 = 4$. 根据积分区域的特点可知，该区域是 xy 型区域，如图 3.25 所示，利用公式 (3.15) 的推导过程，将积分区域 Ω 表示为式 (3.14) 的形式，再利用公式 (3.15) 将三重积分化为累次积分.

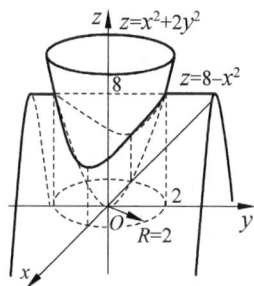

图 3.25

解 由于两曲面 $z = x^2 + 2y^2$ 及 $z = 8 - x^2$ 的交线在 xOy 坐标面上的投影为圆 $x^2 + y^2 = 4$，故有圆域 $D_{xy} = \{(x,y) \mid x^2 + y^2 \leqslant 4\}$. 进一步地，$D_{xy}$ 显然是 X 型区域，即

$$D_{xy} = \{(x,y) \mid -\sqrt{4-x^2} \leqslant y \leqslant \sqrt{4-x^2}, -2 \leqslant x \leqslant 2\}.$$

对 D_{xy} 内部任意一点 (x,y)，用平行于 z 轴的直线进行穿越，有 $x^2 + 2y^2 \leqslant z \leqslant 8 - x^2$. 所以

$$\Omega = \{(x,y,z) \mid x^2 + 2y^2 \leqslant z \leqslant 8 - x^2, -\sqrt{4-x^2} \leqslant y \leqslant \sqrt{4-x^2}, -2 \leqslant x \leqslant 2\}.$$

因此有

$$I = \iint\limits_{D} \mathrm{d}x\mathrm{d}y \int_{x^2+2y^2}^{8-x^2} f(x,y,z)\mathrm{d}z = \int_{-2}^{2} \mathrm{d}x \int_{-\sqrt{4-x^2}}^{\sqrt{4-x^2}} \mathrm{d}y \int_{x^2+2y^2}^{8-x^2} f(x,y,z)\mathrm{d}z.$$

例 3.15 计算下列三重积分：

(1) $\iiint\limits_{\Omega} y\mathrm{d}V$，其中 Ω 为三个坐标面及平面 $x + y + z = 1$ 围成的闭区域；

(2) $\iiint\limits_{\Omega} y\sin(x+z)\mathrm{d}V$ 其中 Ω 是由平面 $y = 0$，$z = 0$，$x + z = \dfrac{\pi}{2}$ 及抛物柱面 $y = \sqrt{x}$ 围成的闭区域.

分析 先根据已知条件画出积分区域的图形，写出积分区域的表示形式 (3.14)，利用投影法将三重积分化为累次积分，再进行计算.

解 (1) 如图 3.26(a) 所示，将区域 Ω 向 xOy 坐标面投影，得三角形投影闭区域 $D_{xy} = \{(x,y) \mid 0 \leqslant x \leqslant 1, 0 \leqslant y \leqslant 1-x\}$. 在 D 内部任取一点 (x,y)，过此点作平行于 z 轴的直线，该直线由平面 $z = 0$ 穿入，由平面 $z = 1 - x - y$ 穿出，因此有 $0 \leqslant z \leqslant 1 - x - y$. 于是积分区域 Ω 可表示为

$$\Omega = \{(x,y,z) \mid 0 \leqslant z \leqslant 1 - x - y, 0 \leqslant y \leqslant 1-x, 0 \leqslant x \leqslant 1\}.$$

故

$$\iiint\limits_{\Omega} y\,\mathrm{d}V = \iint\limits_{D} y\,\mathrm{d}x\mathrm{d}y \int_0^{1-x-y}\mathrm{d}z = \int_0^1 \mathrm{d}x \int_0^{1-x} y\,\mathrm{d}y \int_0^{1-x-y}\mathrm{d}z$$

$$= \int_0^1 \mathrm{d}x \int_0^{1-x} y(1-x-y)\mathrm{d}y = \frac{1}{6}\int_0^1 (1-x)^3\,\mathrm{d}x = \frac{1}{24}.$$

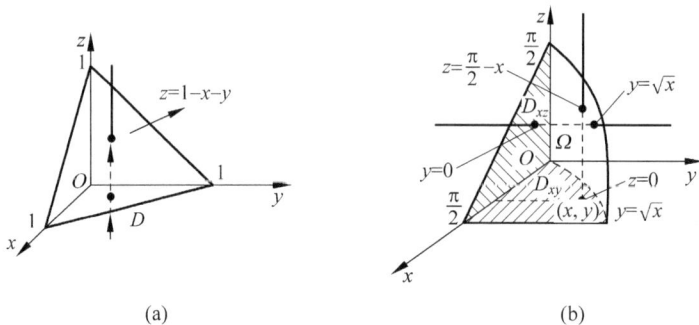

图　3.26

（2）积分区域 Ω 的图形如图 3.26(b)所示，它既可以向 xOy 坐标面上投影，也可向 zOx 坐标面上投影.下面分两种方法进行计算.

法一　若采用先对 z 积分，可将区域 Ω 投影到 xOy 面上，记投影区域为 D_{xy}，且可表示为 $D_{xy}=\left\{(x,y)\,|\,0\leqslant x\leqslant\frac{\pi}{2},0\leqslant y\leqslant\sqrt{x}\right\}$. 过 D_{xy} 内任意一点作平行于 z 轴的直线，该直线由平面 $z=0$ 穿入，由平面 $z=\frac{\pi}{2}-x$ 穿出，因此有 $0\leqslant z\leqslant\frac{\pi}{2}-x$. 于是积分区域 Ω 可以表示为

$$\Omega=\left\{(x,y,z)\,|\,0\leqslant z\leqslant\frac{\pi}{2}-x,0\leqslant y\leqslant\sqrt{x},0\leqslant x\leqslant\frac{\pi}{2}\right\}.$$

故

$$\iiint\limits_{\Omega} y\sin(x+z)\mathrm{d}V = \iint\limits_{D_{xy}}\mathrm{d}x\mathrm{d}y\int_0^{\frac{\pi}{2}-x}y\sin(x+z)\mathrm{d}z = \int_0^{\frac{\pi}{2}}\mathrm{d}x\int_0^{\sqrt{x}}\mathrm{d}y\int_0^{\frac{\pi}{2}-x}y\sin(x+z)\mathrm{d}z$$

$$= \int_0^{\frac{\pi}{2}}\mathrm{d}x\int_0^{\sqrt{x}}y\cos x\,\mathrm{d}y = \frac{1}{2}\int_0^{\frac{\pi}{2}}x\cos x\,\mathrm{d}x = \frac{1}{4}(\pi-2).$$

法二　若采用先对 y 积分，可将区域 Ω 投影到 zOx 坐标面上.记投影区域为 D_{zx}，且可表示为 $D_{zx}=\left\{(x,z)\,|\,0\leqslant z\leqslant\frac{\pi}{2}-x,0\leqslant x\leqslant\frac{\pi}{2}\right\}$. 过 D_{zx} 内任意一点作平行于 y 轴的直线，该直线由平面 $y=0$ 穿入，由曲面 $y=\sqrt{x}$ 穿出，因此有 $0\leqslant y\leqslant\sqrt{x}$. 于是积分区域 Ω 可以表示为

$$\Omega=\left\{(x,y,z)\,|\,0\leqslant y\leqslant\sqrt{x},0\leqslant z\leqslant\frac{\pi}{2}-x,0\leqslant x\leqslant\frac{\pi}{2}\right\}.$$

故

$$\iiint\limits_{\Omega} y\sin(x+z)\mathrm{d}V = \iint\limits_{D_{zx}}\mathrm{d}x\mathrm{d}z\int_0^{\sqrt{x}}y\sin(x+z)\mathrm{d}y = \int_0^{\frac{\pi}{2}}\mathrm{d}x\int_0^{\frac{\pi}{2}-x}\mathrm{d}z\int_0^{\sqrt{x}}y\sin(x+z)\mathrm{d}y$$

$$= \frac{1}{2}\int_0^{\frac{\pi}{2}}\mathrm{d}x\int_0^{\frac{\pi}{2}-x}x\sin(x+z)\mathrm{d}z = \frac{1}{2}\int_0^{\frac{\pi}{2}}x\cos x\,\mathrm{d}x = \frac{1}{4}(\pi-2).$$

由例 3.14 和例 3.15 可见,在利用投影法计算三重积分时,首先要根据积分区域的类型选择向哪个坐标平面投影;若可选的投影方向不止一个,可以根据被积函数的特点选择投影方向;最后再将三重积分化为累次积分.

2. 截面法(先二后一)

在计算三重积分时,有时也可以将三重积分化为先计算一个二重积分,再计算一个定积分,这种方法称为**先二后一**,或称为**截面法**.具体推导过程如下.

设立体 Ω 介于两平面 $z=c,z=d(c<d)$ 之间,过点 $(0,0,z)(z\in[c,d])$ 作垂直于 z 轴的平面与立体 Ω 相截得一截面 D_z,如图 3.27 所示,于是区域 Ω 可表示为

$$\Omega=\{(x,y,z)\mid(x,y)\in D_z,c\leqslant z\leqslant d\}.$$

如果对于任意固定的 $z\in[c,d]$,二重积分 $\iint\limits_{D_z}f(x,y,z)\mathrm{d}\sigma$ 容易

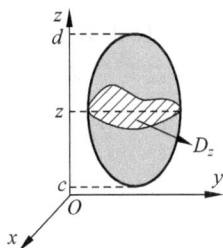

计算,则可以先对其积分,再对 z 积分

$$\iiint\limits_{\Omega}f(x,y,z)\mathrm{d}V=\int_c^d\left(\iint\limits_{D_z}f(x,y,z)\mathrm{d}\sigma\right)\mathrm{d}z, \qquad (3.16)$$

或记作

$$\iiint\limits_{\Omega}f(x,y,z)\mathrm{d}V=\int_c^d\mathrm{d}z\iint\limits_{D_z}f(x,y,z)\mathrm{d}\sigma. \qquad (3.17)$$

图 3.27

下面结合例题说明这种方法的有效性.

例 3.16 计算 $\iiint\limits_{\Omega}z\mathrm{d}V$,其中 Ω 是由椭球体 $\dfrac{x^2}{a^2}+\dfrac{y^2}{b^2}+\dfrac{z^2}{c^2}\leqslant1$ 的上半部分围成的闭区域.

分析 易见,被积函数中只含有变量 z;另一方面,如图 3.28 所示,用垂直于 z 轴的平面横截积分区域 Ω 时,截得的区域是椭圆形的,而椭圆的面积是容易求得的.因此可以使用截面法计算该三重积分.

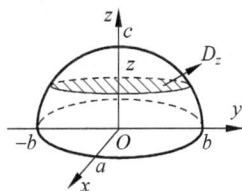

解 积分区域 Ω 的图形如图 3.28 所示,它在 z 轴上的投影区间为 $[0,c]$,在此区间内任取 z,作垂直于 z 轴的平面,截 Ω 得一椭

图 3.28

圆截面,区域 D_z 为 $\dfrac{x^2}{a^2\left(1-\dfrac{z^2}{c^2}\right)}+\dfrac{y^2}{b^2\left(1-\dfrac{z^2}{c^2}\right)}\leqslant1$,于是积分区域 Ω

可表示为 $\Omega=\{(x,y,z)\mid(x,y)\in D_z,0\leqslant z\leqslant c\}$.用"先二后一"法得

$$\iiint\limits_{\Omega}z\mathrm{d}V=\int_0^c z\mathrm{d}z\iint\limits_{D_z}\mathrm{d}\sigma=\int_0^c\left(z\pi\sqrt{a^2\left(1-\dfrac{z^2}{c^2}\right)}\cdot\sqrt{b^2\left(1-\dfrac{z^2}{c^2}\right)}\right)\mathrm{d}z$$

$$=\int_0^c\pi ab\left(1-\dfrac{z^2}{c^2}\right)z\mathrm{d}z=\frac{1}{4}\pi abc^2.$$

其中,$\pi ab\left(1-\dfrac{z^2}{c^2}\right)$ 是椭圆形截面 D_z 的面积.

例 3.17 分别用投影法和截面法计算积分 $\iiint\limits_{\Omega}z\mathrm{d}V$,其中 Ω 为三个坐标面及平面 $x+2y+z=1$ 所围成的闭区域.

分析　先画出积分区域,如图 3.29 所示,再根据两种方法的不同特点进行计算.用投影法计算时,由于被积函数中只含有变量 z,为了最后关于 z 积分,可以将积分区域先向 xOy 坐标面投影,进而将积分区域用不等式表示出来;在用截面法计算时,截面是三角形,被积函数中只含有变量 z,因此可以使用垂直于 z 轴的平面横截积分区域.

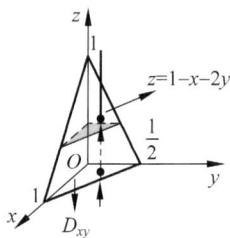

图　3.29

解　投影法(先一后二)　易见积分区域 Ω 是 xy 型区域,将积分区域向 xOy 面投影,得三角形投影闭区域 $D_{xy}=\left\{(x,y)\,\middle|\,0\leqslant y\leqslant\dfrac{1-x}{2},0\leqslant x\leqslant 1\right\}$. 过 D_{xy} 内任意一点作平行于 z 轴的直线,该直线由平面 $z=0$ 穿入,由平面 $z=1-x-2y$ 穿出,因此有 $0\leqslant z\leqslant 1-x-2y$. 于是积分区域 Ω 可以表示为

$$\Omega=\left\{(x,y)\,\middle|\,0\leqslant z\leqslant 1-x-2y,0\leqslant y\leqslant\frac{1-x}{2},0\leqslant x\leqslant 1\right\}.$$

故

$$\iiint\limits_{\Omega}z\,\mathrm{d}V=\iint\limits_{D}\mathrm{d}x\mathrm{d}y\int_0^{1-x-2y}z\mathrm{d}z=\int_0^1\mathrm{d}x\int_0^{\frac{1-x}{2}}\mathrm{d}y\int_0^{1-x-2y}z\mathrm{d}z$$

$$=\int_0^1\mathrm{d}x\int_0^{\frac{1-x}{2}}\frac{(1-x-2y)^2}{2}\mathrm{d}y=\frac{1}{48}.$$

截面法(先二后一)　易见,积分区域 Ω 在 z 轴上的投影为 $[0,1]$,在此区间内任取 z,作垂直于 z 轴的平面得到 $0\leqslant z\leqslant 1$,对于固定的 z,截取的三角形在 zOx 面上的边长为 $x=1-z$,在 yOz 面上的边长为 $y=\dfrac{1-z}{2}$,三角形的面积为 $\dfrac{(1-z)^2}{4}$. 于是由截面法得

$$\iiint\limits_{\Omega}z\,\mathrm{d}V=\int_0^1 z\mathrm{d}z\iint\limits_{D_z}\mathrm{d}x\mathrm{d}y=\int_0^1 z\,\frac{(1-z)^2}{4}\mathrm{d}z=\frac{1}{48}.$$

由例 3.16 和例 3.17 可见,在计算三重积分时,选用投影法(先一后二),还是截面法(先二后一)要视具体情况而定.一般地,如果用平面"$z=$常数"去截积分区域 Ω 得到的平面区域 D_z 比较简单,并且二重积分 $\displaystyle\iint\limits_{D_z}f(x,y,z)\mathrm{d}x\mathrm{d}y$ 比较容易计算,可以选用"先二后一"的方法进行计算.

3.3.5　柱坐标系中的计算方法

为了给出三重积分在柱坐标系中的计算公式,需要先引进柱坐标的概念.

简单地说,柱坐标系就是在极坐标系的基础上,再添加 z 轴方向的坐标所得的空间坐标系.为了建立柱坐标系与空间直角坐标系之间的对应关系,令极点与原点 O 重合,极轴与 x 轴重合(方向一致),两个坐标系的 z 轴保持一致,这样建立的空间坐标系称为**空间柱坐标系**.下面给出两个坐标系中点的对应关系.如图 3.30(a)所示,设 $M(x,y,z)$ 为空间直角坐标系中的一点,点 M 在 xOy 坐标面上的投影 P 的极坐标为 (r,θ),则数组 (r,θ,z) 称为点 M 的**柱坐标**,这里点 r 表示点 M 到 z 轴的距离,θ 表示 xOy 坐标面上 x 轴的正向按逆时针转到

$\overrightarrow{OP}$ 的夹角, z 表示点 M 的竖坐标. 因此, 空间点 M 的直角坐标 (x,y,z) 与柱面坐标 (r,θ,z) 之间有如下关系:

$$x = r\cos\theta, \quad y = r\sin\theta, \quad z = z,$$

其中, $0 \leqslant r < +\infty, 0 \leqslant \theta \leqslant 2\pi, -\infty < z < +\infty$. 注意到, 柱坐标系中, 点 (r_0, θ_0, z_0) 由如下三个曲面确定:

$r = r_0$ 表示以 z 轴为中心轴, 底面半径为 r_0 的圆柱面;

$\theta = \theta_0$ 表示从 z 轴出发, 且与 x 轴正向的夹角为 θ_0 的半平面;

$z = z_0$ 表示过 z 轴上的点 $(0,0,z_0)$, 且与 z 轴垂直的平面.

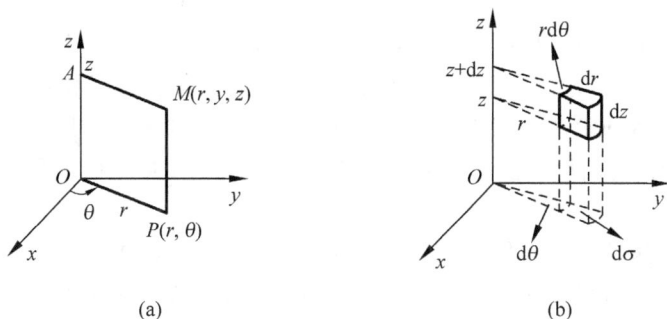

(a)   (b)

图　3.30

下面讨论在柱坐标系下三重积分 $\iiint\limits_{\Omega} f(x,y,z)\mathrm{d}V$ 的计算方法. 事实上, 只需将被积函数 $f(x,y,z)$ 中的 x,y,z 替换成 r,θ,z, 并把体积微元 $\mathrm{d}V$ 用 $\mathrm{d}r, \mathrm{d}\theta, \mathrm{d}z$ 表示即可.

现用柱坐标系中的三族曲面分割空间积分区域 Ω, 分别是: 一族 "$r=$ 常数" 的同轴圆柱面、一族 "过 z 轴, $\theta=$ 常数" 的半平面及一族 "$z=$ 常数" 的平面. 这三族曲面将 Ω 分割成 n 个小区域, 所得微元记作 $\mathrm{d}V$, 它也表示该小闭区域的体积. 如图 3.30(b) 所示, $\mathrm{d}V$ 是由同轴圆柱面 r 与 $r+\mathrm{d}r$、半平面 θ 与 $\theta+\mathrm{d}\theta$ 及平行于 z 轴的平面 z 与 $z+\mathrm{d}z$ 围成的小闭区域. 注意到, 小闭区域的体积 $\mathrm{d}V$ 可近似看成以 $\mathrm{d}r, r\mathrm{d}\theta, \mathrm{d}z$ 为长、宽、高的小长方体, 因此其体积可以近似表示为 $\mathrm{d}r(r\mathrm{d}\theta)\mathrm{d}z = r\mathrm{d}r\mathrm{d}\theta\mathrm{d}z$. 于是积分区域 Ω 中的体积微元 $\mathrm{d}V$ 可以表示为 $\mathrm{d}V = r\mathrm{d}r\mathrm{d}\theta\mathrm{d}z$.

利用直角坐标 (x,y,z) 与柱面坐标 (r,θ,z) 之间的关系式, 可以得到柱坐标系下的三重积分的表示

$$\iiint\limits_{\Omega} f(x,y,z)\mathrm{d}V = \iiint\limits_{\Omega} f(r\cos\theta, r\sin\theta, z)r\mathrm{d}r\mathrm{d}\theta\mathrm{d}z. \tag{3.18}$$

式 (3.18) 给出了柱坐标系下三重积分的表示形式, 在具体计算时, 还需要将其化为累次积分, 因此需要将积分区域 Ω 用柱坐标进行描述.

对于有界闭区域 Ω, 假设它是空间直角坐标系中的 xy 型区域, 它在 xOy 坐标面上的投影为 D_{xy}, 如图 3.31 所示. 以 D_{xy} 的边界曲线为准线作母线平行于 z 轴的柱面, 这个柱面与曲面 S 的交线把 S 分出下、上两个部分, 它们的方

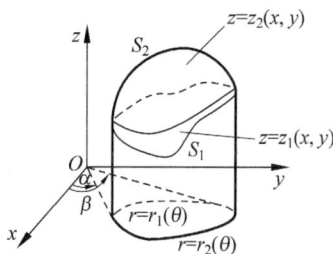

图　3.31

程分别为 $S_1: z = z_1(x,y), S_2: z = z_2(x,y)$，其中 $z_1(x,y)$ 与 $z_2(x,y)$ 都在 D_{xy} 上连续，且 $z_1(x,y) \leqslant z_2(x,y)$. 于是积分区域 Ω 可以表示为 $\Omega = \{(x,y,z) \mid z_1(x,y) \leqslant z \leqslant z_2(x,y), (x,y) \in D_{xy}\}$. 进一步地，若区域 D_{xy} 的极坐标表示形式为 $D_{r\theta} = \{(r,\theta) \mid r_1(\theta) \leqslant r \leqslant r_2(\theta), \alpha \leqslant \theta \leqslant \beta\}$，则积分区域 Ω 的柱坐标表示形式为

$$\Omega = \{(r,\theta,z) \mid z_1(r\cos\theta, r\sin\theta) \leqslant z \leqslant z_2(r\cos\theta, r\sin\theta), r_1(\theta) \leqslant r \leqslant r_2(\theta), \alpha \leqslant \theta \leqslant \beta\}.$$
$$(3.19)$$

于是，柱坐标系下三重积分的累次积分公式为

$$\iiint\limits_{\Omega} f(r\cos\theta, r\sin\theta, z) r \, \mathrm{d}r \mathrm{d}\theta \mathrm{d}z = \int_{\alpha}^{\beta} \mathrm{d}\theta \int_{r_1(\theta)}^{r_2(\theta)} r \, \mathrm{d}r \int_{z_1(r\cos\theta, r\sin\theta)}^{z_2(r\cos\theta, r\sin\theta)} f(r\cos\theta, r\sin\theta, z) \mathrm{d}z. \quad (3.20)$$

从公式(3.20)的推导过程可以看出，若积分区域 Ω 满足两个条件，选用柱坐标方法计算三重积分会较为简便，它们是：① 从几何直观上讲，首选的积分区域是空间直角坐标系中的 xy 型区域，或是通过简单分割将 Ω 分割成几个 xy 型的区域；② 投影区域 D_{xy} 为圆形、扇形或圆环形等区域，它们用极坐标变量 r, θ 表示较为方便，或被积函数中含有 $x^2 + y^2$ 的因子.

选用柱坐标方法计算三重积分的基本步骤是：先将积分区域表示为(3.19)的形式；然后利用式(3.20)将三重积分化为柱坐标系下的累次积分；最后进行计算.

例 3.18 计算下列三重积分：

(1) $\displaystyle\iiint\limits_{\Omega} \sqrt{x^2 + y^2} \, \mathrm{d}V$，其中 Ω 由圆柱面 $x^2 + y^2 = 1$，平面 $z = 0$ 和 $z = 2$ 围成；

(2) $\displaystyle\iiint\limits_{\Omega} z(x^2 + y^2) \mathrm{d}V$，其中 Ω 由曲面 $z = \sqrt{4 - x^2 - y^2}$ 与曲面 $x^2 + y^2 = 3z$ 围成.

分析 根据积分区域和被积函数的特点，选用柱坐标方法计算.

解 (1) 积分区域 Ω 的图形如图 3.32(a)所示. 将 Ω 投影到 xOy 坐标面上，投影区域 D_{xy} 的极坐标表示形式为 $\{(r,\theta) \mid 0 \leqslant r \leqslant 1, 0 \leqslant \theta \leqslant 2\pi\}$，过 D_{xy} 内任意一点 (r,θ) 作平行于 z 轴的直线，得到 Ω 内的点关于 z 的坐标满足 $0 \leqslant z \leqslant 2$. 因此，$\Omega$ 可表示为

$$\Omega = \{(r,\theta,z) \mid 0 \leqslant z \leqslant 2, 0 \leqslant r \leqslant 1, 0 \leqslant \theta \leqslant 2\pi\}.$$

于是

$$\iiint\limits_{\Omega} \sqrt{x^2 + y^2} \, \mathrm{d}V = \iiint\limits_{\Omega} r \cdot r \, \mathrm{d}r \mathrm{d}\theta \mathrm{d}z = \int_0^{2\pi} \mathrm{d}\theta \int_0^1 r^2 \mathrm{d}r \int_0^2 \mathrm{d}z = 2\pi \times \frac{1}{3} \times 2 = \frac{4\pi}{3}.$$

(2) 积分区域 Ω 的图形如图 3.32(b)所示. 将 Ω 投影到 xOy 坐标面上，投影区域 D_{xy} 的极坐标表示形式为 $D_{xy} = \{(r,\theta) \mid 0 \leqslant r \leqslant \sqrt{3}, 0 \leqslant \theta \leqslant 2\pi\}$，过 D_{xy} 内任意一点 (r,θ) 作平行于 z 轴的直线，得到 Ω 内的点的关于 z 的坐标满足 $\dfrac{r^2}{3} \leqslant z \leqslant \sqrt{4 - r^2}$. 因此，$\Omega$ 可表示为

$$\Omega = \left\{(r,\theta,z) \mid \frac{r^2}{3} \leqslant z \leqslant \sqrt{4 - r^2}, 0 \leqslant r \leqslant \sqrt{3}, 0 \leqslant \theta \leqslant 2\pi\right\}.$$

于是

$$\iiint\limits_{\Omega} z(x^2 + y^2) \mathrm{d}V = \int_0^{2\pi} \mathrm{d}\theta \int_0^{\sqrt{3}} r^3 \mathrm{d}r \int_{\frac{r^2}{3}}^{\sqrt{4 - r^2}} z \, \mathrm{d}z$$

$$= \int_0^{2\pi} \mathrm{d}\theta \int_0^{\sqrt{3}} \frac{1}{2} r^3 \left(4 - r^2 - \frac{r^4}{9}\right) \mathrm{d}r = \frac{27}{8}\pi.$$

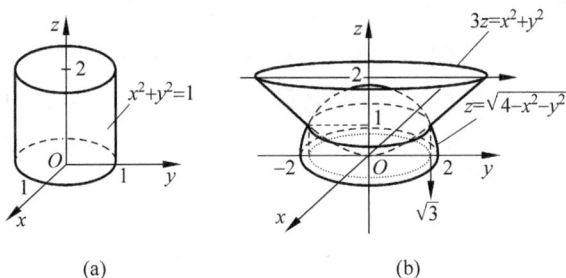

图　3.32

3.3.6　球坐标系中的计算方法

在计算三重积分时,经常会遇到积分区域的整个或部分形状与球的形状有关,并且被积函数中含有 $x^2+y^2+z^2$ 的因子.受计算三重积分的柱坐标方法的启发,具有前述特征的三重积分也应该可以在球坐标系中进行计算.为此,首先引入球坐标系.

在空间直角坐标系中,如图 3.33(a)所示,设点 M 的坐标为 $M(x,y,z)$,有向线段 $\overrightarrow{OM}$ 的长度为 ρ,φ 为 $\overrightarrow{OM}$ 与 z 轴正向的夹角.又设 P 为点 M 在 xOy 坐标面上的投影,θ 为 xOy 面上 x 轴的正向按逆时针转到 $\overrightarrow{OP}$ 的夹角,那么 M 的位置也可用 ρ,φ,θ 这三个有序数确定,称 (ρ,φ,θ) 为点 M 的**球坐标**,相应的坐标系称为**球坐标系**.显然,点 M 的直角坐标与球坐标之间有如下的关系:
$$x = \rho\sin\varphi\cos\theta, \quad y = \rho\sin\varphi\sin\theta, \quad z = \rho\cos\varphi,$$
其中,ρ,φ,θ 的变化范围规定为 $0\leqslant\rho<+\infty$,$0\leqslant\varphi\leqslant\pi$,$0\leqslant\theta\leqslant2\pi$.在球坐标系中点 $(\rho_0,\varphi_0,\theta_0)$ 由如下三个曲面确定:

$\rho=\rho_0$ 表示以原点为球心,半径为 ρ_0 的球面;

$\varphi=\varphi_0$ 表示以 z 轴为中心轴、顶点为原点、从原点出发的母线与 z 轴的正向的夹角为 φ_0 的半圆锥面;

$\theta=\theta_0$ 表示从 z 轴出发,且与 x 轴正向的夹角为 θ_0 的半平面.

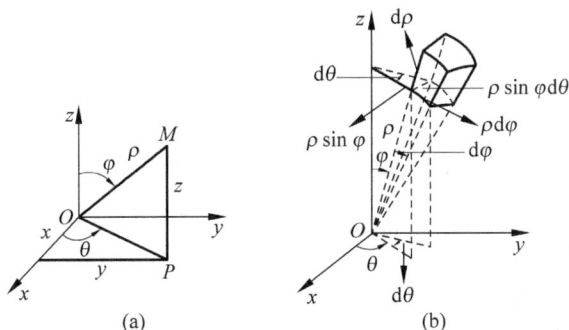

图　3.33

下面讨论在球坐标系下三重积分 $\iiint\limits_{\Omega} f(x,y,z)\mathrm{d}V$ 的计算方法.在计算过程中需将被积函数 $f(x,y,z)$ 中的 x,y,z 替换成 ρ,φ,θ,并将体积微元 $\mathrm{d}V$ 用 $\mathrm{d}\rho,\mathrm{d}\varphi,\mathrm{d}\theta$ 表示.

现用三族球坐标曲面"$\rho=$常数,$\varphi=$常数,$\theta=$常数"分割积分区域 Ω,将其分割成若干小闭区域. 考虑由 ρ,φ,θ 的各取得微小增量 $\mathrm{d}\rho,\mathrm{d}\varphi,\mathrm{d}\theta$ 所成的六面体的体积,如图 3.33(b) 所示. 若忽略高阶无穷小,可将这个六面体近似看作长方体,其经线方向的长为 $\rho\mathrm{d}\varphi$,纬线方向的宽为 $\rho\sin\varphi\mathrm{d}\theta$,径向方向的高为 $\mathrm{d}\rho$,于是得到球坐标系中的体积微元为 $\mathrm{d}V=\rho^2\sin\varphi\mathrm{d}\rho\mathrm{d}\varphi\mathrm{d}\theta$. 因此,在球面坐标系下的三重积分公式为

$$\iiint\limits_{\Omega}f(x,y,z)\mathrm{d}V=\iiint\limits_{\Omega}f(\rho\sin\varphi\cos\theta,\rho\sin\varphi\sin\theta,\rho\cos\varphi)\rho^2\sin\varphi\mathrm{d}\rho\mathrm{d}\varphi\mathrm{d}\theta. \qquad (3.21)$$

由式(3.21)可见,三重积分的球坐标表示需要两个步骤:一是在被积函数中,把变量 x,y,z 分别用 $\rho\sin\varphi\cos\theta,\rho\sin\varphi\sin\theta,\rho\cos\varphi$ 替换;二是把体积微元 $\mathrm{d}V$ 换为 $\rho^2\sin\varphi\mathrm{d}\rho\mathrm{d}\varphi\mathrm{d}\theta$.

计算球坐标系下的三重积分同样需要将其化为对积分变量 ρ,φ,θ 的累次积分. 通常选用的积分次序是:先对 ρ、再对 φ、最后对 θ. 为了确定积分的上下限,先把积分区域 Ω 的边界曲面方程化为球坐标形式,再根据区域边界确定 ρ,φ,θ 在 Ω 中的变化范围. 由于问题不具有普适性,具体问题要具体分析,参见下面的例题.

例 3.19 计算下列三重积分:

(1) $I=\iiint\limits_{\Omega}(x^2+y^2+z^2)\mathrm{d}V$,其中 $\Omega=\{(x,y,z)\mid x^2+y^2+z^2\leqslant 4,z\geqslant 0\}$;

(2) $\iiint\limits_{\Omega}\dfrac{1}{x^2+y^2+z^2}\mathrm{d}V$,其中 Ω 是由曲面 $z=a+\sqrt{a^2-x^2-y^2}\ (a>0)$ 与曲面 $z=\sqrt{x^2+y^2}$ 围成的闭区域.

分析 根据被积函数和积分区域的特征,利用球坐标方法计算较为方便. 需要先将积分区域表示为球坐标形式,进而确定 ρ,φ,θ 的积分限,然后将其化为累次积分,最后计算.

解 (1) 积分区域 Ω 的图形如图 3.34(a)所示. 易见,积分区域 Ω 为半径小于等于 2 的上半球形区域. 于是积分区域的球坐标形式为

$$\Omega=\left\{(\rho,\varphi,\theta)\mid 0\leqslant\rho\leqslant 2,0\leqslant\varphi\leqslant\frac{\pi}{2},0\leqslant\theta\leqslant 2\pi\right\}.$$

故

$$I=\iiint\limits_{\Omega}(x^2+y^2+z^2)\mathrm{d}V=\iiint\limits_{\Omega}\rho^2\rho^2\sin\varphi\mathrm{d}\rho\mathrm{d}\theta\mathrm{d}\varphi$$

$$=\int_0^{2\pi}\mathrm{d}\theta\int_0^{\frac{\pi}{2}}\sin\varphi\mathrm{d}\varphi\int_0^2\rho^4\mathrm{d}\rho=\frac{64\pi}{5}.$$

(2) 积分区域 Ω 的图形如图 3.34(b)所示. 在球坐标系中,积分区域 Ω 的表示形式为

$$\Omega=\left\{(\rho,\theta,\varphi)\mid 0<\rho\leqslant 2a\cos\varphi,0\leqslant\varphi\leqslant\frac{\pi}{4},0\leqslant\theta\leqslant 2\pi\right\}.$$

故所求体积

$$V=\iiint\limits_{\Omega}\frac{1}{x^2+y^2+z^2}\mathrm{d}V=\iiint\limits_{\Omega}\frac{1}{\rho^2}\rho^2\sin\varphi\mathrm{d}\rho\mathrm{d}\theta\mathrm{d}\varphi$$

$$=\int_0^{2\pi}\mathrm{d}\theta\int_0^{\frac{\pi}{4}}\sin\varphi\mathrm{d}\varphi\int_0^{2a\cos\varphi}\mathrm{d}\rho=2\pi\int_0^{\frac{\pi}{4}}2a\sin\varphi\cos\varphi\mathrm{d}\varphi=\pi a.$$

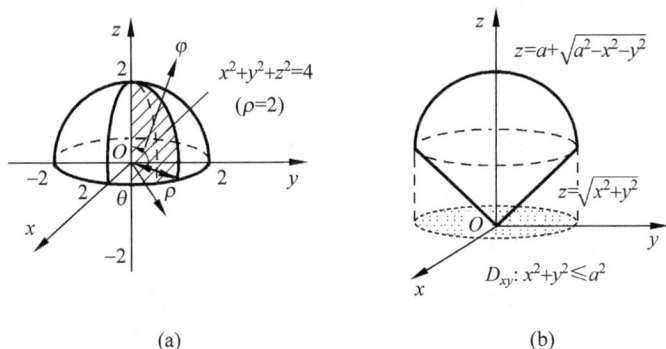

图 3.34

◇ 习 ◇ 题 ◇ **3.3** ◇

思 考 题

1. 计算三重积分的基本步骤是什么?

2. 在空间直角坐标系中计算三重积分时,如何选择积分顺序,依据是什么?

3. 当被积函数和积分区域具有什么特点时,选择用柱坐标方法或球坐标方法计算三重积分?

A类题

1. 对于给定的积分区域 Ω,分别将 $\iiint\limits_{\Omega} f(x,y,z)\mathrm{d}V$ 化为累次积分:

(1) 由三个坐标面及平面 $x+y+z=1$ 围成的闭区域;

(2) 由曲面 $z=x^2+y^2$,$y=x^2$ 与平面 $y=1$,$z=0$ 围成的闭区域.

2. 利用投影法(先一后二)方法计算三重积分:

(1) $\iiint\limits_{\Omega} x\mathrm{d}V$,其中 Ω 是由平面 $x=0$,$y=0$,$z=0$ 及 $x+y+z=1$ 围成的闭区域;

(2) $\iiint\limits_{\Omega} x^3 y^2 z\mathrm{d}V$,其中 $\Omega=\{(x,y,z)\,|\,0\leqslant x\leqslant 1,0\leqslant y\leqslant 2,0\leqslant z\leqslant 3\}$.

3. 利用截面法(先二后一)方法计算三重积分:

(1) $\iiint\limits_{\Omega} \mathrm{e}^y\mathrm{d}V$,其中 Ω 是由 $x^2-y^2+z^2=1$,$y=0$,$y=4$ 围成的闭区域;

(2) $\iiint\limits_{\Omega} z\mathrm{d}V$,其中 Ω 是由曲面 $z=x^2+y^2$ 及平面 $z=2$ 围成的闭区域.

4. 将 $I=\int_{-2}^{2}\mathrm{d}x\int_{-\sqrt{4-x^2}}^{\sqrt{4-x^2}}\mathrm{d}y\int_{-2}^{-\sqrt{x^2+y^2}}f(\sqrt{x^2+y^2+z^2})\mathrm{d}z$ 分别表示成柱坐标系下和球坐标系下的累次积分.

5. 利用柱坐标计算三重积分：

(1) $\iiint\limits_{\Omega} e^{x^2+y^2} dV$，其中 Ω 是由曲面 $x^2+y^2=1$ 与平面 $z=0,z=2$ 围成的闭区域；

(2) $\iiint\limits_{\Omega} (x^2+y^2+z) dV$，其中 Ω 为抛物面 $z=x^2+y^2$ 与圆柱面 $x^2+y^2=4$ 及坐标面在第一卦限围成的闭区域.

6. 利用球坐标计算三重积分：

(1) $\iiint\limits_{\Omega} (x^5+z) dV$，其中 Ω 是由曲面 $z=\sqrt{x^2+y^2},z=\sqrt{1-x^2-y^2}$ 围成的闭区域；

(2) $\iiint\limits_{\Omega} (x^2+y^2+z^2) dV$，其中 Ω 是不等式 $4\leqslant x^2+y^2+z^2\leqslant 9(z\geqslant 0)$ 围成的闭区域.

B 类题

1. 将三重积分 $\iiint\limits_{\Omega} f(x,y,z) dV$ 化为直角坐标系下的累次积分，积分区域 Ω 分别为：

(1) 由曲面 $z=x^2+y^2$ 及平面 $z=2$ 围成的闭区域；

(2) 由曲面 $z=x^2+2y^2$ 及 $z=2-x^2$ 围成的闭区域.

2. 将 $I=\int_{-2}^{2} dx \int_{-\sqrt{4-x^2}}^{\sqrt{4-x^2}} dy \int_{-\sqrt{4-x^2-y^2}}^{0} (x^2+y^2) dz$ 分别化成柱坐标系及球坐标系下的累次积分，并任选一种计算其值.

3. 选择适当的坐标系计算三重积分：

(1) $\iiint\limits_{\Omega} dV$，其中 Ω 为由坐标面 $z=0$ 和柱面 $|x|+|y|=1$ 以及抛物面 $z=x^2+y^2+1$ 围成的闭区域；

(2) $\iiint\limits_{\Omega} x^2 dV$，其中 $\Omega=\{(x,y,z)|x^2+y^2+z^2\leqslant 2x\}$；

(3) $\iiint\limits_{\Omega} (1+z) dV$，其中 Ω 是由抛物面 $z=x^2+y^2$，平面 $z=1$ 和 $z=2$ 围成的闭区域；

(4) $\iiint\limits_{\Omega} (3x+2y+z) dV$，其中 Ω 是由平面 $z=h(h>0)$ 及曲面 $x^2+y^2=z^2$ 围成的闭区域；

(5) $\iiint\limits_{\Omega} (4x+2y+5z) dV$ 其中 Ω 为 $x^2+y^2+z^2\leqslant a^2(a>0)$ 围成的闭区域；

(6) $\iiint\limits_{\Omega} \sqrt{x^2+y^2} dV$，其中 Ω 是由曲面 $z=x^2+y^2$ 与平面 $z=4$ 围成的闭区域；

(7) $\iiint\limits_{\Omega} z dV$，其中 Ω 是由曲面 $z=\sqrt{2-x^2-y^2}$ 与 $x^2+y^2=z$ 围成的闭区域；

(8) $\iiint\limits_{\Omega} \sqrt{1-x^2-y^2-z^2} dV$，其中 Ω 是由不等式 $x^2+y^2+z^2\leqslant 1,z\geqslant \sqrt{x^2+y^2}$ 围成的闭区域；

(9) $\iiint\limits_{\Omega} (x^2 + y^2 + z)\mathrm{d}V$，其中 Ω 是由曲线 $\begin{cases} y^2 = 2z, \\ x = 0 \end{cases}$ 绕 z 轴旋转一周而成的曲面与平面 $z=4$ 围成的闭区域.

3.4 重积分的应用
Applications of multiple integrals

本节将定积分应用中微元法的思想推广到重积分，主要讨论重积分在几何与物理中的一些应用，如空间立体的体积，曲面的面积，物体的质心、转动惯量，质点与物体的引力等.

3.4.1 空间立体的体积

根据二重积分的几何解释，以曲顶柱体的顶的曲面方程为被积函数，以其底为积分区域所计算出的二重积分值即为曲顶柱体的体积.

例 3.20 求两个底圆半径都等于 R 的直交圆柱面围成的立体的体积.

分析 利用立体关于坐标平面的对称性，该立体在八个卦限的体积相等，因此只要算出它在第一卦限部分的体积 V_1 即可.

解 设两圆柱面分别为 $x^2 + y^2 = R^2$ 及 $x^2 + z^2 = R^2$，如图 3.35(a)所示.易见，所求立体在第一卦限部分可以看成是一个曲顶柱体，它的底如图 3.35(b)所示，区域可以表示为

$$D = \left\{ (x,y) \mid 0 \leqslant y \leqslant \sqrt{R^2 - x^2}, 0 \leqslant x \leqslant R \right\}.$$

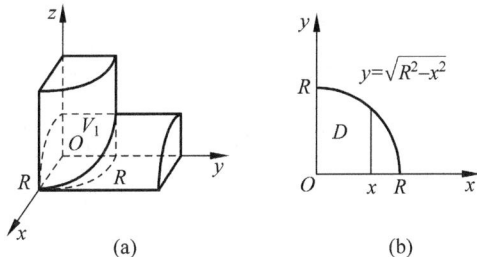

图 3.35

它的顶是柱面 $z = \sqrt{R^2 - x^2}$，于是

$$V_1 = \iint\limits_{D} \sqrt{R^2 - x^2}\,\mathrm{d}\sigma = \int_0^R \left(\int_0^{\sqrt{R^2-x^2}} \sqrt{R^2 - x^2}\,\mathrm{d}y \right)\mathrm{d}x = \int_0^R \left. \left(y\sqrt{R^2 - x^2} \right) \right|_0^{\sqrt{R^2-x^2}} \mathrm{d}x$$

$$= \int_0^R (R^2 - x^2)\,\mathrm{d}x = \frac{2}{3}R^3.$$

故所求体积为 $V = 8V_1 = \dfrac{16R^3}{3}$.

例 3.21 求球体 $x^2 + y^2 + z^2 \leqslant 4a^2$ 被圆柱面 $x^2 + y^2 = 2ax(a > 0)$ 截得的(含在圆柱面内的部分)立体的体积.

分析 利用二重积分的几何意义，所求的立体体积可以用二重积分计算.

解 第一卦限中截得的立体如图 3.36(a)所示，由对称性，有

$$V = 4 \iint\limits_{D} \sqrt{4a^2 - x^2 - y^2}\, \mathrm{d}\sigma$$

其中 D 为半圆周 $y = \sqrt{2ax - x^2}$ 及 x 轴围成的闭区域. 在极坐标系中,如图 3.36(b)所示,积分区域为 $D = \{(r,\theta) \mid 0 \leqslant \theta \leqslant \pi/2, 0 \leqslant r \leqslant 2a\cos\theta\}$,则有

$$V = 4 \iint\limits_{D} \sqrt{4a^2 - r^2}\, r\mathrm{d}r\mathrm{d}\theta = 4 \int_0^{\frac{\pi}{2}} \mathrm{d}\theta \int_0^{2a\cos\theta} \sqrt{4a^2 - r^2}\, r\mathrm{d}r$$

$$= \frac{32}{3} a^3 \int_0^{\frac{\pi}{2}} (1 - \sin^3\theta)\mathrm{d}\theta = \frac{32}{3} a^3 \left(\frac{\pi}{2} - \frac{2}{3} \right).$$

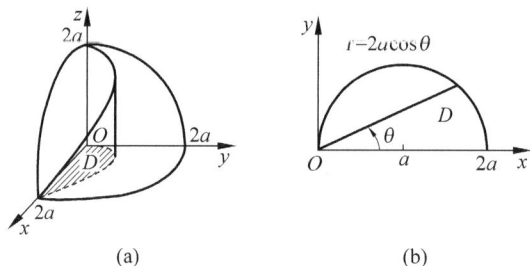

图　3.36

例 3.22　求曲面 $z = 2 + \sqrt{4 - x^2 - y^2}$ 与曲面 $z = \sqrt{x^2 + y^2}$ 围成的立体 Ω 的体积.

分析　该问题若用二重积分计算会很麻烦. 若三重积分的被积函数为 1,则以 Ω 为积分区域的三重积分的值等于 Ω 的体积. 根据积分区域和被积函数的特点,用球坐标计算较为方便.

解　该立体的图形如图 3.34(b)所示($a = 2$). 区域 Ω 在球坐标系中可以表示为

$$\Omega = \left\{ (\rho, \theta, \varphi) \mid 0 \leqslant \rho \leqslant 4\cos\varphi, 0 \leqslant \varphi \leqslant \frac{\pi}{4}, 0 \leqslant \theta \leqslant 2\pi \right\}.$$

故所求立体的体积为

$$V = \iiint\limits_{\Omega} \mathrm{d}V = \iiint\limits_{\Omega} \rho^2 \sin\varphi \, \mathrm{d}\rho \mathrm{d}\theta \mathrm{d}\varphi = \int_0^{2\pi} \mathrm{d}\theta \int_0^{\frac{\pi}{4}} \sin\varphi \, \mathrm{d}\varphi \int_0^{4\cos\varphi} \rho^2 \mathrm{d}\rho$$

$$= 2\pi \int_0^{\frac{\pi}{4}} \sin\varphi \frac{64 \cos^3\varphi}{3} \mathrm{d}\varphi = 8\pi.$$

3.4.2　曲面的面积

由二重积分的性质可知,当二重积分的被积函数满足 $f(x, y) \equiv 1$ 时,$\iint\limits_{D} \mathrm{d}\sigma$ 在数值上等于积分区域 D 的面积. 下面根据"微元法"的思想,推导出用二重积分计算光滑曲面面积的公式.

设有光滑曲面 S,对应的方程为 $z = f(x, y)$,D_{xy} 为曲面 S 在 xOy 坐标面上的投影区域. 求曲面 S 的面积 A.

基于微元法的思想,先要找到曲面 S 的面积微元. 区域 D_{xy} 内任取一小的闭区域 $\mathrm{d}\sigma$,其面积也用 $\mathrm{d}\sigma$ 表示. 在 $\mathrm{d}\sigma$ 内任取一点 $P(x, y)$,对应的曲面 S 上有一点 $M(x, y, f(x, y))$,曲

面 S 在点 M 处的切平面记为 T,如图 3.37 所示.以 $\mathrm{d}\sigma$ 的边界曲线为准线,作母线平行于 z 轴的柱面,该柱面在曲面 S 上截下一小片 $\mathrm{d}S$,在切平面 T 上截下一小片平面 $\mathrm{d}A$,因为 $\mathrm{d}\sigma$ 的直径很小,所以可用 $\mathrm{d}A$ 近似代替 $\mathrm{d}S$,即 $\mathrm{d}A$ 为曲面 S 的**面积微元**.

由于曲面 S 是光滑的,因此曲面方程 $z=f(x,y)$ 在 D 上具有连续偏导数 $f_x(x,y)$ 和 $f_y(x,y)$.根据多元函数微分学在几何上的应用知识,设点 M 处曲面 S 的法线(指向朝上)与 z 轴所成的角为 γ,即切平面 T 与 xOy 坐标面的夹角为 γ,如图 3.37 所示,则有

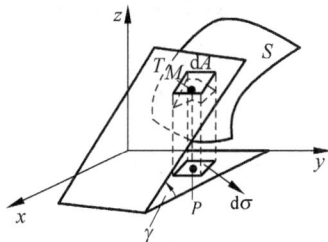

图 3.37

$$\mathrm{d}A=\frac{\mathrm{d}\sigma}{\cos\gamma},$$

其中,$\cos\gamma=\dfrac{1}{\sqrt{1+f_x^2(x,y)+f_y^2(x,y)}}$.于是

$$\mathrm{d}A=\sqrt{1+f_x^2(x,y)+f_y^2(x,y)}\,\mathrm{d}\sigma.$$

将面积微元作为被积表达式在闭区域 D 上积分,便得到曲面 S 的面积为

$$A=\iint\limits_{D}\mathrm{d}A=\iint\limits_{D_{xy}}\sqrt{1+f_x^2(x,y)+f_y^2(x,y)}\,\mathrm{d}\sigma. \tag{3.22}$$

此式也可以写成

$$A=\iint\limits_{D_{xy}}\sqrt{1+\left(\frac{\partial z}{\partial x}\right)^2+\left(\frac{\partial z}{\partial y}\right)^2}\,\mathrm{d}x\mathrm{d}y. \tag{3.23}$$

这就是曲面面积的计算公式.

类似地,如果光滑曲面 S 的方程由 $x=x(y,z)$ 或 $y=y(z,x)$ 给出,则可以分别把曲面投影到 yOz 坐标面上(投影区域记为 D_{yz})或 zOx 坐标面上(投影区域记为 D_{zx}),进而得到

$$A=\iint\limits_{D_{yz}}\sqrt{1+\left(\frac{\partial x}{\partial y}\right)^2+\left(\frac{\partial x}{\partial z}\right)^2}\,\mathrm{d}y\mathrm{d}z, \tag{3.24}$$

或

$$A=\iint\limits_{D_{zx}}\sqrt{1+\left(\frac{\partial y}{\partial x}\right)^2+\left(\frac{\partial y}{\partial z}\right)^2}\,\mathrm{d}x\mathrm{d}z. \tag{3.25}$$

例 3.23 求锥面 $z=\sqrt{x^2+y^2}$ 被柱面 $z^2=2x$ 割下部分的面积.

分析 根据图形找出曲面表达式和曲面的投影区域,利用式(3.23)计算.

解 如图 3.38 所示,设锥面 $z=\sqrt{x^2+y^2}$ 被柱面 $z^2=2x$ 所割下部分的面积为 A,其中曲面方程为 $z=\sqrt{x^2+y^2}$,区域 $D=\{(x,y)\mid x^2+y^2\leqslant 2x\}$.容易求得

$$z'_x=\frac{x}{\sqrt{x^2+y^2}},\quad z'_y=\frac{y}{\sqrt{x^2+y^2}},$$

则

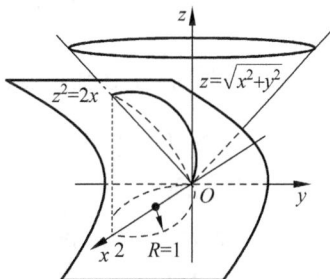

图 3.38

$$A=\iint\limits_{D}\sqrt{1+z_x'^2+z_y'^2}\,\mathrm{d}x\mathrm{d}y=\iint\limits_{D}\sqrt{2}\,\mathrm{d}x\mathrm{d}y=\sqrt{2}\,\pi.$$

例 3. 24 求底圆半径相等的两个直交圆柱面 $x^2+y^2=R^2$ 及 $x^2+z^2=R^2$ 围立体的表面积.

分析 找到曲面的方程,再利用对称性进行计算.

解 围成立体在第一卦限的图形如图 3.35(a)所示. 由对称性可知,围成立体的表面积等于第一卦限中位于圆柱面 $x^2+z^2=R^2$ 上的部分面积的 16 倍,这部分曲面的方程为 $z=\sqrt{R^2-x^2}$. 于是

$$A=16\iint\limits_{D}\sqrt{1+\left(\frac{\partial z}{\partial x}\right)^2+\left(\frac{\partial z}{\partial y}\right)^2}\,\mathrm{d}x\mathrm{d}y=16\iint\limits_{D}\sqrt{1+\left(\frac{-x}{\sqrt{R^2-x^2}}\right)^2+0^2}\,\mathrm{d}x\mathrm{d}y$$

$$=16\iint\limits_{D}\frac{R}{\sqrt{R^2-x^2}}\,\mathrm{d}x\mathrm{d}y=16\int_0^R\mathrm{d}x\int_0^{\sqrt{R^2-x^2}}\frac{R}{\sqrt{R^2-x^2}}\,\mathrm{d}y$$

$$=16\int_0^R\frac{R}{\sqrt{R^2-x^2}}\,(y)\,\big|_0^{\sqrt{R^2-x^2}}\,\mathrm{d}x=16\int_0^R R\,\mathrm{d}x=16R^2.$$

3. 4. 3　质心

1. 质点系的质心

首先考虑平面质点系的质心. 设有 n 个质点组成的平面质点系,这些质点的质量分别为 $m_i(i=1,2,\cdots,n)$,它们在 xOy 面上分别位于 $(x_i,y_i)(i=1,2,\cdots,n)$ 处. 记 $(\bar{x},\bar{y})$ 为质点系的质心,由静力学知识可知,质心的坐标为

$$\bar{x}=\frac{M_y}{M}=\frac{\sum\limits_{i=1}^{n}m_ix_i}{\sum\limits_{i=1}^{n}m_i},\quad \bar{y}=\frac{M_x}{M}=\frac{\sum\limits_{i=1}^{n}m_iy_i}{\sum\limits_{i=1}^{n}m_i},$$

其中,$M=\sum\limits_{i=1}^{n}m_i$ 为该质点系的总质量,M_y 和 M_x 分别称为质点关于 y 轴和 x 轴的力矩.

类似地,对于空间质点系,这些质点的质量分别为 $m_i(i=1,2,\cdots,n)$,若质点在空间 $Oxyz$ 中分别位于 $(x_i,y_i,z_i)(i=1,2,\cdots,n)$ 处,则质点系的质心 $(\bar{x},\bar{y},\bar{z})$ 的坐标为

$$\bar{x}=\frac{M_{yz}}{M}=\frac{\sum\limits_{i=1}^{n}m_ix_i}{\sum\limits_{i=1}^{n}m_i},\quad \bar{y}=\frac{M_{zx}}{M}=\frac{\sum\limits_{i=1}^{n}m_iy_i}{\sum\limits_{i=1}^{n}m_i},\quad \bar{z}=\frac{M_{xy}}{M}=\frac{\sum\limits_{i=1}^{n}m_iz_i}{\sum\limits_{i=1}^{n}m_i},$$

其中,$M=\sum\limits_{i=1}^{n}m_i$ 为该质点系的总质量,M_{yz}、M_{zx} 和 M_{xy} 分别称为质点关于三个坐标面 yOz 面和 zOx 面和 xOy 面的力矩.

2. 物体的质心

对于平面薄片,设它占有 xOy 面上的闭区域 D,面密度函数 $\rho(x,y)$ 在 D 上连续. 求该薄片的质心坐标 $(\bar{x},\bar{y})$.

由 3.1 节的引例 2 可知,平面薄片的质量为 $M=\iint\limits_{D}\rho(x,y)\mathrm{d}\sigma$,故只需讨论力矩 M_y 和 M_x 的表达式. 在闭区域 D 上任取小的闭区域 $\mathrm{d}\sigma$,(x,y) 是小闭区域内的一点,由于 $\rho(x,y)$

在 D 上连续,所以薄片中相应于 $\mathrm{d}\sigma$ 的部分的质量近似等于 $\rho(x,y)\mathrm{d}\sigma$,于是力矩微元分别为 $\mathrm{d}M_x = y\rho(x,y)\mathrm{d}\sigma$ 和 $\mathrm{d}M_y = x\rho(x,y)\mathrm{d}\sigma$. 由此得到平面薄片关于 x 轴和 y 轴的力矩 M_x, M_y 分别为

$$M_x = \iint\limits_D y\rho(x,y)\mathrm{d}\sigma, \quad M_y = \iint\limits_D x\rho(x,y)\mathrm{d}\sigma.$$

薄片的质心坐标为

$$\bar{x} = \frac{M_y}{M} = \frac{\iint\limits_D x\rho(x,y)\mathrm{d}\sigma}{\iint\limits_D \rho(x,y)\mathrm{d}\sigma}, \quad \bar{y} = \frac{M_x}{M} = \frac{\iint\limits_D y\rho(x,y)\mathrm{d}\sigma}{\iint\limits_D \rho(x,y)\mathrm{d}\sigma}. \tag{3.26}$$

特别地,如果薄片是均匀的,即面密度为常量,则

$$\bar{x} = \frac{1}{A}\iint\limits_D x\mathrm{d}\sigma, \quad \bar{y} = \frac{1}{A}\iint\limits_D y\mathrm{d}\sigma, \tag{3.27}$$

其中 A 为薄片的面积.

对于空间物体,假设其占有空间 $Oxyz$ 的有界闭区域 Ω,体密度函数 $\rho(x,y,z)$ 在 Ω 上连续. 类似于平面薄片的情形,不难推出空间物体的质心 $(\bar{x}, \bar{y}, \bar{z})$ 为

$$\bar{x} = \frac{1}{M}\iiint\limits_\Omega x\rho(x,y,z)\mathrm{d}V, \quad \bar{y} = \frac{1}{M}\iiint\limits_\Omega y\rho(x,y,z)\mathrm{d}V, \quad \bar{z} = \frac{1}{M}\iiint\limits_\Omega z\rho(x,y,z)\mathrm{d}V, \tag{3.28}$$

其中, $M = \iiint\limits_\Omega \rho(x,y,z)\mathrm{d}V$ 为该物体的质量.

特别地,对于占据空间闭区域 Ω,密度为常数的物体,其质心 $(\bar{x}, \bar{y}, \bar{z})$ 为

$$\bar{x} = \frac{1}{V}\iiint\limits_\Omega x\mathrm{d}V, \quad \bar{y} = \frac{1}{V}\iiint\limits_\Omega y\mathrm{d}V, \quad \bar{z} = \frac{1}{V}\iiint\limits_\Omega z\mathrm{d}V. \tag{3.29}$$

其中, V 为物体 Ω 的体积.

例 3.25 求位于两圆 $r = a\cos\theta$ 和 $r = 2a\cos\theta$ 之间的均匀薄片的质心.

分析 对于均匀薄片,可利用公式(3.27)计算. 需要先求薄片的质量,再求力矩.

解 两圆所围成的区域 D 如图 3.39 所示. 由图形的对称性知,该薄片的质心在 x 轴上,即 $\bar{y} = 0$. 由于闭区域 D 位于半径为 a 和半径为 $\frac{a}{2}$ 的两圆之间,所以它的面积等于这两个圆的面积之差,即

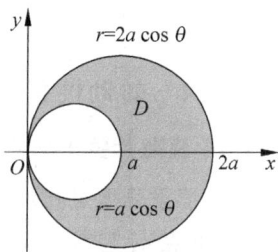

图 3.39

$$A = \iint\limits_D \mathrm{d}\sigma = \pi a^2 - \pi\left(\frac{a}{2}\right)^2 = \frac{3\pi}{4}a^2.$$

可以求得

$$\iint\limits_D x\mathrm{d}\sigma = \int_{-\frac{\pi}{2}}^{\frac{\pi}{2}}\mathrm{d}\theta\int_{a\cos\theta}^{2a\cos\theta}(r\cos\theta)r\mathrm{d}r = \int_{-\frac{\pi}{2}}^{\frac{\pi}{2}}\cos\theta\left(\frac{1}{3}r^3\right)\Big|_{a\cos\theta}^{2a\cos\theta}\mathrm{d}\theta$$

$$= \frac{7}{3}a^3\int_{-\frac{\pi}{2}}^{\frac{\pi}{2}}\cos^4\theta\mathrm{d}\theta = \frac{14}{3}a^3\int_0^{\frac{\pi}{2}}\cos^4\theta\mathrm{d}\theta = \frac{14}{3}a^3 \cdot \frac{3}{4} \cdot \frac{1}{2} \cdot \frac{\pi}{2} = \frac{7a^3}{8}\pi.$$

所以 $\bar{x} = \dfrac{\iint\limits_{D} x \, \mathrm{d}\sigma}{A} = \dfrac{7}{6}a$，故所求质心坐标为 $\left(\dfrac{7}{6}a, 0\right)$.

例 3.26　已知均匀半球体的半径为 a，在该半球体的底圆的一侧拼接一个半径与球的半径相等、材料相同的均匀圆柱体，使圆柱体的底圆与半球的底圆相重合. 为了使拼接后的整个立体质心恰好位于球心，问圆柱的高应为多少？

分析　将其放置在空间直角坐标系中，注意立体的体积由圆柱体与半球体两部分组成. 可以利用对称性简化计算.

解　如图 3.40 所示，设所求的圆柱体的高度为 H，使圆柱体与半球的底圆在 xOy 坐标面上. 圆柱体的中心轴为 z 轴，设整个立体所占区域为 Ω，其体积为 V，质心坐标为 $(\bar{x}, \bar{y}, \bar{z})$. 由空间物体的对称性，有 $\bar{x} = \bar{y} = 0$，故只需要 z 轴上的坐标

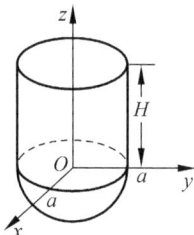
图　3.40

$$\bar{z} = \frac{1}{V}\iiint\limits_{\Omega} z \, \mathrm{d}V = 0, \quad 即 \quad \iiint\limits_{\Omega} z \, \mathrm{d}V = 0.$$

设圆柱体与半球占有的区域分别为 Ω_1, Ω_2，计算力矩时分别用柱面坐标与球面坐标，于是

$$
\begin{aligned}
\iiint\limits_{\Omega} z \, \mathrm{d}V &= \int_0^{2\pi} \mathrm{d}\theta \int_0^a \mathrm{d}r \int_0^H zr \, \mathrm{d}z + \int_0^{2\pi} \mathrm{d}\theta \int_{\pi/2}^{\pi} \mathrm{d}\varphi \int_0^a r\cos\varphi \, r^2 \sin\varphi \, \mathrm{d}r \\
&= \int_0^{2\pi} \mathrm{d}\theta \int_0^a r \, \mathrm{d}r \int_0^H z \, \mathrm{d}z + \int_0^{2\pi} \mathrm{d}\theta \int_{\pi/2}^{\pi} \cos\varphi\sin\varphi \, \mathrm{d}\varphi \int_0^a r^3 \, \mathrm{d}r \\
&= 2\pi \cdot \frac{1}{2}a^2 \cdot \frac{1}{2}H^2 + 2\pi\left(-\frac{1}{2}\right) \cdot \frac{a^4}{4} = \frac{\pi}{4}a^2(2H^2 - a^2).
\end{aligned}
$$

由 $2H^2 - a^2 = 0$ 解得，$H = \dfrac{\sqrt{2}\,a}{2}$，即为所求圆柱体的高.

3.4.4　转动惯量

1. 平面薄片关于坐标轴的转动惯量

转动惯量是度量物体转动惯性的物理量，用来描述转动物体所存储的能量. 通常把质量为 m 的质点与它到转动轴 l 的距离 r 的平方之积称为质点关于轴 l 的转动惯量，即 $I_l = mr^2$.

设有一平面薄片，它占有 xOy 面上的有界闭区域 D，面密度函数 $\rho(x, y)$ 在 D 上连续. 取它在 D 内的面积微元为 $\mathrm{d}\sigma$，不难求得它关于 x 轴，y 轴的转动惯量微元分别为 $\mathrm{d}I_x = y^2\rho(x, y)\mathrm{d}\sigma$，$\mathrm{d}I_y = x^2\rho(x, y)\mathrm{d}\sigma$. 于是，该平面薄片关于 x 轴，y 轴的转动惯量分别为

$$I_x = \iint\limits_{D} y^2 \rho(x, y) \, \mathrm{d}\sigma, \quad I_y = \iint\limits_{D} x^2 \rho(x, y) \, \mathrm{d}\sigma. \tag{3.30}$$

2. 空间物体关于坐标轴的转动惯量

设有一空间物体，它占有空间直角坐标系 $Oxyz$ 的有界闭区域 Ω，体密度函数 $\rho(x, y, z)$ 在 Ω 上连续，则该物体关于 x, y, z 轴的转动惯量分别为

$$I_x = \iiint\limits_{\Omega} (y^2 + z^2) \rho(x,y,z)\mathrm{d}V; \quad I_y = \iiint\limits_{\Omega} (x^2 + z^2) \rho(x,y,z)\mathrm{d}V;$$

$$I_z = \iiint\limits_{\Omega} (x^2 + y^2) \rho(x,y,z)\mathrm{d}V. \tag{3.31}$$

例 3.27 求半径为 2 的均匀半圆薄片(面密度为常数 ρ)对于其直径边的转动惯量.

分析 建立平面直角坐标系,使其对直径边的转动惯量即为对坐标轴的转动惯量.

解 半圆薄片在 xOy 面所占区域如图 3.41 所示,即 $D = \{(x,y) \mid x^2 + y^2 \leqslant 4, y \geqslant 0\}$,它对于 x 轴的转动惯量 I_x 即为所求的转动惯量.

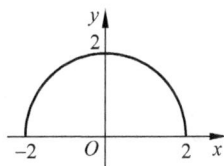

$$I_x = \iint\limits_{D} \rho y^2 \mathrm{d}\sigma = \iint\limits_{D} \rho r^2 \sin^2\theta r \mathrm{d}r\mathrm{d}\theta = \rho \int_0^\pi \sin^2\theta \mathrm{d}\theta \int_0^2 r^3 \mathrm{d}r = 2\pi\rho.$$

图 3.41

例 3.28 求高为 h、半顶角为 $\dfrac{\pi}{4}$、密度为常数 ρ 的正圆锥体绕对称轴旋转的转动惯量.

分析 建立空间直角坐标系,取对称轴为 z 轴,利用对 z 轴的转动惯量计算公式进行求解.

解 取对称轴为 z 轴,顶点为原点,正圆锥体的图形如图 3.42 所示.则正圆锥体绕 z 轴的转动惯量

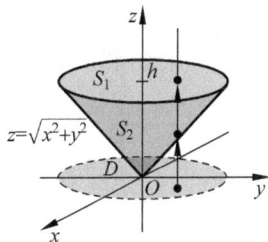

$$I_z = \iiint\limits_{\Omega} (x^2 + y^2) \rho \mathrm{d}V.$$

图 3.42

利用柱坐标方法求解.易见,$\Omega = \{(r,\theta,z) \mid r \leqslant z \leqslant h, 0 \leqslant r \leqslant h, 0 \leqslant \theta \leqslant 2\pi\}$,得到

$$I_z = \iiint\limits_{\Omega} \rho r^2 \cdot r \mathrm{d}\theta \mathrm{d}r \mathrm{d}z = \rho \int_0^{2\pi} \mathrm{d}\theta \int_0^h r^3 \mathrm{d}r \int_r^h \mathrm{d}z$$

$$= \rho \int_0^{2\pi} \mathrm{d}\theta \int_0^h r^3 (h - r) \mathrm{d}r = 2\pi\rho \left(\frac{r^4}{4} h - \frac{r^5}{5} \right) \Big|_0^h = \frac{1}{10} \pi \rho h^5.$$

3.4.5 引力

这里我们只讨论空间物体对于物体外的质点的引力问题,因为平面薄片对质点的引力可以认为是空间引力问题的一种退化形式.

设一空间物体在空间直角坐标系中占有有界闭区域 Ω,它在点 $(x,y,z) \in \Omega$ 处的体密度由连续函数 $\rho(x,y,z)$ 表示.另有一个质量为 m 的质点位于 Ω 外的 $P_0(x_0, y_0, z_0)$ 处,求空间物体对质点的引力 $\boldsymbol{F}$.

在物体内任取一直径很小的闭区域,记作 $\mathrm{d}V$,它也表示该小闭区域的体积,(x,y,z) 为其中的一点.根据微元法思想,这一小块物体的质量可近似为 $\rho(x,y,z)\mathrm{d}V$,再把该小块物体近似地看作集中在点 (x,y,z) 处.于是按两质点间的引力公式,可得这一小块物体对位于 $P_0(x_0, y_0, z_0)$ 处的质点的引力近似地为

$$\mathrm{d}\boldsymbol{F} = (\mathrm{d}F_x, \mathrm{d}F_y, \mathrm{d}F_z) = \left(\frac{Gm\rho \cdot (x - x_0)}{r^3} \mathrm{d}V, \frac{Gm\rho \cdot (y - y_0)}{r^3} \mathrm{d}V, \frac{Gm\rho \cdot (z - z_0)}{r^3} \mathrm{d}V \right),$$

其中,$\mathrm{d}F_x,\mathrm{d}F_y,\mathrm{d}F_z$ 为引力微元 $\mathrm{d}\boldsymbol{F}$ 在三个坐标轴上的分量,$\rho=\rho(x,y,z)$,G 为引力常数,$r=\sqrt{(x-x_0)^2+(y-y_0)^2+(z-z_0)^2}$. 将 $\mathrm{d}F_x,\mathrm{d}F_y,\mathrm{d}F_z$ 在 Ω 上进行积分,得

$$\boldsymbol{F}=(F_x,F_y,F_z)=\left(\iiint\limits_{\Omega}\frac{Gm\rho\cdot(x-x_0)}{r^3}\mathrm{d}V,\iiint\limits_{\Omega}\frac{Gm\rho\cdot(y-y_0)}{r^3}\mathrm{d}V,\iiint\limits_{\Omega}\frac{Gm\rho\cdot(z-z_0)}{r^3}\mathrm{d}V\right).$$

$$(3.32)$$

例 3.29　设有均匀材质的球体占有空间闭区域 $\Omega=\{(x,y,z)\mid x^2+y^2+z^2\leqslant1\}$. 求它对位于点 $M_0(0,0,2)$ 处的单位质量的质点的引力.

解　由于球体的质量分布是均匀的,设球的密度为 ρ_0. 由球体的对称性及点 M_0 的位置知,$F_x=F_y=0$. 所求引力沿 z 轴的分量为

$$F_z=\iiint\limits_{\Omega}G\rho_0\frac{z-2}{\left[x^2+y^2+(z-2)^2\right]^{\frac{3}{2}}}\mathrm{d}V.$$

利用截面法,有 D_z 为 $x^2+y^2\leqslant1-z^2$. 因此,将三重积分约化为

$$F_z=G\rho_0\int_{-1}^1(z-2)\mathrm{d}z\iint\limits_{D_z}\frac{\mathrm{d}x\mathrm{d}y}{\left[x^2+y^2+(z-2)^2\right]^{\frac{3}{2}}}.$$

进一步地,利用极坐标法将二重积分约化为累次积分后再计算,即

$$F_z=G\rho_0\int_{-1}^1(z-2)\mathrm{d}z\int_0^{2\pi}\mathrm{d}\theta\int_0^{\sqrt{1-z^2}}\frac{r\mathrm{d}r}{\left[r^2+(z-2)^2\right]^{3/2}}$$
$$=2\pi G\rho_0\int_{-1}^1\left(-1-\frac{z-2}{\sqrt{5-4z}}\right)\mathrm{d}z=-\frac{\pi}{3}G\rho_0.$$

习　题　3.4

A 类题

1. 求由曲面 $z=1-x^2-y^2$,平面 $z=0$ 围成的立体的体积.

2. 已知两球的半径分别为 r 和 $R(R>r)$,且小球球心在大球球面上,试求小球在大球内那部分的体积.

3. 求由旋转曲面 $z=x^2+y^2$,三个坐标面和平面 $x+y=1$ 围成的立体的体积.

4. 求半径为 a 的球的表面积.

5. 一个物体由旋转抛物面 $z=x^2+y^2$ 及平面 $z=1$ 所围成,已知其任一点处的体密度 ρ 与该点到 z 轴的距离成正比,比例系数为 k,求其质量 m.

6. 求半椭圆 $\dfrac{x^2}{a^2}+\dfrac{y^2}{b^2}\leqslant1(y\geqslant0)$ 均匀薄片的质心.

7. 求均匀半球体的质心.

8. 求半径为 a 的均匀半圆薄片(面密度为常数 ρ)对于其直径边的转动惯量.

9. 求密度为 ρ 的均匀球体对于过球心的一条轴 l 的转动惯量.

10. 已知均匀矩形板(面密度为常量 ρ)的长和宽分别为 b,h,求这矩形板对于通过其形心且分别与一边平行的两轴的转动惯量.

11. 设半径为 R 的匀质球占有空间闭区域 $\Omega=\{(x,y,z)\mid x^2+y^2+z^2\leqslant R^2\}$. 求它对位

于 $M_0(0,0,a)(a>R)$ 处的单位质量的质点的引力.

复习题 3

1. 是非题

(1) 在利用直角坐标系计算二重积分时,用 X 型区域和 Y 型区域计算的结果相同.
                                                        (   )

(2) 二重积分的被积函数在其积分区域上连续时,二重积分一定存在.   (   )

(3) 设 $D=\{(x,y)\,|\,|x|+|y|\leqslant 1\}$,则 $\iint\limits_{D}\ln(x^2+y^2)d\sigma$ 一定小于零.   (   )

(4) 设函数 $f(x,y)$ 在 D 上可积,若 $D=D_1\bigcup D_2$,则必有

$$\iint\limits_{D}f(x,y)d\sigma=\iint\limits_{D_1}f(x,y)d\sigma+\iint\limits_{D_2}f(x,y)d\sigma.$$
                                                        (   )

(5) 在空间有界闭区域 Ω 上,若 $f(x,y,z)$ 和 $g(x,y,z)$ 在 Ω 上可积,且有 $f(x,y,z)\leqslant g(x,y,z)$,则必有 $\iiint\limits_{\Omega}f(x,y,z)dV\leqslant\iiint\limits_{\Omega}g(x,y,z)dV$.   (   )

2. 填空题

(1) $\int_0^2 dx\int_x^2 e^{-y}dy=$ _____.

(2) 设 $D=\{(x,y)\,|\,x^2\leqslant y\leqslant x,0\leqslant x\leqslant 1\}$,则 $\iint\limits_{D}\dfrac{\sin x}{x}d\sigma=$ _____.

(3) 交换积分 $\int_{\frac{1}{2}}^1 dx\int_{\frac{1}{x}}^2 f(x,y)dy+\int_1^2 dx\int_x^2 f(x,y)dy$ 的积分次序得 _____.

(4) 设 $\Omega=\{(x,y,z)\,|\,1\leqslant x^2+y^2+z^2\leqslant 4\}$,则

$$\iiint\limits_{\Omega}(x+z)e^{-(x^2+y^2+z^2)}dV=$$ _____.

(5) 平面 $\dfrac{x}{2}+\dfrac{y}{3}+\dfrac{z}{4}=1$ 被三个坐标面所截得的有限部分的面积为 _____.

3. 选择题

(1) 设有区域 $D=\{(x,y)\,|\,1\leqslant x^2+y^2\leqslant 4\}$,函数 $f(x,y)$ 在 D 上可积,则在极坐标系下 $\iint\limits_{D}f(\sqrt{x^2+y^2})d\sigma$ 的形式为(   ).

A. $2\pi\int_1^2 rf(r^2)dr$ B. $2\pi\int_1^2 rf(r^2)dr-2\pi\int_0^1 rf(r)dr$

C. $2\pi\int_1^2 rf(r)dr$ D. $2\pi\int_1^2 rf(r)dr-2\pi\int_0^1 rf(r^2)dr$

(2) 设有区域 $D=\{(x,y)\,|\,-a\leqslant x\leqslant a,x\leqslant y\leqslant a\}$ 和 $D_1=\{(x,y)\,|\,0\leqslant x\leqslant a,x\leqslant y\leqslant a\}$,

则 $\iint\limits_{D}(xy+\cos x\cdot\sin y)\mathrm{d}\sigma=($ 　　$).$

　　A. $2\iint\limits_{D_1}xy\mathrm{d}x\mathrm{d}y$ 　　　　　　　　B. $2\iint\limits_{D_1}\cos x\cdot\sin y\mathrm{d}x\mathrm{d}y$

　　C. $4\iint\limits_{D_1}(xy+\cos x\sin y)\mathrm{d}x\mathrm{d}y$ 　　　　　D. 0

(3) 设有区域 $D=\{(x,y)\,|\,x^2+y^2\leqslant1\}$, 等式 $\iint\limits_{D}f(x,y)\mathrm{d}\sigma=4\int_{0}^{1}\mathrm{d}x\int_{0}^{\sqrt{1-x^2}}f(x,y)\mathrm{d}y$ 成立的条件是(　　).

　　A. $f(-x,y)=-f(x,y),f(x,-y)=-f(x,y)$

　　B. $f(-x,y)=f(x,y),f(x,-y)=f(x,y)$

　　C. $f(-x,y)=-f(x,y),f(x,-y)=f(x,y)$

　　D. $f(-x,y)=f(x,y),f(x,-y)=-f(x,y)$

(4) 设 Ω_1,Ω_2 是空间有界闭区域, 且 $\Omega_3=\Omega_1\bigcup\Omega_2,\Omega_4=\Omega_1\bigcap\Omega_2.$ 若函数 $f(x,y,z)$ 在 Ω_3 上可积, 则 $\iiint\limits_{\Omega_3}f(x,y,z)\mathrm{d}V=\iiint\limits_{\Omega_1}f(x,y,z)\mathrm{d}V+\iiint\limits_{\Omega_2}f(x,y,z)\mathrm{d}V$ 的充要条件是(　　).

　　A. $f(x,y,z)$ 在 Ω_4 上是奇函数 　　　　B. $f(x,y,z)\equiv0$

　　C. $\Omega_4=\varnothing$ 　　　　　　　　　　　　D. $\iiint\limits_{\Omega_4}f(x,y,z)\mathrm{d}V=0$

(5) 球面 $x^2+y^2+z^2=4a^2$ 与柱面 $x^2+y^2=2ax$ 所围成立体体积等于(　　)

　　A. $4\int_{0}^{\frac{\pi}{2}}\mathrm{d}\theta\int_{0}^{2a\cos\theta}\sqrt{4a^2-r^2}\,\mathrm{d}r$ 　　　　B. $8\int_{0}^{\frac{\pi}{2}}\mathrm{d}\theta\int_{0}^{2a\cos\theta}\sqrt{4a^2-r^2}\,\mathrm{d}r$

　　C. $4\int_{0}^{\frac{\pi}{2}}\mathrm{d}\theta\int_{0}^{2a\cos\theta}r\sqrt{4a^2-r^2}\,\mathrm{d}r$ 　　　　D. $4\int_{-\frac{\pi}{2}}^{\frac{\pi}{2}}\mathrm{d}\theta\int_{0}^{2a\cos\theta}r\sqrt{4a^2-r^2}\,\mathrm{d}r$

4. 交换下列累次积分的次序:

(1) $\int_{a}^{2a}\mathrm{d}x\int_{2a-x}^{\sqrt{2ax-x^2}}f(x,y)\mathrm{d}y$; 　　　　　　　(2) $\int_{1}^{2}\mathrm{d}y\int_{0}^{2-y}f(x,y)\mathrm{d}x.$

5. 计算下列重积分:

(1) $\iint\limits_{D}(3x+2y)\mathrm{d}\sigma$, 其中 D 是由两坐标轴及直线 $x+y=2$ 围成的闭区域;

(2) $\iint\limits_{D}xy^2\mathrm{d}x\mathrm{d}y$, 其中 D 由抛物线 $y^2=2px$ 与直线 $x=\dfrac{p}{2}(p>0)$ 所围的闭区域;

(3) $\iint\limits_{D}(1+x)\sin y\mathrm{d}\sigma$, 其中 D 是顶点分别为 $(0,0),(1,0),(1,2)$ 和 $(0,1)$ 的梯形闭区域;

(4) $\iint\limits_{D}xy^2\mathrm{d}\sigma$, 其中 D 是由圆周 $x^2+y^2=4$ 及 y 轴围成的右半闭区域;

(5) $\iint\limits_{D}\dfrac{\mathrm{d}\sigma}{\sqrt{x^2+y^2}}$, 其中 $D=\{(x,y)\,|\,1\leqslant x^2+y^2\leqslant4\}$;

(6) $\iint\limits_{D} \sqrt{x^2+y^2}\, d\sigma$，其中 $D=\{(x,y) \mid x^2+y^2 \leqslant 2x\}$；

(7) $\iiint\limits_{\Omega} x\, dV$，其中 Ω 是由三个坐标面与平面 $2x+y+z=1$ 围成的闭区域；

(8) $\iiint\limits_{\Omega} z\sqrt{x^2+y^2}\, dV$，其中 Ω 是由曲面 $z=x^2+y^2$ 和平面 $z=1$ 围成的闭区域；

(9) $\iiint\limits_{\Omega} (x^2+y^2+z^2)\, dV$，其中 $\Omega=\{(x,y,z) \mid x^2+y^2+z^2 \leqslant 1, z \geqslant 0\}$；

(10) $\iiint\limits_{\Omega} z\mathrm{e}^{-(x^2+y^2+z^2)}\, dV$，其中 Ω 是由锥面 $z=\sqrt{x^2+y^2}$ 与球面 $x^2+y^2+z^2=1$ 围成的闭区域.

6. 求区域 $a \leqslant r \leqslant a(1+\cos\theta)$ 围成的面积.

7. 求由椭圆抛物面 $z=4-x^2-\dfrac{y^2}{4}$ 与平面 $z=0$ 围成的立体体积.

8. 设平面上半径为 a 的圆形薄片，其上任一点处的密度与该点到圆心的距离的平方成正比，比例系数为 k，求该圆形薄片的质量.

9. 对于由圆 $r=2\cos\theta, r=4\cos\theta$ 所围成的均匀薄片，面密度 ρ 为常数，求它关于坐标原点 O 的转动惯量.

10. 求 $\iiint\limits_{\Omega} (x^2+y^2)\, dV$，其中 Ω 是由曲线 $\begin{cases} y^2=2z, \\ x=0 \end{cases}$ 绕 z 轴旋转一周而成的曲面与平面 $z=2, z=8$ 所围的闭区域.

第 4 章

曲线积分与曲面积分

Curve integrals and surface integrals

回顾前面我们学过的定积分和重积分,它们的定义都是由各类和式的极限抽象出来的,所使用的方法都基于四个步骤,即"分割、近似、求和、极限".本章将继续沿用这四个步骤研究来自于物理、力学中的一些问题,进而抽象出它们的数学定义,即曲线积分与曲面积分.本章将分别讨论两类曲线积分和两类曲面积分的定义及其计算方法,并给出格林公式、高斯公式和斯托克斯公式,从而建立曲线积分、曲面积分与重积分之间的关系.两类曲线积分包括对弧长的曲线积分和对坐标的曲线积分,它们的积分路径是平面曲线或空间曲线;两类曲面积分包括对面积的曲面积分和对坐标的曲面积分,它们的积分区域是曲面.

4.1 对弧长的曲线积分
Curve integrals of arc length

本节沿用求曲边梯形面积的方法和步骤,通过求曲线形构件的质量,抽象出对弧长的曲线积分的定义,并给出其在计算中经常用到的性质,即线性性质和路径可加性;然后讨论当曲线方程以不同形式出现时,对弧长的曲线积分的计算方法.

4.1.1 基本概念及性质

引例 曲线形构件的质量

在实际的工程应用中,设计曲线形构件时,经常需要求其质量.但由于构件的材质和粗细都不是均匀分布的,它们的线密度(单位长度的质量)因点而异,即构件的线密度是变量.在实际计算时,以平面曲线形构件为例,通常假设构件所处的位置与 xOy 面上的一条光滑(或分段光滑)曲线 L 对应,始点和终点分别与曲线 L 的两个端点 A 和 B 对应,如图 4.1 所示,若 L 上任意一点 $M(x,y)$ 处的线密度由函数 $\rho(x,y)$ 表示,且当点 M 在 L 上移动时,$\rho(x,y)$ 在 L 上连续.求此曲线形构件的质量 M.

易见,如果构件的线密度为常量,则构件的质量等于它的线密度与长度的乘积.但现在构件上各点处的线密度是变量,不能直接用此方法计算.

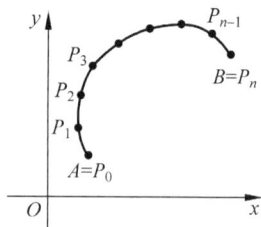

图 4.1

事实上,在求曲边梯形的面积时,曾经使用过的方法和步骤,即"分割、近似、求和、极限",可以推广并应用到求曲线形构件的质量.具体实施过程如下.

(1) 分割　在曲线 L 上任意插入分点 $A=P_0,P_1,P_2,\cdots,P_{i-1},P_i,\cdots,P_{n-1},P_n=B$,如图 4.1 所示,将曲线 L 分成 n 个小弧段 $\overparen{P_0P_1},\overparen{P_1P_2},\cdots,\overparen{P_{i-1}P_i},\cdots,\overparen{P_{n-1}P_n}$,其中小弧段 $\overparen{P_{i-1}P_i}$ 的弧长记作 Δs_i,质量记作 $\Delta M_i(i=1,2,\cdots,n)$.

(2) 近似　因 $\rho(x,y)$ 在 L 上连续,当 Δs_i 很小时,小弧段 $\overparen{P_{i-1}P_i}$ 上的线密度可以近似看作是常量,即 $\overparen{P_{i-1}P_i}$ 上某点 (ξ_i,η_i) 处的值 $\rho(\xi_i,\eta_i)$,于是这一小弧段的质量近似等于 $\Delta M_i\approx\rho(\xi_i,\eta_i)\Delta s_i$.

(3) 求和　将 $\Delta M_i(i=1,2,\cdots,n)$ 求和,可得此构件质量的近似值为

$$M=\sum_{i=1}^n\Delta M_i\approx\sum_{i=1}^n\rho(\xi_i,\eta_i)\Delta s_i.$$

(4) 极限　记 $\lambda=\max\limits_{1\leqslant i\leqslant n}\{\Delta s_i\}$,对上面的和式取极限,得

$$M=\lim_{\lambda\to0}\sum_{i=1}^n\rho(\xi_i,\eta_i)\Delta s_i.$$

类似地,在求曲线形构件的质心、转动惯量等物理量时,也会遇到求某些和式的极限问题.为此,引入对弧长的曲线积分的定义.

定义 4.1　设 L 为 xOy 面上的一条光滑曲线,端点为 A 和 B,函数 $f(x,y)$ 在 L 上有界.依次用分点 $A=P_0,P_1,\cdots,P_{n-1},P_n=B$ 将 L 分成 n 个小弧段 $\overparen{P_0P_1},\overparen{P_1P_2},\cdots,\overparen{P_{n-1}P_n}$,每小段 $\overparen{P_{i-1}P_i}$ 的弧长记作 Δs_i,然后在 $\overparen{P_{i-1}P_i}$ 上任取一点 (ξ_i,η_i),当 $\lambda=\max\limits_{1\leqslant i\leqslant n}\{\Delta s_i\}\to0$ 时,若和式极限

$$\lim_{\lambda\to0}\sum_{i=1}^n f(\xi_i,\eta_i)\Delta s_i$$

存在,且它不依赖于曲线 L 的分法及点 (ξ_i,η_i) 的取法,则称该极限为函数 $f(x,y)$ 沿曲线 L **对弧长的曲线积分**(**curve integral of arc length**)或称为**第一型曲线积分**,记作 $\int_L f(x,y)\mathrm{d}s$,即

$$\int_L f(x,y)\mathrm{d}s=\lim_{\lambda\to0}\sum_{i=1}^n f(\xi_i,\eta_i)\Delta s_i.\tag{4.1}$$

关于定义 4.1 的几点说明.

(1) 在定义中,当 $\lim\limits_{\lambda\to0}\sum\limits_{i=1}^n f(\xi_i,\eta_i)\Delta s_i$ 存在时,式(4.1)的运算结果是一个数值,该数值仅与被积函数 $f(x,y)$ 及曲线 L 有关,而与曲线 L 的分法及点 (ξ_i,η_i) 的取法无关,并且与积分变量用哪些字母表示无关.

(2) 若 L 是光滑(或分段光滑)曲线,函数 $f(x,y)$ 在 L 上连续(或 $f(x,y)$ 在 L 上有界,且只有有限个间断点),根据定义可以证明,$f(x,y)$ 在 L 上对弧长的曲线积分一定存在.若 L 是闭曲线,则 $f(x,y)$ 在 L 上对弧长的曲线积分记作 $\oint_L f(x,y)\mathrm{d}s$.

(3) 对平面曲线弧长的曲线积分(定义 4.1)可以相应地推广到空间情形,即对于空间光

滑曲线 Γ,函数 $f(x,y,z)$ 在 Γ 上对弧长的曲线积分为

$$\int_{\Gamma} f(x,y,z)\,\mathrm{d}s = \lim_{\lambda \to 0} \sum_{i=1}^{n} f(\xi_i,\eta_i,\zeta_i)\Delta s_i.$$

（4）由定义可知,引例中所求的非均匀材质的曲线型构件的质量 M 等于线密度 $\rho(x,y)$ 在曲线 L 上对弧长的曲线积分,即 $M = \int_{L} \rho(x,y)\,\mathrm{d}s$. 特别地,当 $\rho(x,y) \equiv 1$ 时,有 $\int_{L}\mathrm{d}s = s$, 其中 s 为曲线 L 的弧长.

对弧长的曲线积分的性质与定积分和重积分的性质类似.若函数 $f(x,y)$,$g(x,y)$ 在光滑曲线 L 上可积,下面仅列出对弧长的曲线积分的线性性质和路径可加性.

性质1（线性性质） 对于任意的 $\alpha,\beta \in \mathbf{R}$,函数 $\alpha f(x,y) + \beta g(x,y)$ 在 L 上可积,且

$$\int_{L} \left[\alpha f(x,y) + \beta g(x,y)\right]\mathrm{d}s = \alpha\int_{L} f(x,y)\,\mathrm{d}s + \beta\int_{L} g(x,y)\,\mathrm{d}s.$$

事实上,性质 1 的结论包含了对弧长的曲线积分运算的两种特殊情形,即

$$\int_{L} \left[f(x,y) \pm g(x,y)\right]\mathrm{d}s = \int_{L} f(x,y)\,\mathrm{d}s \pm \int_{L} g(x,y)\,\mathrm{d}s;$$

$$\int_{L} kf(x,y)\,\mathrm{d}s = k\int_{L} f(x,y)\,\mathrm{d}s \quad (k\ \text{为常数}).$$

上面的第一式表明两个函数的和（差）对弧长的曲线积分等于它们对弧长的曲线积分的和（差）；第二式表明被积函数的常数因子可以提到积分号的外面.

性质 1 的结论可推广到有限个函数的线性组合的积分,即 $\forall k_1,k_2,\cdots,k_r \in \mathbf{R}$,有

$$\int_{L} \left[k_1 f_1(x,y) + k_2 f_2(x,y) + \cdots + k_r f_r(x,y)\right]\mathrm{d}s$$
$$= k_1\int_{L} f_1(x,y)\,\mathrm{d}s + k_2\int_{L} f_2(x,y)\,\mathrm{d}s + \cdots + k_r\int_{L} f_r(x,y)\,\mathrm{d}s.$$

性质2（路径可加性） 如果曲线 L 由几段曲线首尾相接而成,即 $L = L_1 \bigcup L_2 \bigcup \cdots \bigcup L_k$, 则函数 $f(x,y)$ 在 L 上的积分等于在各弧段上的积分之和,即

$$\int_{L} f(x,y)\,\mathrm{d}s = \int_{L_1} f(x,y)\,\mathrm{d}s + \int_{L_2} f(x,y)\,\mathrm{d}s + \cdots + \int_{L_k} f(x,y)\,\mathrm{d}s.$$

上述性质对沿空间曲线对弧长的曲线积分依然成立.

4.1.2 对弧长的曲线积分的计算方法

在定积分的应用中,我们曾经利用定积分的方法求过曲线的弧长,结合对弧长的曲线积分的定义,可证得如下定理.

定理 4.1 设曲线 L 由参数方程 $x = x(t)$,$y = y(t)$ $(\alpha \leqslant t \leqslant \beta)$ 表示,其中 $x(t)$ 和 $y(t)$ 在区间 $[\alpha,\beta]$ 上有一阶连续导数,且 $x'^2(t) + y'^2(t) \neq 0$(即曲线 L 是光滑的简单曲线).若函数 $f(x,y)$ 在曲线 L 上连续,则 $f(x,y)$ 在 L 上对弧长的曲线积分存在,且

$$\int_{L} f(x,y)\,\mathrm{d}s = \int_{\alpha}^{\beta} f(x(t),y(t))\sqrt{x'^2(t) + y'^2(t)}\,\mathrm{d}t. \tag{4.2}$$

定理的证明从略.有兴趣的读者可以参阅数学专业的教材《数学分析》中的相关内容.

关于定理 4.1 的几点说明.

（1）由定理可见,在求对弧长的曲线积分时,需要先将其转化为定积分,基本步骤是：**一代二换三定限**,其中**一代**是指将被积函数 $f(x,y)$ 中的 x,y 用 $x = x(t)$,$y = y(t)$ 代入；二

换是指将 ds 换为 $\sqrt{x'^2(t)+y'^2(t)}\,dt$(或 $\sqrt{(dx)^2+(dy)^2}$);三定限是指将对弧长的曲线积分化为定积分时,定积分的下限α一定小于上限β.

(2) 若曲线 L 的方程由直角坐标方程给出,在满足定理的条件时,也会有相同的结论,请读者自行推演. 如曲线 L 由方程 $y=y(x)(a\leqslant x\leqslant b)$给出时,有

$$\int_L f(x,y)\,ds = \int_a^b f(x,y(x))\,\sqrt{1+y'^2(x)}\,dx. \tag{4.3}$$

若曲线 L 由方程 $x=x(y)(c\leqslant y\leqslant d)$给出,有

$$\int_L f(x,y)\,ds = \int_c^d f(x(y),y)\,\sqrt{x'^2(y)+1}\,dy. \tag{4.4}$$

(3) 定理的结论可以推广到对空间曲线情形,即若曲线 Γ 由参数方程

$$x=x(t),\quad y=y(t),\quad z=z(t)(\alpha\leqslant t\leqslant\beta)$$

给出,其中 $x'(t),y'(t),z'(t)$在$[\alpha,\beta]$上连续,且 $x'^2(t)+y'^2(t)+z'^2(t)\neq0$,函数 $f(x,y,z)$ 在 Γ 上连续,则 $f(x,y,z)$在 Γ 上对弧长的曲线积分存在,且

$$\int_\Gamma f(x,y,z)\,ds = \int_\alpha^\beta f(x(t),y(t),z(t))\,\sqrt{x'^2(t)+y'^2(t)+z'^2(t)}\,dt. \tag{4.5}$$

例 4.1 求下列对弧长的曲线积分:

(1) $I=\int_L (x^2+y^2)\,ds$,其中 L 是上半圆周 $x^2+y^2=R^2$;

(2) $I=\int_L y\,ds$,其中 L 是抛物线 $x=y^2$ 上点 $O(0,0)$ 与点 $A(1,1)$ 之间的一段曲线;

(3) $I=\oint_L e^{\sqrt{x^2+y^2}}\,ds$,其中 L 是圆周 $x^2+y^2=1$、x 轴和 $y=x$ 在第一象限围成图形的边界.

分析 先将各小题对应到式(4.2)～式(4.4),然后进行一代二换三定限,最后计算定积分.

解 (1) 易见,上半圆周 L 的参数方程为 $x=R\cos t,y=R\sin t(0\leqslant t\leqslant\pi)$. 由式(4.2)可得

$$I=\int_L (x^2+y^2)\,ds = \int_0^\pi R^2\,\sqrt{R^2(\sin^2 t+\cos^2 t)}\,dt = \pi R^3.$$

(2) 如图 4.2(a)所示,以 y 作为抛物线方程 $x=y^2$ 的参数,有 $0\leqslant y\leqslant1$. 由式(4.4)可得

$$I=\int_L y\,ds = \int_0^1 y\,\sqrt{(2y)^2+1}\,dy = \frac{1}{8}\int_0^1\sqrt{(2y)^2+1}\,d((2y)^2+1)$$

$$= \frac{1}{12}\left((2y)^2+1\right)^{3/2}\Big|_0^1 = \frac{1}{12}(5^{3/2}-1).$$

(3) 如图 4.2(b)所示,曲线 L 由三条线组成,即 $L=\overline{OA}\cup\overline{OB}\cup\overset{\frown}{AB}$. 于是

$$I=\oint_L e^{\sqrt{x^2+y^2}}\,ds = \int_{\overline{OA}} e^{\sqrt{x^2+y^2}}\,ds + \int_{\overline{OB}} e^{\sqrt{x^2+y^2}}\,ds + \int_{\overset{\frown}{AB}} e^{\sqrt{x^2+y^2}}\,ds.$$

线段 $\overline{OA}$ 的方程为 $y=x\left(0\leqslant x\leqslant\frac{\sqrt2}{2}\right)$,所以有 $\int_{\overline{OA}} e^{\sqrt{x^2+y^2}}\,ds = \int_0^{\sqrt2/2} e^{\sqrt2 x}\sqrt2\,dx = e-1$;线段 $\overline{OB}$ 的方程为 $y=0(0\leqslant x\leqslant1)$,所以有 $\int_{\overline{OB}} e^{\sqrt{x^2+y^2}}\,ds = \int_0^1 e^x\,dx = e-1$;圆弧 $\overset{\frown}{AB}$ 的参数方程为 $x=\cos t,y=\sin t(0\leqslant t\leqslant\pi/4)$,所以有 $\int_{\overset{\frown}{AB}} e^{\sqrt{x^2+y^2}}\,ds = \int_0^{\pi/4} e\,dt = \frac{\pi}{4}e$. 因此,

$$I = 2(\mathrm{e}-1) + \frac{\pi}{4}\mathrm{e}.$$

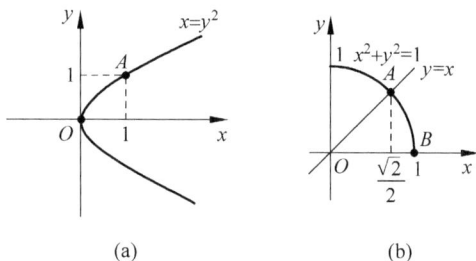

(a)　　　　　　(b)

图　4.2

例 4.2　求下列对弧长的曲线积分:

(1) $I = \int_\Gamma x^2 yz \mathrm{d}s$,其中 Γ 是点 $A(1,0,2)$ 与点 $B(3,2,1)$ 间的直线段;

(2) $I = \int_\Gamma \dfrac{1}{x^2+y^2+z^2}\mathrm{d}s$,其中 Γ 是螺旋线 $x=2\cos t, y=2\sin t, z=t(0\leqslant t\leqslant 2\pi)$.

分析　写出曲线 Γ 的参数方程,利用式(4.5)进行一代二换三定限,最后计算定积分.

解　(1) 不难求得,直线 Γ 的方程为 $\dfrac{x-1}{1-3}=\dfrac{y-0}{0-2}=\dfrac{z-2}{2-1}$,对应的参数方程为 $x=1-2t, y=-2t, z=2+t(-1\leqslant t\leqslant 0)$,如图 4.3 所示.由式(4.5)可得

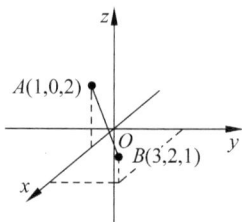

图　4.3

$$I = \int_\Gamma x^2 yz \mathrm{d}s = \int_{-1}^0 (1-2t)^2(-2t)(2+t)\sqrt{4+4+1}\,\mathrm{d}t$$

$$= -6\int_{-1}^0 (4t^4+4t^3-7t^2+2t)\mathrm{d}t = \frac{106}{5}.$$

(2) 螺旋线的图形参见图 1.41.不难求得

$$\mathrm{d}s = \sqrt{x'^2(t)+y'^2(t)+z'^2(t)}\,\mathrm{d}t = \sqrt{(-2\sin t)^2+(2\cos t)^2+1}\,\mathrm{d}t = \sqrt5\,\mathrm{d}t.$$

由式(4.5)可得

$$I = \int_\Gamma \frac{1}{x^2+y^2+z^2}\mathrm{d}s = \sqrt5\int_0^{2\pi}\frac{1}{4+t^2}\mathrm{d}t = \frac{\sqrt5}{2}\arctan\frac{t}{2}\Big|_0^{2\pi} = \frac{\sqrt5}{2}\arctan\pi.$$

例 4.3　求 $I = \oint_\Gamma (x^2+y^2+3z)\mathrm{d}s$,其中 Γ 是球面 $x^2+y^2+z^2=R^2$ 与平面 $x+y+z=0$ 的交线.

分析　球面 $x^2+y^2+z^2=R^2$ 与平面 $x+y+z=0$ 的交线 Γ 如图 4.4 所示.易见,该交线关于变量 x,y,z 是对称的,可以利用对称性进行求解.

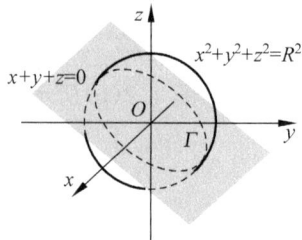

图　4.4

解　因为交线 Γ 既在球面上,又在平面上,所以该交线同时满足方程 $x^2+y^2+z^2=R^2$ 和 $x+y+z=0$,于是有

$$\oint_\Gamma (x^2+y^2+z^2)\mathrm{d}s = \oint_\Gamma R^2\mathrm{d}s = R^2\oint_\Gamma \mathrm{d}s = 2\pi R^3, \quad \oint_\Gamma (x+y+z)\mathrm{d}s = \oint_\Gamma 0\mathrm{d}s = 0.$$

由对称性可得

$$\oint_\Gamma x^2\mathrm{d}s = \oint_\Gamma y^2\mathrm{d}s = \oint_\Gamma z^2\mathrm{d}s = \frac{1}{3}\oint_\Gamma (x^2+y^2+z^2)\mathrm{d}s = \frac{2}{3}\pi R^3;$$

$$\oint_\Gamma x\mathrm{d}s = \oint_\Gamma y\mathrm{d}s = \oint_\Gamma z\mathrm{d}s = \frac{1}{3}\oint_\Gamma (x+y+z)\mathrm{d}s = 0.$$

因此

$$I = \oint_\Gamma (x^2+y^2+3z)\mathrm{d}s = \frac{2}{3}\pi R^3 + \frac{2}{3}\pi R^3 + 0 = \frac{4}{3}\pi R^3.$$

习 题 4.1

思 考 题

1. 对弧长的曲线积分和曲线的弧长有什么关系？

2. 将对弧长的曲线积分化为定积分的步骤是什么？

3. 光滑曲线弧 L 上对弧长的曲线积分可积的条件是什么？

A 类题

1. 求 $\oint_L (x^2+y)\mathrm{d}s$，其中 L 是以 $O(0,0),A(1,0),B(1,1)$ 为顶点的三角形边界.

2. 求 $\oint_L y\mathrm{d}s$，其中 L 为直线 $y=x$ 与抛物线 $x=y^2$ 围成区域的边界.

3. 求 $\int_L (4x+3y)\mathrm{d}s$，其中 L 为连接 $(1,0)$ 与 $(0,1)$ 两点的直线段.

4. 求 $\int_L y^2\mathrm{d}s$，其中 L 为曲线 $y=\mathrm{e}^x (0\leqslant x\leqslant 1)$.

5. 求 $\int_L xy\mathrm{d}s$，其中 L 为椭圆 $\frac{x^2}{a^2}+\frac{y^2}{b^2}=1$ 在第一象限部分.

6. 求 $\int_\Gamma (x^2+y^2+z^2)\mathrm{d}s$，其中 Γ 为螺旋线 $x=a\cos t, y=a\sin t, z=kt$ 上相应于 t 从 0 到 2π 的一段弧.

B 类题

1. 求 $\int_L x^2(1+y^2)\mathrm{d}s$，其中 L 为半圆 $x=R\cos\theta, y=R\sin\theta (0\leqslant\theta\leqslant\pi, R>0)$.

2. 求 $\oint_L (5x^2+6y^2)\mathrm{d}s$，其中 L 为 $\frac{x^2}{6}+\frac{y^2}{5}=1$ 的边界，其周长为 a.

3. 求 $\oint_\Gamma (y^2+z^2)\mathrm{d}s$，其中 Γ 为球面 $x^2+y^2+z^2=a^2$ 被平面 $x+y+z=0$ 截得的圆周.

4. 求曲线 $x=3, y=3t, z=\dfrac{3}{2}t^2 \ (0 \leqslant t \leqslant 1)$ 的质量,设其线密度为 $\rho=\sqrt{\dfrac{2z}{3}}$.

5. 求 $\oint_L xy\,\mathrm{d}s$,其中 L 是由 $y=x^2, x=1$ 及 x 轴构成的封闭曲线.

6. 求圆周曲线 $L: x^2+y^2=-2y$ 的质量,其中线密度 $\rho(x,y)=\sqrt{x^2+y^2}$.

4.2　对坐标的曲线积分
Curve integrals of coordinates

本节通过求解物理问题"变力沿曲线做功",抽象出对坐标的曲线积分的定义,并给出对坐标的曲线积分的三个重要性质,即线性性质、路径可加性和方向性;然后讨论当曲线方程为不同形式时,对坐标的曲线积分的计算方法.

4.2.1　基本概念及性质

引例　变力沿曲线做功

设一质点在 xOy 面上受力 $\boldsymbol{F}(x,y)=P(x,y)\boldsymbol{i}+Q(x,y)\boldsymbol{j}$(或记作 $(P(x,y),Q(x,y))$)的作用时,质点沿平面光滑曲线 L 从点 A 移动到点 B,如图 4.5 所示,其中 $P(x,y)$ 和 $Q(x,y)$ 在 L 上连续.求力 $\boldsymbol{F}(x,y)$ 所做的功.

易见,如果 $\boldsymbol{F}$ 是常力,且质点沿直线从 A 移动到 B,那么常力 $\boldsymbol{F}$ 所做的功 W 等于两个向量 $\boldsymbol{F}$ 与 $\overrightarrow{AB}$ 的数量积,即 $W=\boldsymbol{F}\cdot\overrightarrow{AB}$. 但是在上述问题中,由于力 $\boldsymbol{F}(x,y)$ 是随点而变的变力,且质点移动的路线不是定向直线而是有向曲线 L. 为了解决这种力的"变"与"不变"及位移路径的"曲"与"直"的问题,我们仍然采用"分割、近似、求和、极限"的方法和步骤来解决此问题. 具体实施过程如下:

(1) 分割　在曲线 L 上插入分点 $M_1(x_1,y_1), M_2(x_2,y_2), \cdots, M_{n-1}(x_{n-1},y_{n-1})$,并令 $A=M_0(x_0,y_0), B=M_n(x_n,y_n)$,如图 4.5 所示,这些点将 L 分成 n 个有向小弧段 $\overparen{M_{i-1}M_i}\ (i=1,2,\cdots,n)$,其中每个小弧段 $\overparen{M_{i-1}M_i}$ 的长度记作 Δs_i.

(2) 近似　在第 i 个有向小弧段 $\overparen{M_{i-1}M_i}$ 上,由于它光滑而且很短,可用有向线段 $\overrightarrow{M_{i-1}M_i}=\Delta x_i\boldsymbol{i}+\Delta y_i\boldsymbol{j}$ 近似代替,其中 $\Delta x_i=x_i-x_{i-1}, \Delta y_i=y_i-y_{i-1}$. 又由于 $P(x,y)$ 和 $Q(x,y)$ 在 L 上连续,在 $\overparen{M_{i-1}M_i}$ 上任取一点 (ξ_i,η_i),用 $\boldsymbol{F}(\xi_i,\eta_i)=(P(\xi_i,\eta_i),Q(\xi_i,\eta_i))$ 近似代替这一小弧段上各点处的力. 于是变力 $\boldsymbol{F}(x,y)$ 沿有向小弧段 $\overparen{M_{i-1}M_i}$ 所做的功近似地表示为

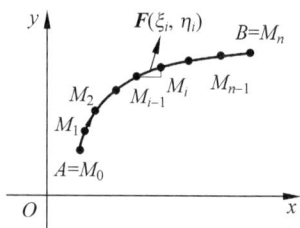

图　4.5

$$\Delta W_i \approx \boldsymbol{F}(\xi_i,\eta_i)\cdot\overrightarrow{M_{i-1}M_i}=P(\xi_i,\eta_i)\Delta x_i+Q(\xi_i,\eta_i)\Delta y_i.$$

(3) 求和　变力 $\boldsymbol{F}(x,y)$ 沿有向曲线 L 所做的功近似地等于

$$W=\sum_{i=1}^n \Delta W_i \approx \sum_{i=1}^n [P(\xi_i,\eta_i)\Delta x_i+Q(\xi_i,\eta_i)\Delta y_i].$$

(4) 极限　令 $\lambda=\max\limits_{1\leqslant i\leqslant n}\{\Delta s_i\}$,当 $\lambda\to 0$ 时,上述和式的极限即为功 W 的准确值,即

$$W = \lim_{\lambda \to 0} \sum_{i=1}^{n} \left[P(\xi_i, \eta_i) \Delta x_i + Q(\xi_i, \eta_i) \Delta y_i \right].$$

这种类型的和式极限就是下面要讨论的对坐标的曲线积分.

定义 4.2 设 L 是 xOy 面上从点 A 到点 B 的一条有向光滑曲线，$P(x, y)$，$Q(x, y)$ 为在 L 的上有界函数. 依次用分点 $A = M_0, M_1, \cdots, M_{n-1}, M_n = B$ 将 L 分成 n 个小弧段 $\overparen{M_0 M_1}$, $\overparen{M_1 M_2}, \cdots, \overparen{M_{n-1} M_n}$，每小段 $\overparen{M_{i-1} M_i}$ 的弧长记作 Δs_i，分点 M_i 的坐标记作 (x_i, y_i)，$\Delta x_i = x_i - x_{i-1}$，$\Delta y_i = y_i - y_{i-1}$ ($i = 1, 2, \cdots, n$). 在 $\overparen{M_{i-1} M_i}$ 上任取一点 (ξ_i, η_i)，当 $\lambda = \max\limits_{1 \leqslant i \leqslant n} \{\Delta s_i\} \to 0$ 时，若和式极限

$$\lim_{\lambda \to 0} \sum_{i=1}^{n} P(\xi_i, \eta_i) \Delta x_i \quad \text{和} \quad \lim_{\lambda \to 0} \sum_{i=1}^{n} Q(\xi_i, \eta_i) \Delta y_i$$

存在，且它们不依赖于曲线 L 的分法及点 (ξ_i, η_i) 的取法，则称 $P(x, y)$ 和 $Q(x, y)$ 在 L 上存在对坐标 x 和 y 的曲线积分，相应的极限称为**对坐标的曲线积分**（**curve integral of coordinate**），或称为**第二型曲线积分**，分别记作

$$\int_L P(x, y) \mathrm{d}x = \lim_{\lambda \to 0} \sum_{i=1}^{n} P(\xi_i, \eta_i) \Delta x_i; \quad \int_L Q(x, y) \mathrm{d}y = \lim_{\lambda \to 0} \sum_{i=1}^{n} Q(\xi_i, \eta_i) \Delta y_i. \quad (4.6)$$

关于定义 4.2 的几点说明.

(1) 在定义中，当 $\lim\limits_{\lambda \to 0} \sum\limits_{i=1}^{n} P(\xi_i, \eta_i) \Delta x_i$ 和 $\lim\limits_{\lambda \to 0} \sum\limits_{i=1}^{n} Q(\xi_i, \eta_i) \Delta y_i$ 存在时，式(4.6)的运算结果是一个数值，该数值仅与被积函数 $P(x, y)$ 和 $Q(x, y)$ 及有向曲线 L 有关，而与曲线 L 的分割方式及点 (ξ_i, η_i) 的取法无关，并且与积分变量用哪些字母表示无关.

(2) 若 L 是有向的光滑（或分段光滑）曲线，函数 $P(x, y)$ 和 $Q(x, y)$ 均在 L 上连续，则式(4.6)中的两个极限同时存在，换句话说，$P(x, y)$ 和 $Q(x, y)$ 在 L 上对坐标的曲线积分一定存在，且有

$$\int_L P(x, y) \mathrm{d}x + \int_L Q(x, y) \mathrm{d}y = \int_L P(x, y) \mathrm{d}x + Q(x, y) \mathrm{d}y. \quad (4.7)$$

为了方便，$\int_L P(x, y) \mathrm{d}x + Q(x, y) \mathrm{d}y$ 有时也简记为 $\int_L P \mathrm{d}x + Q \mathrm{d}y$.

(3) 平面有向曲线 L 上对坐标的曲线积分(定义 4.2)可以相应地推广到空间情形. 对于给定的有向光滑（或分段光滑）曲线 Γ，若函数 $P(x, y, z)$，$Q(x, y, z)$ 和 $R(x, y, z)$ 均在 Γ 上连续，则它们在 Γ 上对坐标的曲线积分存在，且有

$$\int_\Gamma P(x, y, z) \mathrm{d}x + \int_\Gamma Q(x, y, z) \mathrm{d}y + \int_\Gamma R(x, y, z) \mathrm{d}z$$

$$= \lim_{\lambda \to 0} \sum_{i=1}^{n} P(\xi_i, \eta_i, \zeta_i) \Delta x_i + \lim_{\lambda \to 0} \sum_{i=1}^{n} Q(\xi_i, \eta_i, \zeta_i) \Delta y_i + \lim_{\lambda \to 0} \sum_{i=1}^{n} R(\xi_i, \eta_i, \zeta_i) \Delta z_i$$

$$= \int_\Gamma P(x, y, z) \mathrm{d}x + Q(x, y, z) \mathrm{d}y + R(x, y, z) \mathrm{d}z. \quad (4.8)$$

$\int_\Gamma P(x, y, z) \mathrm{d}x + Q(x, y, z) \mathrm{d}y + R(x, y, z) \mathrm{d}z$ 有时也简记为 $\int_\Gamma P \mathrm{d}x + Q \mathrm{d}y + R \mathrm{d}z$.

(4) 引例中，变力 $\boldsymbol{F}(x, y) = P(x, y)\boldsymbol{i} + Q(x, y)\boldsymbol{j}$ 沿 L 从点 A 到点 B 所做的功可表示为

$$W = \int_L P(x,y)\mathrm{d}x + Q(x,y)\mathrm{d}y.$$

根据对坐标的曲线积分的定义,若函数 $P(x,y),Q(x,y)$ 在有向光滑曲线 L 上可积,则有如下性质成立.

性质 1(线性性质)　对于任意的 $\alpha,\beta\in\mathbf{R}$,函数 $\alpha P(x,y)+\beta Q(x,y)$ 在 L 上可积,且

$$\int_L \alpha P(x,y)\mathrm{d}x + \beta Q(x,y)\mathrm{d}y = \alpha\int_L P(x,y)\mathrm{d}x + \beta\int_L Q(x,y)\mathrm{d}y.$$

性质 2(路径可加性)　如果曲线 L 由几段曲线首尾相接而成,即 $L=L_1\bigcup L_2\bigcup\cdots\bigcup L_k$,则函数 $P(x,y),Q(x,y)$ 在 L 上的积分等于在各弧段上的积分之和,即

$$\int_L P\mathrm{d}x + Q\mathrm{d}y = \int_{L_1} P\mathrm{d}x + Q\mathrm{d}y + \int_{L_2} P\mathrm{d}x + Q\mathrm{d}y + \cdots + \int_{L_k} P\mathrm{d}x + Q\mathrm{d}y.$$

性质 3(方向性)　设 L 是有向曲线,L^- 是与 L 方向相反的有向曲线,则有

$$\int_L P\mathrm{d}x + Q\mathrm{d}y = -\int_{L^-} P\mathrm{d}x + Q\mathrm{d}y. \tag{4.9}$$

式(4.9)表明,当积分弧段的方向改变时,对坐标的曲线积分要改变符号.因此,**对坐标的曲线积分与积分弧段的方向有关**,而对弧长的曲线积分则与积分弧段的方向无关,这是求两类曲线积分时一定要注意的地方,即求曲线积分时一定要先区分求哪一类型的积分.

4.2.2　对坐标的曲线积分的计算方法

与求对弧长的曲线积分一样,对坐标的曲线积分也需要转化为定积分进行计算.

定理 4.2　如果函数 $P(x,y),Q(x,y)$ 在有向曲线 L 上有定义且连续,L 的参数方程为 $x=\varphi(t),y=\psi(t)(t:\alpha\to\beta)$,其中 $\varphi(t),\psi(t)$ 在由 α 与 β 确定的区间上具有一阶连续导数,且曲线的起点 A、终点 B 的坐标分别对应于点 $(\varphi(\alpha),\psi(\alpha))$,$(\varphi(\beta),\psi(\beta))$,则曲线积分 $\int_L P(x,y)\mathrm{d}x + Q(x,y)\mathrm{d}y$ 存在,且

$$\int_L P(x,y)\mathrm{d}x + Q(x,y)\mathrm{d}y = \int_\alpha^\beta \big[P(\varphi(t),\psi(t))\varphi'(t) + Q(\varphi(t),\psi(t))\psi'(t)\big]\mathrm{d}t. \tag{4.10}$$

定理的证明从略.

关于定理 4.2 的说明.

(1) 由定理可见,利用式(4.10)求对坐标的曲线积分时,需要先将其转化为定积分,基本步骤是:**一代二换三定限**,其中**一代**是将曲线的参数方程 $x=\varphi(t),y=\psi(t)$ 代入到被积函数 $P(x,y),Q(x,y)$ 中;**二换**是将 $\mathrm{d}x,\mathrm{d}y$ 替换为 $\mathrm{d}x=\varphi'(t)\mathrm{d}t,\mathrm{d}y=\psi'(t)\mathrm{d}t$;**三定限**是指参数 α 对应于曲线 L 的起点 A 并作为定积分的下限,参数 β 对应于 L 的终点 B 并作为积分的上限.注意,这种对应关系不能随意变动,即参数 α 与 β 没有必然的大小关系,它们是由起点到终点的方向确定的.

(2) 如果曲线 L 由方程 $y=y(x)$ 给出,且 $y'(x)$ 连续,取 x 为参数,将 L 用参数方程 $x=x,y=y(x)(x$ 从 a 变到 b)表示,其中 a 对应于 L 的起点 A,b 对应于 L 的终点 B,则有

$$\int_L P(x,y)\mathrm{d}x + Q(x,y)\mathrm{d}y = \int_a^b \big[P(x,y(x)) + Q(x,y(x))y'(x)\big]\mathrm{d}x. \tag{4.11}$$

如果 L 由方程 $x = x(y)$ 给出,且 $x'(y)$ 连续,可取 y 为参数,把 L 用参数方程 $x = x(y)$,$y = y(y$ 从 c 变到 $d)$ 表示,其中 c 对应于曲线 L 的起点 A,d 对应于 L 的终点 B,则有

$$\int_L P(x,y)\mathrm{d}x + Q(x,y)\mathrm{d}y = \int_c^d [P(x(y),y)x'(y) + Q(x(y),y)]\mathrm{d}y. \tag{4.12}$$

(3) 式(4.10)可以推广到空间的情形. 若空间曲线 Γ 由参数方程 $x = \varphi(t)$,$y = \psi(t)$,$z = \omega(t)(t:\alpha \to \beta)$ 给出,其中 $\varphi(t)$,$\psi(t)$,$\omega(t)$ 在由 α 与 β 确定的区间上具有一阶连续导数,且起点 A 和终点 B 的坐标分别对应于 $(\varphi(\alpha),\psi(\alpha),\omega(\alpha))$ 与 $(\varphi(\beta),\psi(\beta),\omega(\beta))$,则有

$$\int_\Gamma P(x,y,z)\mathrm{d}x + Q(x,y,z)\mathrm{d}y + R(x,y,z)\mathrm{d}z$$

$$= \int_\alpha^\beta [P(\varphi(t),\psi(t),\omega(t))\varphi'(t) + Q(\varphi(t),\psi(t),\omega(t))\psi'(t) +$$

$$R(\varphi(t),\psi(t),\omega(t))\omega'(t)]\mathrm{d}t. \tag{4.13}$$

例 4.4 求 $\int_L (x^2 - y^2)\mathrm{d}x$,其中 L 是 $y = x^2$ 从点 $O(0,0)$ 到点 $A(2,4)$ 的一段曲线.

分析 如图 4.6 所示,曲线可以用两种参数方程表示. 利用式(4.11)和式(4.12)将题中的积分分别化为对 x 和对 y 的定积分计算.

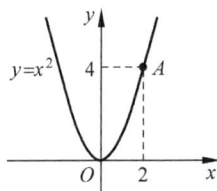

图 4.6

解 法一 将 L 的方程写成 $x = x$,$y = x^2$,$x: 0 \to 2$,利用式(4.11),有

$$\int_L (x^2 - y^2)\mathrm{d}x = \int_0^2 (x^2 - x^4)\mathrm{d}x = \left(\frac{1}{3}x^3 - \frac{1}{5}x^5\right)\Big|_0^2 = -\frac{56}{15}.$$

法二 由于 $x = \pm\sqrt{y}$ 不是单值函数,因 $0 \leqslant x \leqslant 2$,取 $x = \sqrt{y}$,$y: 0 \to 4$,利用式(4.12),有

$$\int_L (x^2 - y^2)\mathrm{d}x = \int_0^4 (y - y^2)\frac{1}{2\sqrt{y}}\mathrm{d}y = \frac{1}{2}\left(\frac{2}{3}y^{\frac{3}{2}} - \frac{2}{5}y^{\frac{5}{2}}\right)\Big|_0^4 = -\frac{56}{15}.$$

易见,本题中的积分化为对 x 的定积分计算要简便许多.

例 4.5 求 $\int_L xy\mathrm{d}x$,如图 4.7 所示,其中:

(1) L 是从点 $A(a,0)$ 沿着圆周按逆时针方向绕行到点 $B(0,a)$ 的曲线段;

(2) L 是从点 $A(a,0)$ 到点 $B(0,a)$ 的直线段.

分析 如图 4.7 所示,(1)中的曲线 L 用参数方程表示较为方便,因此利用式(4.10)计算;(2)中的曲线 L 用直线方程表示较为方便,因此利用式(4.11)计算.

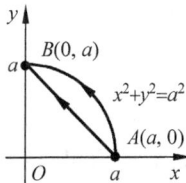

图 4.7

解 (1) 曲线 L 的参数方程为 $x = a\cos t$,$y = a\sin t$,$t: 0 \to \frac{\pi}{2}$,于是有

$$\int_L xy\mathrm{d}x = \int_0^{\frac{\pi}{2}} (a\cos t)(a\sin t)(-a\sin t)\mathrm{d}t = -a^3 \int_0^{\frac{\pi}{2}} (\sin^2 t)\mathrm{d}(\sin t)$$

$$= -a^3 \left(\frac{1}{3}\sin^3 t\right)\Big|_0^{\frac{\pi}{2}} = -\frac{1}{3}a^3.$$

（2）易见，曲线 L 的方程为 $y=a-x, x:a\to 0$，于是有

$$\int_L xy\,dx = \int_a^0 x(a-x)\,dx = -\int_0^a x(a-x)\,dx = -\left(\frac{ax^2}{2}-\frac{x^3}{3}\right)\Big|_0^a = -\frac{a^3}{6}.$$

由例 4.5 可见，虽然两个曲线积分的被积函数相同，起点和终点也相同，但沿不同路径得到的积分值并不相等.

例 4.6　求 $\displaystyle\int_L y^2\,dx + 2xy\,dy$，其中：

（1）L 是抛物线 $y=x^2$ 上从 $O(0,0)$ 到 $B(1,1)$ 的一段弧；

（2）L 是抛物线 $x=y^2$ 上从 $O(0,0)$ 到 $B(1,1)$ 的一段弧；

（3）L 是有向折线 OAB，这里 O,A,B 依次是点 $(0,0),(0,1)$，$(1,1)$.

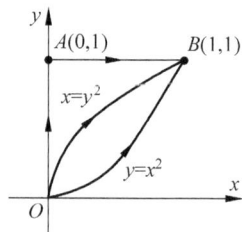

图　4.8

分析　如图 4.8 所示，曲线 L 可由直角坐标方程表示，分别利用式（4.11）和式（4.12）计算.

解　（1）曲线 L 的方程为 $y=x^2, x:0\to 1$，故

$$\int_L y^2\,dx + 2xy\,dy = \int_0^1 \left[x^4 + 2x\cdot x^2\cdot 2x\right]dx = \int_0^1 5x^4\,dx = 1.$$

（2）曲线 L 的方程为 $x=y^2, y:0\to 1$，故

$$\int_L y^2\,dx + 2xy\,dy = \int_0^1 \left[y^2\cdot 2y + 2y^2\cdot y\right]dy = \int_0^1 4y^3\,dy = 1.$$

（3）$\displaystyle\int_L y^2\,dx + 2xy\,dy = \int_{\overline{OA}} y^2\,dx + 2xy\,dy + \int_{\overline{AB}} y^2\,dx + 2xy\,dy.$

在线段 $\overline{OA}$ 上，$x=0, y:0\to 1$，所以

$$\int_{\overline{OA}} y^2\,dx + 2xy\,dy = \int_0^1 (y^2\times 0 + 2\times 0\times y)\,dy = 0;$$

在线段 $\overline{AB}$ 上，$y=1, x:0\to 1$，所以

$$\int_{\overline{AB}} y^2\,dx + 2xy\,dy = \int_0^1 (1 + 2\times x\times 1\times 0)\,dx = 1.$$

从而

$$\int_L y^2\,dx + 2xy\,dy = 0 + 1 = 1.$$

由例 4.6 可见，对坐标的曲线积分而言，虽然路径不同，若它们具有相同的起点和终点，则它们的值也可能相等.

因此，例 4.5 和例 4.6 说明，对坐标的曲线积分可能与路径有关，也可能与路径无关. 我们将在下一节讨论对坐标的曲线积分与路径无关的条件.

例 4.7　求下列对坐标的曲线积分：

（1）$\displaystyle\int_\Gamma 2xy\,dx + (x+y)\,dy + 3x^2\,dz$，其中 Γ 为螺旋线：$x=a\cos t, y=a\sin t, z=bt, t:0\to\pi$；

（2）$\displaystyle\int_\Gamma x^3\,dx + 3zy^2\,dy - x^2y\,dz$，其中 Γ 是从点 $A(1,1,1)$ 到点 $B(3,2,1)$ 的直线段.

分析　对于空间曲线，利用式（4.13），按照一代二换三定限的步骤将曲线积分转换为定积分，再进行计算.

解　（1）易见，$dx=-a\sin t\,dt, dy=a\cos t\,dt, dz=b\,dt$. 由式（4.13）可得

$$\int_\Gamma 2xy\,dx + (x+y)\,dy + 3x^2\,dz$$

$$= \int_0^\pi [-2a^3\cos t\,\sin^2 t + a^2(\cos t + \sin t)\cos t + 3a^2\cos^2 t \cdot b]\,dt$$

$$= \int_0^\pi [-2a^3\cos t\,\sin^2 t + a^2(1+3b)\cos^2 t + a^2\sin t\cos t]\,dt$$

$$= \left[-\frac{2}{3}a^3\sin^3 t + \frac{1}{2}a^2(1+3b)\left(t+\frac{1}{2}\sin 2t\right) - \frac{a^2}{4}\cos 2t\right]\Big|_0^\pi$$

$$= \frac{1}{2}a^2(1+3b)\pi.$$

（2）容易求得，线段 $\overline{AB}$ 的点向式方程为 $\dfrac{x-1}{2}=\dfrac{y-1}{1}=\dfrac{z-1}{0}$，参数方程为 $x=1+2t$，$y=1+t, z=1, t:0\to1$. 于是

$$\int_\Gamma x^3\,dx + 3zy^2\,dy - x^2 y\,dz = \int_0^1 [(1+2t)^3\times 2 + (1+t)^2\times 3]\,dt$$

$$= \int_0^1 (5+18t+27t^2+16t^3)\,dt = 27.$$

习题 4.2

思考题

1. 对弧长的曲线积分和对坐标的曲线积分有什么联系和区别？
2. 将对坐标的曲线积分化为定积分时，基本步骤是什么？

Ⓐ类题

1. 求 $\displaystyle\int_L (x^2+y^2)\,dy$，其中 L 为抛物线 $x=y^2$ 上从点 $O(0,0)$ 到点 $A(1,1)$ 的一段弧.

2. 求 $\displaystyle\int_L -y\cos x\,dx + x\sin y\,dy$，其中 L 为由点 $A(0,0)$ 到点 $B(\pi,2\pi)$ 的线段.

3. 求 $\displaystyle\oint_L x\,dx - y\,dy$，其中 L 为椭圆 $\dfrac{x^2}{a^2}+\dfrac{y^2}{b^2}=1$ 的边界，方向为逆时针方向.

4. 求 $\displaystyle\int_\Gamma x\,dx + y\,dy + (x+y-1)\,dz$，其中 Γ 为从点 $A(1,2,3)$ 到点 $B(2,4,6)$ 的空间有向线段.

5. 求 $\displaystyle\int_L xy\,dx + (y-x)\,dy$，其中 L 为沿 x 轴由点 $A(2,0)$ 到点 $O(0,0)$ 的线段.

6. 求 $\displaystyle\int_L (x+y)\,dx + (x-y)\,dy$ 的值，其中 L 分别为：

（1）从点 $A(1,0)$ 沿上半单位圆到点 $B(0,1)$ 的弧；

（2）从点 $A(1,0)$ 到点 $O(0,0)$，再从点 $O(0,0)$ 到点 $B(0,1)$ 的折线.

7. 求 $\displaystyle\int_L (x^2-y)\,dx + (y^2+x)\,dy$，其中 L 分别为：

（1）从点 $A(0,0)$ 到点 $C(1,2)$ 的线段；

（2）从点 $A(0,0)$ 到点 $B(1,0)$，再从点 $B(1,0)$ 到点 $C(1,2)$ 的折线；

（3）从点 $A(0,0)$ 沿抛物线 $y=2x^2$ 到点 $C(1,2)$.

Ⓑ 类题

1. 求 $\displaystyle\int_L (x^2-y^2)\mathrm{d}x+(x^2+y^2)\mathrm{d}y$，其中 L 是抛物线 $y=2x^2$ 上从点 $O(0,0)$ 到点 $A(1,2)$ 的一段弧；

2. 求 $\displaystyle\int_L x\mathrm{d}x+y\mathrm{d}y$，其中 L 为圆周 $r=2\cos\theta,y=2\sin\theta$ 上由 $\theta=0$ 到 $\theta=\dfrac{\pi}{2}$ 的一段弧.

3. 求 $\displaystyle\int_L xy\mathrm{d}x+yz\mathrm{d}y+zx\mathrm{d}z$，其中 L 为椭圆 $x=\cos\theta,y=\sin\theta,z=1-\cos\theta-\sin\theta$ 上由 $\theta=0$ 到 $\theta=2\pi$ 的一段弧.

4. 求 $\displaystyle\oint_L \dfrac{-x\mathrm{d}x+y\mathrm{d}y}{x^2+y^2}$，其中 L 为圆周 $x^2+y^2=a^2$，方向为逆时针方向.

5. 在过点 $O(0,0)$ 和 $A(\pi,0)$ 的曲线族 $y=b\sin x(b>0)$ 中，求一条曲线 L，使沿该曲线上从 O 到 A 的积分 $\displaystyle\int_L (1+y^3)\mathrm{d}x+(2x+y)\mathrm{d}y$ 的值最小.

6. 设有力场 $\boldsymbol{F}=y\boldsymbol{i}-x\boldsymbol{j}+(x+y+z)\boldsymbol{k}$，求在力场 $\boldsymbol{F}$ 的作用下，质点由点 $A(a,0,0)$ 沿螺旋线 Γ 移动到点 $B(a,0,c)$ 所做的功，其中 Γ 的方程为 $x=a\cos t,y=a\sin t,z=\dfrac{k}{2\pi}t,0\leqslant t\leqslant 2\pi$.

4.3　格林公式及其应用
The Green formula and its applications

　　在计算二重积分时，对积分区域的边界要求较高，如果积分区域的边界曲线相对复杂，计算二重积分就会相当困难. 然而当被积函数满足特定条件时，可以避开计算繁杂的二重积分，将其转化为计算某个对坐标的曲线积分. 反过来，对于有些形式复杂或难以处理的对坐标的曲线积分，如果将其转化为计算二重积分，问题可能会得到简化. 本节首先讨论在闭区域 D 上的二重积分与在 D 的边界曲线 L 上的对坐标的曲线积分之间的关系，即格林公式；然后给出对坐标的曲线积分与积分路径无关的几个等价条件.

4.3.1　格林公式

　　为讨论方便，我们首先介绍平面单连通区域的概念.

　　设 D 为平面区域，如果在 D 内的任意一条闭曲线所围的内部区域总是包含在 D 内，则称 D 为**单连通区域**，否则称为**复连通区域**.

　　从几何直观上看，单连通区域就是不带"洞"（包括点"洞"）的区域，复连通区域是带"洞"（包括点"洞"）的区域. 2.1 节中曾给出了一些平面区域的例子，如单连通的圆形区域 $\{(x,y)\mid x^2+y^2<r^2\}$、复连通的圆环域 $\{(x,y)\mid 1\leqslant x^2+y^2\leqslant 4\}$ 等.

　　由于对坐标的曲线积分与积分曲线 L 的方向有关，我们还需要规定平面闭区域的边界曲线的正方向.

对于给定的平面闭区域 D 及其边界曲线 L,按照右手法则,规定 L 的正方向为:当某人沿着闭曲线 L 行进时,闭区域 D 在他近处的那一部分总在他的左侧.反之为 L 的负方向.例如,对于单连通区域 D,边界曲线 L 的正向是逆时针方向,如图 4.9(a)所示;对于由边界曲线 L 及 l 所围成的复连通区域 D,如图 4.9(b)所示,作为 D 的正向边界,L 的正方向是逆时针方向,而 l 的正方向是顺时针方向.

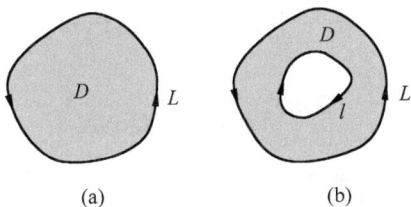

图　4.9

定理 4.3 设有界闭区域 D 由分段光滑的闭曲线 L 围成,函数 $P(x,y),Q(x,y)$ 及其偏导数 $\dfrac{\partial P(x,y)}{\partial y}$、$\dfrac{\partial Q(x,y)}{\partial x}$ 在 D 上连续,则有

$$\iint\limits_{D}\left(\frac{\partial Q}{\partial x}-\frac{\partial P}{\partial y}\right)\mathrm{d}x\mathrm{d}y=\oint_{L}P\mathrm{d}x+Q\mathrm{d}y, \qquad (4.14)$$

其中曲线 L 取正方向.式(4.14)称为**格林公式**(**Green formula**).

分析 根据函数 $P(x,y)$ 和 $Q(x,y)$ 的相关信息对号入座.根据区域特点分别将二重积分化为累次积分,然后将其约化为定积分;将对坐标的曲线积分化为定积分.

证 根据 D 的不同形式,分 3 种情形证明.

(1) 若区域 D 既是 X 型区域又是 Y 型区域,如图 4.10(a)和(b)所示.

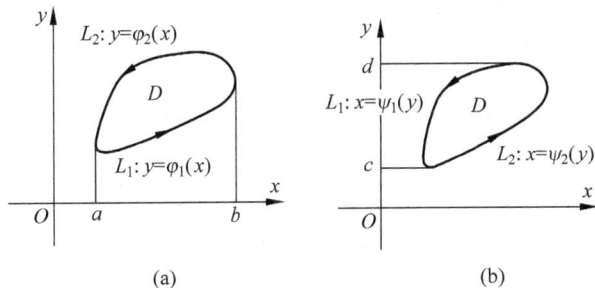

图　4.10

设 X 型区域 D 表示为 $D=\{(x,y)\,|\,\varphi_1(x)\leqslant y\leqslant\varphi_2(x),a\leqslant x\leqslant b\}$,如图 4.10(a)所示.因为 $\dfrac{\partial P}{\partial y}$ 在 D 内连续,对二重积分 $\iint\limits_{D}\dfrac{\partial P}{\partial y}\mathrm{d}x\mathrm{d}y$ 进行约化,有

$$\iint\limits_{D}\frac{\partial P}{\partial y}\mathrm{d}x\mathrm{d}y=\int_a^b\mathrm{d}x\int_{\varphi_1(x)}^{\varphi_2(x)}\frac{\partial P(x,y)}{\partial y}\mathrm{d}y=\int_a^b[P(x,\varphi_2(x))-P(x,\varphi_1(x))]\mathrm{d}x.$$

另一方面,根据对坐标的曲线积分的性质及计算方法,对 $\oint_{L}P\mathrm{d}x$ 进行约化,如图 4.10(a)所示,有

$$\oint_L P\mathrm{d}x = \int_{L_1} P\mathrm{d}x + \int_{L_2} P\mathrm{d}x = \int_a^b P(x,\varphi_1(x))\mathrm{d}x + \int_b^a P(x,\varphi_2(x))\mathrm{d}x$$

$$= \int_a^b [P(x,\varphi_1(x)) - P(x,\varphi_2(x))]\mathrm{d}x.$$

综上有

$$-\iint_D \frac{\partial P}{\partial y}\mathrm{d}x\mathrm{d}y = \oint_L P\mathrm{d}x. \tag{4.15}$$

设 Y 型区域 D 表示为 $D=\{(x,y)\,|\,\psi_1(y)\leqslant x\leqslant\psi_2(y),c\leqslant y\leqslant d\}$，如图 4.10(b)所示. 类似地可证

$$\iint_D \frac{\partial Q}{\partial x}\mathrm{d}x\mathrm{d}y = \oint_L Q\mathrm{d}y. \tag{4.16}$$

由于 D 既是 X 型区域又是 Y 型区域，式(4.15)和式(4.16)同时成立，合并后即得式(4.14).

（2）当 D 是一般形式的单连通区域时，可用几段光滑曲线将 D 分成若干个既是 X 型又是 Y 型的区域，如图 4.11 所示，将 D 分成 3 个既是 X 型又是 Y 型的区域 D_1,D_2,D_3.

由式(4.14)知，格林公式在这 3 个区域上成立，即

$$\iint_{D_1}\left(\frac{\partial Q}{\partial x}-\frac{\partial P}{\partial y}\right)\mathrm{d}x\mathrm{d}y = \oint_{L_1\cup\overline{CA}} P\mathrm{d}x+Q\mathrm{d}y;$$

$$\iint_{D_2}\left(\frac{\partial Q}{\partial x}-\frac{\partial P}{\partial y}\right)\mathrm{d}x\mathrm{d}y = \oint_{L_2\cup\overline{AB}} P\mathrm{d}x+Q\mathrm{d}y;$$

$$\iint_{D_3}\left(\frac{\partial Q}{\partial x}-\frac{\partial P}{\partial y}\right)\mathrm{d}x\mathrm{d}y = \oint_{L_3\cup\overline{BC}} P\mathrm{d}x+Q\mathrm{d}y.$$

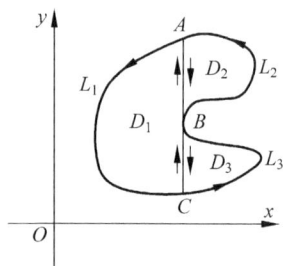

图 4.11

将上述三个等式相加，并且注意到

$$\int_{\overline{CA}} P\mathrm{d}x+Q\mathrm{d}y + \int_{\overline{AB}} P\mathrm{d}x+Q\mathrm{d}y + \int_{\overline{BC}} P\mathrm{d}x+Q\mathrm{d}y = 0.$$

因此，格林公式在区域 D 上成立.

（3）当 D 为复连通区域时，可用光滑曲线将 D 分成若干个单连通区域，从而变成(2)的情形，如图 4.12 所示.

对于复连通区域 D，格林公式(4.14)的右端应包括沿区域 D 的全部边界的曲线积分，且边界的方向对于区域 D 来说都是正向的.　　　　　　　　　　　　　　　　证毕

关于定理 4.3 的几点说明.

（1）在计算一些问题时，必须在满足定理的条件下才能使用格林公式(4.14)，否则会得到错误的结果. 参见例 4.11.

（2）在利用格林公式求对坐标的曲线积分时，曲线 L 是闭曲线. 若 L 不封闭则可以添加辅助线使其封闭，然后利用格林公式计算，但同时还要减去添加辅助线部分的曲线积分. 在利用格林公式求曲线积分时，这是常用的一种方法.

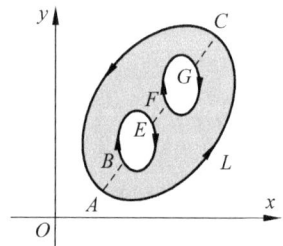

图 4.12

（3）在定理中，若 $P(x,y)=-y,Q(x,y)=x$，有 $\frac{\partial P}{\partial y}=-1,\frac{\partial Q}{\partial x}=1$，于是

$$S = \iint\limits_{D} \mathrm{d}x\mathrm{d}y = \frac{1}{2}\oint_L x\mathrm{d}y - y\mathrm{d}x, \tag{4.17}$$

其中 S 是由闭曲线 L 围成的区域的面积. 因此, 也可以通过式(4.17)计算平面图形的面积, 参见例 4.12.

例 4.8 求 $\oint_L xy^2\mathrm{d}y - x^2y\mathrm{d}x$, 其中 L 为圆周 $x^2 + y^2 = R^2$ 依逆时针方向.

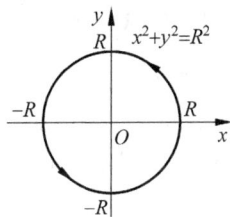

分析 验证格林公式成立的条件, 利用格林公式(4.14), 将题中的曲线积分化为二重积分进行计算.

解 曲线 L 围成的区域如图 4.13 所示. 由题意知, $P = -x^2y, Q = xy^2, L$ 的方向为区域边界的正向, 所以满足格林公式的条件. 故由格林公式(4.14), 有

$$\oint_L xy^2\mathrm{d}y - x^2y\mathrm{d}x = \iint\limits_{D}(y^2 + x^2)\mathrm{d}x\mathrm{d}y = \int_0^{2\pi}\mathrm{d}\theta\int_0^R r^2 r\mathrm{d}r = \frac{\pi R^4}{2}.$$

例 4.9 求 $\int_L (\mathrm{e}^x\sin y + 8y)\mathrm{d}x + (\mathrm{e}^x\cos y - 7x)\mathrm{d}y$, 其中 L 是从 $O(0,0)$ 到 $A(6,0)$ 的上半圆周.

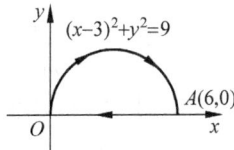

分析 通过添加一段简单的辅助曲线, 使它与所给曲线构成一封闭曲线, 然后利用格林公式把所求曲线积分化为二重积分计算, 但同时还要减去添加的曲线的曲线积分.

解 曲线 L 的图形如图 4.14 所示, 添加有向线段 $\overrightarrow{AO}$: $y = 0, x$ 从 6 到 0, 使得它们围成一个封闭的有界区域 D. 显然被积函数满足定理 4.3 的条件, 故由格林公式(4.14), 有

$$\int_L (\mathrm{e}^x\sin y + 8y)\mathrm{d}x + (\mathrm{e}^x\cos y - 7x)\mathrm{d}y$$

$$= \int_{L \cup \overrightarrow{AO}} (\mathrm{e}^x\sin y + 8y)\mathrm{d}x + (\mathrm{e}^x\cos y - 7x)\mathrm{d}y -$$

$$\int_{\overrightarrow{AO}} (\mathrm{e}^x\sin y + 8y)\mathrm{d}x + (\mathrm{e}^x\cos y - 7x)\mathrm{d}y$$

$$= \iint\limits_{D}\left[\frac{\partial}{\partial y}(\mathrm{e}^x\sin y + 8y) - \frac{\partial}{\partial x}(\mathrm{e}^x\cos y - 7x)\right]\mathrm{d}x\mathrm{d}y - 0$$

$$= \frac{135}{2}\pi.$$

例 4.10 求 $\iint\limits_{D}\mathrm{e}^{-y^2}\mathrm{d}x\mathrm{d}y$, 其中 D 是以 $O(0,0), A(1,1), B(0,1)$ 为顶点的三角形闭区域, 如图 4.15 所示.

分析 根据格林公式(4.14), 找到对应的函数 $P(x,y)$ 和 $Q(x,y)$, 然后将题中的二重积分化为曲线积分进行计算.

解 令 $P = 0, Q = x\mathrm{e}^{-y^2}$, 则 $\dfrac{\partial Q}{\partial x} - \dfrac{\partial P}{\partial y} = \mathrm{e}^{-y^2}$. 由格林公式(4.14)有

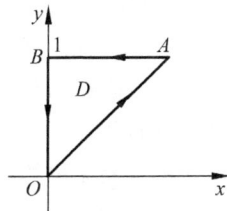

$$\iint\limits_{D} \mathrm{e}^{-y^2} \mathrm{d}x\mathrm{d}y = \int_{\overline{OA} \cup \overline{AB} \cup \overline{BO}} x \mathrm{e}^{-y^2} \mathrm{d}y = \int_{\overline{OA}} x \mathrm{e}^{-y^2} \mathrm{d}y = \int_0^1 x \mathrm{e}^{-x^2} \mathrm{d}x = \frac{1 - \mathrm{e}^{-1}}{2}.$$

例 4.11　求 $\oint_L \dfrac{x\mathrm{d}y - y\mathrm{d}x}{x^2 + y^2}$，其中 L 为一条无重点、分段光滑且不经过原点的连续闭曲线，L 的方向为逆时针方向.

分析　易见，被积函数在坐标原点的偏导数不存在，因此需要根据 L 所围成的闭区域中是否包含原点而分两种情况讨论.

解　令 $P(x,y) = \dfrac{-y}{x^2 + y^2}$，$Q(x,y) = \dfrac{x}{x^2 + y^2}$，$L$ 所围成的闭区域为 D，则当 $x^2 + y^2 \neq 0$ 时，有

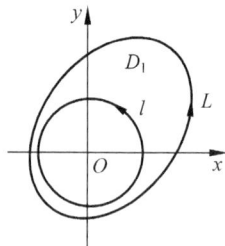

$$\frac{\partial Q}{\partial x} = \frac{y^2 - x^2}{(x^2 + y^2)^2} = \frac{\partial P}{\partial y}.$$

（1）当 $(0,0) \notin D$ 时，由格林公式(4.14)得

$$\oint_L \frac{x\mathrm{d}y - y\mathrm{d}x}{x^2 + y^2} = 0.$$

（2）当 $(0,0) \in D$ 时，选取适当小的 $r > 0$ 作位于 D 内的圆周 l：$x^2 + y^2 = r^2$. 记 L 和 l 所围成的闭区域为 D_1，如图 4.16 所示. 对于复连通区域 D_1，应用格林公式(4.14)得

图　4.16

$$\oint_L \frac{x\mathrm{d}y - y\mathrm{d}x}{x^2 + y^2} + \oint_{l^-} \frac{x\mathrm{d}y - y\mathrm{d}x}{x^2 + y^2} = \oint_L \frac{x\mathrm{d}y - y\mathrm{d}x}{x^2 + y^2} - \oint_l \frac{x\mathrm{d}y - y\mathrm{d}x}{x^2 + y^2} = 0,$$

其中 L 和 l 的方向均为逆时针方向. 于是

$$\oint_L \frac{x\mathrm{d}y - y\mathrm{d}x}{x^2 + y^2} = \oint_l \frac{x\mathrm{d}y - y\mathrm{d}x}{x^2 + y^2} = \int_0^{2\pi} \frac{r^2 \cos^2\theta + r^2 \sin^2\theta}{r^2} \mathrm{d}\theta = 2\pi.$$

例 4.12　求椭圆 $x = a\cos\theta + 2$，$y = b\sin\theta + 1 (0 \leqslant \theta \leqslant 2\pi)$ 所围成图形的面积 S.

分析　根据式(4.17)计算.

解　由式(4.17)可得

$$S = \frac{1}{2} \oint_L x\mathrm{d}y - y\mathrm{d}x = \frac{1}{2} \int_0^{2\pi} (ab\cos^2\theta + 2b\cos\theta + ab\sin^2\theta + a\sin\theta)\mathrm{d}\theta$$

$$= \frac{1}{2} ab \int_0^{2\pi} \mathrm{d}\theta = \pi ab.$$

4.3.2　平面上曲线积分与路径无关的条件

在有些情况下，如由例 4.6 可见，在求对坐标的曲线积分时，最终的结果只与起点和终点有关，而与沿着哪条曲线计算无关. 事实上，这种情况不是偶然出现的，只要拟解决的问题满足一定的条件，就可以达到这样的效果. 这种情况在研究物理、力学中的一些问题时经常遇到. 下面我们讨论在怎样的条件下平面曲线积分与路径无关，为此首先给出平面曲线积分与路径无关的概念.

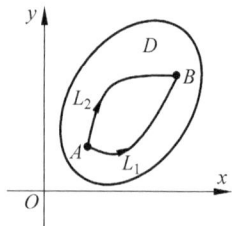

图　4.17

设函数 $P(x,y)$，$Q(x,y)$ 在平面区域 D 内具有一阶连续偏导数，若对于 D 内任意给定的两个点 A，B 及区域 D 内从点 A 到点 B 的任意两条分段光滑曲线 L_1，L_2，如图 4.17 所示，都有

$$\int_{L_1} P\mathrm{d}x + Q\mathrm{d}y = \int_{L_2} P\mathrm{d}x + Q\mathrm{d}y,$$

则称曲线积分 $\int_L P\mathrm{d}x + Q\mathrm{d}y$ 在 D 内与路径无关,否则称为与路径有关.

定理 4.4 设函数 $P(x,y),Q(x,y)$ 在单连通区域 D 内具有一阶连续偏导数,则下列 4 个条件相互等价:

(1) 曲线积分 $\int_L P\mathrm{d}x + Q\mathrm{d}y$ 在 D 内与路径无关,只与 L 的起点和终点有关;

(2) $P\mathrm{d}x + Q\mathrm{d}y$ 是 D 内某一函数 u 的全微分,即在 D 内存在函数 $u(x,y)$,使得
$$\mathrm{d}u = P\mathrm{d}x + Q\mathrm{d}y;$$

(3) 在 D 内,恒有 $\dfrac{\partial P}{\partial y} = \dfrac{\partial Q}{\partial x}$;

(4) 沿 D 中任一分段光滑的闭曲线 L,有 $\oint_L P\mathrm{d}x + Q\mathrm{d}y = 0$.

分析 定理中的 4 个条件相互等价的意思是指它们之间互为充分与必要条件,可以用循环推导的办法证明这个定理.

证 $(1) \Rightarrow (2)$ 设 $A(x_0,y_0)$ 为 D 内某一定点,$B(x,y)$ 为任意一点,如图 4.18 所示.

由已知,$\int_{\frown AB} P\mathrm{d}x + Q\mathrm{d}y$ 的值仅与点 B 有关而与积分路径无关,当 $B(x,y)$ 在 D 内变动时,上述积分是点 $B(x,y)$ 的函数,设为

图 4.18

$$u(x,y) = \int_{\frown AB} P\mathrm{d}x + Q\mathrm{d}y = \int_{(x_0,y_0)}^{(x,y)} P\mathrm{d}x + Q\mathrm{d}y. \quad (4.18)$$

下面证明 $u(x,y)$ 的全微分就是 $P\mathrm{d}x + Q\mathrm{d}y$. 因为 $P(x,y),Q(x,y)$ 都是连续的,所以只需要证明 $\dfrac{\partial u}{\partial x} = P(x,y)$ 和 $\dfrac{\partial u}{\partial y} = Q(x,y)$. 根据偏导数定义,有

$$\frac{\partial u}{\partial x} = \lim_{\Delta x \to 0} \frac{u(x+\Delta x,y) - u(x,y)}{\Delta x}.$$

由式(4.18)得

$$u(x+\Delta x,y) = \int_{(x_0,y_0)}^{(x+\Delta x,y)} P(x,y)\mathrm{d}x + Q(x,y)\mathrm{d}y.$$

这里的曲线积分与路径无关,可以取先从 $A(x_0,y_0)$ 到 $B(x,y)$,然后沿平行于 x 轴的直线从 B 到 $C(x+\Delta x,y)$ 作为上式右端的曲线积分的路径,于是有

$$u(x+\Delta x,y) = u(x,y) + \int_{(x,y)}^{(x+\Delta x,y)} P\mathrm{d}x + Q\mathrm{d}y,$$

即

$$u(x+\Delta x,y) - u(x,y) = \int_{(x,y)}^{(x+\Delta x,y)} P\mathrm{d}x + Q\mathrm{d}y.$$

因为直线段 $\overline{BC}$ 的方程为 $y = $ 常数,根据求对坐标的曲线积分的计算方法,上式成为

$$u(x+\Delta x,y) - u(x,y) = \int_x^{x+\Delta x} P(x,y)\mathrm{d}x.$$

由定积分中值定理可得

$$u(x+\Delta x,y) - u(x,y) = P(x+\theta\Delta x,y)\Delta x \quad (0 \leqslant \theta \leqslant 1).$$

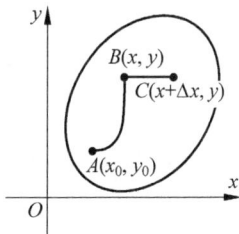

上式两边除以 Δx,并令 $\Delta x \to 0$,由于 $P(x,y)$ 的偏导数在 D 内连续,$P(x,y)$ 本身也一定连续,于是得

$$\frac{\partial u}{\partial x} = P(x,y).$$

同理可得

$$\frac{\partial u}{\partial y} = Q(x,y).$$

于是有

$$\mathrm{d}u = P\mathrm{d}x + Q\mathrm{d}y.$$

(2)$\Rightarrow$(3) 设存在函数 $u(x,y)$,使得

$$\mathrm{d}u = P\mathrm{d}x + Q\mathrm{d}y,$$

对应有

$$\frac{\partial u}{\partial x} = P, \quad \frac{\partial u}{\partial y} = Q.$$

进一步地

$$\frac{\partial P}{\partial y} = \frac{\partial^2 u}{\partial x \partial y}, \quad \frac{\partial Q}{\partial x} = \frac{\partial^2 u}{\partial y \partial x}.$$

因为 $\frac{\partial P}{\partial y}$ 与 $\frac{\partial Q}{\partial x}$ 连续,所以 $\frac{\partial^2 u}{\partial x \partial y} = \frac{\partial^2 u}{\partial y \partial x}$,从而有

$$\frac{\partial P}{\partial y} = \frac{\partial Q}{\partial x}.$$

(3)$\Rightarrow$(4) 设 L 为 D 中任一分段光滑的封闭曲线,记 L 围成的区域为 D_1,由于 D 是单连通区域,所以 D_1 全属于 D 内,应用格林公式及条件(3)可得

$$\oint_L P\mathrm{d}x + Q\mathrm{d}y = \iint_{D_1}\left(\frac{\partial Q}{\partial x} - \frac{\partial P}{\partial y}\right)\mathrm{d}x\mathrm{d}y = 0.$$

(4)$\Rightarrow$(1) 设 A,B 为 L 的起点和终点,任取两条路线 $\overset{\frown}{AMB}$ 和 $\overset{\frown}{ANB}$,如图 4.19 所示,由(4)得

$$\oint_{AMBNA} P\mathrm{d}x + Q\mathrm{d}y = 0,$$

图 4.19

所以

$$\int_{\overset{\frown}{AMB}} P\mathrm{d}x + Q\mathrm{d}y + \int_{\overset{\frown}{BNA}} P\mathrm{d}x + Q\mathrm{d}y = 0,$$

即

$$\int_{\overset{\frown}{AMB}} P\mathrm{d}x + Q\mathrm{d}y = -\int_{\overset{\frown}{BNA}} P\mathrm{d}x + Q\mathrm{d}y = \int_{\overset{\frown}{ANB}} P\mathrm{d}x + Q\mathrm{d}y,$$

因此,该积分值与路径无关. 证毕

关于定理 4.4 的几点说明.

(1) 在定理中,要求区域 D 为单连通区域,且函数 $P(x,y),Q(x,y)$ 在 D 内具有一阶连续偏导数. 如果这两个条件之一不能满足,那么定理的结论不能保证成立. 例如,在例 4.11 中我们已经看到,当 L 所围成的区域含有原点时,虽然除去原点外,恒有 $\frac{\partial Q}{\partial x} = \frac{\partial P}{\partial y}$,但沿闭曲

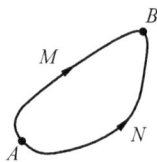

线的积分 $\oint_L P\mathrm{d}x + Q\mathrm{d}y \neq 0$，其原因在于区域内含有破坏函数 $P(x,y), Q(x,y)$ 及 $\dfrac{\partial Q}{\partial x}, \dfrac{\partial P}{\partial y}$ 连续性条件的点 O，这种点通常称为**奇点**（singularity）.

（2）由定理的证明过程可见，若函数 $P(x,y), Q(x,y)$ 满足定理的条件，则二元函数

$$u(x,y) = \int_{(x_0,y_0)}^{(x,y)} P(x,y)\mathrm{d}x + Q(x,y)\mathrm{d}y$$

满足

$$\mathrm{d}u(x,y) = P(x,y)\mathrm{d}x + Q(x,y)\mathrm{d}y,$$

称 $u(x,y)$ 为表达式 $P(x,y)\mathrm{d}x + Q(x,y)\mathrm{d}y$ 的**原函数**. 此时，因为式（4.18）右端的曲线积分与路径无关，故可选取从 (x_0,y_0) 到 (x,y) 的路径为图 4.20 中的折线 ARB 为积分路径，这时得

$$u(x,y) = \int_{x_0}^{x} P(x,y_0)\mathrm{d}x + \int_{y_0}^{y} Q(x,y)\mathrm{d}y. \qquad (4.19)$$

同理，在式（4.18）中取 ASB 为积分路径，则得

$$u(x,y) = \int_{y_0}^{y} Q(x_0,y)\mathrm{d}y + \int_{x_0}^{x} P(x,y)\mathrm{d}x. \qquad (4.20)$$

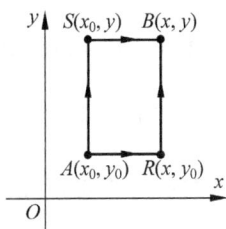

图 4.20

例 4.13 求 $\displaystyle\int_L (x^2 + 2xy)\mathrm{d}x + (x^2 + y^4)\mathrm{d}y$，其中 L 为由点 $O(0,0)$ 沿 $y = \sin\dfrac{\pi x}{2}$ 到点 $B(1,1)$ 的曲线.

分析 如图 4.21 所示，在此曲线上进行积分计算较繁，可验证此题是否满足定理 4.4 的条件（3），如果满足，再找一条简单的路径进行计算.

解 令 $P(x,y) = x^2 + 2xy, Q(x,y) = x^2 + y^4$. 容易求得

$$\frac{\partial P}{\partial y} = \frac{\partial}{\partial y}(x^2 + 2xy) = 2x, \qquad \frac{\partial Q}{\partial x} = \frac{\partial}{\partial x}(x^2 + y^4) = 2x,$$

即 $\dfrac{\partial P}{\partial y} = \dfrac{\partial Q}{\partial x}$ 在整个 xOy 坐标面上（单连通区域）成立，且 $\dfrac{\partial P}{\partial y}$，

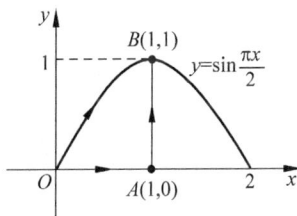

图 4.21

$\dfrac{\partial Q}{\partial x}$ 在整个 xOy 坐标面上连续，所以该曲线积分与路径无关，取点 $A(1,0)$ 点，选取路径 $\overrightarrow{OA}$ 和 $\overrightarrow{AB}$，有

$$\int_L (x^2 + 2xy)\mathrm{d}x + (x^2 + y^4)\mathrm{d}y = \int_{\overrightarrow{OA} + \overrightarrow{AB}} (x^2 + 2xy)\mathrm{d}x + (x^2 + y^4)\mathrm{d}y$$

$$= \int_0^1 x^2\mathrm{d}x + \int_0^1 (1 + y^4)\mathrm{d}y = \frac{23}{15}.$$

例 4.14 验证 $(x^2 + 2xy - y^2)\mathrm{d}x + (x^2 - 2xy - y^2)\mathrm{d}y$ 是某个函数的全微分，并求出该函数.

分析 先验证此题是否满足定理 4.4 的条件（3），再沿着特殊路径进行积分，求出要求的函数.

解 令 $P = x^2 + 2xy - y^2, Q = x^2 - 2xy - y^2$. 因为

$$\frac{\partial Q}{\partial x} = 2x - 2y = \frac{\partial P}{\partial y},$$

易见，$\dfrac{\partial P}{\partial y},\dfrac{\partial Q}{\partial x}$ 在整个 xOy 面上连续，所以 $(x^2+2xy-y^2)\mathrm{d}x+(x^2-2xy-y^2)\mathrm{d}y$ 是某个函数的全微分，可选取图 4.22 中的折线 OAB 为积分路径，得

$$
\begin{aligned}
u(x,y) &= \int_{(0,0)}^{(x,y)}(x^2+2xy-y^2)\mathrm{d}x+(x^2-2xy-y^2)\mathrm{d}y\\
&= \int_0^x x^2\mathrm{d}x+\int_0^y(x^2-2xy-y^2)\mathrm{d}y\\
&= \frac{x^3}{3}+x^2y-xy^2-\frac{y^3}{3}+C\,(C\text{ 为任意常数}).
\end{aligned}
$$

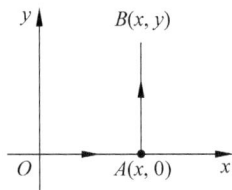

图 4.22

例 4.15 对任意的光滑曲线 L，设曲线积分 $\displaystyle\int_L xy^3\mathrm{d}x+3y^2\varphi(x)\mathrm{d}y$ 与路径无关，其中 $\varphi(x)$ 具有连续的导数，且 $\varphi(0)=0$，求 $\varphi(x)$，并求 $\displaystyle\int_{(0,0)}^{(1,1)}xy^3\mathrm{d}x+3y^2\varphi(x)\mathrm{d}y$.

分析 根据定理 4.4 的条件 $\dfrac{\partial P}{\partial y}=\dfrac{\partial Q}{\partial x}$ 求出 $\varphi(x)$，再求曲线积分.

解 令 $P(x,y)=xy^3$，$Q(x,y)=3y^2\varphi(x)$. 容易求得

$$
\frac{\partial P}{\partial y}=3xy^2,\qquad \frac{\partial Q}{\partial x}=3y^2\varphi'(x).
$$

根据曲线积分与路径无关的条件 $\dfrac{\partial P}{\partial y}=\dfrac{\partial Q}{\partial x}$，所以有 $3y^2\varphi'(x)=3xy^2$. 因此

$$
\varphi(x)=\frac{1}{2}x^2+C.
$$

由 $\varphi(0)=0$ 得，$C=0$，即 $\varphi(x)=\dfrac{1}{2}x^2$，故

$$
\int_{(0,0)}^{(1,1)}xy^3\mathrm{d}x+3y^2\varphi(x)\mathrm{d}y=\int_0^1 0\mathrm{d}x+\int_0^1\frac{3}{2}y^2\mathrm{d}y=\frac{1}{2}.
$$

习 题 4.3

思 考 题

1. 应用格林公式求曲线积分或二重积分时应注意什么？

2. 定理 4.4 中四个命题相互等价的条件是什么？

A 类题

1. 求 $\displaystyle\oint_L xy^2\mathrm{d}y-x^2y\mathrm{d}x$，其中 L 为圆周 $x^2+y^2=4$ 取逆时针方向.

2. 求 $\displaystyle\int_L(1+xy^2)\mathrm{d}x+x^2y\mathrm{d}y$，其中 L 是椭圆 $\dfrac{x^2}{4}+y^2=1$ 在第一、第二象限的部分，方向从点 $A(-2,0)$ 到点 $B(2,0)$.

3. 验证 $(2x\cos y-y^2\sin x)\mathrm{d}x+(2y\cos x-x^2\sin y)\mathrm{d}y$ 是某个函数的全微分，并求出该函数.

4. 求 $\int_L (e^y + x)\mathrm{d}x + (xe^y - 2y)\mathrm{d}y$，其中 L 是从点 $O(0,0)$ 到点 $B(1,1)$ 再到点 $C(1,2)$ 的任意弧段.

5. 利用曲线积分求星形线 $x = 2\cos^3 t, y = 2\sin^3 t$ 所围成的图形的面积.

6. 求常数 λ，使 $I = \int_{(1,2)}^{(x,y)} xy^\lambda \mathrm{d}x + x^\lambda y\mathrm{d}y$ 与路径无关，并求 I 的一个表达式.

7. 求 $\int_L (e^x \sin y - my)\mathrm{d}x + (e^x \cos y - m)\mathrm{d}y$，其中 L 是从点 $A(2,0)$ 到点 $O(0,0)$ 的上半圆周 $x^2 + y^2 = 2x$.

Ⓑ 类题

1. 求 $\int_L (2xe^y + 1)\mathrm{d}x + (x^2 e^y + x)\mathrm{d}y$，其中 L 为连接从点 $A(1,3)$ 到点 $B(3,5)$ 的某曲线，且 L 与其上方的直线 $\overline{AB}$ 所围成的面积为 m.

2. 求 $\oint_L \dfrac{x\mathrm{d}y - y\mathrm{d}x}{4x^2 + y^2}$，其中 L 为以点 $(1,0)$ 为中心，R 为半径的圆周 $(R>1)$，取逆时针方向.

3. 设 $f(5xy)$ 关于中间变量 $u = 5xy$ 具有连续的一阶导数，证明：$\oint_L f(5xy)(y\mathrm{d}x + x\mathrm{d}y) = 0$，其中 L 是任意给定的分段光滑闭曲线.

4. 求 $\int_{\overset{\frown}{AMB}} [e^x \sin y - 2y]\mathrm{d}x + [e^x \cos y - 4x]\mathrm{d}y$，其中 $\overset{\frown}{AMB}$ 通过点 $A(2,0)$，$M(3,-1)$，$B(4,0)$ 的半圆周.

5. 求 $\int_L [e^x \sin y - b(x+y)]\mathrm{d}x + (e^x \cos y - ax)\mathrm{d}y$，其中 a,b 为正常数，L 为从点 $A(2a,0)$ 沿曲线 $y = \sqrt{2ax - x^2}$ 到点 $O(0,0)$ 的弧.

6. 求 $\dfrac{x\mathrm{d}y - y\mathrm{d}x}{x^2 + y^2}$ 在右半平面 $(x>0)$ 内的一个原函数.

7. 求 $\lim\limits_{a \to +\infty} \int_L (e^{y^2 - x^2}\cos 2xy - 3y)\mathrm{d}x + (e^{y^2 - x^2}\sin 2xy - b^2)\mathrm{d}y (b>0)$，其中 L 是依次连接 $A(a,0)$，$B\left(a, \dfrac{\pi}{a}\right)$，$E\left(0, \dfrac{\pi}{a}\right)$，$O(0,0)$ 的有向折线 $\left(\text{已知} \int_0^{+\infty} e^{-x^2}\mathrm{d}x = \dfrac{\sqrt{\pi}}{2}\right)$.

4.4 对面积的曲面积分
Surface integrals of area

本节的主要内容包括对面积的曲面积分的概念、性质及其计算方法等. 从数学上讲，这些内容是由对弧长的曲线积分的相关内容推广而来的，即由曲线推广到曲面.

4.4.1 基本概念及性质

在 4.1 节中，我们利用"分割、近似、求和、极限"这四个步骤计算了曲线形构件的质量，并抽象出了对弧长的曲线积分的概念. 作为一种推广，所考虑的问题是求密度分布不均匀的曲面块的质量. 设 $\rho(x,y,z)$ 为连续的密度函数, 仍然沿用这四个步骤, 即将曲面分割后得到 n 个小曲面块 $\Delta S_i (i=1,2,\cdots,n)$, ΔS_i 既表示第 i 个小曲面块又表示其面积, 在 ΔS_i 上任意取定一点 (ξ_i,η_i,ζ_i), 当 $\lambda = \max\limits_{1 \leqslant i \leqslant n}\{\Delta S_i \text{ 的直径}\} \to 0$ 时, 曲面块的质量为

$$M = \lim_{\lambda \to 0} \sum_{i=1}^{n} \rho(\xi_i,\eta_i,\zeta_i)\Delta S_i.$$

定义 4.3　设 Σ 是空间中可求面积的曲面, 函数 $f(x,y,z)$ 在 Σ 上有界. 将曲面 Σ 任意分成 n 个小曲面块 $\Delta S_i (i=1,2,\cdots,n)$, ΔS_i 也表示第 i 个小曲面块的面积, (ξ_i,η_i,ζ_i) 是 ΔS_i 上任意取定的一点, $\lambda = \max\limits_{1 \leqslant i \leqslant n}\{\Delta S_i \text{ 的直径}\}$. 若和式极限 $\lim\limits_{\lambda \to 0} \sum\limits_{i=1}^{n} f(\xi_i,\eta_i,\zeta_i)\Delta S_i$ 存在, 且与分割方式和点 (ξ_i,η_i,ζ_i) 的取法无关, 则称此极限为函数 $f(x,y,z)$ 在曲面 Σ 上**对面积的曲面积分**(**surface integrals of area**), 或称**第一型曲面积分**, 记作 $\iint\limits_{\Sigma} f(x,y,z)\mathrm{d}S$, 即

$$\iint\limits_{\Sigma} f(x,y,z)\mathrm{d}S = \lim_{\lambda \to 0} \sum_{i=1}^{n} f(\xi_i,\eta_i,\zeta_i)\Delta S_i, \tag{4.21}$$

其中 $f(x,y,z)$ 称为**被积函数**, Σ 称为**积分曲面**.

关于定义 4.3 的几点说明.

(1) 在定义中, 当 $\lim\limits_{\lambda \to 0} \sum\limits_{i=1}^{n} f(\xi_i,\eta_i,\zeta_i)\Delta S_i$ 存在时, 式(4.21)的运算结果是一个数值, 该数值仅与被积函数 $f(x,y,z)$ 及曲面 Σ 有关, 而与曲面 Σ 的分法及点 (ξ_i,η_i,ζ_i) 的取法无关, 并且与积分变量用哪些字母表示无关.

(2) 若 Σ 是光滑(或分片光滑)曲面, 函数 $f(x,y,z)$ 在 Σ 上连续, 根据定义可以证明, $f(x,y,z)$ 在 Σ 上对面积的曲面积分一定存在. 若 Σ 是封闭曲面, 则 $f(x,y,z)$ 在 Σ 上对面积的曲面积分记作 $\oiint\limits_{\Sigma} f(x,y,z)\mathrm{d}S$.

(3) 在(2)中提到了光滑曲面或分片光滑曲面. 所谓的**光滑曲面**, 是指在曲面上的每一点都有切平面, 且切平面的法向量随着曲面上的点的连续变动而连续变化; 所谓的**分片光滑曲面**, 是指曲面由有限个光滑曲面逐片拼接而成. 例如, 球面是光滑曲面, 长方体的边界面是分片光滑的. 注意, 本节讨论的曲面都是指光滑曲面或分片光滑曲面.

(4) 由定义可知, 引例中所求的非均匀材质的曲面块的质量 M 等于面密度 $\rho(x,y,z)$ 在曲面 Σ 上对面积的曲面积分, 即 $M = \iint\limits_{\Sigma} \rho(x,y,z)\mathrm{d}S$. 特别地, 当 $\rho(x,y,z) \equiv 1$ 时, 有 $\iint\limits_{\Sigma} \mathrm{d}S = S$, 其中 S 为曲面 Σ 的面积.

下面给出对面积的曲面积分的性质. 这里仅列出对面积的曲面积分的线性性质和拼接曲面的可加性, 其中假设函数 $f(x,y,z)$, $g(x,y,z)$ 在曲面 Σ 上可积.

性质 1(线性性质)　对于任意的 $\alpha,\beta \in \mathbf{R}$, 函数 $\alpha f(x,y,z) + \beta g(x,y,z)$ 在 Σ 上可积, 且有

$$\iint\limits_{\Sigma} [\alpha f(x,y,z) + \beta g(x,y,z)]\mathrm{d}S = \alpha \iint\limits_{\Sigma} f(x,y,z)\mathrm{d}S + \beta \iint\limits_{\Sigma} g(x,y,z)\mathrm{d}S.$$

性质 2(拼接曲面的可加性)　若曲面 Σ 由几片曲面拼接而成, 即 $\Sigma = \Sigma_1 \bigcup \Sigma_2 \bigcup \cdots \bigcup \Sigma_k$, 则函数 $f(x,y,z)$ 在 Σ 上的积分等于在各片曲面上的积分之和, 即

$$\iint\limits_{\Sigma} f(x,y,z)\mathrm{d}S = \iint\limits_{\Sigma_1} f(x,y,z)\mathrm{d}S + \iint\limits_{\Sigma_2} f(x,y,z)\mathrm{d}S + \cdots + \iint\limits_{\Sigma_k} f(x,y,z)\mathrm{d}S.$$

4.4.2 对面积的曲面积分的计算方法

在重积分的应用中,我们曾经利用二重积分的方法求过曲面的面积,结合对面积的曲面积分的定义,可得如下定理.

定理 4.5 设光滑曲面 Σ 的方程为 $z = z(x,y)((x,y) \in D_{xy})$,且函数 $f(x,y,z)$ 在 Σ 上连续,则有

$$\iint\limits_{\Sigma} f(x,y,z)\mathrm{d}S = \iint\limits_{D_{xy}} f[x,y,z(x,y)] \sqrt{1 + z_x^2(x,y) + z_y^2(x,y)}\,\mathrm{d}x\mathrm{d}y. \quad (4.22)$$

关于定理 4.5 的几点说明.

(1) 由定理可见,求对面积的曲面积分时需要先将其转化为二重积分,基本步骤是**一代二换三投影**,其中**一代**是将被积函数 $f(x,y,z)$ 中的 z 用曲面的方程 $z = z(x,y)$(有时需要从曲面方程 $F(x,y,z) = 0$ 中找到 $z = z(x,y)$)代入;**二换**是将面积微分 $\mathrm{d}S$ 用公式 $\mathrm{d}S = \sqrt{1 + z_x^2(x,y) + z_y^2(x,y)}$ 替换;**三投影**是指将曲面方程 $z = z(x,y)$ 往 xOy 坐标面上投影,作为二重积分的积分区域.

(2) 若曲面 Σ 的方程由 $y = y(x,z)$ 或 $x = x(y,z)$ 给出,也有类似的公式,即根据曲面方程的特点,将其向 zOx 坐标面或 yOz 坐标面投影,相应的公式分别为

$$\iint\limits_{\Sigma} f(x,y,z)\mathrm{d}S = \iint\limits_{D_{zx}} f[x,y(x,z),z] \sqrt{1 + y_x^2(x,z) + y_z^2(x,z)}\,\mathrm{d}x\mathrm{d}z; \quad (4.23)$$

$$\iint\limits_{\Sigma} f(x,y,z)\mathrm{d}S = \iint\limits_{D_{yz}} f[x(y,z),y,z] \sqrt{1 + x_y^2(y,z) + x_z^2(y,z)}\,\mathrm{d}y\mathrm{d}z. \quad (4.24)$$

例 4.16 求 $\displaystyle\oiint\limits_{\Sigma} \frac{2}{\sqrt{(x^2+y^2+z^2)^3}}\mathrm{d}S$,其中 Σ 是球面 $x^2+y^2+z^2=4$.

分析 注意到积分曲面 Σ 的方程和被积函数中都含有 $x^2+y^2+z^2$,故可以将曲面 Σ 的方程 $x^2+y^2+z^2=4$ 代入到被积函数中.

解 $\displaystyle\oiint\limits_{\Sigma} \frac{2}{\sqrt{(x^2+y^2+z^2)^3}}\mathrm{d}S = \oiint\limits_{\Sigma} \frac{2}{8}\mathrm{d}S = \frac{1}{4}S = \frac{1}{4} \times 4\pi \times 4 = 4\pi.$

例 4.17 求 $\displaystyle\iint\limits_{\Sigma}(x+y+z)\mathrm{d}S$,其中 Σ 是平面 $y+z=6$ 被柱面 $x^2+y^2=36$ 截得的部分.

分析 根据积分曲面的特点,将曲面往 xOy 坐标平面上投影,故可利用式(4.22)计算,步骤为一代二换三投影.

解 积分曲面为 $z = 6-y$,如图 4.23 所示,其投影区域和面积微元分别为

$$D_{xy} = \{(x,y) \mid x^2+y^2 \leqslant 36\},$$

$$\mathrm{d}S = \sqrt{1 + z_x^2(x,y) + z_y^2(x,y)}\,\mathrm{d}x\mathrm{d}y = \sqrt{1+0+1}\,\mathrm{d}x\mathrm{d}y = \sqrt{2}\,\mathrm{d}x\mathrm{d}y.$$

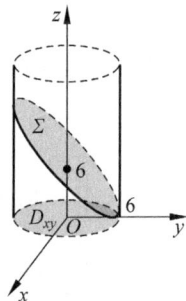

图 4.23

故有

$$\iint\limits_{\Sigma}(x+y+z)\mathrm{d}S=\sqrt{2}\iint\limits_{D_{xy}}(x+y+6-y)\mathrm{d}x\mathrm{d}y=\sqrt{2}\iint\limits_{D_{xy}}(6+x)\mathrm{d}x\mathrm{d}y$$

$$=\sqrt{2}\int_{0}^{2\pi}\mathrm{d}\theta\int_{0}^{6}(6+r\cos\theta)r\mathrm{d}r=216\sqrt{2}\,\pi.$$

例 4.18　求 $\iint\limits_{\Sigma}\left(2x+\dfrac{4}{3}y+z\right)\mathrm{d}S$，其中 Σ 为平面 $\dfrac{x}{2}+\dfrac{y}{3}+\dfrac{z}{4}=1$ 在第一卦限中的部分，如图 4.24 所示.

分析　与上题类似.

解　积分曲面为 $z=4\left(1-\dfrac{x}{2}-\dfrac{y}{3}\right)$，如图 4.24 所示，其投影区域和面积微元分别为

$$D_{xy}=\left\{(x,y)\mid 0\leqslant x\leqslant 2,0\leqslant y\leqslant 3-\dfrac{3}{2}x\right\},$$

$$\mathrm{d}S=\sqrt{1+(-2)^2+\left(-\dfrac{4}{3}\right)^2}\,\mathrm{d}x\mathrm{d}y=\dfrac{\sqrt{61}}{3}\mathrm{d}x\mathrm{d}y.$$

故有

$$\iint\limits_{\Sigma}\left(2x+\dfrac{4}{3}y+z\right)\mathrm{d}S=\dfrac{4\sqrt{61}}{3}\iint\limits_{D_{xy}}\mathrm{d}x\mathrm{d}y=4\sqrt{61}.$$

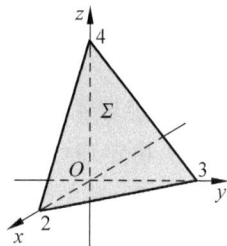

图　4.24

习　题　4.4

思 考 题

1. 将对面积的曲面积分化为二重积分应注意什么？基本步骤是什么？

2. 对面积的曲面积分与利用二重积分求曲面的面积有什么联系和区别？

A 类题

1. 求 $\oiint\limits_{\Sigma}(x+y+z)\mathrm{d}S$，其中 Σ 是由平面 $x=0,y=0,z=0$ 及 $x+y+z=1$ 所围四面体的整个边界曲面.

2. 求 $\iint\limits_{\Sigma}(x+y+z)\mathrm{d}S$，其中 Σ 为上半球面 $z=\sqrt{9-x^2-y^2}$.

3. 求 $\oiint\limits_{\Sigma}(x^2+y^2)\mathrm{d}S$，其中 Σ 为曲面 $z=\sqrt{x^2+y^2}$ 与平面 $z=1$ 围成的立体的表面.

4. 求 $\oiint\limits_{\Sigma}z^2\mathrm{d}S$ 其中 Σ 为球面 $x^2+y^2+z^2=R^2$.

5. 求 $\iint\limits_{\Sigma}z^3\mathrm{d}S$，其中 Σ 为上半球面 $z=\sqrt{a^2-x^2-y^2}$ 在圆锥面 $z=\sqrt{x^2+y^2}$ 内侧的部分.

6. 求 $\iint\limits_{\Sigma}(x^2+y^2+z^2)\mathrm{d}S$，其中 Σ 为圆柱面 $x^2+y^2=R^2,0\leqslant z\leqslant H$.

B 类题

1. 求 $\iint\limits_{\Sigma}4z\mathrm{d}S$，其中 Σ 为锥面 $z=\sqrt{x^2+y^2}$ 在柱面 $x^2+y^2\leqslant 2x$ 内的部分.

2. 求 $\iint\limits_{\Sigma}\dfrac{1}{x^2+y^2}\mathrm{d}S$，其中 Σ 为柱面 $x^2+y^2=R^2$ 被平面 $z=0$ 和 $z=h$ 截取的部分.

3. 求 $\iint\limits_{\Sigma}(z+1)\mathrm{d}S$，其中 Σ 为圆柱面 $x^2+y^2=a^2$ 介于 $z=0$ 与 $z=h$ 之间的部分.

4. 求 $\iint\limits_{\Sigma}x^2y^2\mathrm{d}S$，其中 Σ 为上半球面 $z=\sqrt{R^2-x^2-y^2}$.

4.5 对坐标的曲面积分
Surface integrals of coordinates

前面我们已经领略了对弧长的曲线积分和对面积的曲面积分之间的推广关系，类似地，本节模仿对坐标的曲线积分，给出对坐标的曲面积分的概念、性质及其计算方法等. 这些内容虽然是由对坐标的曲线积分的相关内容推广而来的，但是正如由一元函数推广到多元函数一样，对坐标的曲面积分产生了很多新的内容，因此读者在学习时，既要注意曲线积分与曲面积分的联系，又要注意它们之间的本质区别.

4.5.1 基本概念及性质

1. 曲面的侧与有向曲面

由对坐标的曲线积分的定义可见，积分曲线是定向的. 因此在给出对坐标的曲面积分之前，需要先定义有向曲面的侧.

定义 4.4 设 Σ 是一张光滑曲面，P 为 Σ 上任一点，过点 P 的单位法向量有两个方向，选定其中一个作为确定的方向；又设 L 是过点 P 且不越过曲面边界的任意一条封闭曲线. 当点 P 的单位法向量沿着 L 连续地移动，并且再回到点 P 时，法向量的方向仍与出发时的方向一致，则称 Σ 为**双侧曲面**，否则称为**单侧曲面**.

我们通常遇到的曲面大多是双侧曲面. 例如，像球面一样的闭合曲面，有内侧与外侧之分；对于一些常见的非闭合曲面有上侧与下侧、左侧与右侧、前侧与后侧之分.

单侧曲面则较为少见，一个典型例子是默比乌斯(Möbius)带. 它的构造方法如下：取一矩形长纸条，四个角点分别对应 A,B,C,D，如图 4.25 所示，将其一端扭转 $180°$ 后与另一端接在一起，即点 A 与点 C 相接，点 B 与点 D 相接，就做成了所谓的默比乌斯带. 试想用一个小球在默比乌斯带上的一点开始滚动，在不翻越边界沿的情况下移动一圈并回到出发点时，它的方向与原方向相反.

我们在本节及后两节所考虑的都是双侧曲面.

通常，由函数 $z=z(x,y)$ 所表示的曲面是双侧曲面，其法线方向与 z 轴正向的夹角成锐

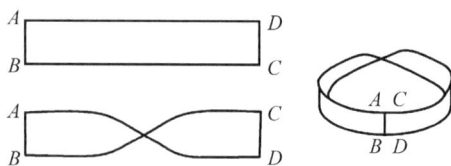

图 4.25

角的一侧称为上侧,另一侧称为下侧;以此类推,对于由函数 $x=x(y,z)$ 表示的曲面可以定义前侧和后侧,由函数 $y=y(x,z)$ 表示的曲面可以定义右侧和左侧. 当 Σ 为封闭曲面时,法线方向朝外的一侧称为外侧,另一侧称为内侧.选好一侧的曲面称为**定向曲面**或**有向曲面**.

设 Σ 是光滑的有向曲面,由函数 $z=z(x,y)$ 表示,在 Σ 上取一小块曲面 ΔS,把 ΔS 投影到 xOy 坐标面上得一投影区域,记作 $(\Delta S)_{xy}$,记这一投影区域的面积为 $(\Delta\sigma)_{xy}$. 假定 ΔS 上各点处的法向量与 z 轴正向的夹角 γ 的余弦 $\cos\gamma$ 有相同的符号,即 $\cos\gamma$ 都是正的或都是负的. 规定 ΔS 在 xOy 面上的投影 $(\Delta S)_{xy}$ 为

$$(\Delta S)_{xy}=\begin{cases}(\Delta\sigma)_{xy}, & \cos\gamma>0,\\ -(\Delta\sigma)_{xy}, & \cos\gamma<0,\\ 0, & \cos\gamma\equiv0.\end{cases} \tag{4.25}$$

其中 $\cos\gamma\equiv0$ 也就是 $(\Delta\sigma)_{xy}=0$ 的情形. ΔS 在 xOy 面上的投影 $(\Delta S)_{xy}$ 实际就是 ΔS 在 xOy 面上的投影区域的面积 $(\Delta\sigma)_{xy}$ 根据法线方向附以一定的正负号.类似地,若 ΔS 上各点处的法向量与 x 轴(y 轴)正向夹角 $\alpha(\beta)$ 的余弦 $\cos\alpha(\cos\beta)$ 有相同的符号,则可以定义 ΔS 在 yOz 坐标面及 zOx 坐标面上的投影 $(\Delta S)_{yz}$ 及 $(\Delta S)_{zx}$. 当曲面由函数 $x=x(y,z)$ 表示时,ΔS 在 yOz 面上的投影 $(\Delta S)_{yz}$ 为

$$(\Delta S)_{yz}=\begin{cases}(\Delta\sigma)_{yz}, & \cos\alpha>0,\\ -(\Delta\sigma)_{yz}, & \cos\alpha<0,\\ 0, & \cos\alpha\equiv0,\end{cases} \tag{4.26}$$

当曲面由函数 $y=y(x,z)$ 表示时,ΔS 在 zOx 面上的投影 $(\Delta S)_{zx}$ 为

$$(\Delta S)_{zx}=\begin{cases}(\Delta\sigma)_{zx}, & \cos\beta>0,\\ -(\Delta\sigma)_{zx}, & \cos\beta<0,\\ 0, & \cos\beta\equiv0.\end{cases} \tag{4.27}$$

2. 引例 流向曲面一侧的流量问题

设稳定流动的不可压缩流体(假定密度为 1)的速度场为

$$\boldsymbol{v}(x,y,z)=P(x,y,z)\boldsymbol{i}+Q(x,y,z)\boldsymbol{j}+R(x,y,z)\boldsymbol{k},$$

函数 $P(x,y,z),Q(x,y,z),R(x,y,z)$ 都在 Σ 上连续,Σ 是速度场中的一片有向曲面.求在单位时间内流向 Σ 指定侧的流体的质量,即流量 Φ.

由物理学的知识知道,这里所指的流量是单位时间内从曲面 Σ 的一侧流向另一侧的流体的流量.

如果流体流过平面上面积为 A 的一个闭区域,且流体在该闭区域上各点处的流速为 v(常向量),又设 $\boldsymbol{n}$ 为该平面的单位法向量,那么在单位时间内流过这闭区域的流量在数值上

等于一个底面积为 A、斜高为 $|\boldsymbol{v}|$ 的斜柱体的体积,如图 4.26 所示.

设速度向量 $\boldsymbol{v}$ 和法向量 $\boldsymbol{n}$ 的夹角为 θ,当 $\theta<\dfrac{\pi}{2}$ 时,这斜柱体的体积为

$$|\boldsymbol{v}|\cos\theta\cdot A=|\boldsymbol{v}|\cdot|\boldsymbol{n}|\cos\theta\cdot A=A\boldsymbol{v}\cdot\boldsymbol{n}.$$

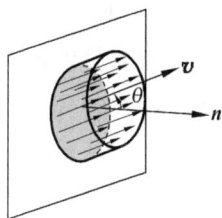

图 4.26

这就是通过闭区域 A 流向 $\boldsymbol{n}$ 所指一侧的流量 Φ;当 $\theta=\dfrac{\pi}{2}$ 时,显然流体通过闭区域 A 流向 $\boldsymbol{n}$ 所指一侧的流量为零;当 $\theta>\dfrac{\pi}{2}$ 时,$A\boldsymbol{v}\cdot\boldsymbol{n}<0$,这时我们仍把 $A\boldsymbol{v}\cdot\boldsymbol{n}$ 称为流体通过闭区域 A 流向 $\boldsymbol{n}$ 所指一侧的流量,它表示流体通过闭区域 A 实际上流向 $-\boldsymbol{n}$ 所指一侧,且流向 $-\boldsymbol{n}$ 所指一侧的流量为 $-A\boldsymbol{v}\cdot\boldsymbol{n}$. 因此,不论 θ 为何值,流体通过闭区域 A 流向 $\boldsymbol{n}$ 所指一侧的流量均为 $A\boldsymbol{v}\cdot\boldsymbol{n}$.

由于现在所考虑的不是平面区域而是一片曲面,且流速 $\boldsymbol{v}$ 也不是常向量,因此,所需求的流量不能直接用上述方法计算. 我们仍然使用"分割,近似,求和,极限"这四个步骤解决目前的问题.

(1) 分割 将曲面 Σ 分成 n 个小曲面块 $\Delta S_i (i=1,2,\cdots,n)$,$\Delta S_i$ 同时也代表第 i 小块曲面的面积.

(2) 近似 在曲面 Σ 是光滑的和速度场 $\boldsymbol{v}$ 是连续的前提下,只要 ΔS_i 的直径很小,我们就可以用 ΔS_i 上任一点 (ξ_i,η_i,ζ_i) 处的流速

$$\boldsymbol{v}_i=\boldsymbol{v}(\xi_i,\eta_i,\zeta_i)=P(\xi_i,\eta_i,\zeta_i)\boldsymbol{i}+Q(\xi_i,\eta_i,\zeta_i)\boldsymbol{j}+R(\xi_i,\eta_i,\zeta_i)\boldsymbol{k}$$
$$=(P(\xi_i,\eta_i,\zeta_i),Q(\xi_i,\eta_i,\zeta_i),R(\xi_i,\eta_i,\zeta_i))$$

代替 ΔS_i 上其他各点处的流速,以该点 (ξ_i,η_i,ζ_i) 处曲面 Σ 的单位法向量

$$\boldsymbol{n}_i=\cos\alpha_i\boldsymbol{i}+\cos\beta_i\boldsymbol{j}+\cos\gamma_i\boldsymbol{k}=(\cos\alpha_i,\cos\beta_i,\cos\gamma_i)$$

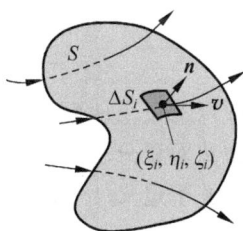

图 4.27

代替 ΔS_i 上其他各点处的单位法向量,如图 4.27 所示. 从而得到通过 ΔS_i 流向指定侧的流量的近似值为

$$\boldsymbol{v}_i\cdot\boldsymbol{n}_i\Delta S_i,\quad i=1,2,\cdots,n.$$

(3) 求和 通过 Σ 流向指定侧的总流量为

$$\Phi\approx\sum_{i=1}^{n}\boldsymbol{v}_i\cdot\boldsymbol{n}_i\Delta S_i$$
$$=\sum_{i=1}^{n}[P(\xi_i,\eta_i,\zeta_i)\cos\alpha_i+Q(\xi_i,\eta_i,\zeta_i)\cos\beta_i+R(\xi_i,\eta_i,\zeta_i)\cos\gamma_i]\Delta S_i.$$

由于 $\cos\alpha_i\Delta S_i\approx(\Delta S_i)_{yz}$,$\cos\beta_i\Delta S_i\approx(\Delta S_i)_{zx}$,$\cos\gamma_i\Delta S_i\approx(\Delta S_i)_{xy}$,因此上式可以写成

$$\Phi\approx\sum_{i=1}^{n}[P(\xi_i,\eta_i,\zeta_i)(\Delta S_i)_{yz}+Q(\xi_i,\eta_i,\zeta_i)(\Delta S_i)_{zx}+R(\xi_i,\eta_i,\zeta_i)(\Delta S_i)_{xy}].$$

(4) 极限 令 n 个小块曲面 ΔS_i 的直径的最大值 $\lambda\to0$ 时,若上面和式极限存在,则此极限为单位时间内流向曲面一侧的流量 Φ,即

$$\Phi=\lim_{\lambda\to0}\sum_{i=1}^{n}[P(\xi_i,\eta_i,\zeta_i)(\Delta S_i)_{yz}+Q(\xi_i,\eta_i,\zeta_i)(\Delta S_i)_{zx}+R(\xi_i,\eta_i,\zeta_i)(\Delta S_i)_{xy}].$$

抽去该问题的具体含义,可得到对坐标的曲面积分的概念.

3. 对坐标的曲面积分的概念及性质

定义 4.5　设 Σ 为光滑的有向曲面,函数 $R(x,y,z)$ 在 Σ 上有界. 将 Σ 任意分成 n 块小曲面 $\Delta S_i(i=1,2,\cdots,n)$,其中 ΔS_i 也代表第 i 小块曲面的面积,ΔS_i 在 xOy 坐标面上的投影为 $(\Delta S_i)_{xy}$,(ξ_i,η_i,ζ_i) 是 ΔS_i 上任意取定的一点. 如果当各小块曲面的直径的最大值 $\lambda \to 0$ 时,和式极限

$$\lim_{\lambda \to 0} \sum_{i=1}^{n} R(\xi_i,\eta_i,\zeta_i)(\Delta S_i)_{xy}$$

存在,且与分割方法和点 (ξ_i,η_i,ζ_i) 的取法无关,则称此极限为函数 $R(x,y,z)$ 在有向曲面 Σ 上对坐标 x,y 的曲面积分,记作 $\iint\limits_{\Sigma} R(x,y,z)\mathrm{d}x\mathrm{d}y$,即

$$\iint\limits_{\Sigma} R(x,y,z)\mathrm{d}x\mathrm{d}y = \lim_{\lambda \to 0} \sum_{i=1}^{n} R(\xi_i,\eta_i,\zeta_i)(\Delta S_i)_{xy}, \tag{4.28}$$

其中 $R(x,y,z)$ 称为**被积函数**,Σ 称为**积分曲面**.

类似地,可以定义函数 $P(x,y,z)$ 在有向曲面 Σ 上对坐标 y,z 的曲面积分,记作 $\iint\limits_{\Sigma} P(x,y,z)\mathrm{d}y\mathrm{d}z$,即

$$\iint\limits_{\Sigma} P(x,y,z)\mathrm{d}y\mathrm{d}z = \lim_{\lambda \to 0} \sum_{i=1}^{n} P(\xi_i,\eta_i,\zeta_i)(\Delta S_i)_{yz}; \tag{4.29}$$

函数 $Q(x,y,z)$ 在有向曲面 Σ 上对坐标 z,x 的曲面积分,记作 $\iint\limits_{\Sigma} Q(x,y,z)\mathrm{d}z\mathrm{d}x$,即

$$\iint\limits_{\Sigma} Q(x,y,z)\mathrm{d}z\mathrm{d}x = \lim_{\lambda \to 0} \sum_{i=1}^{n} Q(\xi_i,\eta_i,\zeta_i)(\Delta S_i)_{zx}. \tag{4.30}$$

以上三个曲面积分统称为**对坐标的曲面积分**(**surface integral of coordinates**),或称为**第二型曲面积分**.

关于定义 4.5 的几点说明.

(1) 在定义中,和式极限 $\lim\limits_{\lambda \to 0} \sum\limits_{i=1}^{n} R(\xi_i,\eta_i,\zeta_i)(\Delta S_i)_{xy}$,$\lim\limits_{\lambda \to 0} \sum\limits_{i=1}^{n} P(\xi_i,\eta_i,\zeta_i)(\Delta S_i)_{yz}$,$\lim\limits_{\lambda \to 0} \sum\limits_{i=1}^{n} Q(\xi_i,\eta_i,\zeta_i)(\Delta S_i)_{zx}$ 与被积函数和有向的积分曲面有关,与分割方法和点 (ξ_i,η_i,ζ_i) 的取法无关.

(2) 当函数 $P(x,y,z)$,$Q(x,y,z)$,$R(x,y,z)$ 在有向光滑曲面 Σ 上连续时,对坐标的曲面积分是存在的,以后总假定 $P(x,y,z)$,$Q(x,y,z)$,$R(x,y,z)$ 在 Σ 上连续. 在实际应用中,经常将式(4.28)、式(4.29) 和式(4.30)合并起来,记作

$$\iint\limits_{\Sigma} P(x,y,z)\mathrm{d}y\mathrm{d}z + \iint\limits_{\Sigma} Q(x,y,z)\mathrm{d}z\mathrm{d}x + \iint\limits_{\Sigma} R(x,y,z)\mathrm{d}x\mathrm{d}y.$$

为简便起见,也把它写成

$$\iint\limits_{\Sigma} P\mathrm{d}y\mathrm{d}z + Q\mathrm{d}z\mathrm{d}x + R\mathrm{d}x\mathrm{d}y. \tag{4.31}$$

如果曲面 Σ 是封闭的,则式(4.31)也可记作

$$\oiint\limits_{\Sigma} P\,\mathrm{d}y\mathrm{d}z + Q\,\mathrm{d}z\mathrm{d}x + R\,\mathrm{d}x\mathrm{d}y. \tag{4.32}$$

（3）引例中所求的单位时间内流向 Σ 指定侧的流量 Φ 可表示为

$$\Phi = \iint\limits_{\Sigma} P(x,y,z)\,\mathrm{d}y\mathrm{d}z + Q(x,y,z)\,\mathrm{d}z\mathrm{d}x + R(x,y,z)\,\mathrm{d}x\mathrm{d}y.$$

根据对坐标的曲面积分的定义,当函数 $P(x,y,z), Q(x,y,z), R(x,y,z)$ 在有向光滑曲面 Σ 上连续时,有如下重要的性质.

性质 1（拼接曲面的可加性） 若光滑（或分片光滑）曲面 Σ 由几片光滑曲面拼接而成,即 $\Sigma = \Sigma_1 \bigcup \Sigma_2 \bigcup \cdots \bigcup \Sigma_k$,则有

$$\iint\limits_{\Sigma} P\,\mathrm{d}y\mathrm{d}z + Q\,\mathrm{d}z\mathrm{d}x + R\,\mathrm{d}x\mathrm{d}y = \iint\limits_{\Sigma_1} P\,\mathrm{d}y\mathrm{d}z + Q\,\mathrm{d}z\mathrm{d}x + R\,\mathrm{d}x\mathrm{d}y +$$

$$\iint\limits_{\Sigma_2} P\,\mathrm{d}y\mathrm{d}z + Q\,\mathrm{d}z\mathrm{d}x + R\,\mathrm{d}x\mathrm{d}y + \cdots +$$

$$\iint\limits_{\Sigma_k} P\,\mathrm{d}y\mathrm{d}z + Q\,\mathrm{d}z\mathrm{d}x + R\,\mathrm{d}x\mathrm{d}y. \tag{4.33}$$

性质 2（方向性） 设 Σ 是有向曲面,$-\Sigma$ 表示与 Σ 取相反侧的有向曲面,则有

$$\iint\limits_{-\Sigma} P\,\mathrm{d}y\mathrm{d}z = -\iint\limits_{\Sigma} P\,\mathrm{d}y\mathrm{d}z, \quad \iint\limits_{-\Sigma} Q\,\mathrm{d}z\mathrm{d}x = -\iint\limits_{\Sigma} Q\,\mathrm{d}z\mathrm{d}x, \quad \iint\limits_{-\Sigma} R\,\mathrm{d}x\mathrm{d}y = -\iint\limits_{\Sigma} R\,\mathrm{d}x\mathrm{d}y. \tag{4.34}$$

式（4.34）表示,当积分曲面改变为相反侧时,对坐标的曲面积分要改变符号. 因此在求对坐标的曲面积分时,必须注意积分曲面所取的侧.

4.5.2 对坐标的曲面积分的计算方法

下面以 $\iint\limits_{\Sigma} R(x,y,z)\,\mathrm{d}x\mathrm{d}y$ 为例,给出对坐标的曲面积分的计算方法.

与求对面积的曲面积分类似,由于点 (ξ_i, η_i, ζ_i) 是在曲面 Σ 上,即变量 x, y, z 满足曲面方程 $z = z(x,y)$,所以被积函数 $R(x,y,z) = R[x,y,z(x,y)]$ 实际上只是 x, y 的二元函数,进而曲面积分 $\iint\limits_{\Sigma} R(x,y,z)\,\mathrm{d}x\mathrm{d}y$ 应该也可以转化为二重积分计算.

为了能够求 $\iint\limits_{\Sigma} R(x,y,z)\,\mathrm{d}x\mathrm{d}y$,对其作两个假设:①积分曲面 Σ 由方程 $z = z(x,y)$ 给出,方向取为曲面的上侧,它在 xOy 坐标面上投影区域为 D_{xy},并且函数 $z = z(x,y)$ 在 D_{xy} 上具有一阶连续偏导数;②被积函数 $R(x,y,z)$ 在 Σ 上连续.

根据对坐标的曲面积分的定义,在式（4.28）中,因为 Σ 的方向取为上侧,$\cos\gamma > 0$,由式（4.25）可知,$(\Delta S_i)_{xy} = (\Delta\sigma_i)_{xy}$;又因为点 (ξ_i, η_i, ζ_i) 在 Σ 上,故 $\zeta_i = z(\xi_i, \eta_i)$,从而

$$\sum_{i=1}^{n} R(\xi_i, \eta_i, \zeta_i)(\Delta S_i)_{xy} = \sum_{i=1}^{n} R(\xi_i, \eta_i, z(\xi_i, \eta_i))(\Delta\sigma_i)_{xy}.$$

注意到当 $\lambda \to 0$ 时,对上式两端取极限,左端的极限是 $\iint\limits_{\Sigma} R(x,y,z)\,\mathrm{d}x\mathrm{d}y$,而右端的极限是

$$\iint\limits_{D_{xy}} R(x,y,z(x,y))\,\mathrm{d}x\mathrm{d}y,$$ 因此有

$$\iint\limits_{\Sigma} R(x,y,z)\mathrm{d}x\mathrm{d}y = \iint\limits_{D_{xy}} R(x,y,z(x,y))\mathrm{d}x\mathrm{d}y. \tag{4.35}$$

注意到,式(4.35)的曲面积分是当 Σ 的方向取为上侧时得到的;如果积分曲面的方向取 Σ 的下侧,$\cos\gamma<0$,由式(4.25)可知,有 $(\Delta S_i)_{xy}=-(\Delta\sigma_i)_{xy}$,从而有

$$\iint\limits_{\Sigma} R(x,y,z)\mathrm{d}x\mathrm{d}y = -\iint\limits_{D_{xy}} R(x,y,z(x,y))\mathrm{d}x\mathrm{d}y. \tag{4.36}$$

于是,对坐标 x,y 的曲面积分 $\iint\limits_{\Sigma} R(x,y,z)\mathrm{d}x\mathrm{d}y$ 的计算公式为

$$\iint\limits_{\Sigma} R(x,y,z)\mathrm{d}x\mathrm{d}y = \pm\iint\limits_{D_{xy}} R(x,y,z(x,y))\mathrm{d}x\mathrm{d}y, \tag{4.37}$$

其中,等式右端的符号的选取原则是:积分曲面 Σ 的方向取上侧时为正,取下侧时为负.

式(4.37)表明:求 $\iint\limits_{\Sigma} R(x,y,z)\mathrm{d}x\mathrm{d}y$ 时,可采用**一代二投三定号**的顺序先将其转化为二重积分,其中**一代**是将被积函数中的变量 z 换为表示曲面 Σ 的函数 $z(x,y)$;**二投**是指将曲面方程 $z=z(x,y)$ 往 xOy 坐标面上投影,确定二重积分的积分区域 D_{xy};**三定号**是指根据有向曲面 Σ 的侧取定符号.进而将曲面积分转化为 Σ 在 xOy 面上投影区域 D_{xy} 的二重积分.最后,选取一个可行的方法计算二重积分.

类似地,如果 Σ 由 $x=x(y,z)$ 给出,则有

$$\iint\limits_{\Sigma} P(x,y,z)\mathrm{d}y\mathrm{d}z = \pm\iint\limits_{D_{yz}} P(x(y,z),y,z)\mathrm{d}y\mathrm{d}z. \tag{4.38}$$

等式右端的符号的选取原则是:当 Σ 的方向取前侧时为正,取后侧时为负.

如果 Σ 由 $y=y(z,x)$ 给出,则有

$$\iint\limits_{\Sigma} Q(x,y,z)\mathrm{d}z\mathrm{d}x = \pm\iint\limits_{D_{zx}} Q(x,y(z,x),z)\mathrm{d}z\mathrm{d}x. \tag{4.39}$$

等式右端的符号的选取原则是:当 Σ 的方向取右侧时为正,取左侧时为负.

例 4.19 求下列曲面积分:

(1) $\iint\limits_{\Sigma} z\mathrm{d}x\mathrm{d}y$,其中 Σ 是锥面 $z=\sqrt{x^2+y^2}$ 介于 $0\leqslant z\leqslant 1$ 之间的部分,方向取为下侧;

(2) $\iint\limits_{\Sigma} x\mathrm{d}y\mathrm{d}z$,其中 Σ 是平面 $x+y+z=3$ 被三坐标平面截下的部分,方向取为上侧;

(3) $\iint\limits_{\Sigma} (x+y)\mathrm{d}z\mathrm{d}x$,其中 Σ 是平面 $x+y+z=3$ 被三坐标平面截下的部分,方向取为上侧.

分析 先根据所求积分选取投影方式,然后按照**一代二投三定号**的顺序,利用式(4.37)至式(4.39)将曲面积分转化为二重积分,最后计算二重积分.

解 (1)根据曲面积分的积分曲面 Σ 和被积函数表达式,将 Σ 往 xOy 坐标面上投影,得到的投影区域为 $D_{xy}=\{(x,y)\,|\,x^2+y^2\leqslant 1\}$;又因为方向取的是 Σ 的下侧,如图 4.28(a)所示.于是利用式(4.37)可得

$$\iint\limits_{\Sigma} z\mathrm{d}x\mathrm{d}y = -\iint\limits_{D_{xy}} \sqrt{x^2+y^2}\,\mathrm{d}x\mathrm{d}y.$$

根据被积函数和积分区域的特点,可选取极坐标方法计算,有

$$\iint\limits_{\Sigma} z\,\mathrm{d}x\mathrm{d}y = -\iint\limits_{D_{xy}} \sqrt{x^2+y^2}\,\mathrm{d}x\mathrm{d}y = -\int_0^{2\pi}\mathrm{d}\theta\int_0^1 r^2\,\mathrm{d}r = -\frac{2}{3}\pi.$$

(2) 根据曲面积分的积分曲面 Σ 和被积函数表达式,将 Σ 往 yOz 坐标面上投影,得到的投影区域为 $D_{yz}=\{(y,z)\,|\,z+y\leqslant3,z\geqslant0,y\geqslant0\}$;又因为方向取的是 Σ 的上侧,法向量与 x 轴正向的夹角小于 $\pi/2$,Σ 的方向取前侧,如图 4.28(b)所示.于是利用式(4.38)可得

$$\iint\limits_{\Sigma} x\,\mathrm{d}y\mathrm{d}z = +\iint\limits_{D_{yz}}(3-y-z)\,\mathrm{d}y\mathrm{d}z = \int_0^3\mathrm{d}y\int_0^{3-y}(3-y-z)\,\mathrm{d}z = \frac{9}{2}.$$

(3) 根据曲面积分的积分曲面 Σ 和被积函数表达式,将 Σ 往 zOx 坐标面上投影,得到的投影区域为 $D_{zx}=\{(x,z)\,|\,x+z\leqslant3,x\geqslant0,z\geqslant0\}$;又因为方向取的是 Σ 的上侧,法向量与 y 轴正向的夹角小于 $\pi/2$,Σ 的方向取右侧,如图 4.28(b)所示.于是利用式(4.39)可得

$$\iint\limits_{\Sigma}(x+y)\,\mathrm{d}z\mathrm{d}x = +\iint\limits_{D_{zx}}(x+3-x-z)\,\mathrm{d}z\mathrm{d}x = \int_0^3\mathrm{d}x\int_0^{3-x}(3-z)\,\mathrm{d}z = 9.$$

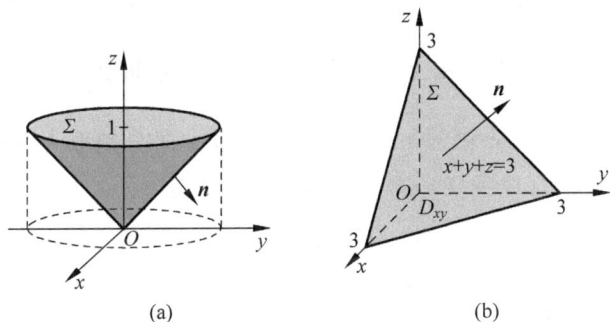

图 4.28

例 4.20 求 $I=\oiint\limits_{\Sigma} x\,\mathrm{d}y\mathrm{d}z + y\,\mathrm{d}z\mathrm{d}x + z\,\mathrm{d}x\mathrm{d}y$,其中 Σ 是以原点为中心,边长为 a 的正立方体的整个表面,方向取的是外侧.

分析 先利用对称性,对积分化简,再利用式(4.37)进行计算.

解 易见,根据积分曲面的对称性和被积函数表达式的轮换性,有

$$\oiint\limits_{\Sigma} x\,\mathrm{d}y\mathrm{d}z + y\,\mathrm{d}z\mathrm{d}x + z\,\mathrm{d}x\mathrm{d}y = 3\oiint\limits_{\Sigma} z\,\mathrm{d}x\mathrm{d}y.$$

对于 $\oiint\limits_{\Sigma} z\,\mathrm{d}x\mathrm{d}y$,在将积分曲面往 xOy 坐标面上投影时,由式(4.25)可知,只需考虑顶部和底部两个平面,其余平面在 xOy 面上投影为零.根据已知条件可得,Σ 的顶部 $\Sigma_1:z=\frac{a}{2}\left(|x|\leqslant\frac{a}{2},|y|\leqslant\frac{a}{2}\right)$ 取上侧;底部 $\Sigma_2:z=-\frac{a}{2}\left(|x|\leqslant\frac{a}{2},|y|\leqslant\frac{a}{2}\right)$ 取下侧.

由式(4.37)可得

$$I = 3\oiint\limits_{\Sigma} z\,\mathrm{d}x\mathrm{d}y = 3\left(\iint\limits_{\Sigma_1} z\,\mathrm{d}x\mathrm{d}y + \iint\limits_{\Sigma_2} z\,\mathrm{d}x\mathrm{d}y\right) = 3\left[\iint\limits_{D_{xy}}\frac{a}{2}\,\mathrm{d}x\mathrm{d}y - \iint\limits_{D_{xy}}\left(-\frac{a}{2}\right)\mathrm{d}x\mathrm{d}y\right]$$

$$= 3a\iint\limits_{D_{xy}}\mathrm{d}x\mathrm{d}y = 3a^3.$$

例 4.21 求 $I = \oiint\limits_{\Sigma} \dfrac{\mathrm{d}y\mathrm{d}z}{x\cos^2 x} + \dfrac{\mathrm{d}z\mathrm{d}x}{\cos^2 y} + \dfrac{3\mathrm{d}x\mathrm{d}y}{z\cos^2 z}$，其中 Σ 是球面 $x^2 + y^2 + z^2 = 4$，方向取为球面的外侧.

分析 利用被积函数的轮换对称性进行化简，然后利用式(4.37)进行计算.

解 利用轮换对称性，有

$$\oiint\limits_{\Sigma} \frac{\mathrm{d}y\mathrm{d}z}{x\cos^2 x} = \oiint\limits_{\Sigma} \frac{\mathrm{d}x\mathrm{d}y}{z\cos^2 z}.$$

对于 $\oiint\limits_{\Sigma} \dfrac{\mathrm{d}z\mathrm{d}x}{\cos^2 y}$，易见球面 Σ 由左右两个曲面拼接而成，即 $\Sigma = \Sigma_1 \bigcup \Sigma_2$，其中 Σ_1 和 Σ_2 可以分别表示为 $y = \sqrt{4 - x^2 - z^2}$ 和 $y = -\sqrt{4 - x^2 - z^2}$，方向分别取前侧和后侧. 于是

$$\oiint\limits_{\Sigma} \frac{\mathrm{d}z\mathrm{d}x}{\cos^2 y} = \iint\limits_{\Sigma_1} \frac{\mathrm{d}z\mathrm{d}x}{\cos^2 y} + \iint\limits_{\Sigma_2} \frac{\mathrm{d}z\mathrm{d}x}{\cos^2 y}$$

$$= \iint\limits_{D_{zx}} \frac{\mathrm{d}z\mathrm{d}x}{\cos^2 \sqrt{4 - x^2 - z^2}} - \iint\limits_{D_{zx}} \frac{\mathrm{d}z\mathrm{d}x}{\cos^2(-\sqrt{4 - x^2 - z^2})} = 0.$$

对于 $\oiint\limits_{\Sigma} \dfrac{\mathrm{d}x\mathrm{d}y}{z\cos^2 z}$，易见球面 Σ 由上下两个曲面拼接而成，即 $\Sigma = \Sigma_1 \bigcup \Sigma_2$，其中 Σ_1 和 Σ_2 可以分别表示为 $z = \sqrt{4 - x^2 - y^2}$ 和 $z = -\sqrt{4 - x^2 - y^2}$，方向分别取上侧和下侧，并且 Σ_1 和 Σ_2 在 xOy 面上投影区域为 $D = \{(x, y) \mid x^2 + y^2 \leqslant 4\}$. 于是

$$\oiint\limits_{\Sigma} \frac{\mathrm{d}x\mathrm{d}y}{z\cos^2 z} = \iint\limits_{\Sigma_1} \frac{\mathrm{d}x\mathrm{d}y}{z\cos^2 z} + \iint\limits_{\Sigma_2} \frac{\mathrm{d}x\mathrm{d}y}{z\cos^2 z}$$

$$= \iint\limits_{D_{xy}} \frac{\mathrm{d}x\mathrm{d}y}{\sqrt{4 - x^2 - y^2}\,\cos^2 \sqrt{4 - x^2 - y^2}} -$$

$$\iint\limits_{D_{xy}} \frac{\mathrm{d}x\mathrm{d}y}{-\sqrt{4 - x^2 - y^2}\,\cos^2(-\sqrt{4 - x^2 - y^2})}$$

$$= 2\iint\limits_{D_{xy}} \frac{\mathrm{d}x\mathrm{d}y}{\sqrt{4 - x^2 - y^2}\,\cos^2 \sqrt{4 - x^2 - y^2}} \text{（化为极坐标计算）}$$

$$= 2\int_0^{2\pi}\mathrm{d}\theta \int_0^2 \frac{r\mathrm{d}r}{\sqrt{4 - r^2}\,\cos^2 \sqrt{4 - r^2}} = -4\pi \int_0^2 \frac{\mathrm{d}(\sqrt{4 - r^2})}{\cos^2 \sqrt{4 - r^2}}$$

$$= 4\pi\tan 2.$$

因此

$$I = \iint\limits_{\Sigma} \frac{\mathrm{d}y\mathrm{d}z}{x\cos^2 x} + \iint\limits_{\Sigma} \frac{3\mathrm{d}x\mathrm{d}y}{z\cos^2 z} = 4\iint\limits_{\Sigma} \frac{\mathrm{d}x\mathrm{d}y}{z\cos^2 z} = 16\pi\tan 2.$$

4.5.3 两类曲面积分之间的联系

在求 $\iint\limits_{\Sigma} R(x, y, z)\mathrm{d}x\mathrm{d}y$ 时，对积分曲面和被积函数提出了两个假设，以保证曲面积分的计算能够顺利进行. 特别地，对于函数 $z = z(x, y)$ 表示的曲面 Σ，曲面的方向取上侧时的方向余弦为

$$\cos\alpha = \frac{-z_x}{\sqrt{1+z_x^2+z_y^2}}, \quad \cos\beta = \frac{-z_y}{\sqrt{1+z_x^2+z_y^2}}, \quad \cos\gamma = \frac{1}{\sqrt{1+z_x^2+z_y^2}}.$$

由对面积的曲面积分的计算公式(4.22),有

$$\iint\limits_{\Sigma} R(x,y,z)\cos\gamma \mathrm{d}S = \iint\limits_{D_{xy}} R(x,y,z(x,y))\mathrm{d}x\mathrm{d}y.$$

再由对坐标的曲面积分的计算公式(4.35),有

$$\iint\limits_{\Sigma} R(x,y,z)\mathrm{d}x\mathrm{d}y = \iint\limits_{\Sigma} R(x,y,z)\cos\gamma \mathrm{d}S. \tag{4.40}$$

如果取曲面 Σ 的下侧,此时曲面的方向余弦为

$$\cos\alpha = \frac{z_x}{\sqrt{1+z_x^2+z_y^2}}, \quad \cos\beta = \frac{z_y}{\sqrt{1+z_x^2+z_y^2}}, \quad \cos\gamma = \frac{-1}{\sqrt{1+z_x^2+z_y^2}}.$$

根据式(4.36),不难验证式(4.40)仍然成立. 类似地,可以得到

$$\iint\limits_{\Sigma} P(x,y,z)\mathrm{d}y\mathrm{d}z = \iint\limits_{\Sigma} P(x,y,z)\cos\alpha \mathrm{d}S, \tag{4.41}$$

$$\iint\limits_{\Sigma} Q(x,y,z)\mathrm{d}z\mathrm{d}x = \iint\limits_{\Sigma} Q(x,y,z)\cos\beta \mathrm{d}S. \tag{4.42}$$

合并上面的等式,得到

$$\iint\limits_{\Sigma} P\mathrm{d}y\mathrm{d}z + Q\mathrm{d}z\mathrm{d}x + R\mathrm{d}x\mathrm{d}y = \iint\limits_{\Sigma}(P\cos\alpha + Q\cos\beta + R\cos\gamma)\mathrm{d}S, \tag{4.43}$$

其中 $\cos\alpha,\cos\beta,\cos\gamma$ 是有向曲面 Σ 在点 (x,y,z) 处的法向量的**方向余弦**. 式(4.43)建立了两类曲面积分之间的相互转换关系.

例 4.22 利用两类曲面积分的关系求下列积分:

(1) 求 $I = \iint\limits_{\Sigma}(x^2+y^2)\cos\gamma \mathrm{d}S$,其中 Σ 是锥面 $z = \sqrt{x^2+y^2}$ 介于平面 $z=0$ 和平面 $z=1$ 之间部分的下侧,γ 是其外法线与 z 轴正向的夹角;

(2) $I = \iint\limits_{\Sigma} xz\mathrm{d}y\mathrm{d}z$,其中 Σ 是上半球面 $z = \sqrt{R^2-x^2-y^2}$ 的上侧.

分析 根据需要,利用式(4.43)可将两类曲面积分进行转化计算,或许会使计算变得简单. 题(1)中,由于对曲面的侧进行了定向,若使用对面积的曲面积分的方法计算,需要先根据曲面给定的方向确定出 $\cos\gamma$ 的表达式,然后才能计算,可以利用式(4.40)将其转换为对坐标的曲面积分进行计算;题(2)中,根据被积函数表达式,曲面需要分为两块计算,并且计算较为复杂,可以利用式(4.43)将其面积微元 $\mathrm{d}y\mathrm{d}z$ 转换为 $\mathrm{d}x\mathrm{d}y$.

解 (1) 由式(4.40)可得

$$I = \iint\limits_{\Sigma}(x^2+y^2)\cos\gamma \mathrm{d}S = \iint\limits_{\Sigma}(x^2+y^2)\mathrm{d}x\mathrm{d}y = -\iint\limits_{D_{xy}}(x^2+y^2)\mathrm{d}x\mathrm{d}y = -\frac{\pi}{2}.$$

(2) 由式(4.43)可得

$$I = \iint\limits_{\Sigma} xz\mathrm{d}y\mathrm{d}z = \iint\limits_{\Sigma} xz\cos\alpha \mathrm{d}S = \iint\limits_{\Sigma} xz\frac{\cos\alpha}{\cos\gamma}\mathrm{d}x\mathrm{d}y = \iint\limits_{\Sigma} xz\frac{-z_x}{1}\mathrm{d}x\mathrm{d}y$$

$$= \iint\limits_{D_{xy}}\left(x\sqrt{R^2-x^2-y^2}\cdot\frac{x}{\sqrt{R^2-x^2-y^2}}\right)\mathrm{d}x\mathrm{d}y$$

$$= \int_0^{2\pi} \mathrm{d}\theta \int_0^R r^2 \cos^2\theta \cdot r \mathrm{d}r = \int_0^{2\pi} \cos^2\theta \mathrm{d}\theta \int_0^R r^3 \mathrm{d}r$$

$$= \int_0^{2\pi} \frac{1+\cos 2\theta}{2} \mathrm{d}\theta \int_0^R r^3 \mathrm{d}r = \frac{1}{4}\pi R^4.$$

习 题 4.5

思 考 题

1. 对坐标的曲面积分和二重积分的联系和区别是什么?

2. 将对坐标的曲面积分化为二重积分应注意什么? 基本步骤是什么?

3. 对面积的曲面积分和对坐标的曲面积分是如何相互转换的,有哪些关键环节?

A 类题

1. 求 $\oiint\limits_{\Sigma} 2x^2 \mathrm{d}y\mathrm{d}z + y^2 \mathrm{d}z\mathrm{d}x + 4z^2 \mathrm{d}x\mathrm{d}y$,其中 Σ 是长方体 $\Omega = \{(x,y,z) \mid 0 \leqslant x \leqslant a, 0 \leqslant y \leqslant b, 0 \leqslant z \leqslant c\}$ 的整个表面的外侧.

2. 求 $\iint\limits_{\Sigma} xz^2 \mathrm{d}y\mathrm{d}z$,其中 Σ 是上半球面 $z = \sqrt{4-x^2-y^2}$ 的上侧.

3. 求 $\iint\limits_{\Sigma} x^2 y^2 z \mathrm{d}x\mathrm{d}y$,其中 Σ 是球面 $x^2+y^2+z^2 = R^2$ 的上半部分的上侧.

4. 求 $\iint\limits_{\Sigma} 4yz \mathrm{d}z\mathrm{d}x$,其中 Σ 是半球面 $z = \sqrt{1-x^2-y^2}$ 的上侧.

5. 求 $\iint\limits_{\Sigma} yz \mathrm{d}z\mathrm{d}x + zx \mathrm{d}x\mathrm{d}y$,其中 Σ 是上半球面 $z = \sqrt{R^2-x^2-y^2}$ 的上侧.

6. 求 $\oiint\limits_{\Sigma} xz \mathrm{d}x\mathrm{d}y + xy \mathrm{d}y\mathrm{d}z + yz \mathrm{d}z\mathrm{d}x$,其中 Σ 是平面 $x=0, y=0, z=0, x+y+z=1$ 所围成的空间区域的整个边界曲面的外侧.

B 类题

1. 求 $\oiint\limits_{\Sigma} x \mathrm{d}y\mathrm{d}z + y \mathrm{d}z\mathrm{d}x + z \mathrm{d}x\mathrm{d}y$,其中 Σ 是球面 $x^2+y^2+z^2 = R^2$ 的外侧.

2. 求 $\iint\limits_{\Sigma} 2z \mathrm{d}x\mathrm{d}y + x \mathrm{d}y\mathrm{d}z + y \mathrm{d}z\mathrm{d}x$,其中 Σ 为柱面 $x^2+y^2 = 1$ 被平面 $z=0$ 及 $z=4$ 所截部分的外侧.

3. 求 $\iint\limits_{\Sigma} \sin 4x \mathrm{d}y\mathrm{d}z + \cos 3y \mathrm{d}z\mathrm{d}x + \arctan\frac{z}{3} \mathrm{d}x\mathrm{d}y$,其中 Σ 是平面 $z = 3(x^2+y^2 \leqslant 9)$ 的上侧.

4. 求 $\iint\limits_{\Sigma} -y\mathrm{d}z\mathrm{d}x + (z+1)\mathrm{d}x\mathrm{d}y$，其中 Σ 是圆柱面 $x^2 + y^2 = 4$ 被平面 $x+z = 2$ 和 $z = 0$ 所截出部分的外侧.

5. 求 $\iint\limits_{\Sigma} xyz\mathrm{d}x\mathrm{d}y$，其中 Σ 是球面 $x^2 + y^2 + z^2 = 1$ 在 $x \geqslant 0, y \geqslant 0$ 部分的内侧.

4.6 高斯公式、通量与散度
The Gauss formula , flux and divergence

格林公式建立了平面闭区域上的二重积分与其边界曲线上的曲线积分之间的关系. 作为格林公式在三维空间中的推广, 本节讨论的高斯公式则是建立了空间闭区域上的三重积分与其边界曲面上的曲面积分之间的关系. 作为高斯公式的一个简单应用, 本节还将给出沿任意光滑的封闭曲面的曲面积分为零的条件; 最后介绍通量与散度等概念.

4.6.1 高斯公式

定理 4.6(高斯公式) 设 Ω 是一个空间有界闭区域, 其边界曲面 Σ 由分片光滑的封闭曲面围成. 若函数 $P(x,y,z), Q(x,y,z), R(x,y,z)$ 在 Ω 上具有一阶连续偏导数, 则有

$$\iiint\limits_{\Omega} \left(\frac{\partial P}{\partial x} + \frac{\partial Q}{\partial y} + \frac{\partial R}{\partial z} \right) \mathrm{d}V = \oiint\limits_{\Sigma} P\mathrm{d}y\mathrm{d}z + Q\mathrm{d}z\mathrm{d}x + R\mathrm{d}x\mathrm{d}y, \tag{4.44}$$

或

$$\iiint\limits_{\Omega} \left(\frac{\partial P}{\partial x} + \frac{\partial Q}{\partial y} + \frac{\partial R}{\partial z} \right) \mathrm{d}V = \oiint\limits_{\Sigma} (P\cos\alpha + Q\cos\beta + R\cos\gamma)\mathrm{d}S, \tag{4.45}$$

其中 Σ 的方向取整个边界曲面的外侧, $\cos\alpha, \cos\beta, \cos\gamma$ 是 Σ 上点 (x,y,z) 处的法向量的方向余弦. 式(4.44)及式(4.45)都称为**高斯公式**.

分析 根据函数 $P(x,y,z), Q(x,y,z)$ 及 $R(x,y,z)$ 的相关信息对号入座. 根据区域特点分别将三重积分化为二重积分; 将对坐标的曲面积分化为二重积分.

证 这里只证明第三项 $\iiint\limits_{\Omega} \frac{\partial R}{\partial z}\mathrm{d}V = \oiint\limits_{\Sigma} R\mathrm{d}x\mathrm{d}y$, 其余两项可以类似地证明.

首先假设区域 Ω 是 xy 型区域, 如图 4.29 所示, 设区域 Ω 在 xOy 面上的投影区域为 D_{xy}; 又设 Σ 由 $\Sigma_1, \Sigma_2, \Sigma_3$ 三部分组成, 其中 Σ_3 是以 D_{xy} 的边界曲线为准线而母线平行于 z 轴的柱面的一部分, 方向取外侧; $\Sigma_1: z = z_1(x,y)$, 方向取下侧; $\Sigma_2: z = z_2(x,y)$, 方向取上侧, 并且 $z_1(x,y) \leqslant z_2(x,y)$.

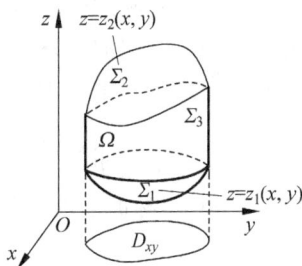

图 4.29

根据三重积分的计算方法可得

$$\iiint\limits_{\Omega} \frac{\partial R}{\partial z}\mathrm{d}V = \iint\limits_{D_{xy}} \left(\int_{z_1(x,y)}^{z_2(x,y)} \frac{\partial R}{\partial z}\mathrm{d}z \right) \mathrm{d}x\mathrm{d}y$$

$$= \iint\limits_{D_{xy}} \{ R[x,y,z_2(x,y)] - R[x,y,z_1(x,y)] \}\mathrm{d}x\mathrm{d}y.$$

由于 Σ_1 取下侧，Σ_2 取上侧，Σ_3 取外侧，根据对坐标的曲面积分的计算方法可得

$$\iint\limits_{\Sigma_1} R(x,y,z)\mathrm{d}x\mathrm{d}y = -\iint\limits_{D_{xy}} R[x,y,z_1(x,y)]\mathrm{d}x\mathrm{d}y,$$

$$\iint\limits_{\Sigma_2} R(x,y,z)\mathrm{d}x\mathrm{d}y = \iint\limits_{D_{xy}} R[x,y,z_2(x,y)]\mathrm{d}x\mathrm{d}y,$$

$$\iint\limits_{\Sigma_3} R(x,y,z)\mathrm{d}x\mathrm{d}y = 0,$$

于是

$$\iint\limits_{\Sigma} R(x,y,z)\mathrm{d}x\mathrm{d}y = \iint\limits_{D_{xy}} \{R[x,y,z_2(x,y)] - R[x,y,z_1(x,y)]\}\mathrm{d}x\mathrm{d}y.$$

因此

$$\iiint\limits_{\Omega} \frac{\partial R}{\partial z}\mathrm{d}V = \oiint\limits_{\Sigma} R\mathrm{d}x\mathrm{d}y.$$

同理可得

$$\iiint\limits_{\Omega} \frac{\partial P}{\partial x}\mathrm{d}V = \oiint\limits_{\Sigma} P(x,y,z)\mathrm{d}y\mathrm{d}z, \qquad \iiint\limits_{\Omega} \frac{\partial Q}{\partial y}\mathrm{d}V = \oiint\limits_{\Sigma} Q(x,y,z)\mathrm{d}z\mathrm{d}x.$$

合并以上三式可得

$$\iiint\limits_{\Omega} \left(\frac{\partial P}{\partial x}+\frac{\partial Q}{\partial y}+\frac{\partial R}{\partial z}\right)\mathrm{d}V = \oiint\limits_{\Sigma} P\mathrm{d}y\mathrm{d}z + Q\mathrm{d}z\mathrm{d}x + R\mathrm{d}x\mathrm{d}y.$$

由两类曲面积分之间的关系式(4.43)可知

$$\iiint\limits_{\Omega} \left(\frac{\partial P}{\partial x}+\frac{\partial Q}{\partial y}+\frac{\partial R}{\partial z}\right)\mathrm{d}V = \oiint\limits_{\Sigma} (P\cos\alpha + Q\cos\beta + R\cos\gamma)\mathrm{d}S.$$

若区域 Ω 不是 xy 型区域，可以利用辅助面将其分割成几个 xy 型区域，然后在每个小区域上应用高斯公式，再利用三重积分对积分区域的可加性，便得到式(4.44)的左端；对于对坐标的曲面积分而言，由于沿着辅助面相反两侧的两个曲面积分可以相互抵消，因此式(4.44)和式(4.45)依然成立. 证毕

由式(4.44)和式(4.45)可见，高斯公式建立了空间闭区域上的三重积分与其边界曲面上的曲面积分之间的关系.

若在高斯公式中令 $P=x,Q=y,R=z$，则有

$$\iiint\limits_{\Omega} (1+1+1)\mathrm{d}x\mathrm{d}y\mathrm{d}z = \oiint\limits_{\Sigma} x\mathrm{d}y\mathrm{d}z + y\mathrm{d}z\mathrm{d}x + z\mathrm{d}x\mathrm{d}y.$$

于是，应用对坐标的曲面积分求空间区域 Ω 的体积的公式为

$$\Omega \text{ 的体积} = \frac{1}{3}\oiint\limits_{\Sigma} x\mathrm{d}y\mathrm{d}z + y\mathrm{d}z\mathrm{d}x + z\mathrm{d}x\mathrm{d}y.$$

例 4.23　利用高斯公式计算下列积分：

(1) $I = \oiint\limits_{\Sigma} x^2\mathrm{d}y\mathrm{d}z + y^2\mathrm{d}z\mathrm{d}x + z^2\mathrm{d}x\mathrm{d}y$，其中 Σ 为平面 $x=0,y=0,z=0,x=a,y=b,z=c$ 围成的立体的表面的外侧；

(2) $I = \oiint\limits_{\Sigma} (5x-2y)\mathrm{d}x\mathrm{d}y + (y-z)x\mathrm{d}y\mathrm{d}z$，其中 Σ 为柱面 $x^2+y^2=4$ 及平面 $z=0$，

$z=2$ 围成的空间闭区域 Ω 的整个边界曲面的外侧.

分析 找到高斯公式中对应的被积函数 P,Q,R；然后利用高斯公式计算.

解 (1) 易见,在曲面积分中, $P=x^2,Q=y^2,R=z^2$,于是

$$\frac{\partial P}{\partial x}=2x,\quad \frac{\partial Q}{\partial y}=2y,\quad \frac{\partial R}{\partial z}=2z.$$

利用高斯公式(4.44)可得

$$I=\iiint\limits_{\Omega}2(x+y+z)\mathrm{d}x\mathrm{d}y\mathrm{d}z=2\int_0^a\mathrm{d}x\int_0^b\mathrm{d}y\int_0^c(x+y+z)\mathrm{d}z=abc(a+b+c).$$

(2) 易见,在曲面积分中, $P=(y-z)x,Q=0,R=5x-2y$,于是

$$\frac{\partial P}{\partial x}=y-z,\quad \frac{\partial Q}{\partial y}=0,\quad \frac{\partial R}{\partial z}=0.$$

利用高斯公式(4.44)可得

$$I=\iiint\limits_{\Omega}(y-z)\mathrm{d}x\mathrm{d}y\mathrm{d}z=\iiint\limits_{\Omega}(r\sin\theta-z)r\mathrm{d}r\mathrm{d}\theta\mathrm{d}z(利用柱坐标)$$

$$=\int_0^{2\pi}\mathrm{d}\theta\int_0^2\mathrm{d}r\int_0^2(r\sin\theta-z)r\mathrm{d}z=-8\pi.$$

例 4.24 求 $I=\iint\limits_{\Sigma}(3z^2-y)\mathrm{d}z\mathrm{d}x+(2x^2-z)\mathrm{d}x\mathrm{d}y$,其中 Σ 为旋转抛物面 $z=1-x^2-y^2$ 在 $0\leqslant z\leqslant 1$ 部分的上侧.

分析 由于所求的曲面积分不是封闭的,无法用高斯公式计算,需要添加辅助平面使其封闭,然后利用高斯公式计算；但是同时还要减去所添加辅助平面的对坐标的曲面积分.

解 添加辅助平面 $\Sigma_1:z=0$,方向取下侧,则平面 Σ_1 与曲面 Σ 围成空间有界闭区域 Ω,由高斯公式得

$$I=\oiint\limits_{\Sigma\cup\Sigma_1}(3z^2-y)\mathrm{d}z\mathrm{d}x+(2x^2-z)\mathrm{d}x\mathrm{d}y-\iint\limits_{\Sigma_1}(3z^2-y)\mathrm{d}z\mathrm{d}x+(2x^2-z)\mathrm{d}x\mathrm{d}y$$

$$=\iiint\limits_{\Omega}(-2)\mathrm{d}V-\iint\limits_{\Sigma_1}(2x^2-z)\mathrm{d}x\mathrm{d}y=-2\int_0^{2\pi}\mathrm{d}\theta\int_0^1\mathrm{d}r\int_0^{1-r^2}r\mathrm{d}z+2\iint\limits_{D_{xy}}x^2\mathrm{d}x\mathrm{d}y$$

$$=-4\pi\int_0^1 r(1-r^2)\mathrm{d}r+2\int_0^{2\pi}\mathrm{d}\theta\int_0^1 r^2\cos^2\theta\cdot r\mathrm{d}r$$

$$=-\pi+\frac{\pi}{2}=-\frac{\pi}{2}.$$

4.6.2 高斯公式的一个简单应用

在求对坐标的曲线积分时,根据经验,可以先判断被积函数是否满足曲线积分与路径无关的条件.若满足,则曲线积分只与起点和终点有关,故可以寻求简单且直接的路径进行计算.受此启发,对于曲面积分,是否也存在类似的结论呢？换句话说,在什么条件下,曲面积分

$$\iint\limits_{\Sigma}P\mathrm{d}y\mathrm{d}z+Q\mathrm{d}z\mathrm{d}x+R\mathrm{d}x\mathrm{d}y$$

与曲面 Σ 的形状无关,只与 Σ 的边界曲线有关？若是如此,当曲面 Σ 封闭时,曲面积分又会是什么结果呢？利用高斯公式(4.44),有如下结论.

定理 4.7　设 G 为空间二维单连通区域,函数 $P(x,y,z),Q(x,y,z),R(x,y,z)$ 在 G 上具有一阶连续偏导数.对 G 内任意一点恒有

$$\frac{\partial P}{\partial x} + \frac{\partial Q}{\partial y} + \frac{\partial R}{\partial z} = 0 \tag{4.46}$$

的充分必要条件是:对于 G 内任意的光滑封闭曲面 Σ,对坐标的曲面积分为零,即

$$\oiint\limits_{\Sigma} P\,\mathrm{d}y\mathrm{d}z + Q\,\mathrm{d}z\mathrm{d}x + R\,\mathrm{d}x\mathrm{d}y = 0. \tag{4.47}$$

若 G 内的曲面 Σ 不是封闭的,则该定理也可以叙述为:等式(4.46)在 G 内恒成立的充分必要条件是:对坐标的曲面积 分 $\iint\limits_{\Sigma} P\,\mathrm{d}y\mathrm{d}z + Q\,\mathrm{d}z\mathrm{d}x + R\,\mathrm{d}x\mathrm{d}y$ 在 G 内与所取的曲面 Σ 无关,只与 Σ 的边界曲线有关.

此定理用高斯公式即可证明,请读者自证.

定理中的**空间二维单连通区域**是指:对于空间区域 G,如果 G 内任一封闭曲面所围成的区域完全属于 G.此外,如果 G 内任一闭曲线总可以张成一个完全属于 G 的曲面,则称 G 为**空间一维单连通区域**.例如,如图 4.30(a),(b),(c)所示,球面所围成的区域 G_1 既是空间二维单连通区域,又是空间一维单连通区域;两个同心球面之间的区域 G_2 是空间一维单连通区域,但不是空间二维单连通区域;环面所围成的区域 G_3 是空间二维单连通区域,但不是空间一维单连通区域.

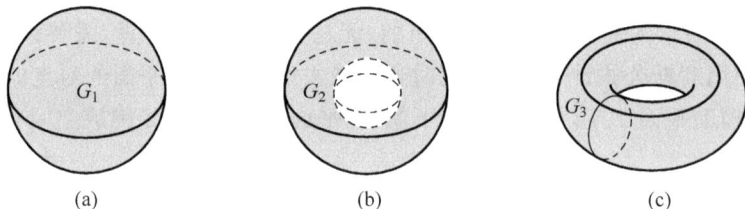

图　4.30

利用高斯公式不难证明下面的推论.

推论 1　设 Ω 为一空间有界闭区域,其边界曲面 Σ 由 Σ_1 和 Σ_2 两部分组成,如图 4.31 所示,函数 $P(x,y,z),Q(x,y,z),R(x,y,z)$ 在 Ω 上具有一阶连续偏导数.若式(4.46)在区域 Ω 内恒成立,则有

$$\iint\limits_{\Sigma_1} P\,\mathrm{d}y\mathrm{d}z + Q\,\mathrm{d}z\mathrm{d}x + R\,\mathrm{d}x\mathrm{d}y = \iint\limits_{\Sigma_2} P\,\mathrm{d}y\mathrm{d}z + Q\,\mathrm{d}z\mathrm{d}x + R\,\mathrm{d}x\mathrm{d}y,$$

$$\tag{4.48}$$

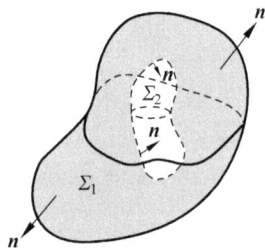

图　4.31

其中 Σ_1 和 Σ_2 的法线方向为曲面的正方向.

4.6.3　通量与散度

设有向量场

$$\boldsymbol{A}(x,y,z) = P(x,y,z)\boldsymbol{i} + Q(x,y,z)\boldsymbol{j} + R(x,y,z)\boldsymbol{k},$$

其中 $P(x,y,z),Q(x,y,z),R(x,y,z)$ 具有一阶连续偏导数,曲面 Σ 是场内的一片有向曲

面,$\boldsymbol{n}$ 是 Σ 在点 $M(x,y,z)$ 处的单位法向量. 对面积的曲面积分 $\iint\limits_{\Sigma} \boldsymbol{A} \cdot \boldsymbol{n}\mathrm{d}S$ 称为向量场 $\boldsymbol{A}$ 沿着指向侧通过曲面 Σ 的通量(或流量). 对向量场内任意一点 $M(x,y,z)$,数量函数

$$\left(\frac{\partial P}{\partial x} + \frac{\partial Q}{\partial y} + \frac{\partial R}{\partial z}\right)\bigg|_{M}$$

称为向量函数 $\boldsymbol{A}(x,y,z)$ 在点 $M(x,y,z)$ 处的**散度(divergence)**,记作 $\mathrm{div}\boldsymbol{A}$,即

$$\mathrm{div}\boldsymbol{A} = \frac{\partial P}{\partial x} + \frac{\partial Q}{\partial y} + \frac{\partial R}{\partial z}. \tag{4.49}$$

根据散度定义式(4.49),高斯公式(4.45)改写成

$$\iiint\limits_{\Omega} \mathrm{div}\boldsymbol{A}\mathrm{d}V = \oiint\limits_{\Sigma} \boldsymbol{A} \cdot \mathrm{d}\boldsymbol{S} = \oiint\limits_{\Sigma} \boldsymbol{A} \cdot \boldsymbol{n}\mathrm{d}S = \oiint\limits_{\Sigma} A_{n}\mathrm{d}S. \tag{4.50}$$

根据对坐标的曲面积分的物理背景,回顾 4.5 节中给出的引例,即单位时间内不可压缩的流体的流量问题. 根据通量的定义,并利用两类曲面之间的关系,在单位时间内流体经过 Σ 流向指定侧的通量 Φ 可以表示为

$$\Phi = \iint\limits_{\Sigma} P\mathrm{d}y\mathrm{d}z + Q\mathrm{d}z\mathrm{d}x + R\mathrm{d}x\mathrm{d}y = \iint\limits_{\Sigma} (P\cos\alpha + Q\cos\beta + R\cos\gamma)\mathrm{d}S$$

$$= \iint\limits_{\Sigma} \boldsymbol{v} \cdot \mathrm{d}\boldsymbol{S} = \iint\limits_{\Sigma} \boldsymbol{v} \cdot \boldsymbol{n}\mathrm{d}S = \iint\limits_{\Sigma} v_{n}\mathrm{d}S.$$

注意到,$v_{n} = \boldsymbol{v} \cdot \boldsymbol{n} = P\cos\alpha + Q\cos\beta + R\cos\gamma$ 表示流体的速度向量 $\boldsymbol{v}$ 在有向曲面 Σ 的法向量 $\boldsymbol{n}$ 上的投影. 如果 Σ 是高斯公式中闭区域 Ω 的边界曲面的外侧,那么高斯公式 (4.45) 的右端可解释为单位时间内离开闭区域 Ω 的流体的总质量;另一方面,如果流体是不可压缩的,且流动是稳定的,则在流体离开 Ω 的同时,Ω 内部必须有产生流体的"源头"产生同样多的流体来进行补充,因此,高斯公式左端可解释为分布在 Ω 内的源头在单位时间内所产生的流体的总质量.

以闭区域 Ω 的体积 V 除以式(4.50)的两端可得

$$\frac{1}{V}\iiint\limits_{\Omega} \mathrm{div}\boldsymbol{A}\mathrm{d}V = \frac{1}{V}\oiint\limits_{\Sigma} A_{n}\mathrm{d}S.$$

在 Ω 中任取一点 (ξ,η,ζ),对上式中的三重积分应用积分中值定理,得

$$\left(\frac{\partial P}{\partial x} + \frac{\partial Q}{\partial y} + \frac{\partial R}{\partial z}\right)\bigg|_{(\xi,\eta,\zeta)} = \frac{1}{V}\oiint\limits_{\Sigma} A_{n}\mathrm{d}S.$$

令 Ω 缩到一点 $M(x,y,z)$,取上式的极限,得

$$\frac{\partial P}{\partial x} + \frac{\partial Q}{\partial y} + \frac{\partial R}{\partial z} = \lim_{\Omega \to M} \frac{1}{V}\oiint\limits_{\Sigma} A_{n}\mathrm{d}S. \tag{4.51}$$

式(4.51)可以看作是散度的另一种定义形式. 如果向量场 $\boldsymbol{A}(x,y,z)$ 表示不可压缩流体的稳定流速场时,$\mathrm{div}\boldsymbol{A}$ 可以看作流体在点 $M(x,y,z)$ 的**源头强度**,即在单位时间内从单位体积中所产生的流体质量. 若 $\mathrm{div}\boldsymbol{A}(M) > 0$,说明在每一单位时间内有一定数量的流体流出这一点,则称这一点为**源**;相反,若 $\mathrm{div}\boldsymbol{A}(M) < 0$,说明流体在这一点被吸收,则称这点为**汇**;若在向量场 $\boldsymbol{A}$ 中每一点皆有 $\mathrm{div}\boldsymbol{A} = 0$,则称 $\boldsymbol{A}$ 为**无源场**.

例 4.25 求向量场 $\boldsymbol{A} = yz\boldsymbol{j} + z^2\boldsymbol{k}$ 的散度.

分析 利用式(4.49)计算.

解 $\operatorname{div} \boldsymbol{A} = \dfrac{\partial P}{\partial x} + \dfrac{\partial Q}{\partial y} + \dfrac{\partial R}{\partial z} = 0 + \dfrac{\partial (yz)}{\partial y} + \dfrac{\partial (z^2)}{\partial z} = z + 2z = 3z.$

例 4.26 求向量场 $\boldsymbol{r} = x\boldsymbol{i} + y\boldsymbol{j} + z\boldsymbol{k}$ 穿过曲面指定侧的通量：

(1) Σ_1 为圆锥 $x^2 + y^2 \leqslant z^2 \, (0 \leqslant z \leqslant h)$ 的底面 $z = h$，方向取上侧；

(2) Σ_2 为上述圆锥的侧表面，方向取下侧.

分析 根据通量的定义，利用高斯公式计算.

解 如图 4.32 所示，设 Σ_1, Σ_2 及 Σ 分别为此圆锥的底面、侧表面及全表面. 利用高斯公式，穿过全表面向外的通量为

$$\Phi = \oiint_{\Sigma} \boldsymbol{r} \cdot \mathrm{d}\boldsymbol{S} = \iiint_{\Omega} \operatorname{div} \boldsymbol{r} \, \mathrm{d}V = 3 \iiint_{\Omega} \mathrm{d}V = \pi h^3.$$

(1) 穿过底面，方向向上的通量

$$\Phi_1 = \oiint_{\Sigma} \boldsymbol{r} \cdot \mathrm{d}\boldsymbol{S} = \iint_{\substack{x^2+y^2 \leqslant z^2 \\ z = h}} z \, \mathrm{d}x\mathrm{d}y = \iint_{x^2+y^2 \leqslant h^2} h \, \mathrm{d}x\mathrm{d}y = \pi h^3.$$

(2) 穿过侧表面向外的通量 $\Phi_2 = \Phi - \Phi_1 = 0.$

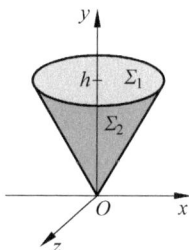

图 4.32

习 题 4.6

思 考 题

1. 利用高斯公式求曲面积分或三重积分时有哪些注意事项？求解步骤是什么？

2. 高斯公式与通量、散度之间存在哪些联系？

3. 如何利用高斯公式证明定理 4.7 及推论 1？

Ⓐ 类题

1. 求 $\oiint_{\Sigma} (x+y)\mathrm{d}y\mathrm{d}z + (y+z)\mathrm{d}z\mathrm{d}x + (x+z)\mathrm{d}x\mathrm{d}y$，其中 Σ 为平面 $x = 0, y = 0, z = 0$, $x = a, y = b, z = c$ 围成的立体的表面的外侧.

2. 求 $\oiint_{\Sigma} x^3 \mathrm{d}y\mathrm{d}z + y^3 \mathrm{d}z\mathrm{d}x + z^3 \mathrm{d}x\mathrm{d}y$，其中 Σ 是球面 $x^2 + y^2 + z^2 = R^2$ 的外侧.

3. 求 $\iint_{\Sigma} yz \, \mathrm{d}z\mathrm{d}x + 3\mathrm{d}x\mathrm{d}y$，其中 Σ 是 $x^2 + y^2 + z^2 = 9$ 的外侧在 $z \geqslant 0$ 的部分.

4. 求 $\iint_{\Sigma} (2y^2 + z)\mathrm{d}y\mathrm{d}z + (x - y + 3z^2)\mathrm{d}z\mathrm{d}x + (2x^2 + 3y - z)\mathrm{d}x\mathrm{d}y$，其中 Σ 为旋转抛物面 $z = 1 - x^2 - y^2$ 在 $0 \leqslant z \leqslant 1$ 部分的外侧.

5. 求 $\oiint_{\Sigma} (x^3 + y^3 + z^3)\mathrm{d}y\mathrm{d}z + (x^2 + y^2 + z^2)\mathrm{d}z\mathrm{d}x + (x + y + z)\mathrm{d}x\mathrm{d}y$，其中 Σ 是由圆柱面 $x^2 + y^2 = 9, z = 1, z = 3$ 围成立体的表面内侧.

6. 求 $\oiint_{\Sigma} (x\cos\alpha + y\cos\beta + z\cos\gamma)\mathrm{d}S$，其中 Σ 是由 $z = x^2 + y^2, z = 1$ 围成立体的表面外

侧,$\cos\alpha,\cos\beta,\cos\gamma$ 是 Σ 外法线方向的方向余弦.

B 类题

1. 求 $\displaystyle\iint\limits_{\Sigma}\frac{2x\mathrm{d}y\mathrm{d}z+(2+z)^2\mathrm{d}x\mathrm{d}y}{\sqrt{x^2+y^2+z^2}}$,其中 Σ 为下半球面 $z=-\sqrt{4-x^2-y^2}$ 的上侧.

2. 求 $\displaystyle\iint\limits_{\Sigma}(x^2\cos\alpha+y^2\cos\beta+z^2\cos\gamma)\mathrm{d}S$,其中 Σ 为锥面 $x^2+y^2=z^2(0\leqslant z\leqslant h)$,$\cos\alpha$,$\cos\beta,\cos\gamma$ 为此曲面外法向量的方向余弦.

3. 求 $\displaystyle\oiint\limits_{\Sigma}(2xz+y^2)\mathrm{d}y\mathrm{d}z+(2x^2+yz)\mathrm{d}z\mathrm{d}x-(2xy+z^2)\mathrm{d}x\mathrm{d}y$,其中 Σ 是由旋转曲面 $z=\sqrt{x^2+y^2}$ 与 $z=\sqrt{2-x^2-y^2}$ 围成立体的表面外侧.

4. 求 $\displaystyle\iint\limits_{\Sigma}(8y+1)x\mathrm{d}y\mathrm{d}z+2(1-y^2)\mathrm{d}z\mathrm{d}x-4yz\mathrm{d}x\mathrm{d}y$,其中 Σ 是由曲线 $\begin{cases}z=\sqrt{y-1},\\x=0\end{cases}$
$(1\leqslant y\leqslant 3)$ 绕 y 轴旋转一周所成的曲面,它的法向量与 y 轴正向的夹角恒大于 $\dfrac{\pi}{2}$.

5. 证明:$\displaystyle\oiint\limits_{\Sigma_1\cup\Sigma_2}x\mathrm{d}y\mathrm{d}z-2yz\mathrm{d}z\mathrm{d}x+(z^2-z)\mathrm{d}x\mathrm{d}y=0$,其中 Σ_1:$z=\sqrt{1-x^2-y^2}+1$,方向取下侧,Σ_2:$z=\sqrt{x^2+y^2}$,方向取上侧.

4.7 斯托克斯公式、环流量与旋度
The Stokes formula, circulation and curl

作为格林公式的另一种推广形式,本节介绍斯托克斯公式,它建立了沿曲面 Σ 上的曲面积分与沿着 Σ 的边界曲线的曲线积分之间的关系.作为斯托克斯公式的一个简单应用,本节还将给出空间曲线积分与路径无关的条件,最后介绍环流量与旋度的概念.

4.7.1 斯托克斯公式

在对坐标的曲线积分和对坐标的曲面积分中,曲线和曲面都是定向的.为了建立曲线积分与曲面积分之间的关系,首先给出描述曲线和曲面关系的右手规则.

右手规则 设 Γ 是分段光滑的空间有向闭曲线,Σ 是以 Γ 为边界的分片光滑的有向曲面.当右手除拇指外的四指依 Γ 的绕行方向时,若拇指所指的方向与 Σ 上法向量的指向相同,则称 Γ 是有向曲面 Σ 的正向边界曲线.

定理 4.8 设 Γ 为分段光滑的空间有向闭曲线,Σ 是以 Γ 为边界的分片光滑的有向曲面,Γ 的正向与 Σ 的正侧符合右手规则,函数 $P(x,y,z),Q(x,y,z),R(x,y,z)$ 在包含曲面 Σ 在内的一个空间区域内具有一阶连续偏导数,则有

$$\iint\limits_{\Sigma}\left(\frac{\partial R}{\partial y}-\frac{\partial Q}{\partial z}\right)\mathrm{d}y\mathrm{d}z+\left(\frac{\partial P}{\partial z}-\frac{\partial R}{\partial x}\right)\mathrm{d}z\mathrm{d}x+\left(\frac{\partial Q}{\partial x}-\frac{\partial P}{\partial y}\right)\mathrm{d}x\mathrm{d}y$$

$$=\oint_{\Gamma}P\mathrm{d}x+Q\mathrm{d}y+R\mathrm{d}z. \tag{4.52}$$

上式称为**斯托克斯公式**（**Stokes formula**）.

分析 根据函数 $P(x,y,z),Q(x,y,z)$ 及 $R(x,y,z)$ 的相关信息对号入座. 例如,将曲面积分 $\iint\limits_{\Sigma}\dfrac{\partial P}{\partial z}\mathrm{d}z\mathrm{d}x-\dfrac{\partial P}{\partial y}\mathrm{d}x\mathrm{d}y$ 化为闭区域 D_{xy} 上的二重积分,然后通过格林公式使它与曲线积分相联系.

证 如图 4.33 所示,设曲面 Σ 与平行于 z 轴的直线相交不多于一点,并取 Σ 为曲面 $z=f(x,y)$ 的上侧,有向曲线 C 为 Σ 的正向边界曲线 Γ 在 xOy 面上的投影,且所围区域为 D_{xy}.

根据对面积的曲面积分和对坐标的曲面积分间的关系,有

$$\iint\limits_{\Sigma}\frac{\partial P}{\partial z}\mathrm{d}z\mathrm{d}x-\frac{\partial P}{\partial y}\mathrm{d}x\mathrm{d}y=\iint\limits_{\Sigma}\left(\frac{\partial P}{\partial z}\cos\beta-\frac{\partial P}{\partial y}\cos\gamma\right)\mathrm{d}S.$$

当 Σ 的方程为 $z=f(x,y),(x,y)\in D_{xy}$ 时,有向曲面 Σ 的法向量的方向余弦为

图 4.33

$$\cos\alpha=\frac{-f_x}{\sqrt{1+f_x^2+f_y^2}},\quad\cos\beta=\frac{-f_y}{\sqrt{1+f_x^2+f_y^2}},\quad\cos\gamma=\frac{1}{\sqrt{1+f_x^2+f_y^2}}.$$

因此,$\cos\beta=-f_y\cos\gamma$,于是

$$\iint\limits_{\Sigma}\frac{\partial P}{\partial z}\mathrm{d}z\mathrm{d}x-\frac{\partial P}{\partial y}\mathrm{d}x\mathrm{d}y=-\iint\limits_{\Sigma}\left(\frac{\partial P}{\partial y}+\frac{\partial P}{\partial z}f_y\right)\cos\gamma\mathrm{d}S,$$

即

$$\iint\limits_{\Sigma}\frac{\partial P}{\partial z}\mathrm{d}z\mathrm{d}x-\frac{\partial P}{\partial y}\mathrm{d}x\mathrm{d}y=-\iint\limits_{\Sigma}\left(\frac{\partial P}{\partial y}+\frac{\partial P}{\partial z}f_y\right)\mathrm{d}x\mathrm{d}y.$$

上式右端的曲面积分化为二重积分时,将 $P(x,y,z)$ 中的 z 用 $f(x,y)$ 来代替. 由复合函数的微分法,有

$$\frac{\partial}{\partial y}P[x,y,f(x,y)]=\frac{\partial P}{\partial y}+\frac{\partial P}{\partial z}\cdot f_y,$$

因此得到

$$\iint\limits_{\Sigma}\frac{\partial P}{\partial z}\mathrm{d}z\mathrm{d}x-\frac{\partial P}{\partial y}\mathrm{d}x\mathrm{d}y=-\iint\limits_{D_{xy}}\frac{\partial}{\partial y}P[x,y,f(x,y)]\mathrm{d}x\mathrm{d}y.$$

根据格林公式,上式右端的二重积分可化为沿闭区域 D_{xy} 的边界 C 的曲线积分

$$-\iint\limits_{D_{xy}}\frac{\partial}{\partial y}P[x,y,f(x,y)]\mathrm{d}x\mathrm{d}y=\oint_{C}P[x,y,f(x,y)]\mathrm{d}x,$$

于是

$$\iint\limits_{\Sigma}\frac{\partial P}{\partial z}\mathrm{d}z\mathrm{d}x-\frac{\partial P}{\partial y}\mathrm{d}x\mathrm{d}y=\oint_{C}P[x,y,f(x,y)]\mathrm{d}x.$$

因为函数 $P[x,y,f(x,y)]$ 在曲线 C 上点 (x,y) 处的值与函数 $P(x,y,z)$ 在曲线 Γ 上对应点 (x,y,z) 处的值是相同的,并且两曲线上的对应小弧段在 x 轴上的投影也一样,根据曲线积分的定义,上式右端的曲线积分等于曲线 Γ 上的曲线积分 $\displaystyle\int_{\Gamma}P(x,y,z)\mathrm{d}x$. 因此证得

$$\iint\limits_{\Sigma}\frac{\partial P}{\partial z}\mathrm{d}z\mathrm{d}x-\frac{\partial P}{\partial y}\mathrm{d}x\mathrm{d}y=\oint_{\Gamma}P(x,y,z)\mathrm{d}x. \tag{4.53}$$

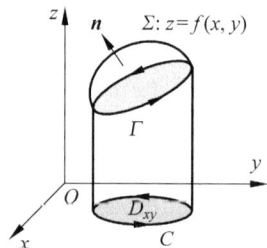

如果 Σ 取下侧，Γ 也相应地改成相反的方向，则式(4.53)的两端同时改变符号，因此，式(4.53)仍成立.

其次，如果曲面与平行于 z 轴的直线的交点多于一个，则可作辅助曲线把曲面分成几部分，然后应用式(4.53)计算并相加. 因为沿辅助曲线而方向相反的两个曲线积分相加时正好抵消，所以对于这一类曲面公式(4.53)也成立.

同理可证

$$\iint\limits_{\Sigma}\frac{\partial Q}{\partial x}\mathrm{d}x\mathrm{d}y-\frac{\partial Q}{\partial z}\mathrm{d}y\mathrm{d}z=\oint_{\Gamma}Q(x,y,z)\mathrm{d}y; \tag{4.54}$$

$$\iint\limits_{\Sigma}\frac{\partial R}{\partial y}\mathrm{d}y\mathrm{d}z-\frac{\partial R}{\partial x}\mathrm{d}z\mathrm{d}x=\oint_{\Gamma}R(x,y,z)\mathrm{d}z. \tag{4.55}$$

将式(4.53)、式(4.54)及式(4.55)合并，即可得到式(4.52). 证毕

为了便于记忆，斯托克斯公式可以写成

$$\iint\limits_{\Sigma}\begin{vmatrix}\mathrm{d}y\mathrm{d}z & \mathrm{d}z\mathrm{d}x & \mathrm{d}x\mathrm{d}y \\ \dfrac{\partial}{\partial x} & \dfrac{\partial}{\partial y} & \dfrac{\partial}{\partial z} \\ P & Q & R\end{vmatrix}=\oint_{\Gamma}P\mathrm{d}x+Q\mathrm{d}y+R\mathrm{d}z. \tag{4.56}$$

若用对面积的曲面积分表示式(4.52)的左端，斯托克斯公式也可以写成

$$\iint\limits_{\Sigma}\begin{vmatrix}\cos\alpha & \cos\beta & \cos\gamma \\ \dfrac{\partial}{\partial x} & \dfrac{\partial}{\partial y} & \dfrac{\partial}{\partial z} \\ P & Q & R\end{vmatrix}\mathrm{d}S=\oint_{\Gamma}P\mathrm{d}x+Q\mathrm{d}y+R\mathrm{d}z, \tag{4.57}$$

其中 $\boldsymbol{n}=(\cos\alpha,\cos\beta,\cos\gamma)$ 为 Σ 上点 (x,y,z) 处的单位法向量.

斯托克斯公式建立了有向曲面上的曲面积分与其边界曲线上的曲线积分之间的关系. 特别地，当 Σ 是 xOy 面的平面闭区域时，斯托克斯公式就变成格林公式. 因此，格林公式是斯托克斯公式的一个特殊情形.

例 4.27 求 $\oint_{\Gamma}z\mathrm{d}x+x\mathrm{d}y+y\mathrm{d}z$，其中 Γ 是平面 $x+y+z=1$ 被三坐标面所截成的三角形的整个边界，它的正向与这个三角形上侧的法向量之间符合右手规则.

分析 先在空间直角坐标系中画出图形，如图 4.34 所示；然后确定函数 P,Q,R 的表达式；再利用斯托克斯公式(4.52)计算.

解 易见，函数 P,Q,R 的表达式分别为

$P(x,y,z)=z$，$Q(x,y,z)=x$，$R(x,y,z)=y$.

根据斯托克斯公式(4.52)，有

$$\oint_{\Gamma}z\mathrm{d}x+x\mathrm{d}y+y\mathrm{d}z=\iint\limits_{\Sigma}\mathrm{d}y\mathrm{d}z+\mathrm{d}z\mathrm{d}x+\mathrm{d}x\mathrm{d}y,$$

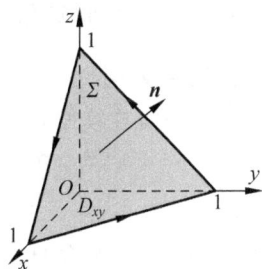

图 4.34

其中 Σ 是平面 $x+y+z=1$ 被三坐标面所截成的三角形区域. 由于 Σ 的法线向量的三个方向余弦都为正，再由对称性知

$$\iint\limits_{\Sigma}\mathrm{d}y\mathrm{d}z+\mathrm{d}z\mathrm{d}x+\mathrm{d}x\mathrm{d}y=3\iint\limits_{D_{xy}}\mathrm{d}\sigma,$$

于是

$$\oint_\Gamma z\,\mathrm{d}x + x\,\mathrm{d}y + y\,\mathrm{d}z = \frac{3}{2}.$$

例 4.28 求 $I = \oint_\Gamma (y^2+z^2)\mathrm{d}x + (x^2+z^2)\mathrm{d}y + (x^2+y^2)\mathrm{d}z$,
其中曲线 Γ 是曲面 $x^2+y^2+z^2=2Rx$ 与 $x^2+y^2=2rx$
$(0<r<R,z>0)$ 的交线. 此曲线是顺着如下方向前进的, 即由它
所包围的球面 $x^2+y^2+z^2=2Rx$ 上的最小区域保持左方, 如
图 4.35 所示.

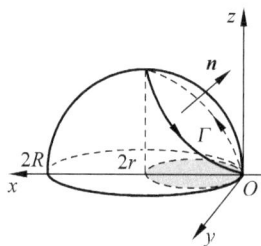

图 4.35

分析 找到函数 P,Q,R 的表达式; 再利用斯托克斯公
式(4.52)计算.

解 易见, 函数 P,Q,R 的表达式分别为

$$P(x,y,z) = y^2+z^2, \quad Q(x,y,z) = x^2+z^2, \quad R(x,y,z) = x^2+y^2.$$

不难求得, 上半球面 $x^2+y^2+z^2=2Rx$ 的法线的方向余弦分别为

$$\cos\alpha = \frac{x-R}{R}, \quad \cos\beta = \frac{y}{R}, \quad \cos\gamma = \frac{z}{R}.$$

由斯托克斯公式(4.57), 有

$$
\begin{aligned}
I &= 2\iint_\Sigma [(y-z)\cos\alpha + (z-x)\cos\beta + (x-y)\cos\gamma]\mathrm{d}S \\
&= 2\iint_\Sigma \left[(y-z)\left(\frac{x}{R}-1\right) + (z-x)\frac{y}{R} + (x-y)\frac{z}{R}\right]\mathrm{d}S \\
&= 2\iint_\Sigma (z-y)\mathrm{d}S\,(\text{利用对称性}) \\
&= 2\iint_\Sigma z\,\mathrm{d}S = 2\iint_\Sigma R\cos\gamma\,\mathrm{d}S \\
&= 2\iint_\Sigma R\,\mathrm{d}x\mathrm{d}y = 2R\iint_{x^2+y^2\leqslant 2rx} \mathrm{d}\sigma = 2\pi r^2 R.
\end{aligned}
$$

4.7.2 空间曲线与路径无关的条件

定理 4.9 设空间区域 G 是一维单连通区域, 函数 $P(x,y,z),Q(x,y,z),R(x,y,z)$ 在
G 内具有一阶连续偏导数, 则对于 G 内任意一点, 等式

$$\frac{\partial R}{\partial y} - \frac{\partial Q}{\partial z} = 0, \quad \frac{\partial P}{\partial z} - \frac{\partial R}{\partial x} = 0, \quad \frac{\partial Q}{\partial x} - \frac{\partial P}{\partial y} = 0 \tag{4.58}$$

恒成立的充分必要条件是: 空间曲线积分 $\int_\Gamma P\mathrm{d}x + Q\mathrm{d}y + R\mathrm{d}z$ 在 G 内与路径无关.

在定理 4.9 中, 若 Γ 是 G 内任意一条光滑的封闭曲线, 则式(4.58)恒成立的充分必要
条件是: 空间曲线积分 $\oint_\Gamma P\mathrm{d}x + Q\mathrm{d}y + R\mathrm{d}z = 0$.

定理 4.10 设空间区域 G 是一维单连通区域, 函数 $P(x,y,z),Q(x,y,z),R(x,y,z)$
在 G 内具有一阶连续偏导数, 则对于 G 内任意一点, 式(4.58)恒成立的充分必要条件是:

表达式 $P\mathrm{d}x+Q\mathrm{d}y+R\mathrm{d}z$ 在 G 内是某一函数 $u(x,y,z)$ 的全微分,并且函数 $u(x,y,z)$ 的表达式为

$$u(x,y,z)=\int_{(x_0,y_0,z_0)}^{(x,y,z)}P\mathrm{d}x+Q\mathrm{d}y+R\mathrm{d}z, \quad (4.59)$$

或用定积分形式表示(积分路径如图 4.36 所示)

$$u(x,y,z)=\int_{x_0}^{x}P(x,y_0,z_0)\mathrm{d}x+\int_{y_0}^{y}Q(x,y,z_0)\mathrm{d}y+$$
$$\int_{z_0}^{z}R(x,y,z)\mathrm{d}z, \quad (4.60)$$

其中 $M_0(x_0,y_0,z_0)$ 为 G 内的某一定点,且点 $M(x,y,z)\in G$.

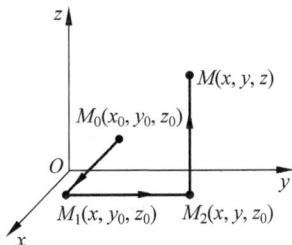

4.7.3 环流量与旋度

设有向量场

$$\boldsymbol{A}(x,y,z)=P(x,y,z)\boldsymbol{i}+Q(x,y,z)\boldsymbol{j}+R(x,y,z)\boldsymbol{k},$$

简记为 $\boldsymbol{A}=(P,Q,R)$,其中假定 P,Q,R 具有一阶连续偏导数,Γ 是向量场 $\boldsymbol{A}$ 的定义域内的一条分段光滑的有向闭曲线,τ 是 Γ 在点 (x,y,z) 处的单位切向量,则在场 $\boldsymbol{A}$ 中沿某一光滑的封闭曲线 Γ 上的曲线积分

$$\oint_{\Gamma}\boldsymbol{A}\cdot\boldsymbol{\tau}\mathrm{d}s$$

称为向量场 $\boldsymbol{A}$ 沿有向闭曲线 Γ 的**环流量**(**circulation**).

进一步地,若 Σ 是由 Γ 张成的一片有向光滑曲面,利用斯托克斯公式、两类曲线积分之间的关系即两类曲面积分之间的关系,有

$$\oint_{\Gamma}\boldsymbol{A}\cdot\boldsymbol{\tau}\mathrm{d}s=\oint_{\Gamma}\boldsymbol{A}\cdot\mathrm{d}\boldsymbol{s}=\oint_{\Gamma}P\mathrm{d}x+Q\mathrm{d}y+R\mathrm{d}z$$
$$=\iint_{\Sigma}\left(\frac{\partial R}{\partial y}-\frac{\partial Q}{\partial z}\right)\mathrm{d}y\mathrm{d}z+\left(\frac{\partial P}{\partial z}-\frac{\partial R}{\partial x}\right)\mathrm{d}z\mathrm{d}x+\left(\frac{\partial Q}{\partial x}-\frac{\partial P}{\partial y}\right)\mathrm{d}x\mathrm{d}y$$
$$=\iint_{\Sigma}\left[\left(\frac{\partial R}{\partial y}-\frac{\partial Q}{\partial z}\right)\cos\alpha+\left(\frac{\partial P}{\partial z}-\frac{\partial R}{\partial x}\right)\cos\beta+\left(\frac{\partial Q}{\partial x}-\frac{\partial P}{\partial y}\right)\cos\gamma\right]\mathrm{d}S. \quad (4.61)$$

以向量场 $\boldsymbol{A}$ 在坐标轴上的投影

$$\frac{\partial R}{\partial y}-\frac{\partial Q}{\partial z}, \quad \frac{\partial P}{\partial z}-\frac{\partial R}{\partial x}, \quad \frac{\partial Q}{\partial x}-\frac{\partial P}{\partial y}$$

作为分量的向量称为向量场 $\boldsymbol{A}$ 的**旋度**(**curl,rotation**),记作 $\mathrm{rot}\boldsymbol{A}$,即

$$\mathrm{rot}\boldsymbol{A}=\left(\frac{\partial R}{\partial y}-\frac{\partial Q}{\partial z}\right)\boldsymbol{i}+\left(\frac{\partial P}{\partial z}-\frac{\partial R}{\partial x}\right)\boldsymbol{j}+\left(\frac{\partial Q}{\partial x}-\frac{\partial P}{\partial y}\right)\boldsymbol{k}.$$

例 4.29 求向量场 $\boldsymbol{A}=x^2\boldsymbol{i}-2xy\boldsymbol{j}+z^2\boldsymbol{k}$ 在点 $M_0(1,1,2)$ 处的散度及旋度.

分析 利用向量场的散度及旋度的定义计算.

解 易见,在向量场 $\boldsymbol{A}=x^2\boldsymbol{i}-2xy\boldsymbol{j}+z^2\boldsymbol{k}$ 中,有

$$P(x,y,z)=x^2, \quad Q(x,y,z)=-2xy, \quad R(x,y,z)=z^2.$$

由散度的定义,有

$$\mathrm{div}\boldsymbol{A}=\frac{\partial P}{\partial x}+\frac{\partial Q}{\partial y}+\frac{\partial R}{\partial z}=2x+(-2x)+2z=2z,$$

故在点 $M_0(1,1,2)$ 处，$\text{div}\boldsymbol{A}|_{M_0}=4$. 由旋度的定义，有

$$\text{rot}\boldsymbol{A}=\left(\frac{\partial R}{\partial y}-\frac{\partial Q}{\partial z}\right)\boldsymbol{i}+\left(\frac{\partial P}{\partial z}-\frac{\partial R}{\partial x}\right)\boldsymbol{j}+\left(\frac{\partial Q}{\partial x}-\frac{\partial P}{\partial y}\right)\boldsymbol{k}$$

$$=(0-0)\boldsymbol{i}+(0-0)\boldsymbol{k}+(-2y-0)\boldsymbol{k}=-2y\boldsymbol{k},$$

故在点 $M_0(1,1,2)$ 处，$\text{rot}\boldsymbol{A}|_{M_0}=-2\boldsymbol{k}$.

习 题 4.7

思 考 题

1. 斯托克斯公式和格林公式有什么联系？

2. 利用斯托克斯公式将曲面积分与曲线积分相互转换时有哪些注意事项？

3. 空间曲线的曲线积分与路径无关的条件是什么？

A 类题

1. 求 $\oint_{\Gamma}(3y+z)\mathrm{d}x+(x-z)\mathrm{d}y+(y-x)\mathrm{d}z$，其中 Γ 为平面 $x+y+z=2$ 与各坐标面的交线，从 z 轴的正方向看 Γ 取逆时针方向为正向.

2. 求 $\oint_{\Gamma}z\mathrm{d}x+x\mathrm{d}y+y\mathrm{d}z$，其中 Γ 是闭折线 $ABCA$，其中 $A(1,0,0),B(0,1,0),C(0,0,1)$.

3. 求 $\oint_{\Gamma}(y^2+z^2)\mathrm{d}x+(x^2+z^2)\mathrm{d}y+(x^2+y^2)\mathrm{d}z$，其中 Γ 为 $x+y+z=1$ 与三个坐标面的交线，它的走向使所围平面区域上侧在曲线的左侧.

4. 求 $\oint_{\Gamma}(y-z)\mathrm{d}x+(z-x)\mathrm{d}y+(x-y)\mathrm{d}z$，其中 Γ 为曲线 $\begin{cases}z=\sqrt{x^2+y^2},\\z=1,\end{cases}$ 从 z 轴的正方向看 Γ 沿顺时针方向.

5. 求 $\oint_{\Gamma}x^2y\mathrm{d}x+yz^2\mathrm{d}y+zx\mathrm{d}z$，其中 Γ 为曲线 $\begin{cases}x^2+y^2=1,\\y+\dfrac{z}{2}=1,\end{cases}$ 从 y 轴的正方向看 Γ 沿逆时针方向.

6. 求 $\oint_{\Gamma}(z-y)\mathrm{d}x+(x-z)\mathrm{d}y+(x-y)\mathrm{d}z$，其中 Γ 是曲线 $\begin{cases}x^2+y^2=1,\\x-y+z=2,\end{cases}$ 从 z 轴的正向看 Γ 沿顺时针方向.

复 习 题 4

1. 是非题

(1) 若函数 $f(x,y)$ 在曲线 L 上连续，则对弧长的曲线积分 $\int_L f(x)\mathrm{d}s$ 必存在.　　（　　）

(2) 若对坐标的曲线积分 $\int_{\Gamma} P\mathrm{d}x + Q\mathrm{d}y + R\mathrm{d}z$ 存在,则它只与被积函数 $P(x,y,z)$,$Q(x,y,z)$ 及 $R(x,y,z)$ 有关,而与曲线 Γ 的方向、起点及终点无关. （   ）

(3) 设 $P(x,y)$ 和 $Q(x,y)$ 在区域 D 上具有一阶连续偏导数,则曲线积分 $\int_{L} P\mathrm{d}x + Q\mathrm{d}y$ 在 D 上与路径无关的充分必要条件是 $\frac{\partial P}{\partial y} = \frac{\partial Q}{\partial x}$. （   ）

(4) 非封闭的光滑或分片光滑曲面一定是双侧曲面. （   ）

(5) 设 Σ 是有向的光滑曲面,函数 $P(x,y,z)$ 在 Σ 上连续,则对坐标的曲面积分 $\iint_{\Sigma} P(x,y,z)\mathrm{d}y\mathrm{d}z$ 一定存在. （   ）

2. 填空题

(1) 空间曲线 $x=3t,y=3t^2,z=2t^3$ 从 $O(0,0,0)$ 到 $A(3,3,2)$ 的弧长为_____.

(2) 设 $f(x)$ 为可微函数,$\widehat{AB}$ 为光滑曲线,若曲线积分 $\int_{\widehat{AB}} f(x)(y\mathrm{d}x - x\mathrm{d}y)$ 与积分路径无关,则函数 $f(x)$ 应满足的关系式为_____.

(3) 设 Σ 是 yOz 坐标平面上的圆域 $y^2+z^2\leqslant 1$,则 $\iint_{\Sigma}(x^2+y^2+z^2)\mathrm{d}S = $_____.

(4) 设 L 为取正向的圆周 $x^2+y^2=9$,则 $\oint_{L}(2xy-2y)\mathrm{d}x + (x^2-4x)\mathrm{d}y = $_____.

(5) 设 Σ 是平面 $3x+2y+2\sqrt{3}z=6$ 在第一卦限的部分的下侧,将对坐标的曲面积分 $I = \iint_{\Sigma} P\mathrm{d}y\mathrm{d}z + Q\mathrm{d}z\mathrm{d}x + R\mathrm{d}x\mathrm{d}y$ 转化为对面积的曲面积分,有 $I=$_____.

3. 选择题

(1) 已知 $\frac{(x+ay)\mathrm{d}x+y\mathrm{d}y}{(x+y)^2}$ 为某函数的全微分,则 $a=($).

A. -1　　　　　　B. 0　　　　　　C. 1　　　　　　D. 2

(2) 设 C 为从 $A(0,0)$ 到 $B(4,3)$ 的直线段,则 $\int_{C}(x-y)\mathrm{d}s = ($).

A. $\int_0^4\left(x-\frac{3}{4}x\right)\mathrm{d}x$　　　　　　B. $\int_0^4\left(x-\frac{3}{4}x\right)\sqrt{1+\frac{9}{16}}\mathrm{d}x$

C. $\int_0^3\left(y-\frac{3}{4}y\right)\mathrm{d}x$　　　　　　D. $\int_0^4\left(\frac{4}{3}y-y\right)\sqrt{1+\frac{9}{16}}\mathrm{d}x$

(3) 设 Σ 是部分锥面：$x^2+y^2=z^2,0\leqslant z\leqslant 1$,则 $\iint_{\Sigma}(x^2+y^2)\mathrm{d}S = ($).

A. $\int_0^{\pi}\mathrm{d}\theta\int_0^1 r^2\cdot r\mathrm{d}r$　　　　　　B. $\int_0^{2\pi}\mathrm{d}\theta\int_0^1 r^2\cdot r\mathrm{d}r$

C. $\sqrt{2}\int_0^{\pi}\mathrm{d}\theta\int_0^1 r^2\cdot r\mathrm{d}r$　　　　　　D. $\sqrt{2}\int_0^{2\pi}\mathrm{d}\theta\int_0^1 r^2\cdot r\mathrm{d}r$

(4) 设 Σ 是平面块：$y=x,0\leqslant x\leqslant 1,0\leqslant z\leqslant 1$,方向向右则曲面积分 $\iint_{\Sigma} y\mathrm{d}x\mathrm{d}z = ($).

A. 1　　　　　　B. 2　　　　　　C. $\dfrac{1}{2}$　　　　　　D. $-\dfrac{1}{2}$

(5) 曲线积分 $I = \int_{\widehat{AB}} (2x\cos y + y\sin x)\,\mathrm{d}x - (x^2\sin y + \cos x)\,\mathrm{d}y$ $\Big($曲线 $\widehat{AB}$ 为位于第一象限中的圆弧，$A(0,0)$，$B\Big(\dfrac{\pi}{2},0\Big)\Big)$ 为（　　）.

A. 0　　　　　B. $-\dfrac{\pi^2}{4}$　　　　　C. $\dfrac{\pi^2}{4}$　　　　　D. 2

4. 求 $\int_L y\,\mathrm{d}s$，其中 L 为抛物线 $y^2 = 2px\,(p>0)$ 由 $A(0,0)$ 到 $B(x_0,y_0)$ 的一段弧.

5. 求 $\int_L z\,\mathrm{d}s$，其中 L 为螺线 $x = t\cos t, y = t\sin t, z = t\ (0 \leqslant t \leqslant 2\pi)$.

6. 求 $\int_\Gamma \dfrac{1}{x^2 + y^2 + z^2}\,\mathrm{d}s$，其中 Γ 为空间曲线 $x = \mathrm{e}^t\cos t, y = \mathrm{e}^t\sin t, z = \mathrm{e}^t$ 上相应于 t 从 0 变到 2 的这段弧.

7. 求 $\oint_\Gamma \dfrac{(x+y)\,\mathrm{d}x - (x-y)\,\mathrm{d}y}{x^2 + y^2}$，其中 Γ 为圆周 $x^2 + y^2 = a^2$（按逆时针方向绕行）.

8. 求 $\int_\Gamma y\,\mathrm{d}x + z\,\mathrm{d}y + x\,\mathrm{d}z$，其中 Γ 为曲线 $x = a\cos t, y = a\sin t, z = bt$，从 $t = 0$ 到 $t = 2\pi$ 的一段弧.

9. 求 $\int_L (x^2 + y^2)\,\mathrm{d}x + (x^2 - y^2)\,\mathrm{d}y$，其中 L 为 $y = 1 - |1 - x|\ (0 \leqslant x \leqslant 2)$，方向为 x 增大的方向.

10. 证明：曲线积分 $\int_{(1,0)}^{(2,1)} (2x\mathrm{e}^y + y)\,\mathrm{d}x + (x^2\mathrm{e}^y + x - 2y)\,\mathrm{d}y$ 与路径无关，并求积分值.

11. 证明：当路径不过原点时，曲线积分 $\int_{(1,1)}^{(2,2)} \dfrac{x\,\mathrm{d}x + y\,\mathrm{d}y}{(x^2 + y^2)^{3/2}}$ 与路径无关，并求积分值.

12. 利用曲线积分求椭圆 $\dfrac{x^2}{a^2} + \dfrac{y^2}{b^2} = 1$ 的面积.

13. 求 $\int_L (x^2 - y)\,\mathrm{d}x - (x + \sin^2 y)\,\mathrm{d}y$，其中 L 是圆周 $y = \sqrt{2x - x^2}$ 上由点 $(0,0)$ 到点 $(1,1)$ 的一段弧.

14. 求 $\oint_L \dfrac{y\,\mathrm{d}x - x\,\mathrm{d}y}{2(x^2 + y^2)}$，其中 L 为圆周 $(x-1)^2 + y^2 = 2$，L 的方向为逆时针方向.

15. 求 $\iint_\Sigma 3z\,\mathrm{d}S$，其中 Σ 为抛物面 $z = 2 - (x^2 + y^2)$ 在 xOy 坐标平面上的部分.

16. 求 $\iint_\Sigma f(x,y,z)\,\mathrm{d}S$，其中

$$\Sigma: x^2 + y^2 + z^2 = a^2,\quad f(x,y,z) = \begin{cases} x^2 + y^2, & z \geqslant \sqrt{x^2 + y^2}, \\ 0, & z < \sqrt{x^2 + y^2}. \end{cases}$$

17. 求 $\iint_\Sigma (z^2 + x)\,\mathrm{d}y\mathrm{d}z - z\,\mathrm{d}x\mathrm{d}y$，其中 Σ 是旋转抛物面 $z = \dfrac{x^2 + y^2}{2}$ 介于平面 $z = 0$ 及 $z = 2$ 之间的部分的下侧.

18. 求 $\displaystyle\oiint_{\Sigma} \frac{1}{x}\mathrm{d}y\mathrm{d}z + \frac{1}{y}\mathrm{d}x\mathrm{d}z + \frac{1}{z}\mathrm{d}x\mathrm{d}y$，其中 Σ 为椭球面 $\dfrac{x^2}{a^2} + \dfrac{y^2}{b^2} + \dfrac{z^2}{c^2} = 1$ 的外侧.

19. 求 $\displaystyle\int_{L} \frac{y^2}{\sqrt{R^2 + x^2}}\mathrm{d}x + \left[4x + 2y\ln(x + \sqrt{R^2 + x^2})\right]\mathrm{d}y$，其中 L 是沿 $x^2 + y^2 = R^2$ 由点 $A(R,0)$ 沿逆时针方向到 $B(-R,0)$ 的半圆周.

20. 求曲面积分 $\displaystyle\iint_{\Sigma} x(1 + x^2 z)\mathrm{d}y\mathrm{d}z + y(1 - x^2 z)\mathrm{d}z\mathrm{d}x + z(1 - x^2 z)\mathrm{d}x\mathrm{d}y$，其中 Σ 为曲面 $z = \sqrt{x^2 + y^2}\ (0 \leqslant z \leqslant 1)$ 的下侧.

21. 求 $\displaystyle\iint_{\Sigma} |xyz|\mathrm{d}S$，其中 Σ 的方程为 $|x| + |y| + |z| = 1$.

22. 将 $\displaystyle\iint_{\Sigma} P(x,y,z)\mathrm{d}y\mathrm{d}z + Q(x,y,z)\mathrm{d}z\mathrm{d}x + R(x,y,z)\mathrm{d}x\mathrm{d}y$ 化为对面积的曲面积分，其中 Σ 为上半球面 $z = \sqrt{r^2 - x^2 - y^2}$ 的上侧.

第 5 章

无穷级数

Infinite series

在微积分的建立和发展过程中，无穷级数占有重要的地位，它是研究函数性质、表示函数和近似计算的一个重要的数学工具，在自然科学、工程技术和数学自身等众多领域都有着重要而广泛的应用．无穷级数一般分为两类进行研究，即常数项级数和函数项级数．对于常数项级数，主要讨论如何判断其敛散性的问题，它可以说是研究数列及其极限的另一种形式；对于函数项级数，主要用于表示函数，特别是表示一些非初等函数．本章的内容也对应地分为两部分，即常数项级数和函数项级数．首先讨论常数项级数及其敛散性问题，包括基本概念与性质、正项级数、交错级数和任意项级数，给出相应的判别方法；然后讨论函数项级数，包括幂级数、泰勒级数和傅里叶级数，重点讨论幂级数的收敛域、和函数以及函数按泰勒级数展开和按傅里叶级数展开等问题．

5.1 常数项级数（Ⅰ）——基本概念与性质
Series with number terms（Ⅰ）——*Basic concepts and properties*

5.1.1 引例

引例 1 设有一弹性球从高度为 h 的位置自由落下，若每次着地后又跳回原高度的一半后再落下，则第 n 次着地后弹性球所经过的路程 s_n 是多少？如此无限次跳回再落下，弹性球所经过的路程是否为有限值？

易知，弹性球第一次着地经过的路程为 h，第二次弹起和着地经过的路程为 $2 \times \dfrac{h}{2}$，第三次弹起和着地经过的路程为 $2 \times \dfrac{h}{2^2}$，……，第 $n(n \geqslant 2)$ 次弹起和着地经过的路程为 $2 \times \dfrac{h}{2^{n-1}}$．因此，弹性球 n 次着地后所经过的路程为

$$s_n = h + 2h\left(\frac{1}{2} + \frac{1}{2^2} + \cdots + \frac{1}{2^{n-1}} \right), \quad n \geqslant 2.$$

如此无限次落下跳回，弹性球所经过的路程为

$$h + 2h\left(\frac{1}{2} + \frac{1}{2^2} + \cdots + \frac{1}{2^{n-1}} + \cdots \right), \quad n \geqslant 2.$$

显然,这是一个无穷多个数相加的问题. 一般情况下,要想计算这个和,可以先求其前 n 项和,即弹性球 n 次着地后小球所经过的路程,

$$s_n = h + 2h \cdot \frac{\frac{1}{2} - \frac{1}{2^n}}{1 - \frac{1}{2}} = h\left(3 - \frac{1}{2^{n-2}}\right).$$

当 $n \to \infty$ 时,有 $\lim\limits_{n \to \infty} s_n = 3h$,即小球无限次落下跳回,所经过的路程为有限值 $3h$.

引例 2　计算 $\int_0^1 \frac{\sin x}{x} \mathrm{d}x$ 的近似值.

在上册 6.4 节中的最后部分曾经介绍过,$\int \frac{\sin x}{x} \mathrm{d}x$ 的原函数虽然存在,但是不能用初等函数表示,因此也无法直接用牛顿-莱布尼茨定理计算. $\sin x$ 的麦克劳林公式为

$$\sin x \approx x - \frac{x^3}{3!} + \frac{x^5}{5!} - \cdots + (-1)^{n-1} \frac{x^{2n-1}}{(2n-1)!}.$$

因此有

$$\int_0^1 \frac{\sin x}{x} \mathrm{d}x \approx 1 - \frac{1}{3 \cdot 3!} + \frac{1}{5 \cdot 5!} - \cdots + (-1)^{n-1} \frac{1}{(2n-1) \cdot (2n-1)!}.$$

若截取前几项,可得到 $\int_0^1 \frac{\sin x}{x} \mathrm{d}x$ 的近似值. 现在的问题是：这样得到的近似值与准确值的接近程度如何？取多少项能够达到所要求的精度？这些问题将在 5.5 节中给出具体的回答.

在理论和实际应用中,类似的算例还有很多,它们都涉及无穷多个数值或函数相加的情形. 为此,我们引入两类无穷级数的概念,即常数项级数和函数项级数.

5.1.2　常数项级数的基本概念

定义 5.1　给定数列 $u_1, u_2, \cdots, u_n, \cdots$,称如下的表达式

$$\sum_{n=1}^{\infty} u_n = u_1 + u_2 + \cdots + u_n + \cdots \tag{5.1}$$

为**常数项无穷级数**,简称为**常数项级数**（**series with number terms**）,其中 u_n 称为该级数的**通项或一般项**（**general term**）. 进一步地,级数(5.1)中前 n 项的和

$$s_n = u_1 + u_2 + \cdots + u_n = \sum_{k=1}^{n} u_k$$

称为级数(5.1)的**部分和**（**partial sum**）,$\{s_n\}$ 称为级数的**部分和数列**.

定义 5.2　如果级数(5.1)的部分和数列 $\{s_n\}$ 的极限(记作 s)存在,即 $\lim\limits_{n \to \infty} s_n = s$,则称该级数**收敛**,并称极限值 s 为级数的**和**,即

$$s = \sum_{n=1}^{\infty} u_n = u_1 + u_2 + \cdots + u_n + \cdots.$$

这时也称级数(5.1)收敛于 s. 若部分和数列 $\{s_n\}$ 的极限不存在,则称级数(5.1)**发散**.

关于定义 5.1 和定义 5.2 的几点说明.

(1) 由定义 5.1 可知,$s_1 = u_1, s_2 = u_1 + u_2, s_3 = u_1 + u_2 + u_3, \cdots$,即级数的部分和 s_n 构成了部分和数列 $\{s_n\}$. 反之,若给定了一个数列 $\{a_n\}$,令

$$u_1 = a_1, \quad u_2 = a_2 - a_1, \quad u_3 = a_3 - a_2, \quad \cdots, \quad u_k = a_k - a_{k-1}, \quad \cdots,$$

于是有

$$u_1 + u_2 + \cdots + u_n = a_1 + (a_2 - a_1) + \cdots + (a_n - a_{n-1}) = a_n,$$

即 a_n 恰好是级数 $\sum\limits_{n=1}^{\infty} u_n$ 的前 n 项的和. 因此, 常数项级数和数列只是形式上不同, 并没有本质上的差别.

(2) 当级数 $\sum\limits_{n=1}^{\infty} u_n$ 收敛时, 其和 s 与部分和 s_n 的差称为级数的**余项**, 记作 r_n, 即

$$r_n = s - s_n = u_{n+1} + u_{n+2} + \cdots,$$

它表示用 s_n 近似代替 s 产生的误差, 并且有

$$\lim_{n \to \infty} r_n = \lim_{n \to \infty} (s - s_n) = 0.$$

(3) 由定义 5.2 可知, 级数 $\sum\limits_{n=1}^{\infty} u_n$ 的敛散性可由部分和数列 $\{s_n\}$ 的敛散性确定, 即判别级数的敛散性可以转化为判别数列的敛散性, 反之亦然.

例 5.1　判别下列无穷级数的敛散性:

(1) $\sum\limits_{n=1}^{\infty} \left(\dfrac{1}{3}\right)^{n-1} = 1 + \dfrac{1}{3} + \left(\dfrac{1}{3}\right)^2 + \cdots + \left(\dfrac{1}{3}\right)^{n-1} + \cdots;$

(2) $\sum\limits_{n=1}^{\infty} \dfrac{1}{n(n+1)} = \dfrac{1}{1 \times 2} + \dfrac{1}{2 \times 3} + \cdots + \dfrac{1}{n(n+1)} + \cdots;$

(3) $\sum\limits_{n=1}^{\infty} \ln\left(1 + \dfrac{1}{n}\right) = \ln 2 + \ln \dfrac{3}{2} + \cdots + \ln\left(1 + \dfrac{1}{n}\right) + \cdots.$

分析　利用定义 5.2 进行判别, 即判别与级数对应的部分和数列是否收敛. (1) 易见, 该级数的后一项与前一项的比均为 $\dfrac{1}{3}$, 称其为公比是 $\dfrac{1}{3}$ 的等比级数, 可以根据等比数列求和公式, 求出该级数的前 n 项部分和; (2) 和 (3) 根据一般项的特点, 可将其拆成两项之差, 然后求和.

解　(1) 级数的前 n 项部分和为

$$s_n = 1 + \frac{1}{3} + \left(\frac{1}{3}\right)^2 + \cdots + \left(\frac{1}{3}\right)^{n-1} = \frac{1 - \left(\dfrac{1}{3}\right)^n}{1 - \dfrac{1}{3}}.$$

易见, $\lim\limits_{n \to \infty} s_n = \dfrac{3}{2}$. 由定义 5.2 知, 该级数收敛, 和为 $s = \dfrac{3}{2}$.

(2) 由于 $u_n = \dfrac{1}{n(n+1)} = \dfrac{1}{n} - \dfrac{1}{n+1}$, 因此有

$$s_n = u_1 + u_2 + \cdots + u_n = \left(\frac{1}{1} - \frac{1}{2}\right) + \left(\frac{1}{2} - \frac{1}{3}\right) + \cdots + \left(\frac{1}{n} - \frac{1}{n+1}\right) = 1 - \frac{1}{n+1}.$$

因为 $\lim\limits_{n \to \infty} s_n = \lim\limits_{n \to \infty} \left(1 - \dfrac{1}{n+1}\right) = 1$, 所以该级数收敛, 且 $\sum\limits_{n=1}^{\infty} \dfrac{1}{n(n+1)} = 1$.

(3) 由于 $u_n = \ln\left(1 + \dfrac{1}{n}\right) = \ln(n+1) - \ln n$, 因此有

$$s_n = u_1 + u_2 + \cdots + u_n = (\ln 2 - \ln 1) + (\ln 3 - \ln 2) + \cdots + [\ln(n+1) - \ln n] = \ln(n+1).$$

因为 $\lim\limits_{n \to \infty} s_n = \lim\limits_{n \to \infty} \ln(n+1) = \infty$,所以该级数发散.

例 5.2 证明:调和级数(harmonic series) $\sum\limits_{n=1}^{\infty} \dfrac{1}{n} = 1 + \dfrac{1}{2} + \dfrac{1}{3} + \cdots + \dfrac{1}{n} + \cdots$ 发散.

分析 由于无法直接判断该级数的前 n 项部分和是否收敛,需要利用反证法.

证 假设调和级数收敛到 s,则有 $\lim\limits_{n \to \infty} s_n = s$,$\lim\limits_{n \to \infty} s_{2n} = s$,及 $\lim\limits_{n \to \infty}(s_{2n} - s_n) = 0$.

然而

$$s_{2n} - s_n = \frac{1}{n+1} + \frac{1}{n+2} + \cdots + \frac{1}{2n} \geqslant \underbrace{\frac{1}{2n} + \frac{1}{2n} + \cdots + \frac{1}{2n}}_{n\text{个}} = \frac{1}{2}.$$

这与 $\lim\limits_{n \to \infty}(s_{2n} - s_n) = 0$ 矛盾,故假设不成立.因此,调和级数 $\sum\limits_{n=1}^{\infty} \dfrac{1}{n}$ 发散. 证毕

例 5.3 考察**等比级数**(geometric series) $\sum\limits_{n=0}^{\infty} q^n = 1 + q + q^2 + \cdots + q^{n-1} + \cdots$ 的敛散性,其中 q 称为公比,该级数也称为**几何级数**.

分析 根据等比数列求和公式,先求出该级数的前 n 项部分和,通过求部分和数列的极限来判别等比级数的敛散性.

解 当 $|q| \neq 1$ 时,等比级数的前 n 项部分和为

$$s_n = 1 + q + \cdots + q^{n-1} = \frac{1-q^n}{1-q}.$$

(1) 当 $|q| < 1$ 时,有

$$\lim\limits_{n \to \infty} s_n = \lim\limits_{n \to \infty} \frac{1-q^n}{1-q} = \frac{1}{1-q}.$$

由定义 5.2 知,当 $|q| < 1$ 时,等比级数收敛,其和为 $s = \dfrac{1}{1-q}$.

(2) 当 $|q| > 1$ 时,有

$$\lim\limits_{n \to \infty} s_n = \lim\limits_{n \to \infty} \frac{1-q^n}{1-q} = \infty.$$

因此,当 $|q| > 1$ 时,等比级数发散.

(3) 当 $q = 1$ 时,$s_n = n$,则 $\lim\limits_{n \to \infty} s_n = \infty$,所以等比级数发散.

(4) 当 $q = -1$ 时,$s_n = 1 - 1 + 1 - \cdots + (-1)^{n+1} = \begin{cases} 0, & n \text{ 为偶数}, \\ 1, & n \text{ 为奇数}, \end{cases}$ 所以部分和数列 $\{s_n\}$ 的极限不存在,故等比级数发散.

综上,对于等比级数 $\sum\limits_{n=0}^{\infty} q^n$,当 $|q| < 1$ 时级数收敛于和 $s = \dfrac{1}{1-q}$;当 $|q| \geqslant 1$ 时级数发散.

5.1.3 收敛级数的基本性质

由定义 5.2 以及级数和数列的对应关系可知,数列具有的某些性质,对于级数仍然有效.根据级数收敛和发散的定义,有以下几个基本性质.

性质 1 设 k 为非零常数,则级数 $\sum\limits_{n=1}^{\infty} u_n$ 与 $\sum\limits_{n=1}^{\infty} ku_n$ 具有相同的敛散性,即同时收敛或同时发散,并且当级数 $\sum\limits_{n=1}^{\infty} u_n$ 收敛时,有 $\sum\limits_{n=1}^{\infty} ku_n = k\sum\limits_{n=1}^{\infty} u_n$.

分析 利用定义 5.2 和数列极限的性质证明.

证 设级数 $\sum\limits_{n=1}^{\infty} u_n$ 与 $\sum\limits_{n=1}^{\infty} ku_n$ 的前 n 项部分和分别为 s_n 和 t_n,易见

$$t_n = ku_1 + ku_2 + \cdots + ku_n = ks_n.$$

由数列极限的性质可知,极限 $\lim\limits_{n\to\infty} t_n$ 与 $\lim\limits_{n\to\infty} s_n$ 同时存在或同时不存在,即级数 $\sum\limits_{n=1}^{\infty} ku_n$ 与 $\sum\limits_{n=1}^{\infty} u_n$ 同时收敛或同时发散.

此外,当级数 $\sum\limits_{n=1}^{\infty} u_n$ 收敛时,$\lim\limits_{n\to\infty} s_n$ 存在. 由 $\lim\limits_{n\to\infty} t_n = \lim\limits_{n\to\infty} ks_n = k\lim\limits_{n\to\infty} s_n$ 可知,级数 $\sum\limits_{n=1}^{\infty} ku_n$ 也收敛,并且有 $\sum\limits_{n=1}^{\infty} ku_n = k\sum\limits_{n=1}^{\infty} u_n$. 证毕

性质 2 若级数 $\sum\limits_{n=1}^{\infty} u_n$ 与 $\sum\limits_{n=1}^{\infty} v_n$ 都收敛,则级数 $\sum\limits_{n=1}^{\infty} (u_n \pm v_n)$ 也收敛,并且有

$$\sum_{n=1}^{\infty} (u_n \pm v_n) = \sum_{n=1}^{\infty} u_n \pm \sum_{n=1}^{\infty} v_n. \tag{5.2}$$

分析 利用定义 5.2 和数列极限的性质证明.

证 设级数 $\sum\limits_{n=1}^{\infty} (u_n \pm v_n)$,$\sum\limits_{n=1}^{\infty} u_n$ 与 $\sum\limits_{n=1}^{\infty} v_n$ 的前 n 项部分和分别为 w_n, s_n 和 t_n,则有

$$w_n = (u_1 \pm v_1) + (u_2 \pm v_2) + \cdots + (u_n \pm v_n) = \sum_{k=1}^{n} u_k \pm \sum_{k=1}^{n} v_k = s_n \pm t_n.$$

由级数 $\sum\limits_{n=1}^{\infty} u_n$ 与 $\sum\limits_{n=1}^{\infty} v_n$ 都收敛可知,它们的部分和数列的极限都存在,不妨分别设为 s 和 t,则有 $\lim\limits_{n\to\infty} w_n = \lim\limits_{n\to\infty}(s_n \pm t_n) = s \pm t$,因此,级数 $\sum\limits_{n=1}^{\infty} (u_n \pm v_n)$ 收敛,并且有式(5.2)成立.

证毕

关于性质 1 和性质 2 的几点说明.

(1) 由性质 1 和性质 2 立即可得:若级数 $\sum\limits_{n=1}^{\infty} u_n$ 与 $\sum\limits_{n=1}^{\infty} v_n$ 收敛,则对任意常数 $a, b \in \mathbf{R}$,级数 $\sum\limits_{n=1}^{\infty} (au_n + bv_n)$ 也收敛,并且有

$$\sum_{n=1}^{\infty} (au_n + bv_n) = a\sum_{n=1}^{\infty} u_n + b\sum_{n=1}^{\infty} v_n. \tag{5.3}$$

例如,利用式(5.3)不难证明级数 $\sum\limits_{n=1}^{\infty} \left(\dfrac{2}{n(n+1)} + \dfrac{5}{3^n} \right)$ 是收敛的. 这是因为,由例 5.1(1)和(2)可知

$$\sum_{n=1}^{\infty}\left(\frac{2}{n(n+1)}+\frac{5}{3^n}\right)=2\sum_{n=1}^{\infty}\frac{1}{n(n+1)}+5\sum_{n=1}^{\infty}\frac{1}{3^n}=2+5\cdot\frac{\frac{1}{3}}{1-\frac{1}{3}}=\frac{9}{2}.$$

(2) 性质 2 说明两个收敛的级数可以逐项相加或逐项相减. 显然这个性质也可以推广到有限多个收敛级数进行逐项相加或逐项相减的运算. 一定要注意,性质 2 及其推广只有在级数都收敛时才成立.

(3) 若级数 $\sum_{n=1}^{\infty}u_n$ 收敛,而级数 $\sum_{n=1}^{\infty}v_n$ 发散,则必有级数 $\sum_{n=1}^{\infty}(u_n\pm v_n)$ 发散. 否则,若级数 $\sum_{n=1}^{\infty}(u_n\pm v_n)$ 收敛,又由级数 $\sum_{n=1}^{\infty}u_n$ 收敛,据性质 2 可得,级数

$$\sum_{n=1}^{\infty}\left[(u_n\pm v_n)-u_n\right]=\pm\sum_{n=1}^{\infty}v_n$$

也收敛,与已知矛盾.

性质 3 级数去掉、增加或改变有限项,不改变级数的敛散性.

此性质是显然的,因为一个级数收敛主要取决于 n 充分大以后的变化情况,而与前面的有限项无关,但有限项的变动,收敛级数的和将有所变动.

例如,级数 $\sum_{n=1}^{\infty}\frac{1}{5^{n+2}}=\frac{1}{5^3}+\frac{1}{5^4}+\cdots+\frac{1}{5^n}+\cdots$,相当于由等比级数 $\sum_{n=1}^{\infty}\frac{1}{5^n}$ 去掉前两项之后得到的,由性质 3 可知,该级数是收敛的.

性质 4 收敛级数加括号后所成的新级数仍收敛,且其和不变. 反之不然.

这是因为,如果对级数 $\sum_{n=1}^{\infty}u_n$ 不改变项的次序,只将级数的一些项加括号,例如,将相邻两项加括号所得级数

$$(u_1+u_2)+(u_3+u_4)+\cdots+(u_{2n-1}+u_{2n})+\cdots$$

其部分和数列实际上是原级数部分和数列 $\{s_n\}$ 的子数列 $\{s_{2n}\}$,因而当级数 $\sum_{n=1}^{\infty}u_n$ 收敛时,其部分和数列 $\{s_n\}$ 必收敛,其子数列 $\{s_{2n}\}$ 也必然收敛,且有相同的极限 s,即级数的和不变. 这个性质也可以按照数列与其子列的关系进行解释,这里不再给出具体的证明.

注意 加括号后所成的级数收敛,不能推出原级数收敛. 例如,级数

$$(1-1)+(1-1)+\cdots+(1-1)+\cdots$$

收敛,其和为零,但去掉括号后级数

$$1-1+1-1+\cdots+1-1+\cdots$$

却是发散的.

性质 5(级数收敛的必要条件) 如果级数 $\sum_{n=1}^{\infty}u_n$ 收敛,则 $\lim u_n=0$.

证 由于级数 $\sum_{n=1}^{\infty}u_n$ 收敛,不妨设其和为 s,则有 $\lim\limits_{n\to\infty}s_n=\lim\limits_{n\to\infty}s_{n-1}=s$,于是

$$\lim_{n\to\infty}u_n=\lim_{n\to\infty}(s_n-s_{n-1})=0.$$

证毕

关于性质 5 的几点说明.

(1) $\lim\limits_{n\to\infty}u_n=0$ 仅是级数收敛的必要条件而非充分条件. 例如, 调和级数 $\sum\limits_{n=1}^{\infty}\dfrac{1}{n}$ 中 $u_n=\dfrac{1}{n}$, 满足 $\lim\limits_{n\to\infty}u_n=\lim\limits_{n\to\infty}\dfrac{1}{n}=0$, 但该级数是发散的, 参见例 5.2.

(2) 从级数收敛的必要条件可知, 若 $\lim\limits_{n\to\infty}u_n\neq 0$, 则级数 $\sum\limits_{n=1}^{\infty}u_n$ 发散. 从而可以利用这个结论判定级数发散. 例如, 对于级数 $\sum\limits_{n=1}^{\infty}n=1+2+\cdots+n+\cdots$, 因为 $\lim\limits_{n\to\infty}u_n=\lim\limits_{n\to\infty}n=\infty\neq 0$, 所以该级数是发散的.

例 5.4 判断级数的敛散性:

(1) $\sum\limits_{n=1}^{\infty}\left(1+\dfrac{1}{n}\right)^n$;　(2) $-3+1-\dfrac{1}{3}+4+\sum\limits_{n=1}^{\infty}\dfrac{1}{2^n}$;　(3) $\dfrac{1}{5}+\dfrac{1}{6}+\dfrac{1}{7}+\dfrac{1}{8}+\cdots$;

(4) $\left(\dfrac{1}{4}-\dfrac{2}{3}\right)+\left(\dfrac{1}{4^2}+\dfrac{2^2}{3^2}\right)+\left(\dfrac{1}{4^3}-\dfrac{2^3}{3^3}\right)+\left(\dfrac{1}{4^4}+\dfrac{2^4}{3^4}\right)+\cdots$.

分析 判断级数是否收敛, 先判断一般项的极限是否为零, 若不等于零, 一定发散; 若等于零, 再用其他方法判断.

解 (1) 由于 $\lim\limits_{n\to\infty}\left(1+\dfrac{1}{n}\right)^n=\mathrm{e}$, 所以该级数发散.

(2) 易见, 该级数是级数 $\sum\limits_{n=1}^{\infty}\dfrac{1}{2^n}$ 前面增加了四项, 分别是 $-3,1,-\dfrac{1}{3},4$. 由于级数 $\sum\limits_{n=1}^{\infty}\dfrac{1}{2^n}$ 收敛, 根据性质 3, 级数 $-3+1-\dfrac{1}{3}+4+\sum\limits_{n=1}^{\infty}\dfrac{1}{2^n}$ 是收敛的.

(3) 易见, 该级数是级数 $\sum\limits_{n=1}^{\infty}\dfrac{1}{n}$ 前面少了四项, 分别是 $1,\dfrac{1}{2},\dfrac{1}{3},\dfrac{1}{4}$. 由于级数 $\sum\limits_{n=1}^{\infty}\dfrac{1}{n}$ 是发散的, 根据性质 3, 该级数是发散的.

(4) 易见, 该级数是 $\sum\limits_{n=1}^{\infty}\dfrac{1}{4^n}$ 和 $\sum\limits_{n=1}^{\infty}(-1)^n\left(\dfrac{2}{3}\right)^n$ 的和. 由于 $\sum\limits_{n=1}^{\infty}\dfrac{1}{4^n}$ 和 $\sum\limits_{n=1}^{\infty}(-1)^n\left(\dfrac{2}{3}\right)^n$ 都是等比级数, 且公比的绝对值都小于 1, 根据性质 2 和例 5.3 的结论, 该级数是收敛的.

习 题 5.1

思 考 题

1. 常数项级数与部分和数列的关系是什么? 若常数项级数 $\sum\limits_{n=1}^{\infty}u_n$ 收敛, 则其一般项 u_n 的极限(即 $\lim\limits_{n\to\infty}u_n$)是否存在?

2. 级数收敛的必要条件在判定级数的敛散性时的作用是什么? 若 $\lim\limits_{n\to\infty}u_n=+\infty$, 级数 $\sum\limits_{n=1}^{\infty}\left(\dfrac{1}{u_n}-\dfrac{1}{u_{n+1}}\right)$ 是否收敛? 说明理由.

3. 尝试将反常积分 $\int_1^{+\infty} f(x)\mathrm{d}x$ 表示为常数项级数 $\sum\limits_{n=1}^{\infty} u_n$ 的形式.

Ⓐ 类题

1. 写出下列级数的一般项,并判别下列级数的敛散性(利用无穷级数的性质,以及等比级数和调和级数的敛散性):

(1) $\dfrac{1}{2}+\dfrac{1}{5}+\dfrac{1}{8}+\dfrac{1}{11}+\cdots$;

(2) $\dfrac{a^2}{2}-\dfrac{a^3}{4}+\dfrac{a^4}{6}-\dfrac{a^5}{8}+\cdots(a>1)$;

(3) $\dfrac{1}{4}+\dfrac{1}{8}+\dfrac{1}{12}+\dfrac{1}{16}+\cdots$;

(4) $\dfrac{1}{7}+\dfrac{1}{\sqrt{7}}+\dfrac{1}{\sqrt[3]{7}}+\dfrac{1}{\sqrt[4]{7}}+\cdots$;

(5) $\sin\dfrac{\pi}{3}+\sin\dfrac{2\pi}{3}+\sin\dfrac{3\pi}{3}+\cdots$;

(6) $\left(\dfrac{1}{5}-\dfrac{1}{6}\right)+\left(\dfrac{1}{5^2}+\dfrac{1}{6^2}\right)+\left(\dfrac{1}{5^3}-\dfrac{1}{6^3}\right)+\left(\dfrac{1}{5^4}+\dfrac{1}{6^4}\right)+\cdots$.

2. 判别下列常数项级数的敛散性,并求出收敛级数的和:

(1) $\sum\limits_{n=1}^{\infty}\dfrac{1}{n(n+2)}$;   (2) $\sum\limits_{n=1}^{\infty}\dfrac{1}{(5n-4)(5n+1)}$;   (3) $\sum\limits_{n=1}^{\infty}(n+1)$;

(4) $\sum\limits_{n=1}^{\infty}(\sqrt{n+1}-\sqrt{n})$;   (5) $\sum\limits_{n=1}^{\infty}\left(\dfrac{3}{2}\right)^n$;   (6) $\sum\limits_{n=1}^{\infty}(-1)^{n+1}\dfrac{7^n}{8^n}$.

3. 证明:级数 $\sum\limits_{i=1}^{\infty}(u_{i+1}-u_i)=(u_2-u_1)+(u_3-u_2)+(u_4-u_3)+\cdots$ 收敛当且仅当 $\lim\limits_{n\to\infty}u_n$ 存在.

4. 求级数 $\sum\limits_{n=1}^{\infty}\left(\dfrac{1}{2^n}+\dfrac{3}{n(n+1)}\right)$ 的和.

Ⓑ 类题

1. 判别下列级数的敛散性:

(1) $\sum\limits_{n=1}^{\infty}\dfrac{2n-1}{2^n}$;   (2) $\sum\limits_{n=1}^{\infty}\dfrac{1}{n(n+1)(n+2)}$;   (3) $\sum\limits_{n=1}^{\infty}\dfrac{3n^n}{(1+n)^n}$;

(4) $1+4+\dfrac{1}{2}+\sum\limits_{n=1}^{\infty}\dfrac{4}{3^n}$;   (5) $\sum\limits_{n=1}^{\infty}(\sqrt{n+2}-2\sqrt{n+1}+\sqrt{n})$;

(6) $\left(\dfrac{1}{2}+\dfrac{1}{10}\right)+\left(\dfrac{1}{2^2}+\dfrac{1}{2\times10}\right)+\cdots+\left(\dfrac{1}{2^n}+\dfrac{1}{10n}\right)+\cdots$.

2. 判断下列命题是否正确,并说明理由.

(1) 若级数 $\sum\limits_{n=1}^{\infty}u_n$ 与 $\sum\limits_{n=1}^{\infty}v_n$ 都发散,则级数 $\sum\limits_{n=1}^{\infty}(u_n\pm v_n)$ 必发散;

(2) 若级数 $\sum\limits_{n=1}^{\infty} u_n (u_n \neq 0)$ 收敛,则级数 $\sum\limits_{n=1}^{\infty} \dfrac{a}{u_n} (a$ 为非零常数) 发散;

(3) 若 $\sum\limits_{n=1}^{\infty} u_n, \sum\limits_{n=1}^{\infty} v_n$ 都发散,则级数 $\sum\limits_{n=1}^{\infty} \dfrac{u_n}{v_n}$ 一定发散.

3. 若级数 $\sum\limits_{n=1}^{\infty} u_n$ 收敛,级数 $\sum\limits_{n=2}^{\infty} \dfrac{u_n + u_{n-1}}{2}$ 是否收敛?说明理由.

5.2　常数项级数(Ⅱ)——正项级数的敛散性
Series with number terms（Ⅱ）——*Convergence or divergence of series with positive terms*

正项级数是级数中比较简单但却非常重要的级数,许多级数的敛散性问题都可归结为正项级数的敛散性问题.本节首先给出正项级数的定义,然后介绍几种用于判别正项级数敛散性的常用方法.

定义 5.3　如果级数 $\sum\limits_{n=1}^{\infty} u_n$ 各项都是非负的,即 $u_n \geqslant 0 (n=1,2,\cdots)$,则称之为**正项级数**（**series with positive terms**）.

定理 5.1　正项级数 $\sum\limits_{n=1}^{\infty} u_n$ 收敛的充要条件是部分和数列 $\{s_n\}$ 有上界.

分析　根据正项级数的特点,利用数列的单调有界原理证明.

证　由于 $u_n \geqslant 0 (n=1,2,\cdots)$,故有
$$s_1 \leqslant s_2 \leqslant \cdots \leqslant s_n \leqslant \cdots,$$
即部分和数列 $\{s_n\}$ 单调递增.

充分性　若数列 $\{s_n\}$ 有上界,根据"单调有界数列必有极限",可知极限 $\lim\limits_{n\to\infty} s_n$ 存在,则级数 $\sum\limits_{n=1}^{\infty} u_n$ 收敛.充分性得证.

必要性　用反证法证明.假设数列 $\{s_n\}$ 无上界,由于数列 $\{s_n\}$ 单调递增,有 $\lim\limits_{n\to\infty} s_n = +\infty$,从而级数 $\sum\limits_{n=1}^{\infty} u_n$ 发散,与已知矛盾.因此数列 $\{s_n\}$ 必有上界.必要性得证.　　　　证毕

利用定理 5.1 可以得到如下一种非常有效的判别正项级数收敛或发散的方法,即**比较判别法**（**comparison criterion**）.

定理 5.2（比较判别法）　对于正项级数 $\sum\limits_{n=1}^{\infty} u_n$ 与 $\sum\limits_{n=1}^{\infty} v_n$,若存在正整数 N,使当 $n > N$ 时,不等式 $u_n \leqslant v_n$ 成立,则有:

(1) 若级数 $\sum\limits_{n=1}^{\infty} v_n$ 收敛,则级数 $\sum\limits_{n=1}^{\infty} u_n$ 也收敛;

(2) 若级数 $\sum\limits_{n=1}^{\infty} u_n$ 发散,则级数 $\sum\limits_{n=1}^{\infty} v_n$ 也发散.

证　由性质 3 可知,改变级数前面的有限项并不改变级数的敛散性.因此,不妨设 $\forall n \in N$,有 $u_n \leqslant v_n$.

设级数 $\sum\limits_{n=1}^{\infty} u_n$ 与 $\sum\limits_{n=1}^{\infty} v_n$ 的前 n 项部分和分别为 s_n 和 t_n，并且都是单调递增的，由不等式 $u_n \leqslant v_n$，有

$$s_n = u_1 + u_2 + \cdots + u_n \leqslant v_1 + v_2 + \cdots + v_n = t_n.$$

（1）若级数 $\sum\limits_{n=1}^{\infty} v_n$ 收敛，根据定理 5.1，数列 $\{t_n\}$ 有上界，从而数列 $\{s_n\}$ 也有上界，因此级数 $\sum\limits_{n=1}^{\infty} u_n$ 也收敛.

（2）若级数 $\sum\limits_{n=1}^{\infty} u_n$ 发散，根据定理 5.1，数列 $\{s_n\}$ 无上界，从而数列 $\{t_n\}$ 也无上界，因此级数 $\sum\limits_{n=1}^{\infty} v_n$ 发散. 证毕

例 5.5 讨论 p 级数 $\sum\limits_{n=1}^{\infty} \dfrac{1}{n^p} = 1 + \dfrac{1}{2^p} + \cdots + \dfrac{1}{n^p} + \cdots$ 的收敛性，其中 $p > 0$.

分析 由于当 $p=1$ 时，该级数为调和级数（发散），可将级数按 $p>1$ 和 $p \leqslant 1$ 的情况利用定理 5.1 和 5.2 分别讨论.

解 （1）$p \leqslant 1$ 的情形. 由于 $\dfrac{1}{n^p} \geqslant \dfrac{1}{n}$，而调和级数 $\sum\limits_{n=1}^{\infty} \dfrac{1}{n}$ 发散，根据比较判别法可知，此时 p 级数 $\sum\limits_{n=1}^{\infty} \dfrac{1}{n^p}$ 发散.

（2）$p>1$ 的情形. 由于对任意的 $x>0$，$\exists n \in \mathbf{Z}_+$，使得 $n-1 \leqslant x < n$，于是有 $\dfrac{1}{n^p} < \dfrac{1}{x^p}$. 因此，当 $n \geqslant 2$ 时，有

$$\frac{1}{n^p} = \int_{n-1}^{n} \frac{\mathrm{d}x}{n^p} \leqslant \int_{n-1}^{n} \frac{\mathrm{d}x}{x^p},$$

从而 p 级数的部分和为

$$s_n = 1 + \frac{1}{2^p} + \frac{1}{3^p} + \cdots + \frac{1}{n^p} \leqslant 1 + \int_1^2 \frac{\mathrm{d}x}{x^p} + \int_2^3 \frac{\mathrm{d}x}{x^p} + \cdots + \int_{n-1}^{n} \frac{\mathrm{d}x}{x^p}$$

$$= 1 + \int_1^n \frac{\mathrm{d}x}{x^p} = 1 + \left[\frac{1}{1-p} \frac{1}{x^{p-1}} \right]_1^n = 1 + \frac{1}{p-1}\left(1 - \frac{1}{n^{p-1}}\right)$$

$$< 1 + \frac{1}{p-1}.$$

可见部分和数列 $\{s_n\}$ 有上界，由定理 5.1 可知，此时 p 级数收敛.

综上可知，对于 p 级数 $\sum\limits_{n=1}^{\infty} \dfrac{1}{n^p}$ 而言，当 $p \leqslant 1$ 时发散，当 $p > 1$ 时收敛.

例 5.6 判别下列级数的敛散性：

（1）$\sum\limits_{n=1}^{\infty} \dfrac{1}{n\sqrt{n+1}}$； （2）$\sum\limits_{n=1}^{\infty} \dfrac{1}{\sqrt{n^2+1}}$.

分析 这两个正项级数的一般项通过适当的放大或缩小，都可化为 $\dfrac{1}{n^p}$ 的形式，因此，可利用比较判别法和 p 级数的敛散性来判别.

解　(1) 易见, $\dfrac{1}{n\sqrt{n+1}} < \dfrac{1}{n\sqrt{n}} = \dfrac{1}{n^{3/2}}$. 由于 p 级数 $\displaystyle\sum_{n=1}^{\infty} \dfrac{1}{n^{3/2}} \left(p = \dfrac{3}{2} > 1\right)$ 收敛, 根据比较判别法, 原级数收敛.

(2) 易见, $\dfrac{1}{\sqrt{n^2+1}} > \dfrac{1}{\sqrt{n^2+2n+1}} = \dfrac{1}{n+1}$. 由于级数 $\displaystyle\sum_{n=1}^{\infty} \dfrac{1}{n+1}$ 发散, 根据比较判别法, 级数 $\displaystyle\sum_{n=1}^{\infty} \dfrac{1}{\sqrt{n^2+1}}$ 发散.

推论(比较判别法的极限形式)　对于正项级数 $\displaystyle\sum_{n=1}^{\infty} u_n$ 与 $\displaystyle\sum_{n=1}^{\infty} v_n (v_n \neq 0)$, 若有 $\lim\limits_{n\to\infty} \dfrac{u_n}{v_n} = l$, 则:

(1) 当 $0 < l < +\infty$ 时, $\displaystyle\sum_{n=1}^{\infty} u_n$ 与 $\displaystyle\sum_{n=1}^{\infty} v_n$ 同时敛散;

(2) 当 $l = 0$ 时, 若 $\displaystyle\sum_{n=1}^{\infty} v_n$ 收敛, 则 $\displaystyle\sum_{n=1}^{\infty} u_n$ 也收敛;

(3) 当 $l = +\infty$ 时, 若 $\displaystyle\sum_{n=1}^{\infty} v_n$ 发散, 则 $\displaystyle\sum_{n=1}^{\infty} u_n$ 也发散.

证　(1) 因为 $\lim\limits_{n\to\infty} \dfrac{u_n}{v_n} = l$, 则对给定的 $\varepsilon = \dfrac{l}{2} > 0$, 存在 $N > 0$, 当 $n > N$ 时, 有

$$\left|\dfrac{u_n}{v_n} - l\right| < \varepsilon = \dfrac{l}{2}, \quad 即 \quad \dfrac{l}{2}v_n < u_n < \dfrac{3l}{2}v_n.$$

由比较判别法可知, $\displaystyle\sum_{n=1}^{\infty} u_n$ 与 $\displaystyle\sum_{n=1}^{\infty} v_n$ 同时收敛或同时发散.

类似地, 不难证明结论(2)和(3). 　　　　　　　　　　　　　　　证毕

例 5.7　判别下列级数的敛散性:

(1) $\displaystyle\sum_{n=1}^{\infty} \left(1 - \cos\dfrac{1}{\sqrt{n}}\right)$;　　　　　　(2) $\displaystyle\sum_{n=1}^{\infty} \ln\left(1 + \dfrac{1}{n^2}\right)$.

分析　正项级数的一般项是可等价代换的函数, 可通过等价函数的敛散性来判别.

解　(1) 因为 $n \to \infty$ 时, $1 - \cos\dfrac{1}{\sqrt{n}} \sim \dfrac{1}{2n}$, 所以 $\lim\limits_{n\to\infty} \dfrac{1 - \cos\dfrac{1}{\sqrt{n}}}{\dfrac{1}{2n}} = 1$. 由于级数 $\displaystyle\sum_{n=1}^{\infty} \dfrac{1}{2n}$ 发散, 所以原级数发散.

(2) 因为 $n \to \infty$ 时, $\ln\left(1 + \dfrac{1}{n^2}\right) \sim \dfrac{1}{n^2}$, 所以 $\lim\limits_{n\to\infty} \dfrac{\ln\left(1 + \dfrac{1}{n^2}\right)}{\dfrac{1}{n^2}} = 1$. 由于级数 $\displaystyle\sum_{n=1}^{\infty} \dfrac{1}{n^2}$ 收敛, 所以级数 $\displaystyle\sum_{n=1}^{\infty} \ln\left(1 + \dfrac{1}{n^2}\right)$ 也收敛.

注意到, 在利用比较判别法及其极限形式判别级数的敛散性时, 都需要找到一个比较对象, 即找一个已知敛散性的级数 $\displaystyle\sum_{n=1}^{\infty} v_n$ 作为比较对象. 在前面的例题中, 我们已经得到了 p 级数、调和级数和等比级数的敛散性结论, 因此可以选取这些级数作为比较对象. 但是在有

些情况下,寻找比较对象往往比较困难.下面介绍两个判别法,即**比值判别法**(ratio criterion)和**根值判别法**(root criterion),利用级数自身的特点,就可判断出级数的敛散性.

定理 5.3(比值判别法) 对于正项级数 $\sum\limits_{n=1}^{\infty} u_n$,若有 $\lim\limits_{n\to\infty} \dfrac{u_{n+1}}{u_n} = \rho$,则:

(1) 当 $0 \leqslant \rho < 1$ 时,级数收敛;

(2) 当 $\rho > 1$ 或 $\rho = +\infty$ 时,级数发散.

证 (1) 由于 $\lim\limits_{n\to\infty}\dfrac{u_{n+1}}{u_n}=\rho<1$,因此总可找到适当小的正数 $\varepsilon_0 > 0$,使得 $\rho + \varepsilon_0 = q < 1$. 根据极限的定义,存在正整数 N,当 $n > N$ 时,有 $\left| \dfrac{u_{n+1}}{u_n} - \rho \right| < \varepsilon_0$. 于是

$$\frac{u_{n+1}}{u_n} < \rho + \varepsilon_0 = q.$$

所以,当 $n > N$ 时,有

$$u_{n+1} < qu_n < q^2 u_{n-1} < \cdots < q^{n-N} u_{N+1}.$$

而 $\sum\limits_{n=N}^{\infty} q^{n-N} u_{N+1} = u_{N+1} \sum\limits_{n=N}^{\infty} q^{n-N}$ 收敛(因为它是公比为 $q(0 < q < 1)$ 的等比级数),所以由比较判别法可知,级数 $\sum\limits_{n=1}^{\infty} u_n$ 收敛.

(2) 由于 $\lim\limits_{n\to\infty}\dfrac{u_{n+1}}{u_n}=\rho>1$,可取适当小的正数 $\varepsilon_0 > 0$,使得 $\rho - \varepsilon_0 > 1$. 由极限的定义,存在正整数 N,当 $n > N$ 时,有 $\left| \dfrac{u_{n+1}}{u_n} - \rho \right| < \varepsilon_0$,于是

$$\frac{u_{n+1}}{u_n} > \rho - \varepsilon_0 > 1,$$

即正项级数 $\sum\limits_{n=1}^{\infty} u_n$ 的一般项 u_n 是单调递增的,从而 $\lim\limits_{n\to\infty} u_n \neq 0$. 由级数收敛的必要条件可知,级数 $\sum\limits_{n=1}^{\infty} u_n$ 发散. 类似地,不难证明当 $\rho = +\infty$ 时,级数也发散.   证毕

例 5.8 证明:正项级数 $\sum\limits_{n=1}^{\infty} n^2 \sin\dfrac{\pi}{2^n}$ 收敛.

分析 根据正项级数一般项的特点,可考虑用比值判别法证明.

证 因为

$$\lim_{n\to\infty} \frac{u_{n+1}}{u_n} = \lim_{n\to\infty} \frac{(n+1)^2 \sin\dfrac{\pi}{2^{n+1}}}{n^2 \sin\dfrac{\pi}{2^n}} = \frac{1}{2} < 1,$$

所以由比值判别法知,原级数收敛.   证毕

例 5.9 讨论级数 $\sum\limits_{n=1}^{\infty} \dfrac{a^n}{n^2}$ 的收敛性,其中 $a > 0$.

分析 根据正项级数一般项的特点,可考虑用比值判别法讨论.

解 因为

$$\lim_{n\to\infty}\frac{u_{n+1}}{u_n}=\lim_{n\to\infty}\frac{\dfrac{a^{n+1}}{(n+1)^2}}{\dfrac{a^n}{n^2}}=a,$$

所以,当 $a<1$ 时,级数收敛;当 $a>1$ 时,级数发散.

当 $a=1$ 时,原级数为 p-级数,且 $p=2>1$,故级数收敛.

综上,当 $a\leqslant1$ 时,级数收敛;当 $a>1$ 时,级数发散.

例 5.10　求 $\lim\limits_{n\to\infty}\dfrac{4^n}{n!}$.

分析　本题可利用级数收敛的必要条件(性质 5)讨论极限的存在情况.根据级数 $\sum\limits_{n=1}^{\infty}\dfrac{4^n}{n!}$ 一般项的特点,其敛散性可以考虑用比值判别法进行讨论.

解　由于

$$\lim_{n\to\infty}\frac{u_{n+1}}{u_n}=\lim_{n\to\infty}\left[\frac{4^{n+1}}{(n+1)!}\,\frac{n!}{4^n}\right]=\lim_{n\to\infty}\frac{4}{n+1}=0<1,$$

所以由比值判别法知,级数 $\sum\limits_{n=1}^{\infty}\dfrac{4^n}{n!}$ 收敛.根据级数收敛的必要条件,有 $\lim\limits_{n\to\infty}\dfrac{4^n}{n!}=0$.

定理 5.4（根值判别法）　对于正项级数 $\sum\limits_{n=1}^{\infty}u_n$,若有 $\lim\limits_{n\to\infty}\sqrt[n]{u_n}=\rho$,则:

(1) 当 $0\leqslant\rho<1$ 时,级数收敛;

(2) 当 $\rho>1$ 或 $\rho=+\infty$ 时,级数发散.

证　(1) 由于 $\lim\limits_{n\to\infty}\sqrt[n]{u_n}=\rho<1$,取 $\varepsilon_0=\dfrac{1-\rho}{2}$,必有正整数 N 存在,当 $n>N$ 时,有

$$\left|\sqrt[n]{u_n}-\rho\right|<\varepsilon_0=\frac{1-\rho}{2},$$

于是

$$\sqrt[n]{u_n}<\rho+\varepsilon_0=\frac{1+\rho}{2}<1.$$

所以,当 $n>N$ 时,有 $u_n<\left(\dfrac{1+\rho}{2}\right)^n$.注意到 $\sum\limits_{n=N+1}^{\infty}\left(\dfrac{1+\rho}{2}\right)^n$ 是收敛的等比级数,由比较判别法可知,级数 $\sum\limits_{n=1}^{\infty}u_n$ 收敛.

(2) 由于 $\lim\limits_{n\to\infty}\sqrt[n]{u_n}=\rho>1$,则存在正整数 N,当 $n>N$ 时,有

$$\left|\sqrt[n]{u_n}-\rho\right|<\frac{\rho-1}{2},$$

于是

$$\sqrt[n]{u_n}>\frac{\rho+1}{2}>1.$$

这表明 $\lim\limits_{n\to\infty}u_n\neq0$,因此,由级数收敛的必要条件可知,级数 $\sum\limits_{n=1}^{\infty}u_n$ 发散.　　　　证毕

例 5.11　判别下列正项级数的敛散性：

(1) $\displaystyle\sum_{n=1}^{\infty}\left(\frac{3n}{2n+1}\right)^{n}$;　　　(2) $\displaystyle\sum_{n=2}^{\infty}\frac{1}{(\ln n)^{n}}$;　　　(3) $\displaystyle\sum_{n=1}^{\infty}\frac{3+(n+1)^{n}}{2^{n}}$.

分析　如果正项级数的一般项含有或可化为形如 $(u_{n})^{n}$ 的形式，可考虑用根值判别法讨论其敛散性.

解　(1) 由于 $\displaystyle\lim_{n\to\infty}\sqrt[n]{u_{n}}=\lim_{n\to\infty}\frac{3n}{2n+1}=\frac{3}{2}>1$，所以由根值判别法知，级数 $\displaystyle\sum_{n=1}^{\infty}\left(\frac{3n}{2n+1}\right)^{n}$ 发散.

(2) 由于 $\displaystyle\lim_{n\to\infty}\sqrt[n]{u_{n}}=\lim_{n\to\infty}\frac{1}{\ln n}=0<1$，所以由根值判别法知，原级数收敛.

(3) 易见，级数 $\displaystyle\sum_{n=1}^{\infty}\frac{3}{2^{n}}=3\sum_{n=1}^{\infty}\frac{1}{2^{n}}$ 收敛，对于级数 $\displaystyle\sum_{n=1}^{\infty}\frac{(n+1)^{n}}{2^{n}}$，由于 $\displaystyle\lim_{n\to\infty}\sqrt[n]{u_{n}}=\lim_{n\to\infty}\frac{n+1}{2}=\infty$，由根值判别法知，级数 $\displaystyle\sum_{n=1}^{\infty}\frac{(n+1)^{n}}{2^{n}}$ 发散. 因此，级数 $\displaystyle\sum_{n=1}^{\infty}\frac{3+(n+1)^{n}}{2^{n}}$ 发散.

关于定理 5.3 和定理 5.4 的几点说明.

(1) 比值判别法又称为**达朗贝尔判别法**. 当一般项 u_{n} 含有 n^{n}，$n!$ 及 a^{n} 时，用比值判别法比较方便.

(2) 根值判别法又称为**柯西判别法**. 当一般项 u_{n} 为 n 次方的形式，或含有 n^{n} 及 a^{n} 的形式时，用根值判别法比较方便.

(3) 两种判别法虽然形式上有所不同，但是结论是一致的. 实际上，当 $\displaystyle\lim_{n\to\infty}\frac{u_{n+1}}{u_{n}}$ 存在时，可以证明的是 $\displaystyle\lim_{n\to\infty}\sqrt[n]{u_{n}}$ 也存在，并且它们的极限相等. 因此，在判别级数 $\displaystyle\sum_{n=1}^{\infty}u_{n}$ 的敛散性时，能用比值判别法，就一定可以用根值判别法，但反之则不然.

(4) 注意到，无论是比值判别法还是根值判别法，当 $\rho=1$ 时，正项级数 $\displaystyle\sum_{n=1}^{\infty}u_{n}$ 可能收敛，也可能发散. 例如 p-级数 $\displaystyle\sum_{n=1}^{\infty}\frac{1}{n^{p}}$，对于任意 $p>0$，总有

$$\lim_{n\to\infty}\frac{u_{n+1}}{u_{n}}=\lim_{n\to\infty}\frac{\dfrac{1}{(n+1)^{p}}}{\dfrac{1}{n^{p}}}=1,\quad\lim_{n\to\infty}\frac{1}{\sqrt[n]{n^{p}}}=1.$$

但当 $p>1$ 时，p-级数收敛；$p\leqslant1$ 时，p-级数发散. 因此，当 $\rho=1$ 时，不能用比值判别法和根值判别法判别级数的敛散性.

$\diamond\!\!\diamond$ 习 题 **5.2** $\diamond\!\!\diamond$

思 考 题

1. 正项级数的一般项各具备什么特点时，可分别选用比较判别法、比值判别法或根值判别法判别其敛散性？

2. 设正项级数 $\sum\limits_{n=1}^{\infty} u_n$ 收敛，能否推得 $\sum\limits_{n=1}^{\infty} u_n^2$ 收敛？反之是否成立？

3. 设 $\sum\limits_{n=1}^{\infty} u_n$ 为正项级数，且 $\lim\limits_{n \to \infty} n u_n = \lambda$（$\lambda$ 是非零常数），试判别级数 $\sum\limits_{n=1}^{\infty} u_n$ 的敛散性.

Ⓐ 类题

1. 用比较法或比较法的极限形式，判别下列级数的敛散性：

(1) $1 + \dfrac{1}{3} + \dfrac{1}{5} + \cdots$;

(2) $\dfrac{1}{1 \times 2} + \dfrac{1}{2 \times 3} + \cdots$;

(3) $1 + \dfrac{1+2}{1+2^2} + \dfrac{1+3}{1+3^2} + \cdots$;

(4) $\sum\limits_{n=1}^{\infty} \dfrac{n+1}{n^2 + 5n + 2}$;

(5) $\sum\limits_{n=1}^{\infty} \dfrac{2n+1}{(n+1)^2 (n+2)^2}$;

(6) $\sum\limits_{n=1}^{\infty} \dfrac{1}{n} \sin \dfrac{1}{n}$;

(7) $\sum\limits_{n=1}^{\infty} \tan \dfrac{1}{n^2}$;

(8) $\sum\limits_{n=1}^{\infty} \ln\left(1 + \dfrac{1}{n}\right)$.

2. 用比值法判别下列级数的敛散性：

(1) $\sum\limits_{n=1}^{\infty} \dfrac{n!}{20^n}$;

(2) $\sum\limits_{n=1}^{\infty} \dfrac{n^2}{3^n}$;

(3) $\sum\limits_{n=1}^{\infty} \dfrac{n}{2^n}$;

(4) $\sum\limits_{n=1}^{\infty} \dfrac{2^n n!}{n^n}$;

(5) $\sum\limits_{n=1}^{\infty} 3^n \tan \dfrac{\pi}{5^n}$;

(6) $\sum\limits_{n=1}^{\infty} \dfrac{2 \cdot 5 \cdots (3n-1)}{1 \cdot 5 \cdots (4n-3)}$.

3. 用根值法判别下列级数的敛散性：

(1) $\sum\limits_{n=1}^{\infty} \left(\dfrac{2n-1}{n+1}\right)^n$;

(2) $\sum\limits_{n=1}^{\infty} \left(\dfrac{n}{5n-1}\right)^{2n-1}$;

(3) $\sum\limits_{n=1}^{\infty} \left(1 - \dfrac{1}{n}\right)^{n^2}$.

Ⓑ 类题

1. 用适当的方法，判别下列正项级数的敛散性：

(1) $\sum\limits_{n=2}^{\infty} \dfrac{1}{\ln n}$;

(2) $\sum\limits_{n=1}^{\infty} \dfrac{1}{na+b}(a > 0, b > 0)$;

(3) $\sum\limits_{n=1}^{\infty} \dfrac{n - \sqrt{n}}{2n-1}$;

(4) $\sum\limits_{n=1}^{\infty} \dfrac{\ln\left(1 + \dfrac{1}{n}\right)}{\sqrt{n}}$;

(5) $\sum\limits_{n=1}^{\infty} n^n \sin^n \dfrac{2}{n}$;

(6) $\sum\limits_{n=1}^{\infty} n\left(\dfrac{3}{4}\right)^n$;

(7) $\sum\limits_{n=1}^{\infty} \dfrac{n^2}{\left(2 + \dfrac{1}{n}\right)^n}$;

(8) $\sum\limits_{n=1}^{\infty} \dfrac{1}{1 + \alpha^n}(\alpha > 0)$;

(9) $\sum\limits_{n=1}^{\infty} \left(1 - \cos \dfrac{\pi}{n}\right)$.

2. 设 $0 \leqslant a_n \leqslant c_n \leqslant b_n (n = 1, 2, \cdots)$，且 $\sum\limits_{n=1}^{\infty} a_n$ 及 $\sum\limits_{n=1}^{\infty} b_n$ 均收敛，证明：$\sum\limits_{n=1}^{\infty} c_n$ 收敛.

3. 设正项级数 $\sum\limits_{n=1}^{\infty} u_n$ 和 $\sum\limits_{n=1}^{\infty} v_n$ 都收敛，证明：级数 $\sum\limits_{n=1}^{\infty} \sqrt{u_n v_n}$ 和 $\sum\limits_{n=1}^{\infty} u_n v_n$ 也都收敛.

4. 设 $a_n = \int_0^{\frac{\pi}{4}} \tan^n x \, \mathrm{d}x$，证明：级数 $\sum\limits_{n=1}^{\infty} \dfrac{a_n}{n^\lambda}(\lambda > 0)$ 收敛.

5.3 常数项级数(Ⅲ)——任意项级数的敛散性
Series with number terms（Ⅲ）——*Convergence and divergence of series with arbitrary terms*

任意项级数是指在级数 $\sum\limits_{n=1}^{\infty} u_n$ 中,一般项 u_n 具有任意的正负号. 例如,级数 $\sum\limits_{n=1}^{\infty} \dfrac{\sin n}{n^2}$ 是任意项级数(series with arbitrary terms).本节首先讨论一类特殊形式的级数——交错级数的敛散性;然后讨论任意项级数绝对收敛和条件收敛的判别方法.

5.3.1 交错级数及其敛散性

定义 5.4 如果在任意项级数 $\sum\limits_{n=1}^{\infty} u_n$ 中,正负号交替出现,这样的任意项级数就称为**交错级数(alternating series)**,一般形式记作 $\sum\limits_{n=1}^{\infty} (-1)^{n-1} a_n$,其中 $a_n \geqslant 0 \ (n=1,2,\cdots)$.

例如,$\sum\limits_{n=1}^{\infty} (-1)^{n-1} \dfrac{1}{n} = 1 - \dfrac{1}{2} + \dfrac{1}{3} - \dfrac{1}{4} + \cdots$ 是典型的交错级数.

对于交错级数,有如下判定收敛性的方法.

定理 5.5(莱布尼茨判别法) 若交错级数 $\sum\limits_{n=1}^{\infty} (-1)^{n-1} a_n$ 满足:

(1) $a_n \geqslant a_{n+1} \quad (n=1,2,\cdots)$;

(2) $\lim\limits_{n\to\infty} a_n = 0$,

则级数 $\sum\limits_{n=1}^{\infty} (-1)^{n-1} a_n$ 收敛,且其和 $s \leqslant a_1$.

证 考虑级数的前 n 项部分和,当 n 为偶数时,根据条件(1),有

$$s_n = s_{2m} = a_1 - a_2 + a_3 - \cdots + a_{2m-1} - a_{2m}$$
$$= (a_1 - a_2) + (a_3 - a_4) + \cdots + (a_{2m-1} - a_{2m})$$
$$\geqslant s_{2m-2} \geqslant 0,$$

以及

$$s_n = s_{2m} = a_1 - (a_2 - a_3) - \cdots - (a_{2m-2} - a_{2m-1}) - a_{2m} \leqslant a_1,$$

故数列 $\{s_{2m}\}$ 为非负数列,单调增加且有上界,从而极限 $\lim\limits_{m\to\infty} s_{2m}$ 存在,不妨设为 s.

当 n 为奇数时,总可把部分和写为

$$s_n = s_{2m+1} = s_{2m} + a_{2m+1},$$

再由条件(2)可得

$$\lim_{n\to\infty} s_n = \lim_{m\to\infty} s_{2m+1} = \lim_{m\to\infty} (s_{2m} + a_{2m+1}) = s.$$

于是,不论 n 为奇数还是偶数,都有

$$\lim_{n\to\infty} s_n = s,$$

故交错级数 $\sum\limits_{n=1}^{\infty} (-1)^{n-1} a_n$ 收敛.

由于 $s_{2m} \leqslant a_1$，而 $\lim\limits_{m\to\infty} s_{2m} = s$，根据极限的保号性可知，$s \leqslant a_1$.　　　　　　证毕

关于定理 5.5 的几点说明.

（1）莱布尼茨判别法只是交错级数收敛的充分而非必要条件，当其中某个条件不满足时，不能说交错级数是发散的. 如级数 $\sum\limits_{n=2}^{\infty} \dfrac{(-1)^{n-1}}{\sqrt{n+(-1)^n}}$ 不满足莱布尼茨判别法中的条件（1），但它是收敛的.

（2）使用莱布尼茨判别法，在验证 a_n 的单调性时，有时比较困难，常用以下 3 种方法验证：①看差值 $a_{n+1}-a_n$ 是否小于零；②看比值 $\dfrac{a_{n+1}}{a_n}$ 是否小于 1；③将 a_n 中的 n 换成连续变量 x，从而得到函数 $f(x)$，由 $f'(x)$ 是否小于零判断.

例 5.12　判别下列交错级数的敛散性：

（1）$\sum\limits_{n=1}^{\infty} (-1)^{n-1} \dfrac{1}{n}$；　　　（2）$\sum\limits_{n=1}^{\infty} (-1)^{n-1} \dfrac{n}{2^n}$；　　　（3）$\sum\limits_{n=1}^{\infty} (-1)^{n-1} \dfrac{\ln n}{n}$.

分析　交错级数可先考虑是否满足莱布尼茨判别法的条件. 特别地，对级数（3），在判断 $a_n = \dfrac{\ln n}{n}$ 的单调性时，也可用导函数的符号来判断.

解　（1）因为
$$a_n = \frac{1}{n} > a_{n+1} = \frac{1}{n+1} \quad (n=1,2,\cdots),$$
且
$$\lim_{n\to\infty} a_n = \lim_{n\to\infty} \frac{1}{n} = 0,$$
由莱布尼茨判别法知 $\sum\limits_{n=1}^{\infty} (-1)^{n-1} \dfrac{1}{n}$ 收敛.

（2）设 $a_n = \dfrac{n}{2^n}$，而
$$a_n - a_{n+1} = \frac{n}{2^n} - \frac{n+1}{2^{n+1}} = \frac{n-1}{2^{n+1}} \geqslant 0, \quad n=1,2,\cdots,$$
即
$$a_n \geqslant a_{n+1}, \quad n=1,2,\cdots.$$
又
$$\lim_{n\to\infty} a_n = \lim_{n\to\infty} \frac{n}{2^n} = 0,$$
由莱布尼茨判别法知，$\sum\limits_{n=1}^{\infty} (-1)^{n-1} \dfrac{n}{2^n}$ 收敛.

（3）设 $a_n = \dfrac{\ln n}{n} \geqslant 0$ $(n=1,2,\cdots)$. 令 $f(x) = \dfrac{\ln x}{x}$ $(x>3)$，则当 $x>3$ 时，$f'(x) = \dfrac{1-\ln x}{x^2} < 0$，从而 $f(x)$ 单调递减，因此有
$$a_n = f(n) > f(n+1) = a_{n+1} (n>3),$$
所以当 $n>3$ 时，数列 $\left\{\dfrac{\ln n}{n}\right\}$ 单调递减，且

$$\lim_{n \to \infty} \frac{\ln n}{n} = \lim_{n \to \infty} \ln n^{\frac{1}{n}} = 0,$$

由莱布尼茨判别法知,该级数收敛.

5.3.2 任意项级数及其敛散性

对于任意项级数 $\sum\limits_{n=1}^{\infty} u_n$,判别其敛散性时,先将其转化为正项级数 $\sum\limits_{n=1}^{\infty} |u_n|$,然后利用正项级数的敛散性进行讨论. 任意项级数 $\sum\limits_{n=1}^{\infty} u_n$ 与正项级数 $\sum\limits_{n=1}^{\infty} |u_n|$ 之间的敛散性有如下关系和定理.

定理 5.6 如果 $\sum\limits_{n=1}^{\infty} |u_n|$ 收敛,则 $\sum\limits_{n=1}^{\infty} u_n$ 收敛.

分析 利用比较判别法证明. 但是要注意,比较判别法只能判别正项级数的敛散性.

证 因为

$$0 \leqslant u_n + |u_n| \leqslant 2|u_n|,$$

又已知 $\sum\limits_{n=1}^{\infty} |u_n|$ 收敛,由正项级数的比较判别法知, $\sum\limits_{n=1}^{\infty} (|u_n| + u_n)$ 收敛,而

$$u_n = (u_n + |u_n|) - |u_n|,$$

根据 5.1.3 节中的性质 2 可知, $\sum\limits_{n=1}^{\infty} u_n = \sum\limits_{n=1}^{\infty} ((|u_n| + u_n) - |u_n|)$ 收敛. 证毕

注意,当 $\sum\limits_{n=1}^{\infty} |u_n|$ 发散时,一般情况下不能判定级数 $\sum\limits_{n=1}^{\infty} u_n$ 本身也发散. 例如级数 $\sum\limits_{n=1}^{\infty} \left| (-1)^{n-1} \frac{1}{n} \right| = \sum\limits_{n=1}^{\infty} \frac{1}{n}$ 虽然发散,但 $\sum\limits_{n=1}^{\infty} (-1)^{n-1} \frac{1}{n}$ 却是收敛的,参见例 5.12(1).

定义 5.5 如果级数 $\sum\limits_{n=1}^{\infty} |u_n|$ 收敛,则称级数 $\sum\limits_{n=1}^{\infty} u_n$ **绝对收敛**(absolute convergence);如果级数 $\sum\limits_{n=1}^{\infty} u_n$ 收敛,但 $\sum\limits_{n=1}^{\infty} |u_n|$ 发散,则称级数 $\sum\limits_{n=1}^{\infty} u_n$ **条件收敛**(conditional convergence).

易见,前面讨论的交错级数 $\sum\limits_{n=1}^{\infty} (-1)^{n-1} \frac{1}{n}$ 就是条件收敛的. 此外,定理 5.6 可以叙述为:绝对收敛的级数一定收敛.

例 5.13 判别级数 $\sum\limits_{n=1}^{\infty} \frac{\cos n}{n^2 + 1}$ 的敛散性.

分析 任意项级数的一般项带有正弦或余弦函数时,常利用 $|\cos x| \leqslant 1$(或 $|\sin x| \leqslant 1$)将一般项放缩后判断其敛散性.

解 由于 $|u_n| = \left| \frac{\cos n}{n^2 + 1} \right| \leqslant \frac{1}{n^2}$,而级数 $\sum\limits_{n=1}^{\infty} \frac{1}{n^2}$ 收敛,故由比较判别法知 $\sum\limits_{n=1}^{\infty} |u_n|$ 收敛,从而 $\sum\limits_{n=1}^{\infty} \frac{\cos n}{n^2 + 1}$ 收敛且为绝对收敛.

例 5.14 讨论级数 $\sum\limits_{n=1}^{\infty}(-1)^{n-1}\dfrac{1}{n^p}$ $(p>0)$ 的敛散性.

分析 该级数的一般项取绝对值后是 p-级数 $\sum\limits_{n=1}^{\infty}\dfrac{1}{n^p}$,可通过 p-级数的敛散性,分情况讨论.

解 易见,$\sum\limits_{n=1}^{\infty}\left|(-1)^{n-1}\dfrac{1}{n^p}\right|=\sum\limits_{n=1}^{\infty}\dfrac{1}{n^p}$.

(1) 当 $p>1$ 时,由于 p-级数 $\sum\limits_{n=1}^{\infty}\dfrac{1}{n^p}$ 收敛,所以 $\sum\limits_{n=1}^{\infty}(-1)^{n-1}\dfrac{1}{n^p}$ 收敛且为绝对收敛.

(2) 当 $0<p\leqslant1$ 时,由于 p-级数 $\sum\limits_{n=1}^{\infty}\dfrac{1}{n^p}$ 发散,而 $\sum\limits_{n=1}^{\infty}(-1)^{n-1}\dfrac{1}{n^p}$ 为交错级数,满足 $\dfrac{1}{n^p}>\dfrac{1}{(n+1)^p}$,且 $\lim\limits_{n\to\infty}\dfrac{1}{n^p}=0$,由莱布尼茨判别法知,级数 $\sum\limits_{n=1}^{\infty}(-1)^{n-1}\dfrac{1}{n^p}$ 收敛且为条件收敛.

综上,判断任意项级数 $\sum\limits_{n=1}^{\infty}u_n$ 的敛散性时,通常转化为较简单的正项级数 $\sum\limits_{n=1}^{\infty}|u_n|$ 来讨论,一般可按如下步骤进行:

(1) 确定极限 $\lim\limits_{n\to\infty}u_n$ 是否为 0,若 $\lim\limits_{n\to\infty}u_n\neq0$,则级数 $\sum\limits_{n=1}^{\infty}u_n$ 发散;

(2) 若 $\lim\limits_{n\to\infty}u_n=0$,判别 $\sum\limits_{n=1}^{\infty}|u_n|$ 的敛散性(利用正项级数判别敛散性的方法判别):

① 若级数 $\sum\limits_{n=1}^{\infty}|u_n|$ 收敛,则级数 $\sum\limits_{n=1}^{\infty}u_n$ 也收敛且为绝对收敛;

② 若级数 $\sum\limits_{n=1}^{\infty}|u_n|$ 发散,再判断 $\sum\limits_{n=1}^{\infty}u_n$ 是否收敛.特别地,对于交错级数,可利用莱布尼茨判别法.

习 题 5.3

思 考 题

1. 如果交错级数 $\sum\limits_{n=1}^{\infty}(-1)^{n-1}u_n$ 不满足莱布尼茨判别法的条件,该级数是否一定发散?

2. 设级数 $\sum\limits_{n=1}^{\infty}u_n$ 收敛,且 $\lim\limits_{n\to\infty}\dfrac{v_n}{u_n}=1$,级数 $\sum\limits_{n=1}^{\infty}v_n$ 是否也收敛?

3. 设级数 $\sum\limits_{n=1}^{\infty}u_n$ 条件收敛,级数 $\sum\limits_{n=1}^{\infty}\dfrac{u_n-|u_n|}{2}$ 是否收敛?

A 类题

1. 判别下列交错级数的敛散性:

(1) $\sum\limits_{n=1}^{\infty}(-1)^n\dfrac{1}{2n+1}$;

(2) $\sum\limits_{n=2}^{\infty}(-1)^n\dfrac{1}{\ln n}$;

(3) $\displaystyle\sum_{n=1}^{\infty}(-1)^{n-1}\frac{\sqrt{n}}{n+1}$;
(4) $\displaystyle\sum_{n=1}^{\infty}(-1)^{n}\frac{n}{2n+1}$.

2. 判别下列级数是否收敛,若收敛,是绝对收敛还是条件收敛?

(1) $\displaystyle\sum_{n=1}^{\infty}(-1)^{n}\frac{1}{\sqrt{n}}$;
(2) $\displaystyle\sum_{n=1}^{\infty}(-1)^{n}\frac{\sin n\alpha}{\sqrt{n^{3}+1}}$;
(3) $\displaystyle\sum_{n=1}^{\infty}(-1)^{n-1}\frac{n}{3^{n-1}}$;

(4) $\displaystyle\sum_{n=1}^{\infty}(-1)^{n}\frac{n!}{2^{n}}$;
(5) $\displaystyle\sum_{n=1}^{\infty}(-1)^{n}\frac{1}{(2n-1)^{2}}$;
(6) $\displaystyle\sum_{n=1}^{\infty}(-1)^{n}\frac{n^{2}}{4^{n}}$;

(7) $\dfrac{1}{\pi^{2}}\sin\dfrac{\pi}{2}-\dfrac{1}{\pi^{3}}\sin\dfrac{\pi}{3}+\dfrac{1}{\pi^{4}}\sin\dfrac{\pi}{4}-\cdots$;
(8) $\dfrac{1}{3}\cdot\dfrac{1}{2}-\dfrac{1}{3}\cdot\dfrac{1}{2^{2}}+\dfrac{1}{3}\cdot\dfrac{1}{2^{3}}-\cdots$.

B 类题

1. 判别下列级数是否收敛,若收敛,是绝对收敛还是条件收敛?

(1) $\displaystyle\sum_{n=1}^{\infty}(-1)^{n}\frac{1}{n-\ln n}$;
(2) $\displaystyle\sum_{n=1}^{\infty}(-1)^{n-1}\frac{1}{n^{2}+n}$;

(3) $\displaystyle\sum_{n=1}^{\infty}\frac{\sin n^{2}}{n^{2}}$;
(4) $\displaystyle\sum_{n=1}^{\infty}(-1)^{n}\frac{1}{2^{n}}\left(1+\frac{1}{n}\right)^{n^{2}}$;

(5) $\displaystyle\sum_{n=1}^{\infty}(-1)^{n}\frac{n^{n+1}}{(n+1)!}$;
(6) $\displaystyle\sum_{n=1}^{\infty}\frac{(-\alpha)^{n}}{n^{s}}(s>0,\alpha>0)$.

2. 设正项数列 $\{a_n\}$ 单调减少,且 $\displaystyle\sum_{n=1}^{\infty}(-1)^{n}a_{n}$ 发散,试问级数 $\displaystyle\sum_{n=1}^{\infty}\left(\frac{1}{a_{n}+1}\right)^{n}$ 是否收敛,并说明理由.

3. 设 $f(x)$ 在点 $x=0$ 的某一邻域内具有二阶连续导数,且 $\displaystyle\lim_{x\to0}\frac{f(x)}{x}=0$,证明:$\displaystyle\sum_{n=1}^{\infty}f\left(\frac{1}{n}\right)$ 绝对收敛.

5.4 函数项级数（Ⅰ）——幂级数
Series with function terms（Ⅰ）——*Power series*

5.4.1 函数项级数的基本概念

定义 5.6 设 $u_{0}(x),u_{1}(x),u_{2}(x),\cdots,u_{n}(x),\cdots$ 是定义在数集 I 上的一系列函数,称如下的表达式

$$\sum_{n=0}^{\infty}u_{n}(x)=u_{0}(x)+u_{1}(x)+\cdots+u_{n}(x)+\cdots \tag{5.4}$$

为定义在数集 I 上的**函数项级数**（**series with function terms**）.函数项级数(5.4)中前 $n+1$ 项的和称为函数项级数(5.4)的**部分和函数**,记作 $s_{n}(x)$,即

$$s_{n}(x)=\sum_{k=0}^{n}u_{k}(x)=u_{0}(x)+u_{1}(x)+\cdots+u_{n}(x).$$

易见,在函数项级数(5.4)中,若令 $x=x_0 \in I$,则有

$$\sum_{n=0}^{\infty} u_n(x_0) = u_0(x_0) + u_1(x_0) + \cdots + u_n(x_0) + \cdots. \tag{5.5}$$

此时,函数项级数退化为常数项级数.于是有如下定义.

定义 5.7 若常数项级数(5.5)收敛,则称点 x_0 为函数项级数(5.4)的一个**收敛点**(convergent point).反之,若级数(5.5)发散,则称点 x_0 为函数项级数(5.4)的**发散点**(divergent point).进一步地,所有收敛点组成的集合,称为函数项级数(5.4)的**收敛域**(convergent domain);所有发散点组成的集合,称为函数项级数(5.4)的**发散域**(divergent domain).

显然,对于收敛域内的每一点 x_0,必有一个和 $s(x_0)$ 与之对应,即

$$s(x_0) = \sum_{n=0}^{\infty} u_n(x_0) = u_0(x_0) + u_1(x_0) + \cdots + u_n(x_0) + \cdots.$$

当 x_0 在收敛域内变动时,由对应关系,就得到一个定义在收敛域上的函数 $s(x)$,即

$$s(x) = \sum_{n=0}^{\infty} u_n(x) = u_0(x) + u_1(x) + \cdots + u_n(x) + \cdots,$$

并称函数 $s(x)$ 为定义在收敛域上的函数项级数 $\sum_{n=0}^{\infty} u_n(x)$ 的**和函数**.因此,在收敛域内有

$$s(x) = \lim_{n \to \infty} s_n(x).$$

例 5.15 求函数项级数 $\sum_{n=1}^{\infty} \dfrac{(-1)^n}{n}(x-1)^n$ 的收敛域.

分析 先将函数项级数的一般项暂时看作是含有参数 x 的常数项,然后利用正项级数的比值判别法求出收敛域,再利用任意项级数的判别方法判断级数在端点处的收敛性.

解 由正项级数的比值判别法,有

$$\lim_{n \to \infty} \left| \frac{u_{n+1}(x)}{u_n(x)} \right| = \lim_{n \to \infty} \left| \frac{n}{n+1} \cdot (x-1) \right| = |x-1|.$$

于是,当 $|x-1|<1$,即 $0<x<2$ 时,原级数绝对收敛;当 $|x-1|>1$,即 $x<0$ 或 $x>2$ 时,原级数发散.

注意到,当 $x=0$ 时,原级数为调和级数 $\sum_{n=1}^{\infty} \dfrac{1}{n}$,因此发散;当 $x=2$ 时,原级数为交错级数 $\sum_{n=1}^{\infty} \dfrac{(-1)^n}{n}$,已知其收敛.

综上,原级数的收敛域为 $(0,2]$.

5.4.2 幂级数及其敛散性

幂级数是一类比较常见、结构简单而且应用广泛的函数项级数,它的数学理论相对比较完美,是本课程重点研究的一种无穷级数.本节着重讨论幂级数的收敛域与求和两个基本问题,后者相对难一些,往往需要较高的分析技巧.

定义 5.8 具有如下形式的级数

$$\sum_{n=0}^{\infty} a_n (x-x_0)^n = a_0 + a_1(x-x_0) + a_2(x-x_0)^2 + \cdots + a_n(x-x_0)^n + \cdots \tag{5.6}$$

称为 $x-x_0$ 的**幂级数**(power series),其中 $a_0, a_1, a_2, \cdots, a_n, \cdots$ 都是常数,称为幂级数的**系数**

（**coefficient**）.

特别地，若 $x_0 = 0$，有

$$\sum_{n=0}^{\infty} a_n x^n = a_0 + a_1 x + \cdots + a_n x^n + \cdots, \tag{5.7}$$

称之为 x 的幂级数.

事实上，对于给定的幂级数 $\sum_{n=0}^{\infty} a_n (x-x_0)^n$，若令 $t = x - x_0$，则有

$$\sum_{n=0}^{\infty} a_n (x-x_0)^n = \sum_{n=0}^{\infty} a_n t^n,$$

即形如（5.6）的幂级数都可转化为形如（5.7）的幂级数. 因此，以下我们主要讨论形如（5.7）的幂级数.

首先讨论幂级数的收敛域，为此给出如下定理.

定理 5.7（阿贝尔定理）

（1）若幂级数 $\sum_{n=0}^{\infty} a_n x^n$ 在点 $x = x_0 (x_0 \neq 0)$ 处收敛，则对于满足 $|x| < |x_0|$ 的一切 x，该级数均绝对收敛.

（2）若幂级数 $\sum_{n=0}^{\infty} a_n x^n$ 在点 $x = x_0$ 处发散，则对于满足 $|x| > |x_0|$ 的一切 x，该级数均发散.

证　（1）设级数 $\sum_{n=0}^{\infty} a_n x_0^n$ 收敛，由级数收敛的必要条件知，$\lim_{n\to\infty} a_n x_0^n = 0$，故数列 $\{a_n x_0^n\}$ 有界，即存在常数 $M > 0$，使得

$$|a_n x_0^n| \leqslant M, \quad n = 0, 1, 2, \cdots,$$

于是

$$|a_n x^n| = \left| a_n x_0^n \cdot \frac{x^n}{x_0^n} \right| = |a_n x_0^n| \cdot \left| \frac{x}{x_0} \right|^n \leqslant M \left| \frac{x}{x_0} \right|^n.$$

易见，当 $|x| < |x_0|$ 时，有 $\left| \frac{x}{x_0} \right| < 1$，故等比级数 $\sum_{n=0}^{\infty} M \left| \frac{x}{x_0} \right|^n$ 收敛. 由正项级数的比较判别法知，幂级数 $\sum_{n=0}^{\infty} a_n x^n$ 绝对收敛.

（2）用反证法. 假若对某个 $|x_1| > |x_0|$，有 $\sum_{n=0}^{\infty} a_n x_1^n$ 收敛，则由（1）的证明可知，$\sum_{n=0}^{\infty} a_n x_0^n$ 绝对收敛，这与已知矛盾. 于是定理得证.　　　　　　证毕

进一步地，根据阿贝尔定理，有如下推论.

推论　若 $\sum_{n=0}^{\infty} a_n x^n$ 在 $(-\infty, +\infty)$ 内有非零的收敛点和发散点，则必存在 $R > 0$，使得

（1）当 $|x| < R$ 时，幂级数 $\sum_{n=0}^{\infty} a_n x^n$ 收敛且绝对收敛；

（2）当 $|x| > R$ 时，幂级数 $\sum_{n=0}^{\infty} a_n x^n$ 发散.

关于阿贝尔定理及其推论的几点说明.

（1）由阿贝尔定理可知，若 $x = x_0$ 是 $\sum\limits_{n=0}^{\infty} a_n x^n$ 的收敛点，则该幂级数在 $(-|x_0|, |x_0|)$ 内收敛；若 $x = x_0$ 是 $\sum\limits_{n=0}^{\infty} a_n x^n$ 的发散点，则该幂级数在 $(-\infty, -|x_0|) \bigcup (|x_0|, +\infty)$ 内发散.

（2）正数 R 称为幂级数 $\sum\limits_{n=0}^{\infty} a_n x^n$ 的**收敛半径**（radius of convergence）. 由幂级数在 $x = \pm R$ 处的收敛性，可以确定它的收敛域必是 $(-R, R)$, $(-R, R]$, $[-R, R)$, $[-R, R]$ 这四类区间之一，并将其称为幂级数的**收敛域**（domain of convergence）. 特别地，当幂级数仅在 $x = 0$ 处收敛时，规定其收敛半径 $R = 0$；当 $\sum\limits_{n=0}^{\infty} a_n x^n$ 在整个数轴上都收敛时，规定其收敛半径 $R = +\infty$，此时的收敛域为 $(-\infty, +\infty)$.

（3）若点 $x = a$ 是幂级数 $\sum\limits_{n=0}^{\infty} a_n x^n$ 的收敛点，则 $R \geqslant |a|$；若点 $x = b$ 是幂级数 $\sum\limits_{n=0}^{\infty} a_n x^n$ 的发散点，则 $R \leqslant |b|$.

（4）对于幂级数 $\sum\limits_{n=0}^{\infty} a_n x^n$ 而言，在不考虑区间端点时，其收敛域一定是一个关于原点对称的区间或仅为点 $x = 0 (R = 0)$，所以有些教材中将幂级数的收敛域称为收敛区间. 然而，对于一般的函数项级数，收敛域就不一定是收敛区间，如 $\sum\limits_{n=0}^{\infty} \dfrac{1}{n(x-2)^n}$. 请读者自行验证.

定理 5.8　设 R 是幂级数 $\sum\limits_{n=0}^{\infty} a_n x^n$ 的收敛半径，并且 $\sum\limits_{n=0}^{\infty} a_n x^n$ 的系数满足 $\lim\limits_{n\to\infty} \left| \dfrac{a_{n+1}}{a_n} \right| = \rho$，则有：

（1）当 $0 < \rho < +\infty$ 时，$R = \dfrac{1}{\rho}$；

（2）当 $\rho = 0$ 时，$R = +\infty$；

（3）当 $\rho = +\infty$ 时，$R = 0$.

证　对于正项级数 $\sum\limits_{n=0}^{\infty} |a_n x^n| = |a_0| + |a_1 x| + \cdots + |a_n x^n| + \cdots$，有

$$\lim_{n\to\infty} \left| \frac{a_{n+1} x^{n+1}}{a_n x^n} \right| = \lim_{n\to\infty} \left| \frac{a_{n+1}}{a_n} \right| \cdot |x| = \rho |x|.$$

于是：

（1）若 $0 < \rho < +\infty$，由比值判别法知，当 $\rho |x| < 1$，即 $|x| < \dfrac{1}{\rho}$ 时，幂级数 $\sum\limits_{n=0}^{\infty} |a_n x^n|$ 收敛，因此 $\sum\limits_{n=0}^{\infty} a_n x^n$ 绝对收敛；当 $|x| > \dfrac{1}{\rho}$ 时，$\sum\limits_{n=0}^{\infty} a_n x^n$ 发散，故幂级数 $\sum\limits_{n=0}^{\infty} a_n x^n$ 的收敛半径 $R = \dfrac{1}{\rho}$.

（2）若 $\rho = 0$，则 $\rho |x| = 0 < 1$，则对任意 $x \in (-\infty, +\infty)$，幂级数 $\sum\limits_{n=0}^{\infty} |a_n x^n|$ 收敛，即 $\sum\limits_{n=0}^{\infty} a_n x^n$ 绝对收敛，故幂级数 $\sum\limits_{n=0}^{\infty} a_n x^n$ 的收敛半径为 $R = +\infty$.

(3) 若 $\rho = +\infty$,则对任意 $x \neq 0$,有 $\lim\limits_{n\to\infty}\left|\dfrac{a_{n+1}x^{n+1}}{a_n x^n}\right| = +\infty$,从而幂级数 $\sum\limits_{n=0}^{\infty} a_n x^n$ 发散,故幂级数仅在 $x=0$ 处收敛,其收敛半径 $R=0$.   证毕

定理 5.8 的几点说明.

(1) 该定理适用于幂级数 $\sum\limits_{n=0}^{\infty} a_n x^n$ 的所有系数 $a_n \neq 0$ 的情况,且收敛半径为 $R = \lim\limits_{n\to\infty}\left|\dfrac{a_n}{a_{n+1}}\right|$.

(2) 如果幂级数 $\sum\limits_{n=0}^{\infty} a_n x^n$ 有缺项,例如缺少奇次幂项或偶次幂项,不能直接应用定理 5.8 计算,但可利用正项级数的比值判别法或根植判别法求其收敛半径和收敛域.

(3) 在求出幂级数收敛半径 R 后,若还需要求其收敛域,则需要进一步判别幂级数在区间端点 $x = \pm R$ 处的敛散情况,参见下面的例题.

例 5.16 求下列幂级数的收敛半径与收敛域:

(1) $\sum\limits_{n=1}^{\infty} (-1)^{n-1}\dfrac{x^n}{n}$;   (2) $\sum\limits_{n=1}^{\infty} n! x^n$;   (3) $\sum\limits_{n=1}^{\infty} \dfrac{x^n}{n!}$.

分析 幂级数的一般项不缺项,可利用 $R = \lim\limits_{n\to\infty}\left|\dfrac{a_n}{a_{n+1}}\right|$ 来求收敛半径.

解 (1) 因为 $R = \lim\limits_{n\to\infty}\left|\dfrac{a_n}{a_{n+1}}\right| = \lim\limits_{n\to\infty}\dfrac{n+1}{n} = 1$,所以收敛半径为 1.

当 $x=1$ 时,级数 $\sum\limits_{n=1}^{\infty} (-1)^{n-1}\dfrac{1}{n}$ 为收敛的交错级数,故收敛;

当 $x=-1$ 时,级数 $\sum\limits_{n=1}^{\infty}\left(-\dfrac{1}{n}\right)$ 为调和级数,故发散. 所以原幂级数的收敛域是 $(-1,1]$.

(2) 因为 $R = \lim\limits_{n\to\infty}\left|\dfrac{a_n}{a_{n+1}}\right| = \lim\limits_{n\to\infty}\dfrac{n!}{(n+1)!} = \lim\limits_{n\to\infty}\dfrac{1}{n+1} = 0$,所以收敛半径为 0,故该级数仅在 $x=0$ 点处收敛.

(3) 因为 $R = \lim\limits_{n\to\infty}\left|\dfrac{a_n}{a_{n+1}}\right| = \lim\limits_{n\to\infty}\dfrac{(n+1)!}{n!} = \lim\limits_{n\to\infty}(n+1) = +\infty$,所以收敛半径为 $+\infty$,故收敛域是 $(-\infty, +\infty)$.

例 5.17 求幂级数 $\sum\limits_{n=1}^{\infty} (-1)^n\dfrac{x^{2n+1}}{2n+1}$ 收敛半径与收敛域.

分析 幂级数的一般项缺项(缺偶次幂项),根据一般项的特点,可利用比值判别法求其收敛半径与收敛域.

解 由于该幂级数缺少偶次幂项,令 $u_n(x) = (-1)^n\dfrac{x^{2n+1}}{2n+1}$,则

$$\lim_{n\to\infty}\left|\dfrac{u_{n+1}(x)}{u_n(x)}\right| = |x|^2,$$

根据比值判别法可知,当 $|x|^2 < 1$ 时,即 $|x| < 1$ 时级数收敛;当 $|x| > 1$ 时级数发散,所以收敛半径 $R=1$. 当 $x=1$ 时,原级数为 $\sum\limits_{n=1}^{\infty}\dfrac{(-1)^n}{2n+1}$ 收敛;当 $x=-1$ 时,原级数为 $\sum\limits_{n=1}^{\infty}\dfrac{(-1)^{n+1}}{2n+1}$

也收敛,所以收敛域为 $[-1,1]$.

例 5.18　求幂级数 $\sum\limits_{n=0}^{\infty}(x-3)^n$ 的收敛域.

分析　该级数是 $x-3$ 的幂级数.可令 $t=x-3$,将其转化为简单的关于 t 的幂级数 $\sum\limits_{n=0}^{\infty}t^n$,然后求其收敛域.

解　令 $t=x-3$,则所给幂级数化为 $\sum\limits_{n=0}^{\infty}t^n$.由于级数 $\sum\limits_{n=0}^{\infty}t^n$ 的收敛半径

$$R=\lim_{n\to\infty}\left|\frac{a_n}{a_{n+1}}\right|=1,$$

收敛域为 $(-1,1)$.从而由 $t=x-3$ 可得 $2<x<4$,故幂级数 $\sum\limits_{n=0}^{\infty}(x-3)^n$ 的收敛域为 $(2,4)$.

定理 5.9　设 R 是幂级数 $\sum\limits_{n=0}^{\infty}a_n x^n$ 的收敛半径,若 $\sum\limits_{n=0}^{\infty}a_n x^n$ 的系数满足 $\lim\limits_{n\to\infty}\sqrt[n]{|a_n|}=\rho$,则有:

(1) 当 $0<\rho<+\infty$ 时,$R=\dfrac{1}{\rho}$;

(2) 当 $\rho=0$ 时,$R=+\infty$;

(3) 当 $\rho=+\infty$ 时,$R=0$.

本定理的证明方法类似于定理 5.8 的证明,在此略过.

例 5.19　求幂级数 $\sum\limits_{n=1}^{\infty}n^n x^n$ 的收敛半径和收敛域.

分析　注意到,此幂级数的一般项不缺项,且系数为 $a_n=n^n$,利用定理 5.9 求收敛半径较为简单.

解　因为 $a_n=n^n$,则

$$\lim_{n\to\infty}\sqrt[n]{|a_n|}=\lim_{n\to\infty}n=+\infty,$$

故原级数的收敛半径 $R=0$,即它仅在 $x=0$ 点处收敛,收敛域为 $\{0\}$.

5.4.3　幂级数的运算及幂级数的和函数

1. 幂级数的运算

设幂级数 $\sum\limits_{n=0}^{\infty}a_n x^n$ 与 $\sum\limits_{n=0}^{\infty}b_n x^n$ 的收敛半径分别为 R_1 与 R_2,它们在收敛域上的和函数分别为 $s_1(x)$ 与 $s_2(x)$.令 $R=\min\{R_1,R_2\}$,两个幂级数在它们的**公共收敛域** $(-R,R)$ 内可进行如下运算:

(1) 加法运算

$$\sum_{n=0}^{\infty}a_n x^n \pm \sum_{n=0}^{\infty}b_n x^n = \sum_{n=0}^{\infty}(a_n \pm b_n)x^n = s_1(x) \pm s_2(x).$$

（2）乘法运算

$$\sum_{n=0}^{\infty} a_n x^n \cdot \sum_{n=0}^{\infty} b_n x^n = \sum_{n=0}^{\infty} c_n x^n = s_1(x) s_2(x),$$

其中

$$c_n = \sum_{k=0}^{n} a_k b_{n-k} = a_0 b_n + a_1 b_{n-1} + \cdots + a_k b_{n-k} + \cdots + a_n b_0, \quad n \geqslant 0.$$

2. 幂级数的和函数

通常情况下，在研究幂级数 $\sum_{n=0}^{\infty} a_n x^n$ 时，通常假设其收敛半径为 R，在收敛域内的和函数为 $s(x)$. 易见，幂级数的和函数在其收敛域内仍然是一个函数，需要研究其连续性、可导性及可积性. 为此，给出如下几个重要的结论.

定理 5.10 幂级数的和函数在收敛域 $(-R, R)$ 内连续. 如果幂级数在其收敛域的右（左）端点收敛，那么它的和函数也在其右（左）端点左（右）连续.

定理 5.11 和函数在收敛域 $(-R, R)$ 内可导，并且有逐项求导公式

$$s'(x) = \left(\sum_{n=0}^{\infty} a_n x^n \right)' = \sum_{n=0}^{\infty} (a_n x^n)' = \sum_{n=0}^{\infty} a_n n x^{n-1}, \tag{5.8}$$

并且所得幂级数的收敛半径仍为 R，但在收敛域的端点处的收敛性可能改变.

定理 5.12 和函数在收敛域 $(-R, R)$ 内可积，并且有逐项积分公式

$$\int_0^x s(t)\,\mathrm{d}t = \int_0^x \sum_{n=0}^{\infty} a_n t^n \,\mathrm{d}t = \sum_{n=0}^{\infty} \int_0^x a_n t^n \,\mathrm{d}t = \sum_{n=0}^{\infty} \frac{a_n}{n+1} x^{n+1}, \tag{5.9}$$

并且所得幂级数的收敛半径仍为 R，但在收敛域的端点处的收敛性可能改变.

定理 5.10～定理 5.12 的几点说明.

（1）定理 5.10～定理 5.12 的证明可以参见数学专业各种版本的《数学分析》教材. 注意到，在定理 5.11 和定理 5.12 中，最后都注明了"幂级数在经过逐项求导或逐项积分之后，所得幂级数的收敛半径仍为 R，但在收敛域的端点处的收敛性可能改变."这些情况可以通过下面的例题予以解答.

（2）这几个定理虽然都在论述和函数的性质，但也提供了求幂级数和函数的方法，其中，围绕等比级数的和函数，即

$$\sum_{n=0}^{\infty} x^n = 1 + x + x^2 + \cdots + x^n + \cdots = \frac{1}{1-x}, \quad |x| < 1,$$

可以求出若干幂级数的和函数.

求幂级数 $\sum_{n=0}^{\infty} a_n x^n$ 的和函数 $s(x)$ 的一般步骤如下：

（1）求幂级数的收敛半径和收敛域. 对于其他形式的幂级数，可以通过变量替换的方法，将其转换为标准形式；

（2）根据所求幂级数的特点，利用逐项求导公式（5.8）或逐项积分公式（5.9）的方法将其转换为容易求和函数的幂级数形式，如转换为等比级数的形式；

（3）按照（2）中采用的运算形式或（1）的变换形式（如果已经使用），将求得的和函数求相应的逆运算或逆变换，进而得到原始幂级数的和函数.

例 5.20 求幂级数 $\sum_{n=0}^{\infty}(n+1)x^n$ 的和函数.

分析 利用前面介绍的 3 个步骤求和函数. 根据一般项的特点, 可先利用逐项积分的方法将其化为形如 $\sum_{n=0}^{\infty}x^{n+1}$ 的等比级数.

解 (1) 因为

$$R=\lim_{n\to\infty}\left|\frac{a_n}{a_{n+1}}\right|=\lim_{n\to\infty}\frac{n+1}{n+2}=1,$$

所给幂级数的收敛半径 $R=1$. 易见, 幂级数 $\sum_{n=0}^{\infty}(n+1)x^n$ 当 $x=\pm 1$ 时发散, 所以原幂级数的收敛域为 $(-1,1)$.

(2) 设原幂级数的和函数为 $s(x)$, 即 $s(x)=\sum_{n=0}^{\infty}(n+1)x^n$, $x\in(-1,1)$. 将等式两端从 0 到 x 逐项积分得

$$\int_0^x s(t)\mathrm{d}t=\sum_{n=0}^{\infty}\int_0^x(n+1)t^n\mathrm{d}t=\sum_{n=0}^{\infty}x^{n+1}=\frac{x}{1-x}.$$

(3) 对上述等式两端求导, 有

$$s(x)=\left(\frac{x}{1-x}\right)'=\frac{1}{(1-x)^2},\quad x\in(-1,1).$$

因此

$$\sum_{n=0}^{\infty}(n+1)x^n=\frac{1}{(1-x)^2},\quad x\in(-1,1).$$

例 5.21 求幂级数 $\sum_{n=0}^{\infty}\frac{x^n}{n+1}$ 的和函数 $s(x)$, 并求 $\sum_{n=0}^{\infty}\frac{(-1)^n}{n+1}$ 的和.

分析 利用前面介绍的 3 个步骤求和函数. 根据一般项的特点, 可先逐项乘 x 将其变形为 $\sum_{n=0}^{\infty}\frac{x^{n+1}}{n+1}$, 利用逐项求导的方法将其化为形如 $\sum_{n=0}^{\infty}x^n$ 的等比级数.

解 (1) 因为

$$R=\lim_{n\to\infty}\left|\frac{a_n}{a_{n+1}}\right|=\lim_{n\to\infty}\frac{n+2}{n+1}=1,$$

且当 $x=-1$ 时, 级数 $\sum_{n=1}^{\infty}\frac{(-1)^n}{n+1}$ 收敛; 当 $x=1$ 时, 级数 $\sum_{n=1}^{\infty}\frac{1}{n+1}$ 发散. 故收敛域是 $[-1,1)$.

(2) 设和函数为 $s(x)$, 即 $s(x)=\sum_{n=0}^{\infty}\frac{x^n}{n+1}$, $x\in[-1,1)$. 在等式两端乘以 x, 于是有

$$xs(x)=\sum_{n=0}^{\infty}\frac{x^{n+1}}{n+1}.$$

将上式两端同时求导, 利用逐项求导公式可得,

$$[xs(x)]'=\left(\sum_{n=0}^{\infty}\frac{x^{n+1}}{n+1}\right)'=\sum_{n=0}^{\infty}x^n=\frac{1}{1-x},\quad x\in(-1,1).$$

（3）将上式两端从 0 到 x 逐项积分得

$$xs(x) = \int_0^x [ts(t)]' \mathrm{d}t = \int_0^x \frac{1}{1-t}\mathrm{d}t = -\ln(1-x).$$

于是当 $x \neq 0$ 时,有 $s(x) = -\dfrac{\ln(1-x)}{x}$. 而当 $x=0$ 时,$s(0)=1$. 因此

$$s(x) = \begin{cases} -\dfrac{1}{x}\ln(1-x), & x \in [-1,0) \cup (0,1); \\ 1, & x = 0. \end{cases}$$

易见,和函数 $s(x)$ 在点 $x=0$ 处是连续的,这是因为 $\lim\limits_{x\to 0} s(x) = \lim\limits_{x\to 0} \dfrac{-\ln(1-x)}{x} = 1 = s(0)$.

若令 $x=-1$,则有 $\sum\limits_{n=0}^{\infty} \dfrac{(-1)^n}{n+1} = s(-1) = \ln 2$.

例 5.22 求常数项级数 $\sum\limits_{n=1}^{\infty} \dfrac{n}{2^n}$ 的和.

分析 直接求该常数项级数的和不好求. 注意到,该级数是幂级数 $\sum\limits_{n=1}^{\infty} nx^n$ 取 $x=\dfrac{1}{2}$ 时的特殊情形,所以可先求幂级数 $\sum\limits_{n=1}^{\infty} nx^n$ 的和函数,再求级数 $\sum\limits_{n=1}^{\infty} \dfrac{n}{2^n}$ 的和.

解 因为常数项级数 $\sum\limits_{n=1}^{\infty} \dfrac{n}{2^n}$ 可看作幂级数 $\sum\limits_{n=1}^{\infty} nx^n$ 取 $x=\dfrac{1}{2}$ 时的特殊情形,不妨设

$$s(x) = \sum_{n=1}^{\infty} nx^n, \quad x \in (-1,1).$$

不难计算如下等式

$$\sum_{n=1}^{\infty} nx^n = x\sum_{n=1}^{\infty} nx^{n-1} = x\sum_{n=1}^{\infty} (x^n)' = x\left(\sum_{n=1}^{\infty} x^n\right)' = x\left(\frac{x}{1-x}\right)' = \frac{x}{(1-x)^2}, \quad x \in (-1,1).$$

于是,$\sum\limits_{n=1}^{\infty} \dfrac{n}{2^n} = s\left(\dfrac{1}{2}\right) = 2$.

例 5.23 求幂级数 $\sum\limits_{n=1}^{\infty} \dfrac{2n-1}{2^n} x^{2n-2}$ 的收敛域及和函数,并求常数项级数 $\sum\limits_{n=1}^{\infty} \dfrac{2n-1}{2^n}$ 的和.

分析 注意到,该幂级数不包含奇次幂项,需要先作变量替换将其变换为与等比级数相近的形式,再求收敛域及和函数.

解 令 $y = \dfrac{1}{\sqrt{2}}x$,于是

$$\sum_{n=1}^{\infty} \frac{2n-1}{2^n} x^{2n-2} = \frac{1}{2}\sum_{n=1}^{\infty} (2n-1)\left(\frac{x}{\sqrt{2}}\right)^{2n-2} = \frac{1}{2}\sum_{n=1}^{\infty} (2n-1)y^{2n-2}.$$

（1）由正项级数的比值判别法,有

$$\lim_{n\to\infty} \left| \frac{u_{n+1}}{u_n} \right| = |y|^2 \lim_{n\to\infty} \frac{2n+1}{2n-1} = |y|^2.$$

当 $|y| < 1$ 时,级数 $\dfrac{1}{2}\sum\limits_{n=1}^{\infty} (2n-1)y^{2n-2}$ 收敛;且当 $y = \pm 1$ 时,级数发散. 故级数

$\dfrac{1}{2}\displaystyle\sum_{n=1}^{\infty}(2n-1)y^{2n-2}$ 的收敛域是 $(-1,1)$. 因此, 原级数的收敛域为 $(-\sqrt{2},\sqrt{2})$.

(2) 设幂级数 $\displaystyle\sum_{n=1}^{\infty}(2n-1)y^{2n-2}$ 的和函数为 $s(y)$, 对该幂级数逐项积分得

$$\int_0^y s(t)\,\mathrm{d}t = \sum_{n=1}^{\infty}\int_0^y (2n-1)t^{2n-2}\,\mathrm{d}t = \sum_{n=1}^{\infty}y^{2n-1} = \frac{y}{1-y^2},\quad y\in(-1,1).$$

(3) 对上式两端求导数, 得

$$s(y) = \left(\frac{y}{1-y^2}\right)' = \frac{1+y^2}{(1-y^2)^2},\, y\in(-1,1).$$

于是

$$\sum_{n=1}^{\infty}\frac{2n-1}{2^n}x^{2n-2} = \frac{1}{2}s\left(\frac{x}{\sqrt{2}}\right) = \frac{1}{2}\cdot\frac{1+\dfrac{x^2}{2}}{\left(1-\dfrac{x^2}{2}\right)^2} = \frac{2+x^2}{(2-x^2)^2},\quad x\in(-\sqrt{2},\sqrt{2}).$$

进一步地, 有

$$\sum_{n=1}^{\infty}\frac{2n-1}{2^n} = \frac{2+1}{(2-1)^2} = 3.$$

习 题 5.4

思 考 题

1. 幂级数 $\displaystyle\sum_{n=1}^{\infty}a_n x^n$ 一定有收敛域吗? 如果有, 一定是一个区间吗? 函数项级数呢?

2. 在求幂级数的和函数时, 经常遇见幂级数逐项求导或逐项积分, 试问: 求导后或积分后的幂级数收敛域会变化吗? 怎样变化?

3. 已知 $\displaystyle\sum_{n=1}^{\infty}a_n x^n$ 在 $x=x_0$ 处条件收敛, 该级数的收敛半径是多少?

A 类题

1. 求下列幂级数的收敛域:

(1) $\displaystyle\sum_{n=1}^{\infty}\frac{(2x)^n}{n!}$;

(2) $\displaystyle\sum_{n=1}^{\infty}nx^n$;

(3) $\displaystyle\sum_{n=2}^{\infty}(-1)^n\frac{1}{\ln n}x^n$;

(4) $\displaystyle\sum_{n=0}^{\infty}(-1)^n\frac{1}{(2n+1)!}x^n$;

(5) $\displaystyle\sum_{n=0}^{\infty}\frac{1}{5^n}x^{2n+1}$;

(6) $\displaystyle\sum_{n=1}^{\infty}\frac{1}{n3^n}x^{2n}$;

(7) $\displaystyle\sum_{n=1}^{\infty}(x-1)^n$;

(8) $\displaystyle\sum_{n=1}^{\infty}\frac{1}{n4^n}(x-4)^n$.

2.求下列级数在收敛域上的和函数:

(1) $\displaystyle\sum_{n=1}^{\infty} \frac{x^{2n-1}}{2n-1}$;　　　　　(2) $\displaystyle\sum_{n=1}^{\infty} n^2 x^{n-1}$.

B 类题

1. 幂级数 $\displaystyle\sum_{n=1}^{\infty} a_n (x-3)^n$ 在 $x=0$ 处发散,在 $x=5$ 处收敛,该幂级数在 $x=2$ 处是否收敛?在 $x=7$ 处是否收敛?

2. 已知幂级数 $\displaystyle\sum_{n=1}^{\infty} a_n x^n$ 的收敛半径是 R,幂级数 $\displaystyle\sum_{n=1}^{\infty} a_n x^{2n}$ 的收敛半径是多少?

3. 求下列级数的和:

(1) $\displaystyle\sum_{n=0}^{\infty} \frac{n+1}{2^n}$;　　　　　(2) $\displaystyle\sum_{n=1}^{\infty} \frac{1}{n 3^{n-1}}$.

5.5 函数项级数(Ⅱ)——泰勒级数
Series with function terms(Ⅱ)——*Taylor series*

由 5.4 节讨论可知,幂级数在其收敛域内总是收敛于一个和函数.本节将要讨论与此相反的问题,即对给定的函数 $f(x)$,能否在某一区间上将其展开成幂级数? 如果能展开,如何表示? 这就是本节要讨论的主要内容.

5.5.1 泰勒级数

如果一个给定的函数能展开成幂级数,那么展开式的系数与该函数之间有什么样的关系? 例如,已知等比级数及其和函数有如下关系式:

$$\sum_{n=0}^{\infty} x^n = 1 + x + \cdots + x^n + \cdots = \frac{1}{1-x}, \quad x \in (-1,1).$$

由上册 5.3.1 节中的泰勒定理和关于 $\dfrac{1}{1-x}$ 的麦克劳林公式(上册,p145,(5))可以看到,等比级数的系数恰好为 $a_n = \dfrac{f^{(n)}(0)}{n!}(n=0,1,2,\cdots)$,其中 $f(x)=\dfrac{1}{1-x}$.这种情形对其他函数是否成立? 下面的定理给出了答案.

定理 5.13 设函数 $f(x)$ 在点 x_0 的某邻域内具有任意阶导数,如果 $f(x)$ 在点 x_0 处的幂级数展开式为 $f(x) = \displaystyle\sum_{n=0}^{\infty} a_n (x-x_0)^n$,则其系数为 $a_n = \dfrac{f^{(n)}(x_0)}{n!}(n=0,1,2,\cdots)$.

分析 类似于上册 5.3.1 节中的泰勒公式中系数的导出过程,对定理 5.13 中展开式逐项求导数,并且每一次求导后都令 $x=x_0$.

证 在点 x_0 的某邻域内利用幂级数和函数逐项求导公式,将下式

$$f(x) = \sum_{n=0}^{\infty} a_n (x-x_0)^n = a_0 + a_1 (x-x_0) + a_2 (x-x_0)^2 + \cdots + a_n (x-x_0)^n + \cdots$$

的两端同时多次逐项求导,可得

$$f'(x) = a_1 + 2a_2(x-x_0) + \cdots + na_n(x-x_0)^{n-1} + \cdots,$$

$$f''(x) = 2!a_2 + 3 \times 2a_3(x-x_0) + \cdots + n(n-1)a_n(x-x_0)^{n-2} + \cdots,$$

$$\vdots$$

$$f^{(n)}(x) = n!a_n + (n+1)n\cdots2a_{n+1}(x-x_0) + \cdots.$$

令 $x=x_0$,可得

$$f(x_0) = a_0, \quad f'(x_0) = a_1, \quad f''(x_0) = 2!a_2, \quad \cdots, \quad f^{(n)}(x_0) = n!a_n, \quad \cdots,$$

故

$$a_n = \frac{f^{(n)}(x_0)}{n!}, \quad n = 0,1,2,\cdots. \qquad\qquad 证毕$$

该定理给出了函数的幂级数展开式的系数的求法,由此我们也引入下面的定义.

定义 5.9 设函数 $f(x)$ 在点 x_0 的某邻域内具有任意阶导数,称幂级数

$$\sum_{n=0}^{\infty} \frac{f^{(n)}(x_0)}{n!}(x-x_0)^n = f(x_0) + f'(x_0)(x-x_0) + \cdots + \frac{f^{(n)}(x_0)}{n!}(x-x_0)^n + \cdots$$

$$(5.10)$$

为函数 $f(x)$ 在点 x_0 处的**泰勒级数**(**Taylor series**).特别地,当 $x_0=0$ 时,称幂级数

$$\sum_{n=0}^{\infty} \frac{f^{(n)}(0)}{n!}x^n = f(0) + f'(0)x + \cdots + \frac{f^{(n)}(0)}{n!}x^n + \cdots \qquad (5.11)$$

为函数 $f(x)$ 的**麦克劳林级数**.易见,$f(x)$ 的麦克劳林级数是 x 的幂级数.

在上册 5.3 节,我们已经知道,如果函数 $f(x)$ 在 x_0 的某个邻域内具有直到 $n+1$ 阶的导数,则在该邻域内有 $f(x)$ 的 n 阶泰勒公式:

$$f(x) = f(x_0) + f'(x_0)(x-x_0) + \frac{f''(x_0)}{2!}(x-x_0)^2 + \cdots +$$

$$\frac{f^{(n)}(x_0)}{n!}(x-x_0)^n + R_n(x),$$

其中 $R_n(x) = \frac{f^{(n+1)}(\xi)}{(n+1)!}(x-x_0)^{n+1}$ 为拉格朗日型余项,ξ 是 x_0 与 x 之间的某个值.

将函数 $f(x)$ 在点 x_0 处的泰勒级数(5.10)和 n 阶泰勒公式加以对比,从形式上看二者非常相似,那么它们之间存在什么样的关系?又由定理 5.13 和定义 5.9 可知,如果函数 $f(x)$ 在点 x_0 处能展开成幂级数,则其幂级数展开式必为泰勒级数(5.10).那么函数 $f(x)$ 在点 x_0 处的泰勒级数(5.10)是否一定收敛于 $f(x)$?如果收敛于 $f(x)$ 需要满足什么条件?对此,有如下定理.

定理 5.14 设函数 $f(x)$ 在点 x_0 的某邻域内具有任意阶导数,则在该邻域内 $f(x)$ 能展开成泰勒级数,即 $f(x) = \sum_{n=0}^{\infty} \frac{f^{(n)}(x_0)}{n!}(x-x_0)^n$ 的充分必要条件是 $\lim_{n\to\infty} R_n(x) = 0$,其中 $R_n(x)$ 为拉格朗日型余项 $R_n(x) = \frac{f^{(n+1)}(\xi)}{(n+1)!}(x-x_0)^{n+1}$,$\xi$ 是 x_0 与 x 之间的某个值.

证明略.

定理 5.13 和定理 5.14 进一步说明,如果函数 $f(x)$ 能展开成幂级数,那么这个展开式是唯一的,而且一定是 $f(x)$ 的泰勒级数(5.10).

5.5.2 函数展开成幂级数

利用定理 5.13 和定理 5.14 将函数 $f(x)$ 展成泰勒级数的方法,称为**直接展开法**. 特别地,将函数 $f(x)$ 展开成麦克劳林级数,亦即展开成 x 的幂级数形式,可按如下步骤进行:

(1) 求出 $f(x)$ 的各阶导数,即 $f'(x),f''(x),\cdots,f^{(n)}(x),\cdots$;

(2) 求出 $f(x)$ 的各阶导数在 $x=0$ 处的值,即 $f(0),f'(0),f''(0),\cdots,f^{(n)}(0),\cdots$;

(3) 写出幂级数(5.11),即 $f(0)+f'(0)x+\cdots+\dfrac{f^{(n)}(0)}{n!}x^n+\cdots$,并求出其收敛半径 R;

(4) 当 $x\in(-R,R)$ 时,判断 $\lim\limits_{n\to\infty}R_n(x)=\lim\limits_{n\to\infty}\dfrac{f^{(n+1)}(\xi)}{(n+1)!}x^{n+1}$($\xi$ 介于 0 与 x 之间)是否为零. 如果 $\lim\limits_{n\to\infty}R_n(x)=0$,则 $f(x)$ 在 $(-R,R)$ 内的幂级数展开式为

$$f(x)=f(0)+f'(0)x+\cdots+\frac{f^{(n)}(0)}{n!}x^n+\cdots,\quad x\in(-R,R).$$

例 5.24 将下列函数展开成 x 的幂级数:

(1) $f(x)=\mathrm{e}^x$; (2) $f(x)=\sin x$.

分析 可按上述四个步骤进行展开.

解 (1) 由于 $f^{(n)}(x)=\mathrm{e}^x(n=0,1,2,\cdots)$,所以有

$$f(0)=f'(0)=\cdots=f^{(n)}(0)=1.$$

于是,得到幂级数

$$\sum_{n=0}^{\infty}\frac{x^n}{n!}=1+x+\frac{1}{2!}x^2+\cdots+\frac{1}{n!}x^n+\cdots\quad(0!=1).$$

容易验证,它的收敛半径为 $R=+\infty$.

对于任何有限的数 x 和 ξ(ξ 介于 0 与 x 之间),有

$$|R_n(x)|=\left|\frac{\mathrm{e}^{\xi}}{(n+1)!}x^{n+1}\right|<\mathrm{e}^{|x|}\cdot\frac{|x|^{n+1}}{(n+1)!}.$$

因 $\mathrm{e}^{|x|}$ 有限,而 $\dfrac{|x|^{n+1}}{(n+1)!}$ 是收敛级数 $\sum\limits_{n=0}^{\infty}\dfrac{|x|^{n+1}}{(n+1)!}$ 的一般项,所以 $\mathrm{e}^{|x|}\cdot\dfrac{|x|^{n+1}}{(n+1)!}\to 0(n\to\infty)$,即 $\lim\limits_{n\to\infty}R_n(x)=0$. 于是

$$\mathrm{e}^x=1+x+\frac{1}{2!}x^2+\cdots+\frac{1}{n!}x^n+\cdots,\quad x\in(-\infty,+\infty).$$

(2) 由于 $f^{(n)}(x)=\sin\left(x+\dfrac{n\pi}{2}\right)(n=0,1,2,\cdots)$,且 $f^{(n)}(0)$ 顺序循环地取 $0,1,0,-1,\cdots$($n=0,1,2,\cdots$),于是得到幂级数

$$\sum_{n=0}^{\infty}(-1)^n\frac{x^{2n+1}}{(2n+1)!}=x-\frac{1}{3!}x^3+\frac{1}{5!}x^5-\cdots+(-1)^n\frac{x^{2n+1}}{(2n+1)!}+\cdots.$$

容易验证,它的收敛半径为 $R=+\infty$.

对于任何有限的数 x 和 ξ(ξ 介于 0 与 x 之间),有

$$|R_n(x)|=\left|\frac{\sin\left[\xi+\dfrac{(n+1)\pi}{2}\right]}{(n+1)!}x^{n+1}\right|<\frac{|x|^{n+1}}{(n+1)!}\to 0\quad(n\to\infty).$$

于是

$$\sin x = x - \frac{1}{3!}x^3 + \cdots + (-1)^n \frac{x^{2n+1}}{(2n+1)!} + \cdots, \quad x \in (-\infty, +\infty). \quad (5.12)$$

从上面的例题可以看出,利用直接展开法将一个函数展开成幂级数不是件容易的事. 我们常常利用**间接展开法**,即利用一些已知函数的展开式和幂级数的性质,来求另一些函数的幂级数展开式.

例 5.25　将余弦函数 $\cos x$ 展开成 x 的幂级数.

分析　由于 $(\sin x)' = \cos x$,可利用 $\sin x$ 的幂级数展开式以及和函数的逐项可导性,将 $\cos x$ 展开成 x 的幂级数.

解　利用幂级数的运算性质,由 $\sin x$ 的展开式(5.12),逐项求导得

$$\cos x = 1 - \frac{x^2}{2!} + \frac{x^4}{4!} - \cdots + (-1)^n \frac{x^{2n}}{(2n)!} + \cdots, \quad x \in (-\infty, +\infty).$$

综合利用直接展开法和间接展开法,还可得到函数 $f(x) = (1+x)^\alpha (\alpha \in \mathbf{R})$ 的幂级数展开式:

$$(1+x)^\alpha = 1 + \alpha x + \cdots + \frac{\alpha(\alpha-1)\cdots(\alpha-n+1)}{n!}x^n + \cdots, \quad x \in (-1,1).$$

此展开式也通常称为**牛顿二项式展开式**. 其端点的收敛性与 α 有关,当 $\alpha \leqslant -1$ 时,收敛域为 $(-1,1)$;当 $-1 < \alpha < 0$ 时,收敛域为 $(-1,1]$;当 $\alpha > 0$ 时,收敛域为 $[-1,1]$.

特别地,当 $\alpha = -1$ 时,该展开式就是我们熟悉的等比级数:

$$\frac{1}{1+x} = \sum_{n=0}^{\infty} (-1)^n x^n = 1 - x + x^2 - x^3 + \cdots + (-1)^n x^n + \cdots, \quad x \in (-1,1). \quad (5.13)$$

例 5.26　将函数 $f(x) = \ln(1+x)$ 展开成 x 的幂级数.

分析　由于 $(\ln(1+x))' = \dfrac{1}{1+x} = \sum\limits_{n=0}^{\infty} (-1)^n x^n$,可利用和函数的逐项可积性求解.

解　因为 $f'(x) = \dfrac{1}{1+x}$,利用式(5.13),将其两端从 0 到 x 逐项积分,得

$$\ln(1+x) = \int_0^x \frac{\mathrm{d}t}{1+t} = x - \frac{x^2}{2} + \frac{x^3}{3} - \cdots + (-1)^n \frac{x^{n+1}}{n+1} + \cdots, \quad x \in (-1,1]. \quad (5.14)$$

上式对 $x=1$ 也成立. 因为上式右端的幂级数当 $x=1$ 时收敛,而上式左端的函数 $\ln(1+x)$ 在 $x=1$ 处有定义且连续.

例 5.27　将函数 $f(x) = \ln(4+x)$ 展开成 x 的幂级数.

分析　利用 $\ln(1+x)$ 的幂级数展开式(5.14)求解.

解　由于

$$\ln(4+x) = \ln\left[4\left(1+\frac{x}{4}\right)\right] = \ln 4 + \ln\left(1+\frac{x}{4}\right),$$

且 $\ln\left(1+\dfrac{x}{4}\right)$ 的展开式只需将 $\ln(1+x)$ 中的 x 换成 $\dfrac{x}{4}$,于是,由式(5.14)可知

$$\ln(4+x) = \ln 4 + \ln\left(1+\frac{x}{4}\right) = \ln 4 + \frac{x}{4} - \frac{1}{2} \cdot \left(\frac{x}{4}\right)^2 + \frac{1}{3} \cdot \left(\frac{x}{4}\right)^3 - \cdots, \quad -4 < x \leqslant 4.$$

例 5.28 将函数 $\dfrac{1}{1+x^2}$ 展开成 x 的幂级数.

分析 可利用式(5.13)将 $\dfrac{1}{1+x^2}$ 间接展开.

解 已知 $\dfrac{1}{1+x} = \displaystyle\sum_{n=0}^{\infty}(-1)^n x^n(-1<x<1)$,则有

$$\frac{1}{1+x^2} = \sum_{n=0}^{\infty}(-1)^n(x^2)^n = \sum_{n=0}^{\infty}(-1)^n x^{2n}, \quad -1<x<1.$$

例 5.29 将函数 $\dfrac{1}{x}$ 展成 $x-3$ 的幂级数.

分析 先将 $\dfrac{1}{x}$ 变形为式(5.13)的形式,再进行间接展开.

解 不难求得

$$\frac{1}{x} = \frac{1}{3+(x-3)} = \frac{1}{3}\,\frac{1}{1+\dfrac{x-3}{3}}, \quad -1<\frac{x-3}{3}<1.$$

于是,当 $-1<\dfrac{x-3}{3}<1$,即 $0<x<6$ 时,由式(5.13)可得

$$\frac{1}{x} = \frac{1}{3}\left[1-\frac{x-3}{3}+\frac{(x-3)^2}{9}+\cdots+(-1)^n\frac{(x-3)^n}{3^n}+\cdots\right] = \frac{1}{3}\sum_{n=0}^{\infty}(-1)^n\frac{(x-3)^n}{3^n}.$$

例 5.30 将函数 $\dfrac{1}{x^2+3x+2}$ 展成 $x-1$ 的幂级数.

分析 将函数 $\dfrac{1}{x^2+3x+2}$ 拆分成一次因式的形式,即 $\dfrac{1}{x+1}-\dfrac{1}{x+2}$,每部分因式均可利用式(5.13)间接展开.

解

$$\frac{1}{x^2+3x+2} = \frac{1}{x+1}-\frac{1}{x+2} = \frac{1}{2+(x-1)}-\frac{1}{3+(x-1)}$$

$$= \frac{1}{2}\cdot\frac{1}{1+\dfrac{x-1}{2}}-\frac{1}{3}\cdot\frac{1}{1+\dfrac{x-1}{3}}$$

$$= \frac{1}{2}\sum_{n=0}^{\infty}\left(-\frac{x-1}{2}\right)^n-\frac{1}{3}\sum_{n=0}^{\infty}\left(-\frac{x-1}{3}\right)^n = \sum_{n=0}^{\infty}(-1)^n\left[\frac{1}{2^{n+1}}-\frac{1}{3^{n+1}}\right](x-1)^n,$$

其中展开式中的 x 满足:$-1<\dfrac{x-1}{2}<1$ 且 $-1<\dfrac{x-1}{3}<1$,即 $-1<x<3$.

现将几个常用的函数的幂级数展开式列在下面,以便于读者查用.

$$e^x = \sum_{n=0}^{\infty}\frac{x^n}{n!} = 1+x+\frac{1}{2!}x^2+\cdots+\frac{1}{n!}x^n+\cdots, \quad x\in(-\infty,+\infty);$$

$$\sin x = \sum_{n=0}^{\infty}\frac{(-1)^n}{(2n+1)!}x^{2n+1} = x-\frac{1}{3!}x^3+\cdots+(-1)^n\frac{x^{2n+1}}{(2n+1)!}+\cdots, \quad x\in(-\infty,+\infty);$$

$$\cos x = \sum_{n=0}^{\infty}\frac{(-1)^n}{(2n)!}x^{2n} = 1-\frac{x^2}{2!}+\frac{x^4}{4!}-\cdots+(-1)^n\frac{x^{2n}}{(2n)!}+\cdots, \quad x\in(-\infty,+\infty);$$

$$\ln(1+x) = \sum_{n=1}^{\infty} \frac{(-1)^{n-1}}{n}x^n = x - \frac{x^2}{2} + \frac{x^3}{3} - \frac{x^4}{4} + \cdots + (-1)^n \frac{x^{n+1}}{n+1} + \cdots, \quad x \in (-1,1];$$

$$(1+x)^{\alpha} = 1 + \alpha x + \cdots + \frac{\alpha(\alpha-1)\cdots(\alpha-n+1)}{n!}x^n + \cdots, \quad x \in (-1,1);$$

$$\arctan x = x - \frac{1}{3}x^3 + \frac{1}{5}x^5 - \cdots + (-1)^n \frac{x^{2n+1}}{2n+1} + \cdots, \quad x \in [-1,1].$$

5.5.3 应用举例

幂级数展开式的应用很广泛,例如可利用它来对某些数值或定积分的值等进行近似计算.

例 5.31 计算 $\ln 2$ 的近似值,使误差不超过 10^{-4}.

分析 利用 $\ln(1+x)$ 的幂级数展开式,得到 $\ln 2$ 的展开式,进行近似计算.

解 由于 $\ln(1+x)$ 的幂级数展开式对 $x=1$ 也成立,故有

$$\ln 2 = \ln(1+1) = 1 - \frac{1}{2} + \frac{1}{3} - \frac{1}{4} + \cdots + (-1)^{n-1}\frac{1}{n} + \cdots.$$

根据交错级数理论,为使绝对误差小于 10^{-4},即

$$|r_n| < \frac{1}{n+1} < 10^{-4},$$

要取级数的前 10000 项进行计算,这样做计算量太大了. 为了减少计算量,我们考虑利用 $\ln\dfrac{1+x}{1-x}$ 的展开式进行计算. 由于

$$\ln\frac{1+x}{1-x} = \ln(1+x) - \ln(1-x) = \sum_{n=1}^{\infty}(-1)^{n-1}\frac{x^n}{n} - \sum_{n=1}^{\infty}(-1)^{n-1}\frac{(-x)^n}{n}$$

$$= \sum_{n=1}^{\infty}(-1)^{n-1}\frac{x^n}{n} + \sum_{n=1}^{\infty}\frac{x^n}{n} = 2\sum_{n=1}^{\infty}\frac{x^{2n-1}}{2n-1}, \quad -1 < x < 1,$$

令 $\dfrac{1+x}{1-x}=2$,得 $x=\dfrac{1}{3}\in(-1,1)$,以 $x=\dfrac{1}{3}$ 代入上面展开式得

$$\ln 2 = 2\left(\frac{1}{3} + \frac{1}{3}\times\frac{1}{3^3} + \frac{1}{5}\times\frac{1}{3^5} + \frac{1}{7}\times\frac{1}{3^7} + \cdots\right).$$

由于

$$|r_n| = \sum_{k=n+1}^{\infty}\frac{2}{2k-1}\cdot\frac{1}{3^{2k-1}} < \frac{2}{9}\sum_{k=n+1}^{\infty}\frac{1}{3^{2k-1}} = 2\left[\frac{1}{9\times 3^{2n+1}} + \frac{1}{9\times 3^{2n+3}} + \cdots\right],$$

只要取 $n=4$,就有 $|r_n| < 10^{-4}$,从而

$$\ln 2 = 2\left(\frac{1}{3} + \frac{1}{3}\times\frac{1}{3^3} + \frac{1}{5}\times\frac{1}{3^5} + \frac{1}{7}\times\frac{1}{3^7}\right) \approx 0.6931.$$

例 5.32 计算 $\displaystyle\int_0^1 \frac{\sin x}{x}\mathrm{d}x$ 的近似值,精确到 10^{-4}.

分析 利用 $\sin x$ 的幂级数展开式,得到 $\displaystyle\int_0^1 \frac{\sin x}{x}\mathrm{d}x$ 的展开式,进行近似计算.

解 利用 $\sin x$ 的幂级数展开式,得

$$\frac{\sin x}{x} = 1 - \frac{1}{3!}x^2 + \frac{1}{5!}x^4 - \frac{1}{7!}x^6 + \cdots, \quad x \in (-\infty, +\infty),$$

所以

$$\int_0^1 \frac{\sin x}{x}\mathrm{d}x = 1 - \frac{1}{3\times 3!} + \frac{1}{5\times 5!} - \frac{1}{7\times 7!} + \cdots.$$

这是收敛的交错级数,因其第四项 $\frac{1}{7\times 7!} < \frac{1}{30000} < 10^{-4}$,故取前三项作为积分的近似值,得

$$\int_0^1 \frac{\sin x}{x}\mathrm{d}x \approx 1 - \frac{1}{3\times 3!} + \frac{1}{5\times 5!} \approx 0.9461.$$

习 题 5.5

思考题

1. 在点 $x=0$ 的邻域内具有任意阶导数的函数都可以展开成 x 的幂级数吗? 麦克劳林级数和麦克劳林公式有什么关系?

2. 将函数展成幂级数后,如何确定其收敛域?

3. 在利用幂级数的展开式求函数值的近似值时应注意哪几点?

A类题

1. 将下列函数展开成 x 的幂级数,并确定其收敛域:

(1) $\dfrac{e^x-1}{x}$;　　　(2) 2^x;　　　(3) $\ln(3+x)$;　　　(4) $\cos^2 x$;

(5) $\dfrac{1}{x+5}$;　　　(6) $\dfrac{1}{4-x}$;　　　(7) $\dfrac{3x}{x^2+5x+6}$;　　　(8) $\dfrac{x}{1+x^2}$.

2. 将 $\dfrac{1}{x^2-5x+4}$ 展开成 $x-5$ 的幂级数.

3. 将 $\dfrac{1}{x^2+4x+3}$ 展开成 $x-1$ 的幂级数.

4. 利用函数的幂级数展开式,求函数 $\sqrt{e}$ 的近似值,精确到 0.001.

B类题

1. 将函数 $f(x)=\dfrac{1}{x^2}$ 展开成 $x-2$ 的幂级数.

2. 将 $f(x)=\dfrac{x-1}{4-x}$ 展开成 $x-1$ 的幂级数,并求 $f^{(n)}(1)$.

3. 用 $\ln(1-x)$ 的展开式,求:

(1) $\displaystyle\sum_{n=1}^{\infty} \frac{x^n}{n\cdot 4^n}$ 的和函数;　　　(2) $\displaystyle\sum_{n=1}^{\infty} (-1)^{n+1}\frac{1}{n}$ 的和.

4. 将函数 $f(x)=\arctan\dfrac{1+x}{1-x}$ 展开为 x 的幂级数.

5. 计算 $\int_0^{0.8} x^{10}\sin x\,dx$ 的近似值(精确到 0.001).

5.6　函数项级数(Ⅲ)——傅里叶级数
Series with function terms(Ⅲ)——*Fourier series*

由定理 5.14 可以看到,对于一个给定的函数 $f(x)$,当它在点 x_0 的某邻域内满足一定条件时,该函数便可以展开成**泰勒级数**形式或**麦克劳林级数**形式($x_0=0$)的幂级数. 函数的这种幂级数表示方法和相关理论是英国数学家泰勒(Taylor)在 17 世纪初创立的,经过了理论上的完善之后,它便成为微分学中研究函数的一个重要工具.

但这种表示方法在应用过程中也受到一定的局限. 例如,它要求被表示函数具有任意阶导数,这对许多实际问题来说过于苛刻;再如,它仅在点 x_0 附近与函数的近似程度较好,即它和函数极限一样也只具有局部性质. 在此背景下,应运而生了一种新的级数表示方法——三角级数表示法,即用三角函数的线性组合来表示一些具有某种特性的函数.

事实上,在基本初等函数中,除常数函数外,最为简单的两类函数是幂函数和三角函数(正弦和余弦). 三角函数在描述和解决实际问题时的作用也是非常显著的. 众所周知,在自然界中常常会出现周期现象,用数学语言来描述就是周期函数. 最简单的周期现象,如单摆的摆动、发动机中活塞的运动等,这些现象都可以单独用正弦函数或余弦函数来表示. 但是对于较为复杂的周期现象,仅用一个正弦函数或余弦函数来表示是不够的,往往需要很多个甚至无限多个正弦函数和余弦函数来表示. 本节着重讨论如何将周期函数表示为无限多个正弦函数和余弦函数之和,即**傅里叶级数**(**Fourier series**).

5.6.1　三角级数

函数列

$$1,\cos x,\sin x,\cos 2x,\sin 2x,\cdots,\cos nx,\sin nx,\cdots \tag{5.15}$$

称为**三角函数系**(**system of trigonometric functions**). 容易验证,三角函数系具有下面的性质:

(1) $\int_{-\pi}^{\pi}\cos nx\,dx=0,\int_{-\pi}^{\pi}\sin nx\,dx=0,\int_{-\pi}^{\pi}\sin nx\cos nx\,dx=0,n=1,2,\cdots$;

(2) $\int_{-\pi}^{\pi}\sin kx\cos nx\,dx=0,\int_{-\pi}^{\pi}\sin kx\sin nx\,dx=0,\int_{-\pi}^{\pi}\cos kx\cos nx\,dx=0,n=1,2,\cdots,$
$k=1,2,\cdots,k\neq n$;

(3) $\int_{-\pi}^{\pi}1\,dx=2\pi;\int_{-\pi}^{\pi}\sin^2 nx\,dx=\pi,\int_{-\pi}^{\pi}\cos^2 nx\,dx=\pi,n=1,2,\cdots$.

注意到,在三角函数系(5.15)中,任意不同的两个函数的乘积在 $[-\pi,\pi]$ 上的积分等于零,相同的两个函数的乘积在 $[-\pi,\pi]$ 上的积分不等于零,这种性质称为三角函数系的**正交性**(**orthogonality**). 以上性质都可以通过计算定积分来验证,例如

$$\int_{-\pi}^{\pi}\cos kx\cos nx\,dx=\frac{1}{2}\int_{-\pi}^{\pi}(\cos(k+n)x+\cos(k-n)x)\,dx=0,\quad k\neq n.$$

其余的请读者自己验证.

定义 5.10 称具有如下形式的函数项级数

$$\frac{a_0}{2} + \sum_{n=1}^{\infty}(a_n\cos nx + b_n\sin nx) \tag{5.16}$$

为**三角级数**（**trigonometric series**），其中 $a_0, a_n, b_n(n=1,2,\cdots)$ 都是常数.

5.6.2 周期为 2π 的函数的傅里叶级数

与将一个函数展开成幂级数时面临的问题类似,将一个周期函数展开成三角级数 (5.16)也需要解决如下两个问题:

(1) 函数应具备什么条件时才能展开成一个三角级数?

(2) 如果函数可以展开成三角级数(5.16),那么系数 $a_0, a_n, b_n(n=1,2,\cdots)$ 如何确定?

下面将回答这两个问题.

设函数 $f(x)$ 是以 2π 为周期的函数,如果 $f(x)$ 能展开成三角级数(5.16)的形式,即

$$f(x) = \frac{a_0}{2} + \sum_{n=1}^{\infty}(a_n\cos nx + b_n\sin nx), \tag{5.17}$$

那么我们就说这个三角级数为 $f(x)$ 的三角展开式.这时系数 a_n, b_n 与函数 $f(x)$ 之间存在什么样的关系呢? 即如何用 $f(x)$ 把 a_n, b_n 表示出来? 我们假设级数可以逐项积分,则对上式从 $-\pi$ 到 π 逐项积分,得到

$$\int_{-\pi}^{\pi}f(x)\mathrm{d}x = \int_{-\pi}^{\pi}\frac{a_0}{2}\mathrm{d}x + \sum_{n=1}^{\infty}\left(\int_{-\pi}^{\pi}a_n\cos nx\,\mathrm{d}x + \int_{-\pi}^{\pi}b_n\sin nx\,\mathrm{d}x\right),$$

由三角函数系的正交性可知,等式右边除了第一项之外,其余项都是零,所以

$$\int_{-\pi}^{\pi}f(x)\mathrm{d}x = \int_{-\pi}^{\pi}\frac{a_0}{2}\mathrm{d}x,$$

从而可以求出

$$a_0 = \frac{1}{\pi}\int_{-\pi}^{\pi}f(x)\mathrm{d}x.$$

在式(5.17)两边同时乘以函数 $\cos nx$,再从 $-\pi$ 到 π 逐项积分,得到

$$\int_{-\pi}^{\pi}f(x)\cos nx\,\mathrm{d}x$$

$$= \int_{-\pi}^{\pi}\frac{a_0}{2}\cos nx\,\mathrm{d}x + \sum_{k=1}^{\infty}\left(\int_{-\pi}^{\pi}a_k\cos kx\cos nx\,\mathrm{d}x + \int_{-\pi}^{\pi}b_k\sin kx\cos nx\,\mathrm{d}x\right).$$

由三角函数系的正交性,除 $\int_{-\pi}^{\pi}a_n\cos nx\cos nx\,\mathrm{d}x$ 外,其余的项都是零,所以

$$\int_{-\pi}^{\pi}f(x)\cos nx\,\mathrm{d}x = \int_{-\pi}^{\pi}a_n\cos^2 nx\,\mathrm{d}x = a_n\pi,$$

从而

$$a_n = \frac{1}{\pi}\int_{-\pi}^{\pi}f(x)\cos nx\,\mathrm{d}x, \quad n=1,2,\cdots.$$

类似地,可以求出

$$b_n = \frac{1}{\pi}\int_{-\pi}^{\pi}f(x)\sin nx\,\mathrm{d}x, \quad n=1,2,\cdots.$$

注意到当 $n=0$ 时, $a_0 = \frac{1}{\pi}\int_{-\pi}^{\pi}f(x)\mathrm{d}x$,所以上面的结果可以合并为

$$\begin{cases} a_n = \dfrac{1}{\pi}\displaystyle\int_{-\pi}^{\pi} f(x)\cos nx\, \mathrm{d}x, & n = 0,1,2,\cdots, \\[3mm] b_n = \dfrac{1}{\pi}\displaystyle\int_{-\pi}^{\pi} f(x)\sin nx\, \mathrm{d}x, & n = 1,2,\cdots. \end{cases} \qquad (5.18)$$

一般地,给出如下定义.

定义 5.11 设函数 $f(x)$ 是以 2π 为周期的函数,且在区间 $[-\pi,\pi]$ 上可积,则称式(5.18)为函数 $f(x)$ 的**傅里叶系数**（**Fourier coefficient**）. 以函数 $f(x)$ 的傅里叶系数为系数的三角级数

$$\frac{a_0}{2} + \sum_{n=1}^{\infty}(a_n\cos nx + b_n\sin nx)$$

称为函数 $f(x)$ 的**傅里叶级数**. 记作

$$f(x) \sim \frac{a_0}{2} + \sum_{n=1}^{\infty}(a_n\cos nx + b_n\sin nx).$$

由定义 5.10 可以看到,周期为 2π 的函数 $f(x)$ 与其对应的傅里叶级数(5.16)之间的关系是"$\sim$",而不是"$=$". 现在的问题是：函数 $f(x)$ 的傅里叶级数(5.16)在什么条件下是收敛的？ 如果收敛,是否收敛到函数 $f(x)$？ 为此,有如下的定理.

定理 5.15(狄利克雷收敛定理) 设 $f(x)$ 是周期为 2π 的周期函数,如果 $f(x)$ 在闭区间 $[-\pi,\pi]$ 上连续或只有有限个第一类间断点,并且至多只有有限个极值点,则 $f(x)$ 的傅里叶级数收敛,并且

(1) 当 x 是 $f(x)$ 的连续点时,级数收敛于 $f(x)$；

(2) 当 x 是 $f(x)$ 的间断点时,级数收敛于 $\dfrac{f(x-0)+f(x+0)}{2}$.

该定理说明,函数 $f(x)$ 如果在区间 $[-\pi,\pi]$ 上至多有有限个第一类间断点,并且不作无限次振荡,那么 $f(x)$ 的傅里叶级数在连续点处收敛于该点的函数值,在间断点处收敛于函数在该点处的左极限与右极限的算术平均值. 由此可见,函数展开成傅里叶级数的条件要比函数展开成幂级数的条件弱得多.

例 5.33 设函数 $f(x)$ 是周期为 2π 的函数,它在 $[-\pi,\pi]$ 上的表达式是

$$f(x) = \begin{cases} -1, & -\pi \leqslant x < 0, \\ 1, & 0 \leqslant x < \pi. \end{cases}$$

将 $f(x)$ 展开成傅里叶级数.

分析 该函数是周期为 2π 的函数,先求 $f(x)$ 的傅里叶系数以及傅里叶级数,由定理 5.15 讨论其傅里叶级数的收敛性.

解 先求函数的傅里叶系数：

$$a_n = \frac{1}{\pi}\int_{-\pi}^{\pi} f(x)\cos nx\, \mathrm{d}x = \frac{1}{\pi}\int_{-\pi}^{0}(-1)\cos nx\, \mathrm{d}x + \frac{1}{\pi}\int_{0}^{\pi} 1\cdot\cos nx\, \mathrm{d}x = 0, \quad n = 0,1,2,\cdots,$$

$$b_n = \frac{1}{\pi}\int_{-\pi}^{\pi} f(x)\sin nx\, \mathrm{d}x = \frac{1}{\pi}\int_{-\pi}^{0}(-1)\sin nx\, \mathrm{d}x + \frac{1}{\pi}\int_{0}^{\pi}\sin nx\, \mathrm{d}x = \begin{cases} 0, & n = 2,4,6,\cdots, \\[3mm] \dfrac{4}{n\pi}, & n = 1,3,5,\cdots. \end{cases}$$

函数 $f(x)$ 在点 $x = k\pi(k = 0,\pm 1,\pm 2,\cdots)$ 处是第一类间断点,在其他点处连续. 由定理 5.15 可知,当 $x = k\pi$ 时,$f(x)$ 的傅里叶级数收敛于 $\dfrac{(-1)+1}{2} = 0$ 或 $\dfrac{1+(-1)}{2} = 0$；当

$x \neq k\pi$ 时收敛于 $f(x)$. 于是,当 $x \neq k\pi$ 时,有

$$f(x) = \frac{4}{\pi}\left[\sin x + \frac{1}{3}\sin 3x + \frac{1}{5}\sin 5x + \cdots + \frac{1}{2n-1}\sin(2n-1)x + \cdots\right].$$

当上式分别取第一项、前两项、前三项时,近似曲线如图 5.1 所示. 由图可见,随着项数的增加,近似程度加强.

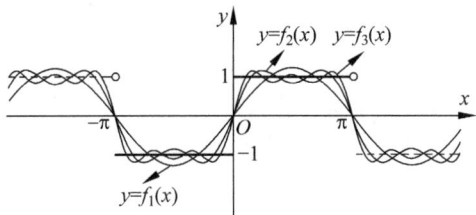

图 5.1

例 5.34 将函数

$$f(x) = \begin{cases} -x, & -\pi \leqslant x \leqslant 0, \\ x, & 0 < x \leqslant \pi \end{cases}$$

展开成傅立叶级数,并由此求正项级数 $\displaystyle\sum_{n=1}^{\infty} \frac{1}{n^2}$ 的和.

分析 该函数不是周期函数,它是区间 $[-\pi,\pi]$ 上的连续函数,要求它的傅里叶级数,须先将 $f(x)$ 延拓成周期为 2π 的函数,就可以和上面的例子一样处理了.

解 将函数 $f(x)$ 延拓成周期为 2π 的函数 $F(x)$,如图 5.2(a) 所示,而 $F(x)$ 在 $[-\pi,\pi]$ 上等于 $f(x)$.

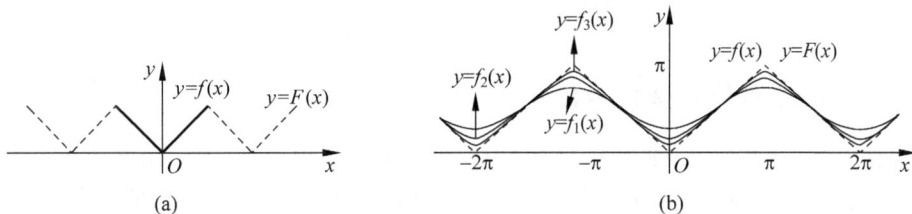

(a)   (b)

图 5.2

下面将函数 $F(x)$ 展开成傅里叶级数. 函数的傅里叶系数计算如下:

$$a_0 = \pi;$$

$$a_n = \frac{1}{\pi}\int_{-\pi}^{\pi} f(x)\cos nx \, dx = \frac{1}{\pi}\int_{-\pi}^{0}(-x)\cos nx \, dx + \frac{1}{\pi}\int_{0}^{\pi} x\cos nx \, dx$$

$$= \frac{2}{\pi}\int_{0}^{\pi} x\cos nx \, dx = \frac{2}{n^2\pi}[\cos n\pi - 1] = \begin{cases} 0, & n = 2,4,6,\cdots, \\ -\dfrac{4}{n^2\pi}, & n = 1,3,5,\cdots. \end{cases}$$

$$b_n = \frac{1}{\pi}\int_{-\pi}^{\pi} f(x)\sin nx \, dx = 0, \quad n = 1,2,\cdots.$$

由于函数 $F(x)$ 在 $(-\infty, +\infty)$ 上连续,所以有

$$F(x) = \frac{\pi}{2} - \frac{4}{\pi}\left(\cos x + \frac{1}{3^2}\cos 3x + \frac{1}{5^2}\cos 5x + \cdots\right).$$

在区间 $[-\pi,\pi]$ 上，$F(x)=f(x)$，所以对于任意 $x\in[-\pi,\pi]$，有

$$f(x) = \frac{\pi}{2} - \frac{4}{\pi}\left(\cos x + \frac{1}{3^2}\cos 3x + \frac{1}{5^2}\cos 5x + \cdots\right).$$

当上式分别取第一项、前两项、前三项时，近似曲线如图 5.2(b)所示. 由图(b)可见，随着项数的增加，近似程度加强.

若令 $x=0$，则 $f(0)=0$，所以

$$0 = \frac{\pi}{2} - \frac{4}{\pi}\left(1 + \frac{1}{3^2} + \frac{1}{5^2} + \cdots\right),$$

由此得到

$$1 + \frac{1}{3^2} + \frac{1}{5^2} + \frac{1}{7^2} + \cdots + \frac{1}{(2n-1)^2} + \cdots = \frac{\pi^2}{8}.$$

又

$$A = \frac{1}{2^2} + \frac{1}{4^2} + \frac{1}{6^2} + \cdots = \frac{1}{4}\left(1 + \frac{1}{2^2} + \frac{1}{3^2} + \cdots\right)$$

$$= \frac{1}{4}\left(1 + \frac{1}{3^2} + \frac{1}{5^2} + \cdots\right) + \frac{1}{4}\left(\frac{1}{2^2} + \frac{1}{4^2} + \frac{1}{6^2} + \cdots\right),$$

即

$$A = \frac{1}{4} \cdot \frac{\pi^2}{8} + \frac{1}{4}A,$$

解得，$A = \frac{\pi^2}{24}$. 故

$$1 + \frac{1}{2^2} + \frac{1}{3^2} + \frac{1}{4^2} + \frac{1}{5^2} + \cdots = \frac{\pi^2}{24} + \frac{\pi^2}{8} = \frac{\pi^2}{6}.$$

5.6.3　正弦级数和余弦级数

一般情况下，函数 $f(x)$ 的傅里叶级数(5.16)既含有正弦项，又含有余弦项. 然而，从例 5.33 和例 5.34 可以看到，有些函数的傅里叶级数只含有正弦项，有些只含有常数项和余弦项. 事实上，导致这种现象的原因与所给函数的奇偶性有关.

设 $f(x)$ 是周期为 2π 的周期函数，则：

(1) 当函数 $f(x)$ 是奇函数时，$f(x)\cos nx$ 是奇函数，$f(x)\sin nx$ 是偶函数，故

$$\begin{cases} a_n = 0, & n = 0,1,2,\cdots, \\ b_n = \dfrac{2}{\pi}\int_0^\pi f(x)\sin nx \, \mathrm{d}x, & n = 1,2,\cdots. \end{cases}$$

可见，$f(x)$ 的傅里叶级数为 $\displaystyle\sum_{n=1}^{\infty} b_n \sin nx$，即奇函数的傅里叶级数是只含有正弦项的**正弦级数**.

(2) 当 $f(x)$ 是偶函数时，$f(x)\cos nx$ 是偶函数，$f(x)\sin nx$ 是奇函数，故

$$\begin{cases} a_n = \dfrac{2}{\pi}\int_0^\pi f(x)\cos nx \, \mathrm{d}x, & n = 0,1,2,\cdots, \\ b_n = 0, & n = 1,2,\cdots. \end{cases}$$

可见,$f(x)$的傅里叶级数为$\dfrac{a_0}{2} + \sum\limits_{n=1}^{\infty} a_n \cos nx$,即偶函数的傅里叶级数是只含有常数项和余弦项的**余弦级数**.

在实际应用中,有时需要将某个区间上的函数展开成正弦级数或者余弦级数.

例 5.35 在区间$[0,\pi]$上将函数$f(x) = \pi - x$分别展开成正弦级数和余弦级数.

分析 若要将函数$f(x)$展开成正弦(余弦)级数,需先将其延拓成以2π为周期的奇(偶)函数,即将$f(x)$进行奇(偶)延拓.

解 (1) 先将函数$f(x)$展开成正弦级数.

将函数$f(x) = \pi - x$延拓成以2π为周期的奇函数$F(x)$,在区间$(0,\pi]$上$F(x) = f(x)$,如图 5.3(a)所示.

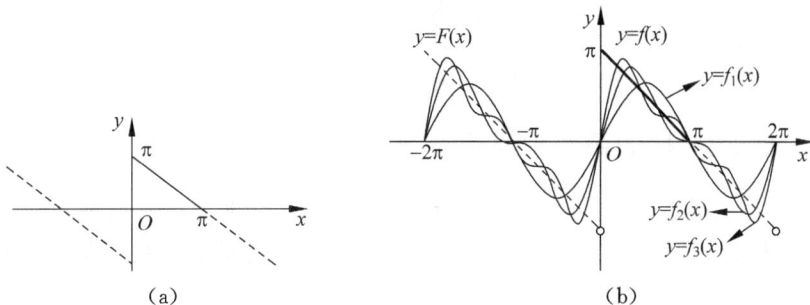

图 5.3

系数b_n的计算过程如下:

$$b_n = \frac{1}{\pi} \int_{-\pi}^{\pi} f(x) \sin nx \, \mathrm{d}x = \frac{2}{\pi} \int_{0}^{\pi} (\pi - x) \sin nx \, \mathrm{d}x$$

$$= -\frac{1}{\pi} \pi \frac{2}{n} \cos nx \Big|_{0}^{\pi} + \frac{2}{n\pi} x \cos nx \Big|_{0}^{\pi} - \frac{2}{n\pi} \int_{0}^{\pi} \cos nx \, \mathrm{d}x = \frac{2}{n}.$$

所以函数$f(x)$的正弦级数为

$$f(x) = \sum_{n=1}^{\infty} b_n \sin nx = \sum_{n=1}^{\infty} \frac{2}{n} \sin nx, \quad x \in (0,\pi].$$

当$x = 0$时,级数收敛于0. 当上式分别取第一项、前两项、前三项时,近似曲线如图 5.3(b)所示. 由图(b)可见,随着项数的增加,近似程度加强.

(2) 将函数展成余弦级数.

将函数$f(x)$延拓成以2π为周期的偶函数$G(x)$,在区间$[0,\pi]$上$G(x) = f(x)$,如图 5.4(a)所示.

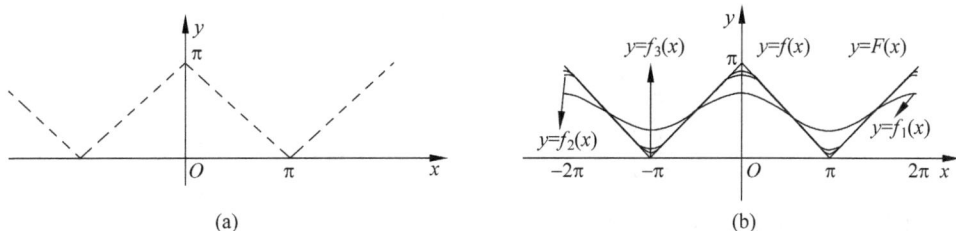

图 5.4

系数 a_n 的计算过程如下:

$$a_0 = \pi;$$

$$a_n = \frac{2}{\pi} \int_0^\pi f(x) \cos nx \, \mathrm{d}x = \frac{2}{\pi} \int_0^\pi (\pi - x) \cos nx \, \mathrm{d}x$$

$$= \frac{2}{\pi} \pi \frac{\sin nx}{n} \Big|_0^\pi - \frac{2}{n\pi} x \sin nx \Big|_0^\pi + \frac{2}{n\pi} \int_0^\pi \sin nx \, \mathrm{d}x$$

$$= -\frac{2}{n^2 \pi} \cos nx \Big|_0^\pi = \begin{cases} 0, & n = 2, 4, \cdots, \\ \dfrac{4}{n^2 \pi}, & n = 1, 3, 5, \cdots. \end{cases}$$

所以函数 $f(x)$ 的傅里叶级数为

$$f(x) = \frac{a_0}{2} + \sum_{n=1}^\infty a_n \cos nx = \frac{\pi}{2} + \sum_{n=1}^\infty \frac{2(1 - (-1)^n)}{n^2 \pi} \cos nx, \quad x \in [0, \pi].$$

当上式分别取第一项、前两项、前三项时,近似曲线如图 5.4(b)所示.

5.6.4　周期为 $2l$ 的函数的傅里叶级数

在实际问题中,常常会遇到周期不是 2π 的周期函数. 而前面讨论的都是如何将周期为 2π 或延拓成周期为 2π 的函数展开成傅里叶级数,下面通过变量替换的方法讨论如何将周期为 $2l$ 的函数展成傅里叶级数. 为此,有如下的定理.

定理 5.16　设 $f(x)$ 是周期为 $2l$ 的周期函数,它在区间 $[-l, l]$ 内满足定理 5.15 的条件,则它的傅里叶级数展开式为

$$\frac{f(x+0) + f(x-0)}{2} = \frac{a_0}{2} + \sum_{n=1}^\infty \left(a_n \cos \frac{n\pi x}{l} + b_n \sin \frac{n\pi x}{l} \right),$$

其中系数 a_n, b_n 为

$$a_n = \frac{1}{l} \int_{-l}^l f(x) \cos \frac{n\pi x}{l} \mathrm{d}x, \quad n = 0, 1, 2, \cdots;$$

$$b_n = \frac{1}{l} \int_{-l}^l f(x) \sin \frac{n\pi x}{l} \mathrm{d}x, \quad n = 1, 2, \cdots.$$

分析　由于 $f(x)$ 不是周期为 2π 的函数,所以不能直接利用狄利克雷收敛定理,但可以利用变量替换将其变换为周期为 2π 的函数,进而使用定理 5.15 的结论.

证　令 $z = \dfrac{\pi x}{l}$,则区间 $[-l, l]$ 变换成 $[-\pi, \pi]$,并且有 $f(x) = f\left(\dfrac{lz}{\pi}\right) = g(z)$. 易见, $g(z)$ 是周期为 2π 的函数. 由定理 5.15 可知,函数 $g(z)$ 的傅里叶级数为

$$g(z) = \frac{a_0}{2} + \sum_{n=1}^\infty (a_n \cos nz + b_n \sin nz),$$

其中

$$a_n = \frac{1}{\pi} \int_{-\pi}^\pi g(z) \cos nz \, \mathrm{d}z, \quad n = 0, 1, 2, \cdots;$$

$$b_n = \frac{1}{\pi} \int_{-\pi}^\pi g(z) \sin nz \, \mathrm{d}z, \quad n = 1, 2, \cdots.$$

由于 $z = \dfrac{\pi x}{l}$,且 $f(x) = g(z)$,于是有

$$f(x) = \frac{a_0}{2} + \sum_{n=1}^{\infty}\left(a_n\cos\frac{n\pi x}{l} + b_n\sin\frac{n\pi x}{l}\right).$$

且

$$a_n = \frac{1}{l}\int_{-l}^{l}f(x)\cos\frac{n\pi x}{l}\mathrm{d}x, \quad b_n = \frac{1}{l}\int_{-l}^{l}f(x)\sin\frac{n\pi x}{l}\mathrm{d}x. \qquad 证毕$$

进一步地,若函数 $f(x)$ 是奇函数,则它的傅里叶级数为

$$f(x) = \sum_{n=1}^{\infty}b_n\sin\frac{n\pi x}{l}, \tag{5.19}$$

其中

$$b_n = \frac{2}{l}\int_{0}^{l}f(x)\sin\frac{n\pi x}{l}\mathrm{d}x, \quad n = 1,2,\cdots.$$

若函数 $f(x)$ 是偶函数,则它的傅里叶级数可以写为

$$f(x) = \frac{a_0}{2} + \sum_{n=1}^{\infty}a_n\cos\frac{n\pi x}{l}, \tag{5.20}$$

其中

$$a_n = \frac{2}{l}\int_{0}^{l}f(x)\cos\frac{n\pi x}{l}\mathrm{d}x, \quad n = 0,1,2,\cdots.$$

注意 当 x 为函数 $f(x)$ 的间断点时,式(5.19)与式(5.20)的左端均为 $\frac{f(x+0)+f(x-0)}{2}$.

例 5.36 设 $f(x)$ 是周期为 4 的周期函数,它在 $[-2,2]$ 上的表达式为

$$f(x) = \begin{cases} 0, -2 \leqslant x < 0, \\ k, 0 \leqslant x < 2, \end{cases}$$

其中 k 为不等于零的常数. 试将函数 $f(x)$ 展开成傅里叶级数.

分析 该函数是周期为 4 的周期函数,根据定理 5.16,求 $f(x)$ 的傅里叶系数、傅里叶级数,并讨论其傅里叶级数的收敛性.

解 易见,函数 $f(x)$ 满足定理 5.16 的条件.函数的傅里叶系数计算如下:

$$a_0 = \frac{1}{2}\int_{-2}^{0}0\mathrm{d}x + \frac{1}{2}\int_{0}^{2}k\mathrm{d}x = k,$$

$$a_n = \frac{1}{2}\int_{0}^{2}k\cos\frac{n\pi}{2}x\mathrm{d}x = 0, \quad n = 1,2,\cdots;$$

$$b_n = \frac{1}{2}\int_{0}^{2}k\sin\frac{n\pi}{2}x\mathrm{d}x = \frac{k}{n\pi}(1-\cos n\pi) = \begin{cases} \frac{2k}{n\pi}, & n=1,3,5,\cdots, \\ 0, & n=2,4,6,\cdots. \end{cases}$$

所以函数 $f(x)$ 的傅里叶级数为

$$f(x) = \frac{k}{2} + \frac{2k}{\pi}\left(\sin\frac{\pi x}{2} + \frac{1}{3}\sin\frac{3\pi x}{2} + \frac{1}{5}\sin\frac{5\pi x}{2} + \cdots\right)$$

$$(-\infty < x < +\infty; x \neq 0, \pm 2, \pm 4, \cdots).$$

当上式分别取第一项、前两项、前三项时,近似曲线如图 5.5 所示.由图可见,随着项数的增加,近似程度加强.

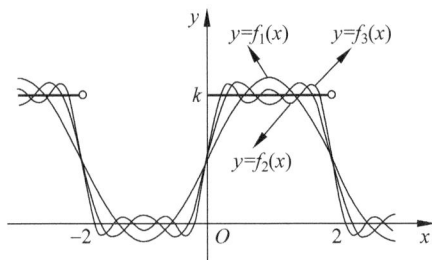

图　5.5

例 5.37　将函数 $f(x)=\begin{cases}2x+1, & -3<x\leqslant 0, \\ x, & 0<x\leqslant 3\end{cases}$ 展开为傅里叶级数.

分析　所给函数不是周期函数,根据函数 $f(x)$ 的定义,先将其延拓成周期为 6 的周期函数 $F(x)$,在区间 $[-3,3]$ 上 $F(x)=f(x)$,这样就可利用定理 5.16 求出 $f(x)$ 的傅里叶级数.

解　将函数 $f(x)$ 周期延拓成周期为 6 的函数 $F(x)$,而 $F(x)$ 在 $[-3,3]$ 上等于 $f(x)$.

将函数 $F(x)$ 展开成傅里叶级数,其傅里叶系数计算如下:

$$a_0 = \frac{1}{3}\int_{-3}^{0}(2x+1)\mathrm{d}x + \frac{1}{3}\int_{0}^{3}x\mathrm{d}x = -\frac{1}{2},$$

$$a_n = \frac{1}{3}\int_{-3}^{0}(2x+1)\cos\frac{n\pi x}{3}\mathrm{d}x + \frac{1}{3}\int_{0}^{3}x\cos\frac{n\pi x}{3}\mathrm{d}x = \frac{3}{n^2\pi^2}[1-(-1)^n];$$

$$b_n = \frac{1}{3}\int_{-3}^{0}(2x+1)\sin\frac{n\pi x}{3}\mathrm{d}x + \frac{1}{3}\int_{0}^{3}x\sin\frac{n\pi x}{3}\mathrm{d}x = -\frac{1}{n\pi}[1+(-1)^n\times 8].$$

由于 $F(x)$ 在点 $x=3k(k=0,\pm 1,\pm 2,\cdots)$ 处不连续,故对应的傅里叶级数在区间 $(-3,0)\bigcup(0,3)$ 上收敛于 $f(x)$.所以

$$f(x) = -\frac{1}{4} + \sum_{n=1}^{\infty}\left\{\frac{3}{n^2\pi^2}[1-(-1)^n]\cos\frac{n\pi x}{3} - \frac{1}{n\pi}[1+(-1)^n\times 8]\sin\frac{n\pi x}{3}\right\}$$

$$(-3<x<3,但\ x\neq 0).$$

习　题　5.6

思 考 题

1. 为什么有限区间上的非周期函数也可展成傅里叶级数?

2. 设 $f(x)$ 为能展成傅里叶级数 $\dfrac{a_0}{2} + \sum_{n=1}^{\infty}(a_n\cos nx + b_n\sin nx)$ 的周期函数,$S(x)$ 为展开后的傅里叶级数的和函数,那么等式 $S(x)=f(x)$ 是否成立?为什么?

3. 非奇函数(或非偶函数)是否可以展成正弦级数(或余弦级数),为什么?

Ⓐ 类题

1. 将下列周期为 2π 的周期函数展开成傅里叶级数:

(1) $f(x)=\begin{cases}e^x, & -\pi\leqslant x<0,\\ 1, & 0\leqslant x<\pi;\end{cases}$ (2) $f(x)=\begin{cases}x, & -\pi\leqslant x<0,\\ 0, & 0\leqslant x<\pi;\end{cases}$

(3) $f(x)=x, -\pi\leqslant x<\pi$; (4) $f(x)=x^2, -\pi\leqslant x<\pi$.

2. 按要求将下列函数展开成傅里叶级数:

(1) 将函数 $f(x)=x+1(0\leqslant x\leqslant\pi)$ 分别展开成正弦级数和余弦级数;

(2) 将函数 $f(x)=2x+3(0\leqslant x\leqslant\pi)$ 展开成余弦级数.

3. 设函数 $f(x)$ 是周期为 2 的函数,它在区间 $[-1,1]$ 上的表达式为 $f(x)=|x|$,求此函数的傅里叶级数.

Ⓑ 类题

1. 已知 $f(x)$ 是以 2π 为周期的周期函数,它在 $-\pi\leqslant x<\pi$ 上的表达式为

$$f(x)=\begin{cases}0, & -\pi\leqslant x<0,\\ x, & 0\leqslant x<\pi.\end{cases}$$

设 $S(x)$ 是 $f(x)$ 的傅里叶级数的和函数,求 $S\left(\dfrac{\pi}{2}\right), S\left(-\dfrac{\pi}{2}\right), S(\pi), S\left(\dfrac{7\pi}{2}\right)$.

2. 将下列函数展开成傅里叶级数:

(1) $f(x)=x^2-x, -2\leqslant x<2$; (2) $f(x)=\begin{cases}x, & 0\leqslant x\leqslant 1,\\ 2-x, & 1<x\leqslant 2.\end{cases}$

$$\diamond 复 \diamond 习 \diamond 题 \diamond 5 \diamond$$

1. 是非题

(1) 若级数 $\displaystyle\sum_{n=1}^{\infty}u_n$ 收敛, $\displaystyle\sum_{n=1}^{\infty}v_n$ 发散,则级数 $\displaystyle\sum_{n=1}^{\infty}(u_n+v_n)$ 必定发散.   (   )

(2) 若级数 $\displaystyle\sum_{n=1}^{\infty}u_n$ 收敛, $S_n=u_1+u_2+\cdots+u_n$,则数列 $\{S_n\}$ 单调.   (   )

(3) 若级数 $\displaystyle\sum_{n=1}^{\infty}u_n$ 收敛,且 $v_n=\dfrac{1}{u_n}$,则级数 $\displaystyle\sum_{n=1}^{\infty}v_n$ 一定发散.   (   )

(4) 交错级数 $\displaystyle\sum_{n=1}^{\infty}(-1)^n u_n(u_n\geqslant 0)$ 绝对收敛,则级数 $\displaystyle\sum_{n=1}^{\infty}u_{2n-1}$ 不一定收敛.   (   )

(5) 若幂级数 $\displaystyle\sum_{n=1}^{\infty}a_n(x-2)^n$ 在点 $x=-1$ 处收敛,则该级数在 $x=4$ 处也收敛.

(   )

2. 填空题

(1) 级数 $\dfrac{1}{5}-\dfrac{1}{25}+\dfrac{1}{125}-\dfrac{1}{625}+\cdots$ 的一般项是_____.

(2) 设 a 为常数,若级数 $\displaystyle\sum_{n=1}^{\infty}(u_n-a)$ 收敛,则 $\lim\limits_{n\to\infty}u_n=$_____.

(3) 级数 $\displaystyle\sum_{n=0}^{\infty}\dfrac{(\ln3)^n}{2^n}$ 的和为_____.

(4) 幂级数 $\displaystyle\sum_{n=1}^{\infty}\dfrac{1}{\sqrt{n}}(x-2)^n$ 的收敛域为_____.

(5) 函数 $f(x)=\dfrac{1}{x}$ 展成 $x-1$ 的幂级数为_____.

3. 选择题

(1) 下列级数中收敛的是(   ).

    A. $\displaystyle\sum_{n=1}^{\infty}n\sin\dfrac{1}{n}$ B. $\displaystyle\sum_{n=1}^{\infty}\dfrac{\cos n}{2^n}$ C. $\displaystyle\sum_{n=1}^{\infty}(-1)^n\dfrac{3^n}{2^n}$ D. $\displaystyle\sum_{n=1}^{\infty}\dfrac{1}{\sqrt[3]{n^2}}$

(2) 若幂级数 $\displaystyle\sum_{n=0}^{\infty}a_n(x-1)^n$ 在 $x=-1$ 收敛,则此级数在 $x=2$ 处(   ).

    A. 可能收敛也可能发散   B. 发散

    C. 条件收敛   D. 绝对收敛

(3) 已知 $\dfrac{1}{1+x}=1-x+x^2-x^3+\cdots$,则 $\dfrac{1}{1+x^4}$ 展开为 x 的幂级数为(   ).

    A. $1+x^4+x^8+\cdots$ B. $-1+x^4-x^8+\cdots$

    C. $1-x^4+x^8-x^{12}+\cdots$ D. $-1-x^4-x^8+\cdots$

(4) 幂级数 $\displaystyle\sum_{n=2}^{\infty}\dfrac{1}{n!}x^n$ 在收敛域 $(-\infty,+\infty)$ 内的和函数为(   ).

    A. e^x B. e^x+1 C. e^x-1 D. e^x-x-1

(5) 对于级数 $\displaystyle\sum_{n=1}^{\infty}(-1)^{n-1}u_n$,其中 $u_n>0(n=1,2,\cdots)$,则下列命题正确的是(   ).

    A. 如果 $\displaystyle\sum_{n=1}^{\infty}(-1)^{n-1}u_n$ 收敛,则必为条件收敛

    B. 如果 $\displaystyle\sum_{n=1}^{\infty}u_n$ 收敛,则 $\displaystyle\sum_{n=1}^{\infty}(-1)^{n-1}u_n$ 绝对收敛

    C. 如果 $\displaystyle\sum_{n=1}^{\infty}u_n$ 发散,则 $\displaystyle\sum_{n=1}^{\infty}(-1)^{n-1}u_n$ 必发散

    D. 如果 $\displaystyle\sum_{n=1}^{\infty}(-1)^{n-1}u_n$ 收敛,则 $\displaystyle\sum_{n=1}^{\infty}u_n$ 必收敛

4. 判别下列正项级数的敛散性:

(1) $\sum_{n=1}^{\infty}\arctan\dfrac{1}{2n^2}$;　　(2) $\sum_{n=1}^{\infty}\left(\dfrac{n}{3n+1}\right)^n$;　　(3) $\sum_{n=1}^{\infty}\dfrac{n!}{100^n}$;

(4) $\sum_{n=1}^{\infty}\sqrt{\dfrac{n+1}{2n}}$;　　(5) $\sum_{n=1}^{\infty}\dfrac{n+(-1)^n}{2^n}$;　　(6) $\sum_{n=1}^{\infty}\int_0^{\frac{1}{n}}\dfrac{\sqrt{x}}{1+x^4}\mathrm{d}x$.

5. 讨论下列级数的绝对收敛性与条件收敛性:

(1) $\sum_{n=1}^{\infty}(-1)^n\dfrac{\cos\dfrac{e}{n+1}}{e^{n+1}}$;　　(2) $\sum_{n=1}^{\infty}(-1)^{n-1}\dfrac{n}{n^2+1}$;

(3) $\sum_{n=1}^{\infty}(-1)^n n\sin\dfrac{1}{n^3}$;　　(4) $\sum_{n=1}^{\infty}(-1)^{n-1}\dfrac{n+1}{n^2+n+1}$.

6. 求下列幂级数的收敛半径和收敛域:

(1) $\sum_{n=1}^{\infty}\dfrac{3^n}{\sqrt{n}}x^n$;　　(2) $\sum_{n=0}^{\infty}\dfrac{x^n}{2^n n^2}$;　　(3) $\sum_{n=1}^{\infty}\dfrac{1}{2^n n}(x-1)^n$;

(4) $\sum_{n=1}^{\infty}\dfrac{1}{2^{n-1}}x^{2n+1}$;　　(5) $\sum_{n=1}^{\infty}(-1)^n\dfrac{1}{\sqrt{n^3}}x^n$;　　(6) $\sum_{n=1}^{\infty}\dfrac{(2x+1)^n}{n}$.

7. 求下列级数的和函数:

(1) $\sum_{n=1}^{\infty}(-1)^n\dfrac{x^n}{n}$;　　(2) $\sum_{n=1}^{\infty}2nx^{2n-1}$.

8. 将下列函数展开成 x 的幂级数:

(1) $\sin\dfrac{x}{3}$;　　(2) $x^2 e^{-x}$;　　(3) $\dfrac{1}{x^2-3x+2}$.

9. 将下列函数在指定点处展开成幂级数,并求其收敛域:

(1) $\dfrac{1}{2-x}$,在 $x_0=1$ 处;　　(2) $\dfrac{1}{x^2+5x+6}$,在 $x_0=2$ 处.

10. 已知级数 $\sum_{n=1}^{\infty}(-1)^{n-1}u_n=2$, $\sum_{n=1}^{\infty}u_{2n-1}=5$,求 $\sum_{n=1}^{\infty}u_n$.

11. 将函数 $f(x)=x^2\,(0\leqslant x\leqslant\pi)$ 分别展开成正弦级数和余弦级数.

12. 设正项级数 $\sum_{n=1}^{\infty}u_n$ 和 $\sum_{n=1}^{\infty}v_n$ 都收敛,证明:级数 $\sum_{n=1}^{\infty}(u_n+v_n)^2$ 收敛.

13. 将 $\varphi(x)=\int_0^x\sin t^2\,\mathrm{d}t$ 展开成 x 的幂级数.

习题答案及提示

第 1 章

习题 1.1

A 类题

1. （1）第 Ⅳ 卦限；　（2）第 Ⅴ 卦限；　（3）第 Ⅷ 卦限；　（4）第 Ⅲ 卦限.

2. $5\sqrt{2}$；$d_x=\sqrt{41}$；$d_y=5$；$d_z=\sqrt{34}$.

3. $(-2,0,0)$.

4. $\left(0,\dfrac{9}{25},-\dfrac{38}{25}\right)$.

5. $\overrightarrow{AB}=\dfrac{\boldsymbol{a}-\boldsymbol{b}}{2}$，$\overrightarrow{BC}=\dfrac{\boldsymbol{a}+\boldsymbol{b}}{2}$，$\overrightarrow{CD}=\dfrac{\boldsymbol{b}-\boldsymbol{a}}{2}$，$\overrightarrow{DA}=-\dfrac{\boldsymbol{a}+\boldsymbol{b}}{2}$.

B 类题

1. ～2. 略.

习题 1.2

A 类题

1. （1）$5\boldsymbol{i}+11\boldsymbol{j}-4\boldsymbol{k}$；　（2）$-\boldsymbol{i}+\boldsymbol{j}+6\boldsymbol{k}$；　（3）$\boldsymbol{i}-9\boldsymbol{j}+14\boldsymbol{k}$；　（4）$-3\boldsymbol{i}+7\boldsymbol{j}+8\boldsymbol{k}$.

2. （1）$\sqrt{42}$，$\cos\alpha=\dfrac{4}{\sqrt{42}}$，$\cos\beta=-\dfrac{5}{\sqrt{42}}$，$\cos\gamma=\dfrac{1}{\sqrt{42}}$；

$\qquad \alpha=\arccos\dfrac{4}{\sqrt{42}}$，$\beta=\pi-\arccos\dfrac{5}{\sqrt{42}}$，$\gamma=\arccos\dfrac{1}{\sqrt{42}}$.

（2）$\sqrt{329}$；$\cos\alpha=\dfrac{1}{\sqrt{329}}$，$\cos\beta=\dfrac{18}{\sqrt{329}}$，$\cos\gamma=\dfrac{2}{\sqrt{329}}$；

$\qquad \alpha=\arccos\dfrac{1}{\sqrt{329}}$，$\beta=\arccos\dfrac{18}{\sqrt{329}}$，$\gamma=\arccos\dfrac{2}{\sqrt{329}}$.

3. $\alpha=15$，$\gamma=-\dfrac{1}{5}$.

B 类题

1. 略.

2. $a_x=3$，$a_y=-1$，$a_z=3$.

3. $(2\sqrt{2},2,2)$ 或 $(2\sqrt{2},2,-2)$.

习题 1.3

A 类题

1. (1) -4；　(2) $\pi-\arccos\dfrac{2\sqrt{2}}{9}$；　(3) $-\dfrac{2}{3}\sqrt{2}$.

2. (1) $-1,3(\boldsymbol{i}+\boldsymbol{j}-\boldsymbol{k}),-\dfrac{\sqrt{7}}{14}$；　(2) $42,\boldsymbol{0},1$；　(3) $-10,35(-\boldsymbol{i}+\boldsymbol{j}),-\dfrac{2}{\sqrt{102}}$；

3. (1) $35\sqrt{3}$；　(2) 76.

4. $\pm\left(\dfrac{1}{\sqrt{5}},\dfrac{2}{\sqrt{5}},0\right)$.

5. $\sqrt{101}$.

6. $\pm\dfrac{1}{\sqrt{35}}(-1,3,5)$.

B 类题

1. $\left(-\dfrac{2}{3},\dfrac{1}{3},-\dfrac{2}{3}\right)$.

2. 4.

3. (1) $8(0,-1,-3)$；　(2) $(0,-1,-1)$；　(3) 2.

4. (1) $9\boldsymbol{a}\times\boldsymbol{b}$；　(2) $21[\boldsymbol{a},\boldsymbol{b},\boldsymbol{c}]$.

习题 1.4

A 类题

1. (1) $-2x+y+z+2=0$；　(2) $-8x+y-7z+32=0$；　(3) $-3x+z=0$；
　(4) $x=-1$；　(5) $2x-2y+z-1=0$.

2. (1) $\dfrac{2}{\sqrt{14}},\dfrac{1}{\sqrt{14}},\dfrac{3}{\sqrt{14}}$；　(2) $\dfrac{1}{\sqrt{33}}$.

3. $\dfrac{2}{3}$.

4. $x+8y=\dfrac{19}{2}$.

B 类题

1. (1) $3x-y+5z-14=0$；　(2) $-2x+y\pm\sqrt{3}z=1\pm3\sqrt{3}$.

2. ～4. 略.

习题 1.5

A 类题

1. (1) $\dfrac{x-2}{3}=\dfrac{y-1}{2}=\dfrac{z-3}{-1}$；　(2) $\dfrac{x-2}{1}=\dfrac{y+3}{-7}=\dfrac{z-2}{-1}$；　(3) $\dfrac{x}{1}=\dfrac{y+3}{0}=\dfrac{z}{2}$；
　(4) $\dfrac{x+1}{1}=\dfrac{y-2}{0}=\dfrac{z+3}{0}$.

2. (1) 平行；　(2) 垂直相交, $\cos\varphi=0$；　(3) 相交, $\cos\varphi=\sqrt{\dfrac{5}{6}}$.

3. (1) 平行；　(2) $\cos\theta=\dfrac{19}{30}\sqrt{2}$；　(3) 垂直.

4. $\dfrac{x-1}{4}=\dfrac{y-\dfrac{1}{2}}{0}=\dfrac{z+1}{-4}$.

5. 略.

B 类题

1. $\dfrac{x-2}{-2}=\dfrac{y-1}{1}=\dfrac{z-3}{-4}$.

2. $M\left(-\dfrac{22}{9},\dfrac{1}{9},\dfrac{44}{9}\right)$.

3. $\dfrac{\sqrt{6}}{2}$.

4. $\dfrac{x-1}{2}=\dfrac{y-1}{8}=\dfrac{z-1}{1}$.

5. $\dfrac{x-1}{2}=\dfrac{y-1}{0}=\dfrac{z}{-4}$.

6. 略.

习题 1.6

A 类题

1. $2x-2y+2z-3=0$.

2. $(x-3)^2+(y-3)^2+(z-3)^2=9$ 或 $(x-5)^2+(y-5)^2+(z-5)^2=25$.

3. $\dfrac{x^2}{4}+\dfrac{y^2}{3}+\dfrac{z^2}{3}=1$.

4. $x=\dfrac{3}{2}\sqrt{2}\cos t, y=\dfrac{3}{2}\sqrt{2}\cos t, z=3\sin t$.

习题 1.7

A 类题

1.

方程	(1)	(2)	(3)	(4)
平面几何图形	平行于 y 轴的直线	直线	圆心在$(0,0)$半径为 2 的圆	双曲线
空间几何图形	平行于 yOz 平面	平行于 z 轴的平面	母线平行于 z 轴的圆柱面	母线平行于 z 轴的双曲柱面

2. $3y^2-z^2=16$ 和 $3x^2+2z^2=16$.

3. $xOy:\begin{cases}x^2+2y^2=4,\\z=0;\end{cases}$ $yOz:\begin{cases}y=z,\\x=0;\end{cases}$ $xOz:\begin{cases}x^2+2z^2=4,\\y=0.\end{cases}$

4. $z=-(x^2+y^2)+1$.

5. $\sim$ 6. 略.

B 类题

1. $5x^2+5y^2=1$；$\begin{cases}5x^2+5y^2=1,\\z=0.\end{cases}$

2. $\begin{cases} y^2+9=2x, \\ z=0; \end{cases}$ 抛物线.

3. 绕 x 轴：$4x^2-9y^2-9z^2=36$；绕 y 轴：$4x^2+4z^2-9y^2=36$.

4. 略.

5. $\dfrac{x^2}{9}+\dfrac{y^2}{16}+\dfrac{z^2}{36}=1$.

复习题 1

1. (1) ×；　(2) √；　(3) ×；　(4) √；　(5) ×.

2. (1) $-\boldsymbol{a}-7\boldsymbol{c}$；　(2) $-\dfrac{5}{7}$；　(3) $(-3,2,-1)$；

　(4) $(x-2)^2+(y-1)^2+4z+4=0$；　(5) $\boldsymbol{z}$.

3. (1) A；　(2) C；　(3) A；　(4) D；　(5) B.

4. $\lambda=40$.

5. $2\sqrt{26}$.

6. $\left(\dfrac{(z_2-z_1)-(y_2-y_1)}{-(x_2-x_1)+(y_2-y_1)},\dfrac{(z_2-z_1)-(x_2-x_1)}{-(y_2-y_1)+(x_2-x_1)},1\right)$.

7. $x+2y-1=0$.

8. $\dfrac{x-4}{2}=\dfrac{y+1}{1}=\dfrac{z-3}{5}$.

9. 0.

10. (1) 平行；　(2) 垂直相交；　(3) 相交，$\varphi=\arcsin\dfrac{\sqrt{51}}{17}$.

11. $M\left(-\dfrac{5}{3},\dfrac{2}{3},\dfrac{2}{3}\right)$.

12. 绕 x 轴：$y^2+z^2=5x$；绕 z 轴：$z^2=\pm5\sqrt{x^2+y^2}$.

13. (1) 旋转的单叶双曲面(z 轴为旋转轴)；　(2) 单叶双曲面；　(3) 椭球面；
　(4) 双叶双曲面；　(5)椭圆柱面(母线平行于 z 轴)；　(6) 椭圆抛物面.

第　2　章

习题 2.1

A 类题

1. (1) 无界开区域；　(2) 有界闭区域；　(3) 无界开区域.

2. (1) 闭区域；　(2) 开区域；　(3) 闭区域；　(4) 开区域.

3. x^2-2y.

4. (1) $D=\{(x,y)\mid 9x^2+4y^2\leqslant36\}$；　(2) $D=\{(x,y)\mid xy<4\}$；

　(3) $D=\{(x,y)\mid x^2\geqslant4,y^2\leqslant1\}$；　(4) $D=\left\{(x,y)\,\Big|\,\left|\dfrac{y}{x}\right|\leqslant1\right\}$.

5. (1) 0；　(2) $\dfrac{\pi}{2}$；　(3) 0；　(4) $\dfrac{\sqrt{3}}{3}$；　(5) $\dfrac{\pi}{3}$；　(6) $\dfrac{\pi}{4}$.

6. 略.

7. 连续.

B 类题

1. $\dfrac{x^2(1-y)}{1+y}$.

2. (1) $\dfrac{1}{3}$;　(2) 0;　(3) $\dfrac{4}{3}$;　(4) 0.

3. 连续.

习题 2.2

A 类题

1. (1) $\dfrac{\partial z}{\partial x}=4x^3+3y^2,\dfrac{\partial z}{\partial y}=6y^2+6xy$;　(2) $\dfrac{\partial z}{\partial x}=\dfrac{y^3-x^2}{(x^2+y^3)^2},\dfrac{\partial z}{\partial y}=-\dfrac{3xy^2}{(x^2+y^3)^2}$;

(3) $\dfrac{\partial z}{\partial x}=\dfrac{1}{2}x^{-\frac{1}{2}}+\dfrac{1}{2}y(xy)^{-\frac{1}{2}}+\dfrac{y}{xy+1},\dfrac{\partial z}{\partial y}=\dfrac{1}{2}x(xy)^{-\frac{1}{2}}+\dfrac{x}{xy+1}$;

(4) $\dfrac{\partial u}{\partial x}=2x\sec^2(x^2+2y+3e^z),\dfrac{\partial u}{\partial y}=2\sec^2(x^2+2y+3e^z)$,

$\dfrac{\partial u}{\partial z}=3e^z\sec^2(x^2+2y+3e^z)$;

(5) $\dfrac{\partial u}{\partial x}=e^{yz}\cos(x^2+xyz)(2x+yz),\dfrac{\partial u}{\partial y}=ze^{yz}\sin(x^2+xyz)+xze^{yz}\cos(x^2+xyz)$,

$\dfrac{\partial u}{\partial z}=ye^{yz}\sin(x^2+xyz)+xye^{yz}\cos(x^2+xyz)$;

(6) $\dfrac{\partial z}{\partial x}=-y^x\ln|y|,\dfrac{\partial z}{\partial y}=2^y\ln2-xy^{x-1}$.

2. $-\dfrac{2}{3}$; $-\dfrac{\sqrt{3}}{3}$.

3. (1) $\mathrm{d}z=\dfrac{x}{\sqrt{x^2+y^3+1}}\mathrm{d}x+\dfrac{3y^2}{2\sqrt{x^2+y^3+1}}\mathrm{d}y$;

(2) $\mathrm{d}z=(e^x\cos(x+y^2)-e^x\sin(x+y^2))\mathrm{d}x-2ye^x\sin(x+y^2)\mathrm{d}y$;

(3) $\mathrm{d}z=-\dfrac{y}{x^2}e^{\frac{y}{x}}\mathrm{d}x+\dfrac{1}{x}e^{\frac{y}{x}}\mathrm{d}y$;

(4) $\mathrm{d}z=y(x+y)^{y-1}\mathrm{d}x+\left(\ln(x+y)+\dfrac{y}{x+y}\right)(x+y)^y\mathrm{d}y$;

(5) $\mathrm{d}u=\dfrac{yz}{1+(xyz)^2}\mathrm{d}x+\dfrac{xz}{1+(xyz)^2}\mathrm{d}y+\dfrac{xy}{1+(xyz)^2}\mathrm{d}z$;

(6) $\mathrm{d}u=x^{y^2z-1}y^2z\mathrm{d}x+2x^{y^2z}yz\ln x\mathrm{d}y+x^{y^2z}y^2\ln x\mathrm{d}z$.

4. 2.686,2.4.

5. $\mathrm{d}z=7e^2\mathrm{d}x+9e^2\mathrm{d}y$.

B 类题

1. (1) $\dfrac{\partial z}{\partial x}=\dfrac{1}{y}\cos\dfrac{x}{y}\cos\dfrac{y}{x}+\dfrac{y}{x^2}\sin\dfrac{x}{y}\sin\dfrac{y}{x},\dfrac{\partial z}{\partial y}=-\dfrac{x}{y^2}\cos\dfrac{x}{y}\cos\dfrac{y}{x}-\dfrac{1}{x}\sin\dfrac{x}{y}\sin\dfrac{y}{x}$;

(2) $\dfrac{\partial u}{\partial x}=\dfrac{1}{x+z}\sin\dfrac{y}{z},\dfrac{\partial u}{\partial y}=\dfrac{1}{z}\cos\dfrac{y}{z}\ln(x+z),\dfrac{\partial u}{\partial z}=-\dfrac{y}{z^2}\cos\dfrac{y}{z}\ln(x+z)+\dfrac{1}{x+z}\sin\dfrac{y}{z}$.

(3) $\dfrac{\partial z}{\partial x}=\dfrac{y}{2\sqrt{xy}}\mathrm{e}^{-xy},\dfrac{\partial z}{\partial y}=\dfrac{x}{2\sqrt{xy}}\mathrm{e}^{-xy}.$

2. 略.

3. 0.005.

4. 不可微.

5. $\dfrac{\partial u}{\partial x}=\dfrac{-x^2+y^2+z^2}{(x^2+y^2+z^2)^2},\dfrac{\partial u}{\partial y}=-\dfrac{2xy}{(x^2+y^2+z^2)^2},\dfrac{\partial u}{\partial z}=-\dfrac{2xz}{(x^2+y^2+z^2)^2}.$

6. $\mathrm{d}u=\left[6x-y\sec^2(xy)\right]\mathrm{d}x+\left[-x\sec^2(xy)-\dfrac{z}{y^2+z^2}\right]\mathrm{d}y+\dfrac{y}{y^2+z^2}\mathrm{d}z.$

习题 2.3

A 类题

1. (1) $\dfrac{\partial z}{\partial x}=2(x+y)\sin(xy^2)+y^2\,(x+y)^2\cos(xy^2),$

$\dfrac{\partial z}{\partial y}=2(x+y)\sin(xy^2)+2xy\,(x+y)^2\cos(xy^2);$

(2) $\dfrac{\partial z}{\partial x}=y\mathrm{e}^{xy}\sin(x+y)+\mathrm{e}^{xy}\cos(x+y),\dfrac{\partial z}{\partial y}=x\mathrm{e}^{xy}\sin(x+y)+\mathrm{e}^{xy}\cos(x+y);$

(3) $\dfrac{\partial z}{\partial x}=-2\dfrac{y^2}{x^3}\ln(2x-y)+\left(\dfrac{y}{x}\right)^2\dfrac{2}{2x-y},\dfrac{\partial z}{\partial y}=2\dfrac{y}{x^2}\ln(2x-y)+\left(\dfrac{y}{x}\right)^2\dfrac{-1}{2x-y};$

(4) $\dfrac{\partial z}{\partial x}=yf(xy^2)+xy^3f'(xy^2),\dfrac{\partial z}{\partial y}=xf(xy^2)+2x^2y^2f'(xy^2);$

(5) $\dfrac{\partial z}{\partial x}=2xf_1'+y\mathrm{e}^{xy}f_2',\dfrac{\partial z}{\partial y}=-2yf_1'+x\mathrm{e}^{xy}f_2';$

(6) $\dfrac{\partial u}{\partial x}=2f_2',\dfrac{\partial u}{\partial y}=-\dfrac{z}{y^2}f_1'-f_2',\dfrac{\partial u}{\partial z}=\dfrac{1}{y}f_1'+\cos zf_3'.$

2. (1) $\dfrac{(t-2)\mathrm{e}^t}{t^3}\cos\dfrac{\mathrm{e}^t}{t^2};$ (2) $\dfrac{1}{\sqrt{1-(t^3-3t^2)^2}}(3t^2-6t);$ (3) $\dfrac{2t\mathrm{e}^t}{1+4t^4\mathrm{e}^{2t}}(2+t);$

(4) $\mathrm{e}^t(\cos t-\sin t)+\dfrac{2}{t}\cos(2\ln t).$

3. $\dfrac{1}{yf(x^2-y^2)}.$

4. 略.

5. $\dfrac{\partial z}{\partial x}=\dfrac{-y}{x^2+y^2},\dfrac{\partial z}{\partial y}=\dfrac{x}{x^2+y^2}.$

B 类题

1. (1) $\dfrac{\partial z}{\partial x}=\mathrm{e}^{2x-3y+u}(2+y\cos(xy)),\dfrac{\partial z}{\partial y}=\mathrm{e}^{2x-3y+u}(-3+x\cos(xy));$

(2) $\dfrac{\partial z}{\partial x}=\left[4\ln(3x^2+y^2)+\dfrac{6x(4x+2y)}{3x^2+y^2}\right](3x^2+y^2)^{4x+2y},$

$\dfrac{\partial z}{\partial y}=\left[2\ln(3x^2+y^2)+\dfrac{2y(4x+2y)}{3x^2+y^2}\right](3x^2+y^2)^{4x+2y};$

(3) $\dfrac{\partial z}{\partial x}=y\mathrm{e}^{xy}f_1'+\sec^2(x+y)f_2',\dfrac{\partial z}{\partial y}=x\mathrm{e}^{xy}f_1'[\mathrm{e}^{xy},\tan(x+y)]+\sec^2(x+y)f_2';$

(4) $\dfrac{\partial z}{\partial x}=f_1'+yf_2'+f_3',\dfrac{\partial z}{\partial y}=f_1'+xf_2'-f_3'$;

(5) $\dfrac{\partial u}{\partial x}=[2x+2y^2\cos(xy^2)\sin(xy^2)]e^{x^2+y^2+\sin^2(xy^2)}$,

$\quad\ \dfrac{\partial u}{\partial y}=[2y+4xy\cos(xy^2)\sin(xy^2)]e^{x^2+y^2+\sin^2(xy^2)}$;

2. $-\dfrac{1}{2}$.

3. ~4. 略.

习题 2.4

A 类题

1. (1) $\dfrac{x+y}{y-x}$;　(2) $\dfrac{x+y}{x-y}$.

2. (1) $\dfrac{x}{2-z},\dfrac{y}{2-z}$;　(2) $\dfrac{2xy-e^{x+y+z}}{e^{x+y+z}},\dfrac{x^2-e^{x+y+z}}{e^{x+y+z}}$;　(3) $-\dfrac{\sin2x}{\sin2z},-\dfrac{\sin2y}{\sin2z}$.

3. $y^2z^3-3xy^2z^2\dfrac{2x-3yz}{2z-3xy},2xyz^3-3xy^2z^2\dfrac{2y-3xz}{2z-3xy}$.

4. $\cos(xy+3z)\left(y+3\dfrac{z^2}{2y-3xz}\right)$.

5. $-\dfrac{6xz+2x}{6yz+y},-\dfrac{2x}{6z+1}$.

B 类题

1. $\dfrac{f_1'+yzf_2'}{1-f_1'-xyf_2'},-\dfrac{f_1'+xzf_2'}{f_1'+yzf_2'},\dfrac{1-f_1'-xyf_2'}{f_1'+xzf_2'}$.

2. $\dfrac{\partial u}{\partial x}=\dfrac{\sin v}{e^u(\sin v-\cos v)+1},\dfrac{\partial v}{\partial x}=-\dfrac{e^u-\cos v}{u(\sin v-\cos v)e^u+u}$,

$\quad\ \dfrac{\partial u}{\partial y}=-\dfrac{\cos v}{e^u(\sin v-\cos v)+1},\dfrac{\partial v}{\partial y}=\dfrac{1}{u}\dfrac{e^u+\sin v}{(\sin v-\cos v)e^u+1}$.

3. ~4. 略.

习题 2.5

A 类题

1. (1) $\dfrac{\partial^2 z}{\partial x^2}=y^2e^{xy}-\sin(x+y),\dfrac{\partial^2 z}{\partial y^2}=x^2e^{xy}-\sin(x+y)$,

$\quad\ \dfrac{\partial^2 z}{\partial x\partial y}=(1+xy)e^{xy}-\sin(x+y),\dfrac{\partial^2 z}{\partial y\partial x}=(1+xy)e^{xy}-\sin(x+y)$.

(2) $\dfrac{\partial^2 z}{\partial x^2}=6xy^2$;　$\dfrac{\partial^2 z}{\partial y^2}=2x^3-18xy,\dfrac{\partial^2 z}{\partial x\partial y}=\dfrac{\partial^2 z}{\partial y\partial x}=6x^2y-9y^2-1$.

2. (1) $\dfrac{\partial^3 z}{\partial x^2\partial y}=0$;　(2) $\dfrac{\partial^4 z}{\partial x^3\partial y}=6\cos y-3y^2\cos x$.

3. (1) $\dfrac{yf_{12}''-f_1'}{y^2}+f_2'+xf_{12}''$;　(2) $xf''(xy)-\dfrac{y}{x^2}f''\left(\dfrac{y}{x}\right)$;

(3) $-u'(x)f_{11}''+u'(x)v'(y)f_{12}''-f_{21}''+v'(y)f_{22}''$;

(4) $e^y[xe^yf_{11}''+f_{13}'']+e^yf_1'+xe^yf_{21}''+f_{23}''$.

4. 略.

B 类题

1. $-\dfrac{\sqrt{2}}{2}, -\dfrac{3}{8}, -\dfrac{17\sqrt{2}}{32}$.

2. $\dfrac{\partial z}{\partial x}=y^x\ln y\cdot\ln(xy)+y^x\dfrac{1}{x}, \dfrac{\partial z}{\partial y}=xy^{x-1}\ln(xy)+y^{x-1}$,

$\dfrac{\partial^2 z}{\partial x^2}=y^x\left[(\ln y)^2\ln(xy)+2\dfrac{1}{x}\ln y-\dfrac{1}{x^2}\right]$,

$\dfrac{\partial^2 z}{\partial x\partial y}=y^{x-1}\left[\ln(xy)+x\ln y\cdot\ln(xy)+\ln y+1\right]$.

3. (1) $\dfrac{\partial^2 z}{\partial x\partial y}=e^x\cos y f_1'+e^{2x}\sin y\cos y f_{11}''+2ye^x\sin y f_{12}''+2xe^x\cos y f_{21}''+4xy f_{22}''$;

(2) $\dfrac{\partial z}{\partial y}=xe^{xy}f_1'-2yf_2'$,

$\dfrac{\partial^2 z}{\partial y^2}=x^2 e^{xy}f_1'+x^2 e^{2xy}f_{11}''-2xye^{xy}f_{12}''-2f_2'-2xye^{xy}f_{21}''+4y^2 f_{22}''$.

4. $0,1$.

习题 2.6

A 类题

1. (1) $\dfrac{x-\frac{\pi}{2}+1}{1}=\dfrac{y-1}{1}=\dfrac{z-2\sqrt{2}}{\sqrt{2}}, x+y+\sqrt{2}z-\dfrac{\pi}{2}-4=0$;

(2) $\dfrac{4x-2}{1}=\dfrac{y-2}{-1}=\dfrac{z-1}{2}, x-4y+8z-\dfrac{1}{2}=0$;

(3) $\dfrac{x-x_0}{1}=\dfrac{y_0(y-y_0)}{m}=\dfrac{2z_0(z-z_0)}{-1}, (x-x_0)+\dfrac{m}{y_0}(y-y_0)-\dfrac{1}{2z_0}(z-z_0)=0$;

(4) $\dfrac{x-1}{16}=\dfrac{y-1}{9}=\dfrac{z-1}{-1}, 16x+9y-1z-24=0$.

2. (1) $9x+y-z=27, \dfrac{x-3}{9}=\dfrac{y-1}{1}=\dfrac{z-1}{-1}$; (2) $3x+2y-z=1, \dfrac{x-2}{3}=\dfrac{y+1}{2}=\dfrac{z-3}{-1}$;

(3) $4x+2y-z=6, \dfrac{x-2}{4}=\dfrac{y-1}{2}=\dfrac{z-4}{-1}$; (4) $x+y-2z=-1, \dfrac{x-1}{1}=\dfrac{y+1}{1}=\dfrac{z-\frac{1}{2}}{-2}$.

3. 2 或 -2.

4. $x-2y+2z=-\dfrac{5}{8}$.

5. $\begin{cases}x+z=2,\\y+2=0,\end{cases} x-z=0.$

6. $\dfrac{x+1}{1}=\dfrac{y-1}{-2}=\dfrac{z+1}{3}$ 或 $\dfrac{x+\frac{1}{3}}{3}=\dfrac{y-\frac{1}{9}}{-2}=\dfrac{z+\frac{1}{27}}{1}$.

B 类题

1. $\dfrac{x}{1}=\dfrac{y-1}{2}=\dfrac{z-2}{3}, x+2y+3z-8=0$.

2. $x_0=\dfrac{1}{3}$, $y_0=\dfrac{4}{3}$, $z_0=\dfrac{4}{3}$ 或 $x_0=-\dfrac{1}{3}$, $y_0=-\dfrac{4}{3}$, $z_0=-\dfrac{4}{3}$.

3. $\dfrac{3}{22}\sqrt{22}$.

4. 略.

5. $x+4y+6z=21$ 或 $x+4y+6z=-21$.

习题 2.7

A 类题

1. (1) 极小值 $z\big|_{(0,0)}=0$，极小值 $z\big|_{(1,0)}=0$；　(2) 极小值 $z\big|_{(2,-2)}=-8$；

　(3) 极小值 $z\big|_{(1,0)}=-5$，极大值 $z\big|_{(-3,2)}=31$.

2. 极小值 $\dfrac{36}{13}$.

3. $x=y=z=\dfrac{a}{3}$.

4. 最大值 125，最小值 -75.

5. $r=h=\sqrt[3]{V/\pi}$.

6. 长、宽、高均为 $\sqrt[3]{2}\,\mathrm{m}$.

7. $x=1.5$, $y=1$.

B 类题

1. $\left(\dfrac{8}{5},\dfrac{16}{5}\right)$.

2. 最长距离 $\sqrt{9+5\sqrt{3}}$，最短距离 $\sqrt{9-5\sqrt{3}}$.

3. $\dfrac{1}{27}$.

4. 最大值为 $f(0,\pm 4)=48$.

5. 最大值为 $f(2,1)=4$，最小值为 $f(4,2)=-64$.

6. 腰长为 $8\mathrm{cm}$，高为 $4\sqrt{3}\,\mathrm{cm}$.

7. 略.

习题 2.8

A 类题

1. $2\sqrt{2}$.

2. $\dfrac{30}{7}\sqrt{14}$.

3. $1+3\sqrt{2}$.

4. $(0,2,1),(2,5,1)$.

5. $\dfrac{f'}{\sqrt{x^2+y^2+z^2}}(x\boldsymbol{i}+y\boldsymbol{j}+z\boldsymbol{k})$.

6. $-\dfrac{2}{(x^2+y^2+z^2)^2}(x\boldsymbol{i}+y\boldsymbol{j}+z\boldsymbol{k})$.

B 类题

1. $\dfrac{26}{21}\sqrt{21}$.

2. 方向为 $s=\left(\dfrac{5}{\sqrt{33}},\dfrac{2}{\sqrt{33}},\dfrac{2}{\sqrt{33}}\right)$，最大值为 $\sqrt{33}$.

3. $4\cos\alpha$.　(1) $\alpha=0$;　(2) $\alpha=\pi$;　(3) $\alpha=\dfrac{\pi}{2}$.

4. $\dfrac{1}{2}$.

复习题 2

1. (1) $\sqrt{}$;　(2) $\times$;　(3) $\sqrt{}$;　(4) $\times$;　(5) $\times$.

2. (1) $D=\left\{(x,y)\,\Big|\,x^2+2y^2\neq0,\text{且}-1\leqslant\dfrac{2z}{\sqrt{x^2+2y^2}}\leqslant1\right\}$;　(2) $\dfrac{1}{2}$;

　(3) $D=\{(x,y)\,|\,x^2-4y^2=4\}$;　(4) $\dfrac{-2y\mathrm{d}x}{(x-y)^2+(x+y)^2}+\dfrac{2x\mathrm{d}y}{(x-y)^2+(x+y)^2}$.

　(5) $2x+4y-z=5$.

3. (1) C;　(2) A;　(3) B;　(4) C;　(5) B.

4. (1) 1;　(2) -2;　(3) e^{-4};　(4) $-\dfrac{1}{2}$.

5. (1) $-\dfrac{y+2x-\mathrm{e}^{x+y}}{x+1+\mathrm{e}^y-\mathrm{e}^{x+y}}$;　(2) $\left[(\ln t)^2-t\sin\mathrm{e}^t+\dfrac{2}{t}\ln t\right]\mathrm{e}^t+\cos\mathrm{e}^t$;　(3) $y,x,x+y$;

　(4) $2xf_1'-\dfrac{y}{x^2}f_2',2yf_1'+\dfrac{1}{x}f_2'$;

　(5) $\mathrm{e}^x\cos yf_1'+2xf_2'$,

　　$\mathrm{e}^x\cos yf_1'+\mathrm{e}^x\cos y(\mathrm{e}^x\cos yf_{11}''+2xf_{12}'')+2f_2'+2x(\mathrm{e}^x\cos yf_{21}''+2xf_{22}'')$,

　　$-\mathrm{e}^x\sin yf_1'+\mathrm{e}^x\cos y(-\mathrm{e}^x\sin yf_{11}''-2yf_{12}'')+2x(-\mathrm{e}^x\sin yf_{21}''-2yf_{22}'')$.

6. 略.

7. $-\dfrac{y^3}{\mathrm{e}^z-1},-\dfrac{3xy^2}{\mathrm{e}^z-1},\dfrac{3y^2(1-\mathrm{e}^z)^2+3xy^5\mathrm{e}^z}{(1-\mathrm{e}^z)^3}$.

8. $\dfrac{2}{7}\mathrm{d}x+\dfrac{4}{7}\mathrm{d}y$.

9. $x+4y+3z=12,x+4y+3z=-12$.

10. $\dfrac{x-1}{1}=\dfrac{y-1}{2}=\dfrac{z-2}{6},(x-1)+2(y-1)+6(z-2)=0$.

11. 极小值 $z\,|_{(3,-1)}=-11$.

12. 最大值为 6,最小值为 -1.

13. $\dfrac{98}{13}$.

14. $s=\left(0,\dfrac{\sqrt{2}}{2},\dfrac{\sqrt{2}}{2}\right),\sqrt{2}$.

15. $-\dfrac{16}{243}$.

16. 长、宽、高分别为 $2,2,\dfrac{5}{2}$.

第 3 章

习题 3.1

A 类题

1. $V = \iint\limits_{D}(1-x-y)\mathrm{d}x\mathrm{d}y$；底面区域为 $0 \leqslant x \leqslant 1; 0 \leqslant y \leqslant 1-x$.

2. $\dfrac{16}{3}\pi$.

3. $\iint\limits_{r \leqslant |x|+|y| \leqslant 1} \ln(x^2 + y^2)\mathrm{d}x\mathrm{d}y \leqslant 0$.

4. $\iint\limits_{D}(x+y)\mathrm{d}\sigma < \iint\limits_{D}(x+y)^2\mathrm{d}\sigma$.

5. (1) $\pi ab \leqslant \iint\limits_{D} \mathrm{e}^{(x^2+y^2)}\mathrm{d}\sigma \leqslant \pi ab\, \mathrm{e}^{a^2}$；   (2) $\dfrac{3}{8}\sqrt{2} \leqslant \iint\limits_{D} \dfrac{\mathrm{d}\sigma}{\sqrt{x^2+y^2+2xy+16}} \leqslant \dfrac{3}{4}$.

6. (1) $\iint\limits_{D} f(x^2 y)\mathrm{d}\sigma$；   (2) 9π.

B 类题

1. $V = \iint\limits_{D}(4-x^2-y^2)\mathrm{d}\sigma$；底面区域为 $x^2+y^2 \leqslant 4$.

2. $\dfrac{1}{3}\pi R^3$.

3. $\iint\limits_{D} \sqrt[3]{1-x^2-y^2}\,\mathrm{d}\sigma < 0$.

4. (1) $36\pi \leqslant \iint\limits_{D}(x^2+4y^2+9)\mathrm{d}\sigma \leqslant 100\pi$；

   (2) $8\pi(5-\sqrt{2}) \leqslant \iint\limits_{D}(x+y+10)\mathrm{d}\sigma \leqslant 8\pi(5+\sqrt{2})$.

5. (1) 6π；(2) 12.

习题 3.2

A 类题

1. (1) $\displaystyle\int_0^2 \mathrm{d}x \int_0^1 f(x,y)\mathrm{d}y$ 或 $\displaystyle\int_0^1 \mathrm{d}y \int_0^2 f(x,y)\mathrm{d}x$；

   (2) $\displaystyle\int_0^1 \mathrm{d}x \int_{x-1}^{1-x} f(x,y)\mathrm{d}y$ 或 $\displaystyle\int_0^1 \mathrm{d}y \int_0^{1-y} f(x,y)\mathrm{d}x + \int_{-1}^0 \mathrm{d}y \int_0^{1+y} f(x,y)\mathrm{d}x$；

   (3) $\displaystyle\int_0^1 \mathrm{d}x \int_x^{2x} f(x,y)\mathrm{d}y$ 或 $\displaystyle\int_0^1 \mathrm{d}y \int_{\frac{y}{2}}^{y} f(x,y)\mathrm{d}x + \int_1^2 \mathrm{d}y \int_{\frac{y}{2}}^{1} f(x,y)\mathrm{d}x$；

   (4) $\displaystyle\int_{-1}^1 \mathrm{d}x \int_{x^2}^1 f(x,y)\mathrm{d}y$ 或 $\displaystyle\int_0^1 \mathrm{d}y \int_{-\sqrt{y}}^{\sqrt{y}} f(x,y)\mathrm{d}x$.

2. (1) $(\mathrm{e}-1)^2$；   (2) $\dfrac{1}{2}(\mathrm{e}^4-1)$；   (3) $\dfrac{45}{8}$.

3. (1) $\dfrac{4}{5}$; (2) 10π; (3) $\dfrac{64}{45}$.

4. (1) $\displaystyle\int_0^1 \mathrm{d}y \int_y^1 f(x,y)\mathrm{d}x$; (2) $\displaystyle\int_0^4 \mathrm{d}y \int_{\frac{y}{2}}^{\sqrt{y}} f(x,y)\mathrm{d}x$; (3) $\displaystyle\int_3^4 \mathrm{d}y \int_y^4 f(x,y)\mathrm{d}x$;

(4) $\displaystyle\int_0^1 \mathrm{d}y \int_{y^2}^y f(x,y)\mathrm{d}x$; (5) $\displaystyle\int_0^{\sqrt{3}} \mathrm{d}y \int_{\sqrt{1+y^2}-1}^1 f(x,y)\mathrm{d}x$;

(6) $\displaystyle\int_0^1 \mathrm{d}y \int_{-\sqrt{y}}^{\sqrt{y}} f(x,y)\mathrm{d}x + \int_1^4 \mathrm{d}y \int_{y-2}^{\sqrt{y}} f(x,y)\mathrm{d}x$.

5. (1) $\displaystyle\int_{-\frac{\pi}{2}}^{\frac{\pi}{2}} \mathrm{d}\theta \int_0^{2\cos\theta} f(r\cos\theta, r\sin\theta)r\mathrm{d}r$; (2) $\displaystyle\int_0^{2\pi} \mathrm{d}\theta \int_0^a f(r\cos\theta, r\sin\theta)r\mathrm{d}r$;

(3) $2\displaystyle\int_{\frac{\pi}{3}}^{\frac{\pi}{2}} \mathrm{d}\theta \int_{4\cos\theta}^2 f(r\cos\theta, r\sin\theta)r\mathrm{d}r + 2\int_{\frac{\pi}{2}}^{\pi} \mathrm{d}\theta \int_0^2 f(r\cos\theta, r\sin\theta)r\mathrm{d}r$.

6. (1) $\dfrac{45}{2}\pi$; (2) 4; (3) $\pi\ln2$; (4) $\dfrac{1}{2}\pi(\mathrm{e}^{2R^2}-1)$.

7. (1) $\dfrac{1}{6}\pi a^3$; (2) $\sqrt{2}-1$.

B 类题

1. (1) $\displaystyle\int_0^1 \mathrm{d}x \int_x^1 f(x,y)\mathrm{d}y$ 或 $\displaystyle\int_0^1 \mathrm{d}y \int_0^y f(x,y)\mathrm{d}x$;

(2) $\displaystyle\int_{-\sqrt{2}}^{\sqrt{2}} \mathrm{d}x \int_{x^2}^{4-x^2} f(x,y)\mathrm{d}y$ 或 $\displaystyle\int_0^2 \mathrm{d}y \int_{-\sqrt{y}}^{\sqrt{y}} f(x,y)\mathrm{d}x + \int_0^2 \mathrm{d}y \int_{-\sqrt{4-y}}^{\sqrt{4-y}} f(x,y)\mathrm{d}x$.

2. (1) $\displaystyle\int_{-1}^0 \mathrm{d}y \int_{-2\arcsin y}^{\pi} f(x,y)\mathrm{d}x + \int_0^1 \mathrm{d}y \int_{\arcsin y}^{\pi-\arcsin y} f(x,y)\mathrm{d}x$;

(2) $\displaystyle\int_0^1 \mathrm{d}y \int_{1-\sqrt{1-y^2}}^{2-y} f(x,y)\mathrm{d}x$; (3) $\displaystyle\int_0^1 \mathrm{d}x \int_{-\sqrt{1-x^2}}^{1-x} f(x,y)\mathrm{d}y$.

3. (1) $-\dfrac{3}{2}\pi$; (2) 1; (3) $\dfrac{2}{3}$; (4) $\dfrac{11}{15}$.

4. (1) $\displaystyle\int_{\frac{\pi}{4}}^{\frac{\pi}{3}} \mathrm{d}\theta \int_0^{2\sec\theta} f(r)r\mathrm{d}r$; (2) $\displaystyle\int_{\frac{\pi}{4}}^{\frac{\pi}{2}} \mathrm{d}\theta \int_0^{2a\cos\theta} f(r\cos\theta, r\sin\theta)r\mathrm{d}r$.

5. (1) $\dfrac{1}{8}\pi(\pi-2)$; (2) $\dfrac{2a^4}{3}$; (3) $\dfrac{3}{64}\pi^2$; (4) $\dfrac{10}{9}\sqrt{2}$.

习题 3.3
A 类题

1. (1) $\displaystyle\int_0^1 \mathrm{d}x \int_0^{1-x} \mathrm{d}y \int_0^{1-x-y} f(x,y,z)\mathrm{d}z$; (2) $\displaystyle\int_{-1}^1 \mathrm{d}x \int_{x^2}^1 \mathrm{d}y \int_0^{x^2+y^2} f(x,y,z)\mathrm{d}z$.

2. (1) $\dfrac{1}{24}$; (2) 3.

3. (1) $\pi(11\mathrm{e}^4-3)$; (2) $\dfrac{8}{3}\pi$.

4. $I = \displaystyle\int_0^{2\pi} \mathrm{d}\theta \int_0^2 r\mathrm{d}r \int_{-2}^{-r} f(\sqrt{r^2+z^2})\mathrm{d}z = \int_0^{2\pi} \mathrm{d}\theta \int_{\frac{3\pi}{4}}^{\pi} \sin\varphi\mathrm{d}\varphi \int_0^{-2\sec\varphi} f(\rho)\rho^2 \mathrm{d}\rho$.

5. (1) $2\pi(\mathrm{e}-1)$; (2) 8π.

6. (1) $\dfrac{1}{8}\pi$; (2) $\dfrac{422}{5}\pi$.

B 类题

1. (1) $\displaystyle\int_{-\sqrt{2}}^{\sqrt{2}}\mathrm{d}x\int_{-\sqrt{2-x^2}}^{\sqrt{2-x^2}}\mathrm{d}y\int_{x^2+y^2}^{2}f(x,y,z)\mathrm{d}z$;

   (2) $\displaystyle\int_{-1}^{1}\mathrm{d}x\int_{-\sqrt{1-x^2}}^{\sqrt{1-x^2}}\mathrm{d}y\int_{x^2+2y^2}^{2-x^2}f(x,y,z)\mathrm{d}z$.

2. $\displaystyle\int_{0}^{2\pi}\mathrm{d}\theta\int_{0}^{2}r^3\,\mathrm{d}r\int_{-\sqrt{4-r^2}}^{0}\mathrm{d}z$; $\displaystyle\int_{0}^{2\pi}\mathrm{d}\theta\int_{\frac{\pi}{2}}^{\pi}\sin^3\varphi\,\mathrm{d}\varphi\int_{0}^{2}\rho^4\,\mathrm{d}\rho$; $\dfrac{128}{15}\pi$.

3. (1) $\dfrac{8}{3}$;   (2) $\dfrac{8}{5}\pi$;   (3) $\dfrac{23}{6}\pi$;   (4) $\dfrac{1}{4}\pi h^4$;   (5) 0;   (6) $\dfrac{128}{15}\pi$;   (7) $\dfrac{7\pi}{12}$;

   (8) $\dfrac{1}{16}\pi^2(2-\sqrt{2})$;   (9) $\dfrac{256}{3}\pi$.

习题 3.4

1. $\dfrac{1}{2}\pi$.

2. $\left(\dfrac{2}{3}-\dfrac{r}{4R}\right)\pi r^3$.

3. $\dfrac{1}{6}$.

4. $4\pi a^2$.

5. $\dfrac{4}{15}k\pi$.

6. $\left(0,\dfrac{4b}{3\pi}\right)$.

7. $\left(0,0,\dfrac{3}{8}a\right)$.

8. $\dfrac{1}{4}Ma^2\left(M=\dfrac{1}{2}\rho\pi a^2\right)$.

9. $\dfrac{2}{5}a^2M\left(M=\dfrac{4}{3}\rho\pi a^3\right)$.

10. $I_x=\dfrac{1}{12}\rho h^3 b$; $I_y=\dfrac{1}{12}\rho h b^3$.

11. $-G\dfrac{M}{a^2}\left(M=\dfrac{4}{3}\rho_0\pi R^3\right)$.

复习题 3

1. (1) ×;   (2) ×;   (3) ×;   (4) ×;   (5) √.

2. (1) $1-3\mathrm{e}^{-2}$;   (2) $1-\sin 1$;   (3) $\displaystyle\int_{1}^{2}\mathrm{d}y\int_{\frac{1}{y}}^{y}f(x,y)\mathrm{d}x$;   (4) 0;   (5) $\sqrt{61}$.

3. (1) C;   (2) B;   (3) B;   (4) D;   (5) C.

4. (1) $\displaystyle\int_{0}^{a}\mathrm{d}y\int_{2a-y}^{a+\sqrt{a^2-y^2}}f(x,y)\mathrm{d}x$;   (2) $\displaystyle\int_{0}^{1}\mathrm{d}x\int_{1}^{2-x}f(x,y)\mathrm{d}y$.

5. (1) $\dfrac{20}{3}$;   (2) $\dfrac{p^5}{21}$;   (3) $\dfrac{3}{2}+\sin 1-2\sin 2+\cos 1-\cos 2$;   (4) $\dfrac{64}{15}$;

   (5) 2π;   (6) $\dfrac{32}{9}$;   (7) $\dfrac{1}{96}$;   (8) $\dfrac{4}{21}\pi$;   (9) $\dfrac{2}{5}\pi$;   (10) $\dfrac{\pi}{2}\left(\dfrac{1}{2}-\dfrac{1}{\mathrm{e}}\right)$.

6. $\left(\dfrac{\pi}{4}+2\right)a^2.$

7. $16\pi.$

8. $\dfrac{1}{2}k\pi a^4.$

9. $\dfrac{45\pi}{2}\rho.$

10. $336\pi.$

第　4　章

习题 4.1

A 类题

1. $\dfrac{1}{6}(11+5\sqrt{2}).$

2. $\dfrac{\sqrt{2}}{2}+\dfrac{1}{12}(5\sqrt{5}-1).$

3. $\dfrac{7\sqrt{2}}{2}.$

4. $\dfrac{1}{3}\left[\sqrt{(1+\mathrm{e}^2)^3}-\sqrt{8}\right].$

5. $\dfrac{ab(a^2+ab+b^2)}{3(a+b)}.$

6. $\dfrac{2\pi}{3}\sqrt{a^2+k^2}\,(3a^2+4\pi^2k^2).$

B 类题

1. $\dfrac{\pi}{2}R^3+\dfrac{\pi}{8}R^5.$

2. $30a.$

3. $\dfrac{4\pi a^3}{3}.$

4. $2\sqrt{2}-1.$

5. $\dfrac{25\sqrt{5}+61}{120}.$

6. 8.

习题 4.2

A 类题

1. $\dfrac{8}{15}.$

2. $4-\pi.$

3. 0.

4. 18.

5. 0.

260

6. (1) -1; (2) -1.

7. (1) 3; (2) 5; (3) $\dfrac{11}{3}$.

B 类题

1. $\dfrac{16}{5}$.

2. 0.

3. $-\pi$.

4. 0.

5. $y = \sin x(0 \leqslant x \leqslant \pi)$.

6. $-2\pi a^2 + \dfrac{k^2}{2}$.

习题 4.3

A 类题

1. 8π.

2. 4.

3. $x^2\cos y + y^2\cos x + C$.

4. $e^2 - \dfrac{7}{2}$.

5. $\dfrac{3\pi}{2}$.

6. $\dfrac{1}{2}x^2 y^2 - 2$.

7. $\dfrac{\pi m}{2}$.

B 类题

1. $m + 9e^5 - e^3 + 6$.

2. π.

3. 略.

4. $-\pi$.

5. $\dfrac{\pi}{2}a^2(b-a) + 2a^2 b$.

6. $\arctan \dfrac{y}{x}$.

7. $3\pi - \dfrac{\sqrt{\pi}}{2}$.

习题 4.4

A 类题

1. $1 + \dfrac{\sqrt{3}}{2}$.

2. 27π.

3. $\dfrac{\pi}{2}(1+\sqrt{2})$.

4. $\dfrac{4}{3}\pi R^4$.

5. $\dfrac{3}{8}\pi a^5$.

6. $2RH\pi\left(R^2+\dfrac{H^2}{3}\right)$.

B 类题

1. $\dfrac{128}{9}\sqrt{2}$.

2. $\dfrac{2h\pi}{R}$.

3. $ah\pi(h+2)$.

4. $\dfrac{2}{15}\pi R^6$.

习题 4.5

A 类题

1. $(2a+b+4c)abc$.

2. $\dfrac{64\pi}{15}$.

3. $\dfrac{2\pi}{105}R^7$.

4. π.

5. $\dfrac{1}{4}\pi R^4$.

6. $\dfrac{1}{8}$.

B 类题

1. $4\pi R^3$.

2. 8π.

3. $\dfrac{9}{4}\pi^2$.

4. -8π.

5. $-\dfrac{2}{15}$.

习题 4.6

A 类题

1. $3abc$.

2. $\dfrac{12}{5}\pi R^5$.

3. $\dfrac{189\pi}{4}$.

4. $-\dfrac{1}{2}\pi$.

5. $-\dfrac{279}{2}\pi$.

6. $\dfrac{3\pi}{2}$.

B 类题

1. -4π.

2. $-\dfrac{1}{2}\pi h^4$.

3. $\dfrac{1}{2}\pi$.

4. 34π.

5. 略.

习题 4.7

A 类题

1. 4.

2. $\dfrac{3}{2}$.

3. 0.

4. 2π.

5. $-\dfrac{17}{4}\pi$.

6. -2π.

复习题 4

1. (1) ×;　(2) ×;　(3) ×;　(4) ×;　(5) √.

2. (1) 5;　(2) $xf'(x)+2f(x)=0$;　(3) $\dfrac{\pi}{2}$;　(4) -18π;

　　(5) $-\displaystyle\iint\limits_{\Sigma}\dfrac{3P+2Q+2\sqrt{3}R}{5}\mathrm{d}S$.

3. (1) D;　(2) B;　(3) D;　(4) C;　(5) C.

4. $\dfrac{1}{3p}\Big[(y_0^2+p^2)^{\frac{3}{2}}-p^3\Big]$.

5. $\dfrac{1}{3}\Big[(4\pi^2+2)^{\frac{3}{2}}-2\sqrt{2}\Big]$.

6. $\dfrac{\sqrt{3}}{2}(1-\mathrm{e}^{-2})$.

7. -2π.

8. $-\pi a^2$.

9. $\dfrac{4}{3}$.

10. $4\mathrm{e}$.

11. $\dfrac{\sqrt{2}}{4}$.

12. πab.

13. $-\dfrac{7}{6}+\dfrac{1}{4}\sin 2$.

14. $-\pi$.

15. $\dfrac{111}{10}\pi$.

16. $\dfrac{\pi a^4}{6}(8-5\sqrt{2})$.

17. 8π.

18. $\dfrac{4\pi}{abc}(b^2c^2+a^2c^2+a^2b^2)$.

19. $2\pi R^2$.

20. $\dfrac{\pi}{4}$.

21. $\dfrac{\sqrt{3}}{15}$.

22. $\displaystyle\iint\limits_{\Sigma}\dfrac{1}{r}\left[xP+yQ+\sqrt{r^2-x^2-y^2}\,R\right]\mathrm{d}S$.

第 5 章

习题 5.1

A 类题

1. (1) $u_n=\dfrac{1}{3n-1}$,发散; (2) $u_n=(-1)^{n+1}\dfrac{a^{n+1}}{2n}$,发散; (3) $u_n=\dfrac{1}{4n}$,发散;

(4) $u_n=\dfrac{1}{\sqrt[n]{7}}$,发散; (5) $u_n=\sin\dfrac{n\pi}{3}$,发散; (6) $u_n=\dfrac{1}{5^n}+\left(-\dfrac{1}{6}\right)^n$,收敛.

2. (1) 收敛,$\dfrac{3}{4}$; (2) 收敛,$\dfrac{1}{5}$; (3) 发散; (4) 发散; (5) 发散;

(6) 收敛,$\dfrac{7}{15}$.

3. 略.

4. 4.

B 类题

1. (1) 收敛; (2) 收敛; (3) 发散; (4) 收敛; (5) 收敛; (6) 发散.

2. (1) 错误; (2) 正确; (3) 错误.

3. 收敛.

习题 5.2

A 类题

1. (1) 发散; (2) 收敛; (3) 发散; (4) 发散; (5) 收敛; (6) 收敛;

(7) 收敛；　(8) 发散.

2. (1) 发散；　(2) 收敛；　(3) 收敛；　(4) 收敛；　(5) 收敛；　(6) 收敛.

3. (1) 发散；　(2) 收敛；　(3) 收敛.

B 类题

1. (1) 发散；　(2) 发散；　(3) 发散；　(4) 收敛；　(5) 发散；　(6) 收敛；

(7) 收敛；　(8) 当 $\alpha > 1$ 时,收敛；当 $0 < \alpha \leqslant 1$ 时,发散；　(9) 收敛.

2. ~ 4. 略.

习题 5.3

A 类题

1. (1) 收敛；　(2) 收敛；　(3) 收敛；　(4) 发散.

2. (1) 收敛,条件收敛；　(2) 收敛,绝对收敛；　(3) 收敛,绝对收敛；　(4) 发散；

(5) 收敛,绝对收敛；　(6) 收敛,绝对收敛；　(7) 收敛,绝对收敛；

(8) 收敛,绝对收敛.

B 类题

1. (1) 收敛,条件收敛；　(2) 收敛,条件收敛；　(3) 收敛,绝对收敛；

(4) 发散；　(5) 发散；

(6) 当 $0 < \alpha < 1$ 时,级数收敛,绝对收敛；当 $\alpha > 1$ 时,级数发散；当 $\alpha = 1$ 时,
若 $s > 1$,级数绝对收敛,若 $0 < s \leqslant 1$,级数条件收敛.

2. 收敛.

3. 略.

习题 5.4

A 类题

1. (1) $(-\infty, +\infty)$；　(2) $(-1,1)$；　(3) $(-1,1]$；　(4) $(-\infty, +\infty)$；

(5) $(-\sqrt{5}, \sqrt{5})$；　(6) $(-\sqrt{3}, \sqrt{3})$；　(7) $(0,2)$；　(8) $[0,8)$.

2. (1) $S(x) = \dfrac{1}{2}\ln\dfrac{1+x}{1-x}(|x| < 1)$；　(2) $S(x) = \dfrac{1+x}{(1-x)^3}(|x| < 1)$.

B 类题

1. 级数在 $x = 2$ 处收敛,在 $x = 7$ 处发散.

2. $\sqrt{R}$.

3. 略.

习题 5.5

A 类题

1. (1) $\displaystyle\sum_{n=0}^{\infty}\dfrac{x^n}{(n+1)!}(x \in \mathbf{R}$ 且 $x \neq 0)$；　(2) $\displaystyle\sum_{n=0}^{\infty}\dfrac{(\ln 2)^n}{n!}x^n(x \in \mathbf{R})$；

(3) $\ln 3 + \displaystyle\sum_{n=1}^{\infty}(-1)^{n-1}\dfrac{1}{n}\left(\dfrac{x}{3}\right)^n(-3 < x \leqslant 3)$；

(4) $\dfrac{1}{2} + \dfrac{1}{2}\displaystyle\sum_{n=0}^{\infty}(-1)^n\dfrac{(2x)^{2n}}{(2n)!}(x \in \mathbf{R})$；

(5) $\displaystyle\sum_{n=0}^{\infty}(-1)^{n}\frac{x^{n}}{5^{n+1}}(-5<x<5)$；

(6) $\displaystyle\sum_{n=0}^{\infty}\frac{x^{n}}{4^{n+1}}(-4<x<4)$；

(7) $\displaystyle 3\sum_{n=0}^{\infty}(-1)^{n}\left(\frac{1}{3^{n}}-\frac{1}{2^{n}}\right)x^{n}(-2<x<2)$；

(8) $\displaystyle\sum_{n=0}^{\infty}(-1)^{n}x^{2n+1}(-1<x<1)$.

2. $\displaystyle\frac{1}{3}\sum_{n=0}^{\infty}(-1)^{n}\left(1-\frac{1}{4^{n+1}}\right)(x-5)^{n}(4<x<6)$.

3. $\displaystyle\sum_{n=0}^{\infty}(-1)^{n}\left(\frac{1}{2^{n+2}}-\frac{1}{2^{2n+3}}\right)(x-1)^{n}(-1<x<3)$.

4. 1.649.

B 类题

1. $\displaystyle\sum_{n=1}^{\infty}(-1)^{n+1}\frac{n}{2^{n+1}}(x-2)^{n-1}(0<x<4)$.

2. $\displaystyle\sum_{n=1}^{\infty}\left(\frac{x-1}{3}\right)^{n}(-2<x<4),f^{(n)}(1)=\frac{n!}{3^{n}}$.

3. (1) $-\ln\left(1-\frac{x}{4}\right)(-4\leqslant x<4)$； (2) ln2.

4. $\displaystyle\frac{\pi}{4}+\sum_{n=0}^{\infty}\frac{(-1)^{n}}{2n+1}x^{2n+1},x\in[-1,1)$.

5. 0.0052.

习题 5.6

A 类题

1. (1) $\displaystyle\frac{1+\pi-e^{-\pi}}{2\pi}+\frac{1}{\pi}\sum_{n=1}^{\infty}\left[\frac{1+(-1)^{n+1}e^{-\pi}}{1+n^{2}}\right]\cos nx+$

$\displaystyle\frac{1}{\pi}\sum_{n=1}^{\infty}\left[\frac{-n+(-1)^{n}ne^{-\pi}}{1+n^{2}}+\frac{1+(-1)^{n+1}}{n}\right]\sin nx\ (-\infty<x<+\infty,x\neq k\pi)$.

(2) $-\dfrac{\pi}{4}+\left(\dfrac{2}{\pi}\cos x+\sin x\right)-\dfrac{1}{2}\sin2x+\left(\dfrac{2}{3^{2}\pi}\cos3x+\dfrac{1}{3}\sin3x\right)-\dfrac{1}{4}\sin4x$

$+\left(\dfrac{2}{5^{2}\pi}\cos5x+\dfrac{1}{5}\sin5x\right)-\cdots(-\infty<x<+\infty,x\neq0,\pm\pi,\pm3\pi,\cdots)$.

(3) $\displaystyle 2\sum_{n=1}^{\infty}\frac{(-1)^{n-1}}{n}\sin nx(-\pi<x<\pi)$；(4) $\displaystyle\frac{\pi^{2}}{3}+\sum_{n=1}^{\infty}\frac{4}{n^{2}}(-1)^{n}\cos nx(-\pi\leqslant x\leqslant\pi)$.

2. (1) 正弦级数 $\dfrac{2}{\pi}\left[(\pi+2)\sin x-\dfrac{\pi}{2}\sin2x+\dfrac{1}{3}(\pi+2)\sin3x-\cdots\right](0<x<\pi)$；余弦

级数 $\dfrac{\pi}{2}+1-\dfrac{4}{\pi}\left(\cos x+\dfrac{1}{3^{2}}\cos3x+\dfrac{1}{5^{2}}\cos5x+\cdots\right)(0\leqslant x\leqslant\pi)$.

(2) 余弦级数 $\displaystyle\pi+3-\frac{8}{\pi}\sum_{k=1}^{\infty}\frac{1}{(2k-1)^{2}}\cos(2k-1)x(0\leqslant x\leqslant\pi)$.

3. $f(x) = \dfrac{1}{2} - \dfrac{4}{\pi^2}\left(\dfrac{\cos \pi x}{1^2} + \dfrac{\cos 3\pi x}{3^2} + \dfrac{\cos 5\pi x}{5^2} + \cdots\right).$

B 类题

1. $S\left(\dfrac{\pi}{2}\right) = \dfrac{\pi}{2}$；$S\left(-\dfrac{\pi}{2}\right) = 0$；$S\left(\dfrac{7\pi}{2}\right) = 0$；$S(\pi) = \dfrac{\pi}{2}.$

2. (1) $\dfrac{4}{3} + \sum\limits_{n=1}^{\infty}(-1)^n\left[\dfrac{16}{n^2\pi^2}\cos\dfrac{n\pi x}{2} + \dfrac{4}{n\pi}\sin\dfrac{n\pi x}{2}\right](-2 < x < 2).$

    (2) 余弦级数 $f(x) = \dfrac{1}{2} - \dfrac{4}{\pi^2}\sum\limits_{k=0}^{\infty}\dfrac{\cos\dfrac{2k+1}{2}\pi x}{(2k+1)^2}\,(1 < x < 2)$；

        正弦级数 $f(x) = \dfrac{8}{\pi^2}\sum\limits_{n=1}^{\infty}(-1)^n\dfrac{\sin\dfrac{n\pi x}{2}}{n^2}\,(1 < x < 2).$

复习题 5

1. (1) √； (2) ×； (3) √； (4) ×； (5) √.

2. (1) $\dfrac{(-1)^{n-1}}{5^n}$； (2) a； (3) $\dfrac{2}{2-\ln 3}$； (4) $[1,3)$；

    (5) $\sum\limits_{n=0}^{\infty}(-1)^n(x-1)^n(0 < x < 2).$

3. (1) B； (2) D； (3) C； (4) D； (5) B.

4. (1) 收敛； (2) 收敛； (3) 发散； (4) 发散； (5) 收敛； (6) 收敛.

5. (1) 绝对收敛； (2) 条件收敛； (3) 绝对收敛； (4) 条件收敛.

6. (1) $R = \dfrac{1}{3}, \left[-\dfrac{1}{3}, \dfrac{1}{3}\right)$； (2) $R = 2, [-2,2]$； (3) $R = 2, [-1,3)$；

    (4) $R = \sqrt{2}, (-\sqrt{2}, \sqrt{2})$； (5) $R = 1, [-1,1]$； (6) $R = \dfrac{1}{2}, [-1,0).$

7. (1) $-\ln(1+x), x \in (-1,1]$； (2) $\dfrac{2x}{(1-x^2)^2}, x \in (-1,1).$

8. (1) $\sum\limits_{n=0}^{\infty}(-1)^n\dfrac{\left(\dfrac{x}{3}\right)^{2n+1}}{(2n+1)!} = \sum\limits_{n=0}^{\infty}(-1)^n\dfrac{x^{2n+1}}{3^{2n+1}(2n+1)!}, x \in (-\infty, +\infty)$；

    (2) $\sum\limits_{n=0}^{\infty}\dfrac{(-1)^n x^{n+2}}{n!}, x \in (-\infty, +\infty)$； (3) $\sum\limits_{n=0}^{\infty}\left(1 - \dfrac{1}{2^{n+1}}\right)x^n, x \in (-1,1).$

9. (1) $\sum\limits_{n=0}^{\infty}(x-1)^n, x \in (0,2)$；

    (2) $\sum\limits_{n=0}^{\infty}(-1)^n\left(\dfrac{1}{4^{n+1}} - \dfrac{1}{5^{n+1}}\right)(x-2)^n, x \in (-2,6).$

10. 8.

11. ～ 12. 略.

13. $\sum\limits_{n=0}^{\infty}(-1)^n\dfrac{x^{4n+3}}{(4n+3)(2n+1)!}(-\infty < x < +\infty).$

参考文献

［1］ 同济大学数学系编. 高等数学[M]. 7 版. 北京：高等教育出版社，2014

［2］ 朱健民，李建平. 高等数学[M]. 2 版. 北京：高等教育出版社，2015

［3］ 华东师范大学数学系. 数学分析[M]. 4 版. 北京：高等教育出版社，2014

［4］ 金路，童裕孙，於崇华，等. 高等数学[M]. 4 版. 北京：高等教育出版社，2015

［5］ 李忠，周建莹. 高等数学[M]. 2 版. 北京：北京大学出版社，2009

［6］ 王立冬，周文书. 高等数学[M]. 北京：科学出版社，2014

［7］ 朱正佑. 近代高等数学引论[M]. 上海：上海大学出版社，2004